DIE GRUNDLEHREN DER

# MATHEMATISCHEN WISSENSCHAFTEN

IN EINZELDARSTELLUNGEN MIT BESONDERER BERÜCKSICHTIGUNG DER ANWENDUNGSGEBIETE

GEMEINSAM MIT

W. BLASCHKE
HAMBURG

M. BORN
GÖTTINGEN

C. RUNGE
GÖTTINGEN

HERAUSGEGEBEN VON

R. COURANT
GÖTTINGEN

BAND IX

# EINLEITUNG IN DIE MENGENLEHRE

VON

ADOLF FRAENKEL

Springer-Verlag Berlin Heidelberg GmbH 1923

# EINLEITUNG IN DIE MENGENLEHRE

## EINE ELEMENTARE EINFÜHRUNG IN DAS REICH DES UNENDLICHGROSSEN

VON

ADOLF FRAENKEL
A. O. PROFESSOR AN DER UNIVERSITÄT MARBURG

ZWEITE ERWEITERTE AUFLAGE

MIT 13 TEXTFIGUREN

Springer-Verlag Berlin Heidelberg GmbH 1923

ISBN 978-3-662-23797-7 ISBN 978-3-662-25900-9 (eBook)
DOI 10.1007/978-3-662-25900-9


Ursprünglich erschienen bei Julius Springer in Berlin 1923.

# Vorwort zur ersten Auflage.

Das vorliegende Büchlein ist im Feld entstanden und aus dem Feld in Druck gegeben worden; die Anregung zu ihm verdanke ich Unterhaltungen, in denen ich Kriegskameraden (Nichtmathematikern) gelegentlich öde Stunden durch Einführung in Gedankengänge der Mengenlehre verkürzen konnte.

Wenn auch diese Entstehung in der Anlage der Schrift — namentlich im Zurücktreten der Literaturangaben — noch erkennbar sein mag, so wird dadurch doch der beabsichtigte Zweck nicht beeinträchtigt: eine kurze Einführung in eine der gewaltigsten Errungenschaften des menschlichen Geistes, in die Grundzüge der abstrakten Mengenlehre, zu bieten, verständlich für jedermann, der *Interesse* nimmt an der mathematischen Begründung des Unendlichgroßen und daher auch so viel *Geduld* mitbringt, um sich allmählich in etwas abstrakte Gedankengänge hineinzufinden. Vorkenntnisse mathematischer oder philosophischer Art sind hierzu in keiner Weise erforderlich.

Sollte die Schrift hiernach auch außerhalb mathematischer und philosophischer Kreise (z. B. auch unter interessierten Primanern) einige Leser finden, so dürften für solche vielleicht ein paar Ratschläge nützlich sein: Die ersten Abschnitte sind reichlich breit und wohl für jedermann ohne weiteres verständlich gehalten; ihre Lektüre mag dem Leser gleichzeitig eine gewisse Übung im abstrakten Denken verleihen, die ihm in den folgenden Teilen zustatten kommen wird. Dennoch und trotz der Beispiele, die von Anfang an zahlreich in die Überlegungen verstreut sind, wird sich der Nichtmathematiker gar manche Gedankengänge der späteren Abschnitte erst dadurch so recht zum geistigen Eigentum machen, daß er die betreffenden Stellen wiederholt durchliest und in sich verarbeitet. Will er von seinem Ausflug in das Reich der unendlichen Größen nicht nur Nutzen, sondern auch Genuß haben, so darf er sich diese Mühe nicht verdrießen lassen (also sich nicht etwa damit begnügen, Satz für Satz festzustellen, daß die Entwicklung logisch einwandfrei ist und also wohl zutreffen wird). Zur Erleichterung sind einige verhältnismäßig schwierige und zum Verständnis des Nachfolgenden nicht unentbehrliche Stellen durch kleineren Druck gekennzeichnet; sie werden von dem weniger geübten Leser mit Vorteil bei der erstmaligen Lektüre überschlagen.

Andererseits hoffe ich auch dem Mathematiker — dem Studierenden sowohl wie dem Schulmann, der sich an der Universität nicht oder nur flüchtig mit Mengenlehre beschäftigt hat — sowie dem an dem Problem des Aktual-Unendlichgroßen interessierten Philosophen eine brauchbare Einführung vorzulegen. Gemäß dem skizzierten Zweck ist allerdings in den Vordergrund das Ziel gerückt, die Möglichkeit der einwandfreien Einführung „unendlicher Größen" und ihrer vernünftigen mathematischen Verwendung in helles Licht zu setzen; die mathematischen *Anwendungen* treten demgegenüber ganz zurück, namentlich wird die Theorie der Punktmengen nur flüchtig (im § 10) gestreift. Wer vom Standpunkt des Mathematikers aus das mengentheoretische Gebäude gründlich kennenlernen will, darf sich daher mit dem vorliegenden Büchlein nicht begnügen, sondern muß noch zu einer der am Schluß angeführten Schriften (am besten zu Herrn *Hausdorffs* „Grundzügen") greifen.

Dem Wunsch, möglichst leichte Verständlichkeit zu erzielen, durfte die mathematische Strenge nicht geopfert werden, wenn die Schrift für Mathematiker und Philosophen wirklichen Wert haben sollte. *Grundsätzliche* Schwierigkeiten werden daher nirgends verschleiert, sondern entweder aufgelöst oder es werden vereinzelt zurückbleibende Lücken ausdrücklich und unter weiterer Verweisung als solche bezeichnet. Im übrigen habe ich hin und wieder (namentlich an manchen Stellen der §§ 7 und 11) — und zwar stets unter Kennzeichnung dieses Sachverhalts — manche Beweise der Beschränkung des Umfangs zuliebe unterdrückt oder mich bei einzelnen Punkten mit Andeutung des Gedankenganges begnügt. Dem im übrigen beibehaltenen Grundsatz der Strenge entspricht es, wenn den logischen Paradoxien und namentlich der Axiomatik eine verhältnismäßig eingehende Behandlung gewidmet wird[1]). Dabei habe ich eine gewisse Breite der Darstellung, dem Zweck der Schrift entsprechend, grundsätzlich nicht gescheut; ich verweise gegenüber der Forderung nach „Eleganz" auf ein jüngst von Herrn *Einstein*[2]) angeführtes Wort *Boltzmanns*: man solle die Eleganz Sache der Schneider und Schuster sein lassen.

Den Herren *A. Ostrowski*-Göttingen und *G. Wiarda*-Marburg danke ich für freundliche Hilfe und Ratschläge bei der Korrektur, ferner der Verlagsbuchhandlung *Julius Springer* für das während der Drucklegung geübte Entgegenkommen.

Marburg, im Januar 1919. **Adolf Fraenkel.**

[1]) Infolge der Eigenart der Entstehung des Büchleins habe ich leider die unmittelbar vor und während des Kriegs erschienene Literatur, nämlich die Werke der Herren *Hausdorff* und *Carathéodory* und die axiomatisch-philosophisch gerichteten Schriften von *J. König*, *Weyl* und *Brouwer*, erst während der Drucklegung bzw. nach ihrer Beendigung einsehen können.

[2]) Im Vorwort der Schrift: Über die spezielle und die allgemeine Relativitätstheorie (Braunschweig 1917; Sammlung Vieweg, Heft 38).

# Vorwort zur zweiten Auflage.

Die freundliche Aufnahme, die das seit Jahresfrist vergriffene Buch beim Publikum und bei der Kritik gefunden hat, veranlaßt mich die Anlage der Schrift im ganzen unverändert beizubehalten. Namentlich habe ich wiederum eine gelegentliche Breite, ja selbst vereinzelte Wiederholungen nicht gescheut; ich halte es im vorliegenden Fall für wichtiger, auch dem mathematisch weniger Geübten einen Einblick selbst in grundsätzlich oder sachlich *schwierige* Partien zu ermöglichen, als den Kenner durch äußerste Kürze und Eleganz zu erfreuen. Nur nach zwei Richtungen hin ist das Buch erheblicher erweitert worden.

Zunächst wurde in den §§ 1—11 die Darstellung in zahlreichen Punkten ausgestaltet, namentlich bei der Einführung grundsätzlich wichtiger Begriffe sowie an Stellen, wo in der ersten Auflage einzelne schwierigere Beweise unterdrückt oder nur skizziert worden waren, die nunmehr eine vollständige Ausführung erhielten. Besonders gilt das für die §§ 8 und 11. Ferner sind die Beispiele und die historischen Notizen und Literaturverweise wesentlich vermehrt worden, wobei die Person *Cantor*s wohl mit Recht stark hervortreten durfte. Für diese Klasse von Ergänzungen war namentlich die Rücksicht maßgebend, daß mit dem Erscheinen des Buches in den „Grundlehren der mathematischen Wissenschaften" ihm auch der Charakter eines mathematischen *Lehrbuchs* zu geben war, was hoffentlich ohne Verwischung der ursprünglichen Eigenart gelungen ist.

Die zweite wesentlichere Ausgestaltung betrifft die Behandlung der *prinzipiellen Fragen*, die mit der Grundlegung der Mengenlehre zusammenhängen und zum Teil das *Grenzgebiet zwischen Mathematik und Philosophie* berühren. Diese schon in der ersten Auflage verhältnismäßig stark betonten Probleme haben inzwischen vermehrtes Interesse auf mathematischer und philosophischer Seite gefunden, namentlich unter dem Eindruck der im letzten Jahrzehnt erschienenen Arbeiten von *Brouwer, Hilbert, J. König, Weyl* und anderen. Die kritische Durchforschung dieses Gebiets, auf dem heute noch die Diskussion ohne Endergebnis hin und her wogt, ist den Vertretern beider Wissenschaften nicht zum mindesten dadurch erschwert, daß die Originalarbeiten großenteils sehr schwierig gehalten sind und zusammenhängende Darstellungen fast nicht vorliegen. In Rücksicht hierauf gibt nunmehr der § 12 der Neuauflage nach einer Besprechung der Paradoxien zunächst eine Auseinandersetzung mit zwei charakteristischen philosophischen Standpunkten zum Unendlichen, dann aber einen Überblick über die wichtigsten Versuche, die seit der Erschütterung des *Cantor*schen Aufbaues in den letzten zwei Jahrzehnten zur Begründung der Mengenlehre (und der Mathematik überhaupt) unternommen worden sind: über die revolutionären Ideen der „Intuitionisten" von *Kronecker* bis *Brouwer* einerseits, über die mehr oder weniger konservativen Theorien von *Russell-Whitehead, Zermelo* und *J. König* andererseits. Einen *Ersatz* für das Studium der Originalarbeiten will dieser Überblick keineswegs bieten, sondern nur die vielleicht als wenig dankbar, hoffentlich aber als nützlich erscheinende Aufgabe einer *Einführung* in jene Arbeiten vollbringen. *Eine* unter den genannten Begründungsarten, nämlich die von *Zermelo* gewiesene axiomatische, wird dann in § 13 in aller Ausführlichkeit entwickelt. wobei die Darstellung zu den letzten Ergebnissen der Forschung heran und teilweise über sie hinaus führt; den naturgemäßen Abschluß bildet die Besprechung der allgemeinen Fragen der Axiomatik, insbesondere auch der an die Wurzeln der Wissenschaft überhaupt rührenden jüngsten Forschungen *Hilberts* über die Widerspruchslosigkeit der Axiome. Auf reichliche Literaturangaben, für die bei den Gegenständen dieser Paragraphen ein Verweis auf andere Schriften nur selten möglich war, ist überall Wert gelegt, wenn auch Vollständigkeit nicht erstrebt wird und unter den heutigen Verhältnissen — namentlich bezüglich der ausländischen Literatur — nicht zu verwirklichen ist[1]). Die eigene kritische Stellungnahme des Verfassers ist, dem Zweck des Buches entsprechend, meist in den Hintergrund gerückt. Ein endgültiges Ergebnis dürfte heute bezüglich der entscheidenden Grundfragen noch nicht vorliegen; Mathematiker und Philosophen zur weiteren Beschäftigung mit ihnen anzuregen, ist nicht der letzte Zweck des Buches.

Mein Dank gilt zunächst einem für die Wissenschaft allzufrüh Dahingeschiedenen: *Paul Stäckel.* Er sandte mir nach dem ersten Erscheinen der Schrift eine eigene Aufzeichnung über einen Vortrag, den *Cantor* in Braunschweig am 24. IX. 1897 (gelegentlich der Naturforscherversammlung) vor einem engeren Kreis über seine Untersuchungen über Mengenlehre gehalten hat und der namentlich in historischer Beziehung manches Interessante enthält; die Aufzeichnung, die mir jetzt Frau Stäckel freundlicherweise nochmals zur Verfügung stellte, wird als „*C.-St.*" zitiert. Weiter danke ich zahlreichen Fachgenossen — unter ihnen vor allem Herrn *Hessenberg* — für mancherlei Ratschläge und kritische Hinweise; den Herren *Brouwer* und *Bernays* für verschiedene wertvolle Bemerkungen zu den Seiten 164 bis 176 bzw. 179 bis 184 und 234 bis 240; Herrn *Courant* für die Anregung zur Aufnahme der Schrift in die von ihm herausgegebene Sammlung; meiner Frau für Hilfe bei Herstellung des Namenverzeichnisses; endlich der Verlagsbuchhandlung *Julius Springer* für vielfaches freundliches Entgegenkommen.

Marburg, im Frühjahr 1923. **Adolf Fraenkel.**

[1]) Vereinzelte Schriften mußten leider, ohne eingesehen werden zu können, nach Zitaten angeführt werden.

# Inhaltsverzeichnis.

Seite

§ 1. Einleitung . . . . . . . . . . . . . . . . . . . . . . . . . 1
§ 2. Begriff der Menge. Beispiele von Mengen . . . . . . . . . . . . 3
§ 3. Die Begriffe der Äquivalenz, der Teilmenge, der unendlichen Menge 11
§ 4. Abzählbare Mengen . . . . . . . . . . . . . . . . . . . . . 19
§ 5. Das Kontinuum. Begriff der Kardinalzahl oder Mächtigkeit. Die Kardinalzahlen $\mathfrak{a}$, $\mathfrak{c}$ und $\mathfrak{f}$ . . . . . . . . . . . . . . . . . . 31
§ 6. Die Größenordnung der Kardinalzahlen . . . . . . . . . . . . 48
§ 7. Die Addition und Multiplikation der Kardinalzahlen . . . . . . . . 59
§ 8. Die Potenzierung der Kardinalzahlen . . . . . . . . . . . . . 79
§ 9. Geordnete Mengen. Ähnlichkeit und Ordnungstypus . . . . . . . 88
§ 10. Lineare Punktmengen[1] . . . . . . . . . . . . . . . . . . . 105
§ 11. Wohlgeordnete Mengen und Ordnungszahlen. Die Wohlordnung und ihre Bedeutung . . . . . . . . . . . . . . . . . . . . . . 121
§ 12. Einwände gegen die Mengenlehre. Notwendigkeit einer veränderten Grundlegung und Wege hierzu . . . . . . . . . . . . . . . . 151
a) Die Paradoxien der Mengenlehre . . . . . . . . . . . . . . . 151
b) Einige philosophische Standpunkte zur Mengenlehre[1] . . . . . . 157
c) Die Intuitionisten, namentlich *Brouwer* . . . . . . . . . . . . 164
d) Andere Methoden zur Überwindung der Paradoxien . . . . . . 176
§ 13. Der axiomatische Aufbau der Mengenlehre. Die axiomatische Methode . . . . . . . . . . . . . . . . . . . . . . . . . . 184
a) Die Axiome und ihre Tragweite . . . . . . . . . . . . . . . 188
b) Unabhängigkeit, Vollständigkeit und Widerspruchslosigkeit des Axiomensystems . . . . . . . . . . . . . . . . . . . . . 220
§ 14. Schluß . . . . . . . . . . . . . . . . . . . . . . . . . . 241
Literatur . . . . . . . . . . . . . . . . . . . . . . . . . 245
Namenverzeichnis . . . . . . . . . . . . . . . . . . . . . . 248
Sachverzeichnis . . . . . . . . . . . . . . . . . . . . . . . 250

---

[1]) Diese Abschnitte können ohne Beeinträchtigung des Verständnisses der nachfolgenden Teile überschlagen werden.

## § 1. Einleitung.

„... so protestiere ich ... gegen den Gebrauch einer unendlichen Größe als einer *Vollendeten,* welcher in der Mathematik niemals erlaubt ist. Das Unendliche ist nur eine façon de parler, indem man eigentlich von Grenzen spricht, denen gewisse Verhältnisse so nahe kommen als man will, während andern ohne Einschränkung zu wachsen verstattet ist." [1]) Diese aus dem Jahre 1831 stammende, gegen einen bestimmten Gedanken *Schumachers* gerichtete Äußerung des „princeps mathematicorum", des einzigartigen *C. F. Gauß,* formuliert einen Horror infiniti, der in ganz allgemeinem Sinn bis vor wenigen Jahrzehnten Gemeingut der Mathematiker war und gerade durch die Autorität von *Gauß* eine schier unangreifbare Stütze erhalten hatte. Die Mathematik sollte es hiernach nur mit endlichen Größen und Zahlen, die Null eingeschlossen, zu tun haben; das Unendlichgroße mochte ebenso wie das Unendlichkleine, mehr oder weniger unscharf definiert, allenfalls in der Philosophie eine kümmerliche Existenz fristen — aus der Mathematik blieb es verwiesen.

Dem erst während des Weltkriegs verstorbenen Hallenser Mathematiker ***Georg Cantor*** (3. März 1845 bis 6. Januar 1918; vgl. die von *A. Schoenflies* mitgeteilten Erinnerungen an ihn: Jahresber. der Deutschen Mathematikervereinig., **31** [1922], 97—106) blieb es vorbehalten, die *Gauß*sche Behauptung in dem Sinn, in dem sie verstanden worden war, nicht nur zu bekämpfen, sondern auch zu widerlegen und dem Begriff des Unendlichgroßen das Bürgerrecht im mathematischen Königreich zu verschaffen, ein Bürgerrecht, das wohl andersartig, aber nicht weniger rechtmäßig ist als dasjenige der sonst in der Mathematik anerkannten Zahlen. Es hat außer der schöpferischen Intuition und künstlerischen Zeugungskraft, von der *Cantor* bei seinen Entdeckungen geleitet wurde[2]), auch noch ungewöhnlicher Energie und Beharrlichkeit seitens des Entdeckers bedurft, um seine Anschauungen durchzuhalten und durchzufechten; wurden

[1]) Briefwechsel *Gauß-Schumacher,* II (1860), S. 269; *Gauß'* Werke VIII (1900), S. 216.

[2]) Vgl. die charakteristische These seiner Habilitationsschrift von 1869: „Eodem modo literis atque arte animos delectari posse."

diese doch zu seinem lebhaften Schmerz lange Zeit hindurch von der überwiegenden Mehrzahl seiner mathematischen Zeitgenossen (vor allem von *L. Kronecker*) als unklar oder falsch oder wenigstens als „hundert Jahre zu früh gekommen“[1]) bekämpft, bis in das letzte Jahrzehnt des vorigen Jahrhunderts hinein, in dem *Cantor* seinerseits (1897) seine schriftstellerische Tätigkeit abschloß. Nicht allein *Gauß* und andere hervorragende Mathematiker wurden als Kronzeugen gegen den Begriff des Unendlichgroßen ins Feld geführt; auch gegen die von seinen philosophischen Gegnern angerufenen Autoritäten, gegen *Aristoteles, Locke, Descartes, Spinoza, Leibniz* und weitere Logiker aus alter und neuer Zeit mußte sich *Cantor* verteidigen; ja seine Lehre sollte nicht nur gegen die Wahrheiten der Logik und der Mathematik, sondern vollends gar gegen die religiösen Glaubenssätze verstoßen, wogegen er als tiefreligiöse Natur sich ganz besonders wehrte[2]).

In welcher Weise dennoch, all diesen Zeugen zum Trotz, ganz bestimmte und untereinander scharf unterscheidbare unendliche Zahlen in die Mathematik eingeführt und wohldefinierte Rechenoperationen mit ihnen gelehrt werden können, dies im Zusammenhang darzustellen soll den Hauptzweck der folgenden Überlegungen bilden. Dabei wird die für die Mathematik überhaupt charakteristische, in keiner anderen Wissenschaft ähnlich ausgeprägte Möglichkeit des freien Neuschaffens sichtbar hervortreten; der Geburtsstunde der Mengenlehre entstammt der Satz: „Das Wesen der Mathematik liegt gerade in ihrer Freiheit“[3]). Wie klar sich *Cantor* schon in einer verhältnismäßig frühen Periode seines Arbeitens über das Ziel und den umstürzenden Charakter seines Unternehmens war und wie deutlich er dessen sieghaftes Durchdringen gegenüber allen Einwänden voraussah, das erhellt aus folgenden Sätzen, mit denen seine 1883 erschienenen, von einem rührend bescheidenen Vorwort eingeleiteten „Grundlagen einer allgemeinen Mannichfaltigkeitslehre“ beginnen (vgl. Math. Annalen, **21** [1883], 545):

„Die bisherige Darstellung meiner Untersuchungen in der Mannichfaltigkeitslehre ist an einen Punkt gelangt, wo ihre Fortführung von

---

[1]) Mit dieser Begründung wurde *Cantor*s (später im 46. Band der Math. Annalen 1895 erschienene) zusammenhängende Darstellung in den 80er Jahren von einer der angesehensten mathematischen Zeitschriften, die sich ihm sonst wohlwollend öffnete, abgelehnt (*C.-St.*; vgl. hierzu die Vorrede, S. VIII). Auch seine in den 70er Jahren im Journal f. d. reine u. angew. Mathematik erschienenen Arbeiten, die mehrere der entscheidendsten Entdeckungen enthalten, waren nur nach längerem Widerstand und verspätet aufgenommen worden (vgl. *Schoenflies*, a. a. O., S. 99).

[2]) Vgl. namentlich *Cantor*s am Schluß angeführte „Grundlagen“ und Aufsätze in der Ztschr. f. Philos. u. phil. Kritik, ferner auch seinen Aufsatz „Zum Problem des actualen Unendlichen“ in „Natur und Offenbarung“, **32** (1886), sowie *C. Gutberlet*s historische Bemerkungen im Philos. Jahrbuch (der Görresgesellschaft), **32** (1919), 364—370.

[3]) *Cantor*, Grundlagen, S. 20; man vgl. die dort vorangehenden Absätze.

einer Erweiterung des realen ganzen Zahlbegriffs über die bisherigen Grenzen hinaus abhängig wird, und zwar fällt diese Erweiterung in eine Richtung, in welcher sie meines Wissens bisher von niemandem gesucht worden ist.“

„Die Abhängigkeit, in welche ich mich von dieser Ausdehnung des Zahlbegriffs versetzt sehe, ist eine so große, daß es mir ohne letztere kaum möglich sein würde, zwanglos den kleinsten Schritt weiter vorwärts in der Mengenlehre auszuführen; möge in diesem Umstande eine Rechtfertigung oder, wenn nötig, eine Entschuldigung dafür gefunden werden, daß ich scheinbar fremdartige Ideen in meine Betrachtungen einführe. Denn es handelt sich um eine Erweiterung resp. Fortsetzung der realen ganzen Zahlenreihe über das Unendliche hinaus; so gewagt dies auch scheinen möchte, kann ich dennoch nicht nur die Hoffnung, sondern die feste Überzeugung aussprechen, daß diese Erweiterung mit der Zeit als eine durchaus einfache, angemessene, natürliche wird angesehen werden müssen. Dabei verhehle ich mir keineswegs, daß ich mit diesem Unternehmen in einen gewissen Gegensatz zu weitverbreiteten Anschauungen über das mathematische Unendliche und zu häufig vertretenen Ansichten über das Wesen der Zahlgröße mich stelle.“

Über die Art und Berechtigung dieser merkwürdigen Erweiterung der Zahlenreihe und über die Frage, ob die — in der Wissenschaft sonst ihresgleichen nicht findende — Ungebundenheit des frei und kühn schaffenden Mathematikers auch in diesem Fall durch die Forderung logischer Widerspruchslosigkeit und Folgerichtigkeit in den notwendigen Grenzen gehalten worden ist, darüber möge sich der Leser auf Grund des vorliegenden Buches, das keinerlei besondere Vorkenntnisse voraussetzt, selbst sein Urteil bilden; er wird die letzte Frage hoffentlich im großen ganzen bejahen können.

## § 2. Begriff der Menge. Beispiele von Mengen.

*Cantor*[1]) hat den Begriff der Menge folgendermaßen definiert:

*Eine Menge ist eine Zusammenfassung bestimmter wohlunterschiedener Objekte unserer Anschauung oder unseres Denkens — welche die Elemente der Menge genannt werden — zu einem Ganzen.*

Bevor wir diese Definition im einzelnen zergliedern, wollen wir einige *Beispiele von Mengen*[2]) betrachten, die uns anschauliches Material zum Verständnis der Definition liefern sollen.

---

[1]) Vgl. die auf die Literatur bezüglichen Bemerkungen am Schluß dieses Buches; die dort angeführten Schriften und Aufsätze werden nachstehend abgekürzt zitiert. Hier ist *Cantor*, Beiträge I, S. 481, zu nennen; vgl. auch schon Grundlagen, S. 43. *Cantor* verwendet übrigens in der älteren Zeit vorzugsweise die Bezeichnungen „Mannichfaltigkeit“ und „Mannichfaltigkeitslehre“.

[2]) Diese Beispiele stellen nicht einen Teil des logischen Gebäudes dar, das wir uns schrittweise aufrichten wollen, sondern dienen nur der Verdeut-

1. Wir denken uns eine bestimmte Anzahl konkreter Gegenstände, z. B. aus einem vor uns stehenden Obstteller etwa 5 Äpfel, 2 Birnen und 1 Aprikose; der Inbegriff dieser 8 Dinge stellt eine Menge dar. Die Elemente der so gebildeten Menge sind die einzelnen Früchte; durch den bei aller Handgreiflichkeit dieser Elemente doch *gedanklichen* Akt ihrer Zusammenfassung zu einem Ganzen haben wir die *Menge* der 8 Früchte gebildet. Die Menge enthält 8 untereinander verschiedene Elemente; denken wir uns diese in eine Reihe angeordnet (z. B.: ein erster Apfel, ein zweiter Apfel usw., die eine Birne, die andere Birne, endlich zuletzt die Aprikose) und sehen wir gleichzeitig von der besonderen Natur der einzelnen Elemente ab, so stellt uns die Menge nur mehr ein *Ordnungsschema* dar mit dem Inhalt: erstens, zweitens, . . ., achtens. Endlich können wir außer von der Natur der Elemente auch noch von ihrer Anordnung absehen; dann vermittelt uns die Menge als einzigen Inhalt nur mehr die *Anzahl* der in ihr zusammengefaßten Früchte, nämlich die Anzahl 8.

2. Anstatt konkrete Gegenstände zu einer Menge zusammenzufassen, können wir das nämliche mit abstrakten Begriffen unternehmen, also z. B. Mengen bilden, die aus gewissen Eigenschaften, gewissen Naturgesetzen, gewissen Dreiecken usw. gebildet sind. Wir können auch etwa gewisse *Zahlen* zu einer Menge zusammenfassen, z. B. die Menge bilden, deren Elemente die Zahlen 1, 2, 3, . . ., 8 sind; vergleichen wir diese Menge mit der unter 1 gebildeten Menge von Früchten, so leuchtet ein, daß beide Mengen sich in nichts voneinander unterscheiden, sobald von der besonderen Natur ihrer Elemente abgesehen wird.

3. Eine unvergleichlich viel umfassendere Menge, die aber gleich den bisher betrachteten immerhin nur endlich viele Elemente enthält, bilden wir auf folgende Weise[1]): Ein System von 100 Zeichen, das alle möglichen Konsonanten- und Vokallaute, die Ziffern, die Interpunktionszeichen usw. sowie das Spatium (d. i. die Type für den im Buchdruck leerbleibenden Raum zwischen den Worten und Zeilen) umfaßt, mag als Material für die Herstellung eines beliebigen Buches zugrunde gelegt werden. Für den Umfang eines Buchs wurde festgesetzt, daß es nicht mehr als eine Million solcher Zeichen umfassen soll[2]); in diesem Sinn wird nachstehend der Ausdruck

---

lichung des Mengenbegriffs; daher wird in diesen Beispielen mehr Wert auf Anschaulichkeit als auf logische Strenge gelegt.

[1]) Die (freilich auf viel ältere Ideen zurückgehende) Betrachtung stammt wohl wesentlich aus *E. E. Kummers* Vorlesungen und aus *Kurd Laßwitz'* „Traumkristallen"; vgl. dazu z. B. *Fürst-Moszkowski*, Das Buch der 1000 Wunder (München), Nr. 150 und *Hausdorff*, S. 61 f.

[2]) Der Umfang darf auf genau 1000000 Zeichen festgesetzt werden, da bei kleinerem Umfang die fehlenden Zeichen als Spatien angenommen werden können.

„Buch“ gebraucht. Wir fassen nun *die Menge aller denkbaren Bücher* ins Auge. Da jedes Buch irgendeine Verteilung von 100 Zeichen auf 1000000 Plätze darstellt und offenbar nur endlich viele verschiedene solche Verteilungen oder Kombinationen möglich sind (wie eine einfache Überlegung lehrt, gibt es deren $100^{1000000}$), so enthält unsere Menge nur endlich viele verschiedene Bücher; darunter kommen indes z. B. alle religiösen und philosophischen Schriften der Vergangenheit und Zukunft, alle Dramen und Gedichte, alle entdeckten oder künftig zu entdeckenden wie auch die ewig unbekannt bleibenden Wissensschätze alle denkbaren Kataloge, Logarithmentafeln, Matrikelbücher, Zeitungsartikel, Heiratsannoncen usw., natürlich auch jede unsinnige Zusammenstellung vor. Bei noch so kleinem Druck und noch so dünnem Papier würde der Weltenraum bis zu den fernsten uns sichtbaren Gestirnen nur einen verschwindend winzigen Teil unserer Büchermenge zu fassen vermögen. Wie unüberbrückbar dennoch die Kluft zwischen einer so umfassenden Menge und einer Menge mit unendlich vielen Elementen ist, geht anschaulich aus folgendem hervor: nimmt man die Existenz unendlich vieler Weltkörper mit sprechenden, druckenden und Mathematik (einschließlich Mengenlehre) treibenden Bewohnern an, so muß auf unendlich vielen jener Weltkörper das nämliche Lehrbuch der Mengenlehre mit gleichnamigem Verfasser und Verleger, gleicher Jahreszahl, denselben Druckfehlern usw. erscheinen; denn in unserer Menge kommen ja nur endlich viele Bücher überhaupt, um so mehr nur endlich viele über Mengenlehre vor, und wenn auf jedem Weltkörper auch nur ein einziges solches Lehrbuch erscheint, so müssen unter diesen unendlich vielen Lehrbüchern unendlich viele gleiche sein.

4. Wir haben bisher Mengen betrachtet, die *endlich viele* Elemente enthalten. Bei dem rein gedanklichen Charakter der Bildung einer Menge können wir diese Beschränkung fallen lassen und Mengen mit *unendlich vielen* Elementen, sogenannte „unendliche Mengen“, bilden. Dabei soll auf die Bedeutung der mehrfach verwendeten Begriffe „endlich“ und „unendlich“, von denen der Leser eine hinreichend deutliche naive Vorstellung besitzt, vorläufig nicht näher eingegangen werden. Z. B. können wir, statt in dem zweiten Beispiel bei der Zahl 8 haltzumachen, in der Zahlenreihe weitergehen und uns die Menge *aller* Zahlen 1, 2, 3, ... und so weiter fort ohne Ende, die Menge aller „natürlichen Zahlen“[1], gebildet denken. Auch diese Menge stellt uns ein bestimmtes, allerdings unbegrenztes Ordnungsschema dar, sobald wir die besondere Natur ihrer Elemente außer acht lassen, d. h. sobald wir davon absehen, daß die Elemente gewisse Zahlen

---

[1]) Die nachstehend gesperrt gedruckten Bezeichnungen werden im Lauf der späteren Betrachtungen noch öfters benutzt. Das am Schluß stehende Register gibt zu jeder dieser Bezeichnungen die Stelle an, wo sie erklärt ist.

sind; dagegen können wir bei dieser Menge von der *Anzahl* ihrer Elemente im gewöhnlichen Sinne nicht sprechen.

Schon an dieser Stelle sei hervorgehoben, von welch ganz anderem Charakter der hier gebrauchte Begriff „Unendlich" (unendlich viele Elemente, unendliche Menge, unendliches Ordnungsschema) ist als der sonst vielfach in der Mathematik verwendete. In der niederen und höheren Analysis ist vielfach die Rede von veränderlichen Größen, die unendlich groß oder unendlich klein „werden" (nicht „sind"), und von den bei solchen Prozessen auftretenden Eigenschaften anderer Größen, die als von jenen abhängig definiert sind; hierbei ist gemeint, daß jene Größen über jeden noch so großen endlichen Betrag hinauswachsen oder sich unbegrenzt der Null annähern können, ohne daß dieser Zu- oder Abnahme bestimmte Grenzen gesetzt sind; in jeder Etappe des Prozesses, wie immer und wie weit auch er durchgeführt werde, haben die Größen jedoch bestimmte endliche von Null verschiedene Werte. Es handelt sich also bei diesem Gebrauch des Begriffs „Unendlich" nur, wie sich *Gauß* ausdrückte (vgl. oben S. 1), um eine façon de parler, die eine umständlichere Ausdrucksweise entbehrlich macht; so z. B. in dem Satz: Wird die positive Zahl $n$ unendlich groß, so strebt der Ausdruck $\frac{1}{n}$ nach Null (oder wird unendlich klein). Man spricht in diesem Sinne vom uneigentlichen oder potentiellen Unendlich. In scharfem und deutlichem Gegensatz hierzu ist die soeben betrachtete Menge (wie auch das durch sie bestimmte Ordnungsschema) ein fertiges, abgeschlossenes, in sich festes Unendliches, insofern als sie unendlich viele genau definierte Elemente (die natürlichen Zahlen), keines mehr und keines weniger, umfaßt. Hier liegt also ein eigentliches oder aktuales Unendlich vor, das als reines, in einem einheitlichen Akt zum Bewußtsein gebrachtes Gedankending offenbar nichts Widerspruchsvolles in sich birgt. Das nämliche gilt für die drei folgenden Beispiele.

5. Wir denken uns (vgl. Fig. 1) eine Strecke etwa von der Länge 10 cm von links nach rechts gezeichnet und durch Markierung ihres

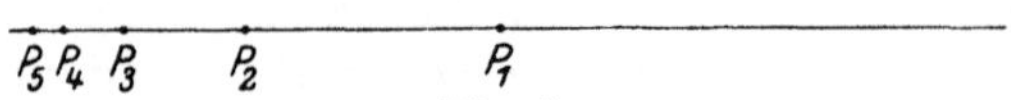


Fig. 1.

Halbierungspunktes (Mittelpunktes) in zwei Hälften geteilt; der Halbierungspunkt werde mit $P_1$ bezeichnet. Die linke Hälfte halbieren wir abermals und bezeichnen ihren Halbierungspunkt mit $P_2$; ebenso halbieren wir die links von $P_2$ liegende Strecke, die $2\frac{1}{2}$ cm lang sein wird (nämlich den vierten Teil so lang wie die ursprüngliche Strecke), und markieren ihren Halbierungspunkt $P_3$. Dieses Verfahren denken wir uns unbegrenzt derart fortgesetzt, daß nach jedem Schritt die linke der entstandenen Hälften abermals halbiert und der Halbierungspunkt markiert wird; beim $n^{\text{ten}}$ Schritt, wobei $n$ irgendeine natürliche Zahl bedeuten kann, erhalten wir so den Halbierungspunkt $P_n$. Wir können nun diese *sämtlichen* Halbierungspunkte $P_1$, $P_2$, $P_3$ usw. zu einer Menge zusammenfassen; es leuchtet ein, daß bei Ordnung der Halbierungspunkte in dieser Reihenfolge (also von rechts nach links, nicht etwa von links nach rechts) sich unsere Menge von Punkten durch nichts von der unter 4 betrachteten Menge aller natürlichen Zahlen unterscheidet, außer durch die Eigenart der Elemente.

Die soeben vorgeführte Menge kann man in Zusammenhang setzen mit dem aus dem griechischen Altertum bekannten (von *Zeno* stammenden) Paradoxon des *Wettlaufs zwischen Achilles und der Schildkröte*. Man denke sich diesem Wettlauf die Fig. 1 (etwa unter Vergrößerung des Maßstabs) derart zugrunde gelegt, daß Achilles vom rechten Endpunkt aus, die Schildkröte vom Punkt $P_1$ aus (also mit gehörigem Vorsprung) den Lauf in der Richtung nach links beginnt und Achilles stets doppelt so rasch läuft wie die Schildkröte. Bis Achilles den Ausgangspunkt $P_1$ der Schildkröte erreicht hat, ist diese bei $P_2$ angelangt; sobald Achilles bei $P_2$ eintrifft, steht die Schildkröte bei $P_3$, usw.; bedeutet $n$ eine beliebige natürliche Zahl, so wird, wenn Achilles den Punkt $P_n$ erreicht, die Schildkröte schon bei $P_{n+1}$ sein, also immer noch einen Vorsprung haben. Die Gesamtheit all der Strecken, die Achilles so durcheilt, um den jeweiligen Vorsprung der Schildkröte einzuholen, stellt eine Menge von unendlich vielen Strecken dar, die beständig abnehmen und alle in der Strecke von Fig. 1 enthalten sind. Der Begriff dieser unendlichen Menge ist also bis zu einem gewissen Grad sogar anschaulich, jedenfalls durchaus faßbar und logisch einwandfrei.

6. Statt wie in Beispiel 4 nur die „natürlichen", also die positiven ganzen Zahlen zu einer Menge zusammenzufassen, können wir auch die unendliche Menge bilden, die aus allen (positiven und negativen) *reellen Zahlen* (einschließlich Null) besteht; wie in der elementaren Arithmetik gezeigt wird (vgl. auch S. 33), erhält man die Gesamtheit aller verschiedenen reellen Zahlen einfach z. B. dadurch, daß man alle möglichen unendlichen (d. h. nicht bei einer bestimmten Stelle abbrechenden) Dezimalbrüche bildet.

Eine mit dieser Menge nahe verwandte, ihr gegenüber sich durch Anschaulichkeit auszeichnende Menge entsteht auf folgende

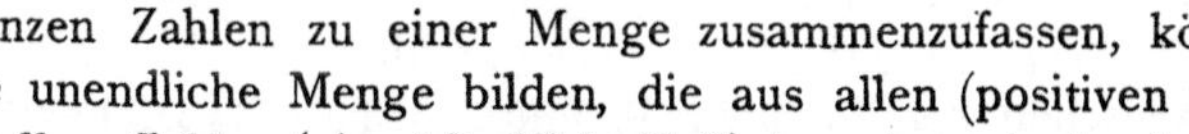


Fig. 2.

Weise (vgl. Fig. 2): Wir denken uns eine etwa von links nach rechts verlaufende, nach beiden Seiten hin unbegrenzte gerade

Linie (Gerade) gezogen und auf ihr einen ganz beliebigen Punkt als „Nullpunkt“ $P_0$ markiert. In einer beliebigen Entfernung *rechts* von $P_0$, etwa in der Entfernung 1 cm, markieren wir auf der Geraden einen zweiten Punkt, den „Einspunkt“ $P_1$. Es entspricht nun[1]) der naiven Vorstellung (und der damit im Einklang stehenden üblichen geometrischen Forderung) in bezug auf die Art und Weise, wie eine gerade Linie mit Punkten erfüllt ist, wenn wir annehmen, zu jeder positiven reellen Zahl $a$ gebe es auf dem rechts von $P_0$ gelegenen Teil unserer Geraden einen einzigen Punkt, der gerade $a$-mal so weit von $P_0$ entfernt liegt wie der Punkt $P_1$ (bei unserer Annahme also $a$ cm); es gibt so z. B. ($a = 3$, $= \frac{1}{4}$, $= \sqrt{2}$ gesetzt) je einen Punkt rechts von $P_0$ auf unserer Geraden, der 3 cm, $\frac{1}{4}$ cm, $\sqrt{2}$ cm $= 1{,}414\ldots$ cm von $P_0$ entfernt liegt. Der Einfachheit wegen bezeichnen wir einen Punkt, der $a$-mal so weit rechts von $P_0$ liegt wie der Einspunkt $P_1$, kurz selber durch die Zahl $a$; daher wird der Einspunkt $P_1$ auch durch die Zahl 1 und, wie man leicht als folgerichtig einsieht, der Nullpunkt $P_0$ auch durch die Zahl 0 bezeichnet. Endlich bezeichnen wir den Punkt der Geraden, der von $P_0$ ebensoweit entfernt ist wie der Einspunkt $P_1$, aber *links* von $P_0$ liegt, mit $-1$; ist wieder $a$ eine beliebige positive reelle Zahl, so gibt es einen einzigen Punkt unserer Geraden, der links von $P_0$ liegt und dabei $a$-mal soweit von $P_0$ entfernt ist wie der Einspunkt $P_1$; dieser Punkt werde mit $-a$ bezeichnet, so daß bei unserer Annahme z. B. der Punkt $-7$ unserer Geraden links von $P_0$ in der Entfernung 7 cm gelegen ist. Mit allen auf diese Weise erhaltenen Punkten ist die Gesamtheit der Punkte auf der Geraden erschöpft. Durch diese Festsetzungen haben wir eine anschauliche Zuordnung aller reellen Zahlen zu sämtlichen Punkten einer Geraden erhalten, eine Zuordnung, bei der jeder reellen Zahl ein einziger Punkt entspricht und umgekehrt; sie ist stets in völlig bestimmter Weise möglich, unabhängig davon, wie groß die Entfernung zwischen den Punkten $P_0$ und $P_1$ (die „Maßeinheit“) gewählt wird. Die Gerade mit den in der angegebenen Weise bezeichneten Punkten nennt man die Zahlengerade. Wir werden sie im Laufe unserer Betrachtungen ihrer Anschaulichkeit wegen noch öfters heranziehen und dabei die Größe der Maßeinheit immer beliebig lassen, so daß man es eigentlich mit unendlich vielen, für unsere Zwecke gleichwertigen Zahlengeraden zu tun hat.

Wir können nun auch die *Menge aller Punkte unserer Geraden* betrachten. Ordnen wir diese Punkte von links nach rechts, die reellen Zahlen aber der zunehmenden Größe nach (und zwar mit Rücksicht auf das Vorzeichen, so daß z. B. $-7$ kleiner ist als $-3$,

---

[1]) Ausführlichere Bemerkungen über diese Beziehung zwischen Zahlen und Punkten findet man zu Beginn des § 10 (S. 105).

$-3$ kleiner als $+3$), so zeigt die geordnete Menge aller Punkte unserer Geraden keinerlei Unterschied gegenüber der geordneten Menge aller reellen Zahlen, sobald nur in beiden Fällen von der besonderen Natur der Elemente abgesehen wird.

7. Einem letzten Beispiel einer Menge sei folgende Bemerkung vorausgeschickt, an die wir auch später wieder anknüpfen werden: Unter einer *algebraischen Gleichung* wird eine Beziehung der Form

$$a_n x^n + a_{n-1} x^{n-1} + \ldots + a_2 x^2 + a_1 x + a_0 = 0$$

verstanden, wo $a_n, a_{n-1}, \ldots, a_2, a_1, a_0$ bestimmte gegebene Zahlen sind, während die Zahl $x$ unbekannt ist und derart gesucht wird, daß die Gleichung gerade befriedigt, ihre linke Seite also gleich Null wird. Dabei bedeutet $n$ irgendeine positive ganze Zahl, die — falls $a_n$ von Null verschieden ist, wie wir annehmen wollen — der *Grad* der Gleichung genannt wird; auch unter $a_n, a_{n-1}, \ldots, a_0$ wollen wir stets nur (positive oder negative) *ganze* Zahlen (die Null eingeschlossen) verstehen. Es kann dann, wie in den Elementen der Algebra gezeigt wird, keine, eine oder mehrere, aber niemals mehr als $n$ verschiedene reelle Zahlen $x$ geben, die die Gleichung befriedigen und „*Wurzeln*" derselben heißen; eine Wurzel wird im allgemeinen natürlich nicht ganzzahlig sein. Z. B. hat die Gleichung $x^2 - 2 = 0$ die beiden Wurzeln $x = +\sqrt{2} = 1{,}414\ldots$ und $x = -\sqrt{2}$, während die Gleichung $x^2 + 2 = 0$ überhaupt keine reelle Wurzel besitzt. Eine reelle Zahl, die Wurzel einer algebraischen Gleichung ist, nennt man eine (reelle) algebraische Zahl. Es ist zwar jeder gemeine Bruch $\frac{p}{q}$ eine algebraische Zahl, da $x = \frac{p}{q}$ der Gleichung $qx - p = 0$ genügt; nicht aber läßt sich umgekehrt jede algebraische Zahl als gemeiner Bruch darstellen, für $\sqrt{2}$ z. B. ist eine solche Darstellung unmöglich. Die Gesamtheit aller gemeinen Brüche bildet somit einen Teil der Gesamtheit aller algebraischen Zahlen.

Es läge nun die Vermutung nahe, daß ebenso wie z. B. die Zahl $\sqrt{2} = 1{,}414\ldots$ sich *alle* reellen Zahlen oder, was dasselbe besagt, *alle* unendlichen Dezimalbrüche als Wurzeln gewisser algebraischer Gleichungen auffassen lassen; dies ist, wie wir später (S. 41) sehen werden, keineswegs der Fall. Eine reelle Zahl $a$, die *nicht* als Wurzel einer algebraischen Gleichung darstellbar ist, d. h. zu der sich überhaupt keine algebraische Gleichung finden läßt, die durch $x = a$ befriedigt würde, bezeichnet man als eine (reelle) transzendente Zahl. Wir können uns nun die *Menge aller (reellen) transzendenten Zahlen* gebildet denken, deren Elemente jedenfalls nur einen Teil der reellen Zahlen ausmachen. Die tatsächliche Bildung dieser Menge würde zwar beim heutigen Stande der Forschung unmöglich sein. Dies ist begreiflich; denn um eine gegebene Zahl $a$ als transzendent nachzuweisen, muß man ja zeigen, daß keine aller unendlich vielen denkbaren algebraischen Gleichungen die Zahl $a$ zur Wurzel hat, eine allem Anschein nach (und auch in Wirklichkeit) recht schwierige Aufgabe; gelingt dieser Nachweis nicht, ohne daß man doch umgekehrt eine algebraische Gleichung auffinden kann, die durch $a$ befriedigt wird, so ist damit nur gesagt, daß vorläufig die Entscheidung darüber aussteht, ob $a$ algebraisch oder transzendent ist. In der Tat ist bis heute nur von gewissen begrenzten Klassen reeller Zahlen[1]) bekannt, daß sie transzendent sind, obwohl man weiß, daß es außer den als transzendent *nachgewiesenen* noch unendlich viele weitere transzendente Zahlen gibt; wir werden im § 5 sehen, in welcher Weise solch ein Existenzbeweis allgemein, ohne die Kenntnis all der als existierend nachzuweisenden transzendenten Zahlen im einzelnen, geführt werden kann.

Die ausdrückliche Bildung der Menge aller transzendenten Zahlen ist also ganz unmöglich. Dennoch ist diese Menge ein wohl denkbarer, logisch einwandfreier Begriff; jede vorgelegte reelle Zahl kann ja nach Definition nur *entweder* algebraisch *oder* transzendent sein, wenn wir auch nicht immer imstande sind, die Entscheidung darüber zu treffen; und eben alle transzendenten Zahlen und nur sie stellen die Elemente unserer Menge dar.

Nachdem wir so einige Beispiele von Mengen wirklich kennen gelernt haben, ist es leicht, die zu Beginn dieses Paragraphen angegebene Definition der Menge in ihrer Bedeutung und Tragweite zu würdigen. Den Begriff „Objekte unserer Anschauung oder unseres Denkens" näher zu zergliedern, kann philosophischer Betrachtung überlassen bleiben; für unsere Zwecke ist seine Bedeutung hinreichend klar. Übrigens werden wir in der Regel nur mathematische Objekte, wie Zahlen, Punkte usw. (oder auch Mengen von solchen), verwenden. Ebenso leuchtet nach den vorgeführten Beispielen genügend ein, was unter der „Zusammenfassung von Objekten zu einem Ganzen" zu verstehen ist; die Objekte werden als Elemente bezeichnet, das Ganze als die durch die Elemente bestimmte Menge. Es bleibt also nur mehr übrig, die Begriffe „bestimmt" und „wohlunterschieden" zu erklären. Der letztere will besagen, daß *für je zwei Objekte feststehen muß, ob sie begrifflich identisch oder verschieden sind, und daß die Elemente einer Menge sämtlich untereinander verschieden sein sollen.* Das Attribut

---

[1]) Die bekanntesten dieser transzendenten Zahlen sind die bei der Berechnung des Kreisumfangs und -inhalts vorkommende Zahl $\pi = 3{,}14159\ldots$ und die Basis $e$ der natürlichen Logarithmen. Als *Cantor* 1874 die Menge aller transzendenten Zahlen betrachtete und Eigenschaften von größter Wichtigkeit für sie bewies (vgl. S. 41), war noch unbekannt, ob $\pi$ eine transzendente Zahl ist und somit jener Menge als Element angehört, während die entsprechende Feststellung für $e$ aus dem gleichen Jahre datiert.

„bestimmt" dagegen fordert: *von jedem beliebigen Objekt muß feststehen, ob es Element der in Frage stehenden Menge ist oder nicht.* Dieses Feststehen bedeutet aber nicht ein wirkliches *Feststellen* in jedem einzelnen Fall, sondern es muß nur „*intern* bestimmt sein", d. h. *begrifflich* feststehen, ob ein gegebenes Objekt zu unserer Menge gehört oder nicht. Dies läßt sich z. B. in dem oben vorgeführten Beispiel 7 für eine gegebene reelle Zahl im allgemeinen mit den heutigen Mitteln der Wissenschaft nicht rechnerisch feststellen und war *Cantor* bei seiner Untersuchung der Menge der transzendenten Zahlen für die Zahlen $\pi$ und $e$ unbekannt, wie wir auch heute die entsprechende Frage z. B. für die Zahl $2^\pi$ oder $\pi^\pi$ nicht lösen können; aber jedenfalls ist für eine bestimmte Zahl stets „intern", auf Grund des logischen Satzes vom ausgeschlossenen Dritten, entschieden, ob sie transzendent ist oder nicht, und daher stellt die Gesamtheit aller transzendenten Zahlen wirklich eine Menge dar[1]).

Eine Menge ist nach unserer Definition vollkommen bestimmt durch die Gesamtheit ihrer Elemente. Zwei Mengen $M$ und $N$ gelten demgemäß dann, aber auch nur dann, als gleich (in Zeichen: $M = N$), wenn sie die nämlichen Elemente enthalten; dabei können die beiden Mengen übrigens sehr wohl auf verschiedene Arten definiert sein. Man bedient sich zur Bezeichnung der Tatsache, daß eine Menge $M$ die Elemente $a$, $b$, $c$ usw. enthält, der folgenden Schreibweise

$$M = \{a, b, c, \ldots\};$$

hier können entweder die in $M$ enthaltenen Elemente sämtlich innerhalb der geschweiften Klammern hingeschrieben, oder es kann durch Punkte angedeutet werden, daß die weiteren Elemente der Menge als bekannt anzusehen sind.

Auf die Mängel der angegebenen *Cantor*schen Definition der Menge und auf die Frage, in welcher Richtung eine andere Erklärung des Mengenbegriffs gesucht werden könnte, werden wir erst gegen Ende unserer Überlegungen (in den §§ 12 und 13) zurückkommen; bis dahin bleiben wir bei der *Cantor*schen Definition, die uns völlig hinreichende Dienste leisten wird.

## § 3. Die Begriffe der Äquivalenz, der Teilmenge, der unendlichen Menge.

Derjenige Begriff, auf dem sich die Einführung „unendlicher Zahlen" und das Rechnen mit ihnen in erster Linie aufbaut, ist der Begriff der Äquivalenz.

---

[1]) Von den in diesem Absatz und dem letzten Beispiel angeschnittenen Prinzipienfragen wird in § 12 noch die Rede sein.

In den Beispielen 1 und 2 des vorigen Paragraphen wurde einmal eine Menge von acht Früchten, dann eine Menge von acht Zahlen betrachtet und darauf hingewiesen, daß beide Mengen sich lediglich durch die Natur ihrer Elemente unterscheiden; ihre Elemente können also (übrigens auf mannigfache Art) derart aufeinander bezogen werden, daß jeder bestimmten Frucht je eine einzige Zahl und umgekehrt jeder der acht Zahlen je eine Frucht entspricht. Das gleiche gilt z. B. von den beiden im Beispiel 5 betrachteten Mengen, der Menge aller reellen Zahlen und derjenigen aller Punkte einer geraden Linie; wie sich aus der dortigen Betrachtung ergibt, können die Elemente beider Mengen einander in solcher Weise zugeordnet werden, daß zu jeder reellen Zahl ein einziger Punkt gehört und umgekehrt.

Derartige Zuordnungen gehören zu den primitivsten und unentbehrlichsten Funktionen des menschlichen Denkens. Will man auf einer Kulturstufe, wo Zahl und Zählen noch fernliegende oder unbekannte Dinge sind, einen Haufen Nüsse und eine Handvoll Glasperlen (z. B. zu Tauschzwecken) miteinander vergleichen, so ist es einfach und naheliegend, in willkürlicher Weise nacheinander je eine Nuß und eine Perle herauszugreifen und einander gegenüberzulegen. Das Resultat ergibt dann, je nachdem schließlich Nüsse, Perlen oder keine von beiden übrig bleiben, daß mehr Nüsse, mehr Perlen oder von beiden gleichviel vorhanden waren; im letzten Fall haben sich die zwei Mengen als gleichgroß (gleichanzahlig) erwiesen. Auf diese Weise läßt sich, und zwar sowohl psychologisch wie auch logisch-mathematisch[1]), der *Begriff der Anzahl* einführen (als das Gemeinsame von Mengen, deren Elemente einander gegenseitig eindeutig zugeordnet werden können).

Während aber der Anzahlbegriff uns zunächst nur für Mengen mit endlich vielen Elementen einen Sinn zu haben scheint, hindert uns nichts, das Verfahren der Zuordnung, etwa mittels eines *Zuordnungsgesetzes,* auf ganz beliebige Mengen anzuwenden. Wir setzen demnach fest:

**Definition 1.** Eine Menge $M$ heißt einer zweiten Menge $N$ äquivalent, wenn die Elemente von $N$ den Elementen von $M$ *umkehrbar eindeutig* zugeordnet werden können, also in solcher Weise, daß vermöge der Zuordnung jedem Element von $M$ ein einziges Element von $N$, aber gleichzeitig auch umgekehrt jedem Element von $N$ ein einziges von $M$ entspricht.

Damit eine Menge einer anderen äquivalent sei, muß die fragliche Zuordnung also *umkehrbar* eindeutig sein, nicht nur eindeutig

[1]) Vgl. z. B. *H. Weber - P. Epstein*: Arithmetik, Algebra und Analysis (1. Bd. der Enzyklopädie der Elementarmathematik von *H. Weber* und *J. Wellstein*), 4. Aufl. (Leipzig u. Berlin 1922), S. 1—15.

schlechthin. Ist z. B. $M$ eine Menge von fünf Äpfeln, $N$ die Menge der drei Zahlen 1, 2, 3, so könnte man dem ersten Apfel die Zahl 1, dem zweiten Apfel die Zahl 2, jedem der drei folgenden Äpfel aber die Zahl 3 zuordnen. Diese Zuordnung ist eindeutig, aber nicht umkehrbar eindeutig; denn bei ihr entspricht zwar jedem Apfel eine einzige, ganz bestimmte Zahl, aber umgekehrt entsprechen der Zahl 3 nicht nur ein einziger, sondern drei Äpfel; beide Mengen brauchen daher nicht äquivalent zu sein (und sind es auch wirklich nicht). Um zu zeigen, daß eine gegebene Menge einer anderen *nicht* äquivalent ist, genügt es gemäß Definition 1 natürlich nicht, eine nicht eindeutige oder nicht umkehrbar eindeutige Zuordnung zwischen ihren Elementen herzustellen; dazu ist vielmehr der Nachweis erforderlich, daß überhaupt *keine* umkehrbar eindeutige Zuordnung zwischen den Elementen beider Mengen möglich ist[1]).

Eine umkehrbar eindeutige Zuordnung zwischen den Elementen zweier Mengen wollen wir auch kurz eine Abbildung der beiden Mengen aufeinander nennen; eine solche Abbildung (bzw. die Vorschrift oder das Gesetz, wonach sie hergestellt wird) wird in der Regel mit einem großen griechischen Buchstaben ($\Phi$, $\Psi$ usw.) bezeichnet werden.

Demnach sind von den Beispielen des vorigen Paragraphen einander äquivalent die Mengen unter 1 und 2, dann die beiden unter 6 betrachteten Mengen, endlich auch die Mengen unter 4 und 5. Weitere Beispiele äquivalenter Mengen werden uns noch in diesem und in den folgenden Paragraphen beschäftigen.

Schon an dieser Stelle seien drei Eigenschaften der Äquivalenz hervorgehoben, die fast selbstverständlich scheinen, aber dennoch eines Beweises bedürftig und fähig sind[2]). Vor allem *ist jede beliebige Menge sich selbst äquivalent;* um dies zu erkennen, braucht man nur die Menge auf sich selbst in der Weise abzubilden, daß jedes einzelne Element sich selber zugeordnet wird. Ebenso leicht ist einzusehen, daß *die Beziehung der Äquivalenz zwischen zwei Mengen eine gegenseitige ist*, daß also, falls die Menge $M$ der Menge $N$ äquivalent ist, auch umgekehrt die letztere der ersteren äquivalent ist. Da nämlich die in Frage stehende Zuordnung nicht nur eindeutig schlechthin, sondern umkehrbar eindeutig ist, so wird auch jedem Element von $N$ ein Element von $M$ umkehrbar eindeutig zugeordnet, was ja gemäß der Definition gerade besagt, daß die Menge $N$ der Menge $M$ äquivalent ist. Um diese Überlegung anschaulicher zu machen, verstehen wir unter $M$ die in Nummer 1 des vorigen Paragraphen betrachtete Menge von Früchten, unter $N$ die in Nummer 2 vor-

---

[1]) Vgl. hierzu die Fußnote [2]) auf S. 16.

[2]) Die nächsten Betrachtungen können von dem weniger geübten Leser, namentlich bei der erstmaligen Lektüre, überschlagen werden. Allgemein soll in dieser Schrift — vor allem in den ersten Abschnitten, während deren Durcharbeitung sich der Leser von selbst eine gewisse Übung aneignen wird — durch kleineren Druck gewisser Stellen stets angedeutet werden, daß die betreffenden Betrachtungen etwas abstrakter Natur sind und vom Leser zunächst beiseite gelassen werden können, ohne daß dadurch das Verständnis der späteren Überlegungen beeinträchtigt wird.

geführte Menge von Zahlen. Daß die Menge $M$ der Menge $N$ äquivalent ist, läßt sich dann anschaulich machen durch das folgende Schema:

| | | | | | | | | |
|---|---|---|---|---|---|---|---|---|
| $M$: | Apfel | Apfel | Apfel | Apfel | Apfel | Birne | Birne | Aprikose |
| | ↕ | ↕ | ↕ | ↕ | ↕ | ↕ | ↕ | ↕ |
| $N$: | 1 | 2 | 3 | 4 | 5 | 6 | 7 | 8, |

in dem die doppelte Zuspitzung der Pfeile andeutet, daß die Zuordnung umkehrbar eindeutig ist; dasselbe Schema besagt aber offenbar im Sinne unserer Definition, daß auch umgekehrt die Menge $N$ der Menge $M$ äquivalent ist. Durch diese der Äquivalenz zukommende Eigenschaft der Gegenseitigkeit gewinnen wir erst das — teilweise schon benutzte — Recht, schlechthin von der Äquivalenz „zweier Mengen" oder „zwischen zwei Mengen" oder von einer Abbildung „zwischen zwei äquivalenten Mengen" zu sprechen oder zu sagen, zwei Mengen seien „einander äquivalent", — kurz: Ausdrucksweisen für die Äquivalenz und die Abbildung zu gebrauchen, bei denen beide Mengen gleichberechtigt erscheinen.

Um die dritte und letzte hier hervorzuhebende Eigenschaft der Äquivalenz kennen zu lernen, gehen wir aus von drei Mengen $M$, $N$ und $P$, von denen einmal $M$ und $N$, ferner $N$ und $P$ äquivalent sein sollen; unser Ziel ist der Nachweis, daß auch $M$ und $P$ äquivalent sind. Es bezeichne $\Phi$ eine (wegen der vorausgesetzten Äquivalenz sicherlich existierende) Abbildung zwischen den Mengen $M$ und $N$, $\Psi$ eine ebensolche zwischen $N$ und $P$. Ist $m$ irgendein Element von $M$, so ordnet ihm die Abbildung $\Phi$ ein bestimmtes Element $n$ von $N$, diesem wiederum die Abbildung $\Psi$ ein bestimmtes Element $p$ von $P$ zu; da die Abbildungen $\Phi$ und $\Psi$ umkehrbar eindeutig sind, entspricht dem Element $p$ von $P$ vermöge $\Psi$ auch nur das einzige Element $n$ von $N$ und diesem vermöge $\Phi$ das einzige Element $m$ von $M$. Wir setzen nun fest, daß dem Element $m$ von $M$ das Element $p$ von $P$ und umgekehrt diesem jenes zugeordnet werden soll; wird diese Festsetzung für alle Elemente $m$ von $M$ und damit für alle Elemente $p$ von $P$ getroffen, so erhalten wir eine umkehrbar eindeutige Zuordnung zwischen allen Elementen von $M$ und allen Elementen von $P$. Die Möglichkeit der Herstellung einer derartigen Zuordnnng beweist nun in der Tat, daß die Mengen $M$ und $P$ äquivalent sind; *sind also zwei Mengen einer und derselben dritten Menge äquivalent, so sind sie auch untereinander äquivalent.*

Um diesen Beweisgang zu veranschaulichen, fügen wir zu den zwei im vorletzten Absatz betrachteten Mengen $M$ und $N$ noch eine dritte Menge $P$ hinzu, die etwa acht verschiedene Nüsse enthalten möge; diese Menge $P$ ist offenbar äquivalent der aus acht Zahlen bestehenden Menge $N$. Je eine Abbildung zwischen den Mengen $M$ und $N$ einerseits und zwischen den Mengen $N$ und $P$ andererseits veranschaulicht uns das folgende Schema:

| | | | | | | | | |
|---|---|---|---|---|---|---|---|---|
| $M$: | Apfel | Apfel | Apfel | Apfel | Apfel | Birne | Birne | Aprikose |
| | ↕ | ↕ | ↕ | ↕ | ↕ | ↕ | ↕ | ↕ |
| $N$: | 1 | 2 | 3 | 4 | 5 | 6 | 7 | 8 |
| | ↕ | ↕ | ↕ | ↕ | ↕ | ↕ | ↕ | ↕ |
| $P$: | Nuß | Nuß | Nuß | Nuß | Nuß | Nuß | Nuß | Nuß. |

Eine Abbildung zwischen den Mengen $M$ und $P$ und damit den Nachweis der Äquivalenz dieser beiden Mengen gewinnt man hieraus, entsprechend dem eben durchgeführten Beweisverfahren, einfach dadurch, daß man die Elemente der Menge $N$ wegstreicht und dann je zwei untereinanderstehende Elemente der Mengen $M$ und $P$ einander zuordnet. (Man hat damit ersichtlich die Umkehrung des Verfahrens durchgeführt, das die Vergleichung zweier Mengen von Gegenständen durch Zwischenschaltung einer Menge von Zahlen, d. h. durch „Abzählung" der Mengen, lehrt.)

Die Tatsache, daß zwei Mengen $M$ und $N$ äquivalent sind, bezeichnet man durch die Schreibweise: $M \sim N$ (gelesen: $M$ äquivalent $N$). Unsere letzten Betrachtungen zeigen, daß *jeder* Menge $M$ die Eigenschaft $M \sim M$ zukommt, daß ferner zugleich mit $M \sim N$ stets auch $N \sim M$ gilt und daß endlich aus den beiden Beziehungen $M \sim N$, $N \sim P$ die Beziehung $M \sim P$ folgt.

Es sei eine Menge $M$ gegeben. Wir denken uns einen Teil ihrer Elemente willkürlich herausgegriffen und fassen die durch sie bestimmte Menge $M'$ ins Auge; eine solche Menge $M'$ heißt eine Untermenge oder Teilmenge der Menge $M$. Also:

**Definition 2.** Eine Menge $M'$ heißt eine Teilmenge der Menge $M$, wenn jedes Element von $M'$ gleichzeitig auch Element von $M$ ist.

Darunter ist auch der Grenzfall enthalten, daß *alle* Elemente von $M$ in der Teilmenge $M'$ vorkommen, d. h. daß die Mengen $M$ und $M'$ gleich sind; in diesem Fall ist gleichzeitig $M'$ Teilmenge von $M$ und $M$ Teilmenge von $M'$; man nennt dann $M'$ eine *unechte* (uneigentliche) Teilmenge von $M$. Enthält dagegen $M$ auch Elemente, die sich in $M'$ nicht finden, so spricht man der Deutlichkeit wegen nötigenfalls von einer *echten Teilmenge* (eigentlichen Teilmenge) $M'$.

Z. B. hat die Menge $\{1, 2, 3\}$ die Teilmengen $\{1\}$, $\{2\}$, $\{3\}$, $\{1, 2\}$, $\{2, 3\}$, $\{1, 3\}$ und $\{1, 2, 3\}$; alle bis auf die letzte, die eine unechte Teilmenge ist, sind echte Teilmengen der Menge $\{1, 2, 3\}$. Diese Menge und all ihre Teilmengen sind andererseits echte Teilmengen der Menge $\{1, 2, 3, 4, \ldots)$ *aller* natürlichen Zahlen; ebenso ist z. B. die Menge aller geraden Zahlen $\{2, 4, 6, 8, \ldots\}$ eine Teilmenge der Menge aller natürlichen Zahlen und zwar eine echte Teilmenge, weil die (in der Menge aller natürlichen Zahlen vorkommenden) ungeraden Zahlen 1, 3, 5, ... in ihr nicht enthalten sind.

Nach der Definition der Teilmenge leuchtet ein, daß, *wenn M eine Teilmenge der Menge N und N eine Teilmenge der Menge P ist, auch M eine Teilmenge von P ist.*

Aus rein formalen Gründen, namentlich um gewisse Tatsachen einfacher und bequemer aussprechen zu können, führen wir an dieser Stelle noch eine uneigentliche Menge ein, die sogenannte Nullmenge[1]). Diese ist dadurch definiert, daß sie überhaupt kein Element enthält; sie ist also eigentlich gar keine Menge, soll aber als solche gelten und mit 0 bezeichnet werden. Ihren Wert gewinnt die Einführung der Nullmenge durch die folgende Festsetzung, die sich später

[1]) Die „Nullklasse" ist zunächst von den Vertretern der „Algebra der Logik" verwendet, dann aber als Nullmenge von *Zermelo* und anderen systematisch in der Mengenlehre benutzt worden.

als nützlich erweisen wird: *Die Nullmenge 0 soll als Teilmenge jeder beliebigen Menge — auch von sich selbst — gelten.* Dies steht offen bar im Einklang mit Definition 2[1]).

Wenn wir auch gelegentlich aus formalen Gründen diese Festsetzung benutzen wollen, so werden wir doch zunächst der Nullmenge wenig Beachtung schenken; im allgemeinen denken wir bei dem Begriff „Menge“ immer an solche Mengen, die wirklich Elemente enthalten.

Es sei $M$ eine *endliche* Menge, worunter wir im üblichen naiven Sinn eine Menge von endlich vielen Elementen verstehen wollen (z. B. die Menge der hundert natürlichen Zahlen von 1 bis 100 oder die Menge aller Druckzeichen in dem vorliegenden Buch; vgl. auch S. 18 unten). Bedeutet $M'$ eine echte Teilmenge von $M$ (also eine Menge, die einige, aber nicht alle unter jenen hundert Zahlen oder unter diesen Zeichen enthält), so sind $M$ und $M'$ sicher nicht äquivalent. Denn beginnt man der Reihe nach irgendwie jedem Element von $M$ in umkehrbar eindeutiger Weise je ein Element von $M'$ zuzuordnen, so wird schließlich — und zwar nach endlich vielen Schritten — die Menge $M'$ erschöpft sein, während in $M$ noch Elemente übrig sind, denen kein Element von $M'$ zugeordnet ist. Der hierdurch gedanklich völlig bestimmte Beweis dieser fast trivial erscheinenden (übrigens späterhin nicht mehr benutzten) Tatsache soll hier nicht genauer ausgeführt werden[2]).

Ganz anders liegen die Verhältnisse bei *unendlichen* Mengen, also bei Mengen, die unendlich viele Elemente enthalten, wie wir solche Mengen in den Beispielen 4 bis 7 des vorigen Paragraphen kennen gelernt haben. Hier überzeugt man sich leicht, wenn auch zunächst mit einiger Überraschung, von der merkwürdigen Tatsache, daß zwei unendliche Mengen, von denen die eine eine echte Teilmenge der anderen ist, dennoch sehr wohl einander äquivalent sein

---

[1]) Man kann sich diese Festsetzung so plausibel machen: Faßt man von den Elementen einer gegebenen Menge $M$ die zusammen, die eine gewisse Eigenschaft besitzen, so entsteht eine Teilmenge von $M$; ist die Eigenschaft speziell von solcher Art, daß *kein* Element von $M$ sie besitzt, so wird die entstehende Teilmenge zur Nullmenge.

[2]) Für nähere Ausführung dieses und verwandter Punkte vergleiche man z. B. *Weber-Epstein:* a. a. O., S. 11; *O. Hölder:* Die Arithmetik in strenger Begründung (Leipzig 1914), S. 16; *A. Loewy:* Lehrbuch der Algebra I (Leipzig 1915), S. 384. In der hier hervorgehobenen Tatsache liegt übrigens auch der Grund dafür, daß — im Gegensatz zum allgemeinen Fall, vgl. oben S. 13 — bei endlichen Mengen schon das Mißglücken eines einzigen, irgendwie durchgeführten Versuchs zur umkehrbar eindeutigen Zuordnung zwischen den Elementen zweier Mengen die *Nichtäquivalenz* der Mengen dartut, daß also zur Vergleichung endlicher Mengen nicht etwa das Durchprobieren aller möglichen Zuordnungen erforderlich ist.

können. Betrachten wir z. B. neben der Menge $M$ aller natürlichen Zahlen 1, 2, 3, ... die Menge $M'$, die aus $M$ durch Streichung der Zahl 1 hervorgeht, also die Menge $M' = \{2, 3, 4, \ldots\}$! $M'$ ist offenbar eine echte Teilmenge von $M$. Um anschaulich zu zeigen, daß diese zwei Mengen $M$ und $M'$ äquivalent sind, denken wir uns ihre Elemente der Reihe nach in folgender Weise durch Pfeile aufeinander bezogen:

| | | | | | | | | | |
|---|---|---|---|---|---|---|---|---|---|
| $M$: | 1 | 2 | 3 | 4 | 5 | 6 | 7 | 8 | $\ldots m \ldots$ |
| | $\updownarrow$ | $\updownarrow$ | $\updownarrow$ | $\updownarrow$ | $\updownarrow$ | $\updownarrow$ | $\updownarrow$ | $\updownarrow$ | $\updownarrow$ |
| $M'$: | 2 | 3 | 4 | 5 | 6 | 7 | 8 | 9 | $\ldots m+1 \ldots$ |

Es wird also jeder Zahl $m$ der Menge $M$ die in der Zahlenreihe nächstfolgende $m+1$ aus $M'$ oder — anders ausgedrückt — jeder Zahl $m'$ der Menge $M'$ die ihr in der Zahlenreihe vorangehende $m'-1$ aus $M$ zugeordnet. Diese Zuordnung ist ersichtlich umkehrbar eindeutig. Die Mengen sind also wirklich äquivalent, obgleich $M'$ nur einen echten Teil der Elemente von $M$ enthält, nämlich sie alle mit Ausnahme des Elementes 1.

Der Leser mache sich zum besseren Verständnis alles Folgenden dieses erste und denkbar einfachste Beispiel der Äquivalenz von zwei anscheinend „verschieden großen" Mengen recht deutlich; er wird bemerken, wie das Gelingen einer umkehrbar eindeutigen Zuordnung wesentlich darauf beruht, daß die Mengen unendlich viele Elemente enthalten. Wären $M$ und $M'$ endlich und enthielten sie — abgesehen von der nur in $M$ vorkommenden Zahl 1 — die nämlichen Elemente, so würde eine umkehrbar eindeutige Zuordnung nicht herstellbar sein; denn am Schluß bliebe dann in der Menge $M$ ein letztes Element übrig, dem kein Element aus $M'$ gegenüberstände. Zahlreiche weitere Beispiele der Äquivalenz von Mengen, von denen die eine eine echte Teilmenge der anderen ist, werden uns in diesem wie in den nächsten Paragraphen noch entgegentreten; hier sei besonders auf die durch die Fig. 4 und 5 (S. 37 und 39) in leicht verständlicher Weise illustrierten Beispiele hingewiesen.

Diese Erscheinung, daß eine Menge gewissermaßen „gleichviel Elemente enthalten" kann wie eine echte Teilmenge von ihr, steht in einem gewissen Kontrast zu dem bekannten Satz: Das Ganze ist stets größer als ein Teil. Das Auffällige dieses Kontrastes hat beim Zugang zum Begriff des Aktual-Unendlichen eine wesentliche und zunächst hinderliche Rolle gespielt, da es die unendlichen Mengen, die eine so überraschende Eigenschaft besitzen, zu diskreditieren schien. In Wirklichkeit war indes jener Satz vom Ganzen und Teil nur im Gebiet des Endlichen erprobt und es lag kein Grund vor zu erwarten, daß er bei dem Riesenschritt, der vom Endlichen zum Unendlichen führt, seine Gültigkeit unverändert bewahre.

Den angeführten grundlegenden Unterschied zwischen unendlichen und endlichen Mengen, nämlich das Bestehen oder Nichtbestehen einer Äquivalenz zwischen einer Menge $M$ und einer echten Teilmenge von $M$, hat man nun — vom naiven Begriff der endlichen und der unendlichen Mengen absehend — geradezu zur *Definition* der Begriffe „unendliche Menge" und „endliche Menge" benutzt. Im Anschluß an den hervorragenden Braunschweiger Mathematiker *R. Dedekind* (1831—1916) bedient man sich nämlich der folgenden

**Definition 3.** Eine Menge $M$ heißt unendlich oder transfinit (überendlich), wenn es eine echte Teilmenge von $M$ gibt, die zu $M$ äquivalent ist; gibt es dagegen keine zu $M$ äquivalente echte Teilmenge von $M$, so wird $M$ als eine endliche Menge bezeichnet.

Wir wollen uns in unseren ferneren Überlegungen der Einfachheit halber mit der naiven Auffassung der Begriffe einer „endlichen" bzw. „unendlichen" Menge begnügen, wie wir sie bisher schon mehrfach benutzt haben. Es bietet aber keine grundsätzlichen Schwierigkeiten, sich lediglich auf die soeben ausgesprochene Definition zu stützen und mit ihr allein sich die Begriffe „endlich viele" und „unendlich viele" erklärt zu denken (vgl. indes § 13a). Um dem Leser eine Anschauung davon zu geben, daß wirklich die Definition 3 den nämlichen Begriffsumfang für „endlich" und „unendlich" liefert wie der gewöhnliche Sprach- und Denkgebrauch, mögen hier noch einige diesbezügliche Bemerkungen angeschlossen werden; auf lückenlose Strenge im Beweis soll bei dieser eingeschalteten Betrachtung kein Wert gelegt werden, es kommt nur auf eine Andeutung des Gedankengange an.

Vor allem ist zu zeigen, daß im Sinne unserer Definition *eine unendliche Menge niemals einer endlichen äquivalent sein kann*; wäre dem nicht so, so könnten wir die Definition nicht als brauchbar betrachten. Zum Nachweis jener Tatsache gehen wir aus von einer im Sinne der Definition 3 unendlichen Menge $M$, d. h. einer solchen, die eine zu $M$ äquivalente echte Teilmenge $M'$ besitzt. Es sei $N$ irgendeine zu $M$ äquivalente Menge; wir haben zu zeigen, daß auch $N$ im Sinne unserer Definition unendlich ist. Zu diesem Zwecke werde eine bestimmte Abbildung zwischen den äquivalenten Mengen $M$ und $N$ mit $\Phi$ bezeichnet; durch diese Abbildung werden dann den Elementen der Teilmenge $M'$ von $M$ *von selbst* die Elemente einer gewissen Teilmenge von $N$ in umkehrbar eindeutiger Weise zugeordnet, und diese zu $M'$ äquivalente Teilmenge von $N$ möge $N'$ heißen. Da $M'$ nicht alle Elemente von $M$ enthält, wird auch $N'$ nicht alle Elemente von $N$ enthalten, d. h. $N'$ ist eine echte Teilmenge von $N$. Endlich ist $N' \sim N$, wie aus den Beziehungen $N' \sim M'$, $M' \sim M$ und $M \sim N$ gemäß S. 15 hervorgeht. $N$ enthält also die zu $N$ äquivalente echte Teilmenge $N'$, d. h. $N$ ist wirklich, wie wir zeigen wollten, im Sinne unserer Definition eine unendliche Menge.

Um den Nachweis zu führen, daß unsere Definition der endlichen und der unendlichen Menge im Einklang ist mit der naiven Vorstellung, die wir von Mengen mit „endlich vielen" oder mit „unendlich vielen" Elementen haben, können wir folgenden Gedankengang einschlagen. Prüfen wir die naive, anscheinend keiner Erklärung bedürftige Vorstellung genauer, so können wir sie so ausdrücken: *Wir pflegen von einer Menge M zu sagen, sie ent-*

*halte nur endlich viele Elemente, falls es eine natürliche Zahl n von der Art gibt, daß M gerade n Elemente enthält, oder daß M äquivalent ist der Menge von Zahlen* $\{1, 2, 3, \ldots, n\}$; *gibt es keine derartige natürliche Zahl n, so drücken wir das aus durch die Behauptung, M enthalte unendlich viele Elemente.* Man kann nun auf dem auf S. 16 oben angedeuteten Wege einsehen, daß eine Menge $N$ von der Form $N = \{1, 2, 3, \ldots, n\}$, wo $n$ irgendeine natürliche Zahl bedeutet, niemals einer echten Teilmenge von sich selbst äquivalent ist. Andererseits aber läßt sich zeigen, daß eine Menge $M$, die zu keiner Menge der Form $\{1, 2, 3, \ldots, n\}$ äquivalent ist, stets eine zu sich selbst äquivalente echte Teilmenge besitzt. Man kann nämlich zunächst aus $M$ ein beliebiges erstes Element $m_1$ herausgreifen, dann ein zweites $m_2$, ein drittes $m_3$ usw. und kann dieses Verfahren *ohne Ende* fortsetzen, weil anderenfalls aus der Erschöpfung von $M$ eine Äquivalenz zwischen dieser Menge und einer Menge der Form $\{1, 2, \ldots, n\}$ folgen würde. Faßt man die Gesamtheit aller so herauszugreifenden Elemente zu der Menge $M_1 = \{m_1, m_2, m_3, \ldots\}$, dagegen alle etwa nicht in $M_1$ vorkommenden Elemente von $M$ zu einer Menge $M_2$ zusammen, so sind $M_1$ und $M_2$ Teilmengen von $M$, deren Elemente zusammengenommen die Gesamtheit der Elemente von $M$ darstellen. Nun ist die Menge $M_1$ einer echten Teilmenge von sich selbst, z. B. der Teilmenge $N_1 = \{m_2, m_3, m_4, \ldots\}$, ganz ebenso äquivalent, wie sich auf S. 17 die Mengen $\{1, 2, 3, \ldots\}$ und $\{2, 3, 4, \ldots\}$ als äquivalent erwiesen haben; ferner erkennt man durch Abbildung der Menge $M_1$ auf $N_1$ und der Menge $M_2$ auf sich selbst, daß die Gesamtheit der Elemente von $N_1$ und $M_2$ zusammengenommen eine zu $M$ äquivalente Menge $N$ darstellt, die eine echte Teilmenge von $M$ ist (nämlich das Element $m_1$ von $M$ nicht enthält). $M$ ist also im Sinne unserer Definition eine unendliche Menge.

Demnach ist jede im gewöhnlichen Sinne endliche Menge auch endlich im Sinne der Definition 3, jede im gewöhnlichen Sinne unendliche Menge auch unendlich im Sinne dieser Definition, und da sich diese Aussage umkehren läßt, so ist die Übereinstimmung beider Begriffspaare nachgewiesen[1]).

Es werde schließlich noch hervorgehoben, daß bei der gewöhnlichen Auffassung die endliche Menge als der ursprüngliche Begriff auftritt (der letzten Endes auf den — als bekannt angesehenen — Begriff der natürlichen Zahl zurückgeht) und die unendliche Menge einfach als nicht-endliche erscheint, während auf Grund der Definition 3 sich das Verhältnis gerade umkehrt, unter einer endlichen Menge also eine nicht-unendliche verstanden wird.

## § 4. Abzählbare Mengen.

Wir wollen uns jetzt zunächst mit den in gewissem Sinne einfachsten unendlichen Mengen, den sogenannten abzählbaren Mengen, beschäftigen und verschiedene Beispiele solcher abzählbarer Mengen betrachten, die uns schon eine Fülle überraschender Tatsachen liefern werden.

Wir gehen aus von einer denkbar einfachen unendlichen Menge, von der schon im Beispiel 4 des § 2 betrachteten Menge aller natürlichen Zahlen 1, 2, 3, ...; wir bezeichnen diese Menge für den Augenblick mit $M$. $N$ sei irgendeine ihr äquivalente Menge und $\Phi$ eine Ab-

[1]) Auch die Nullmenge, die überhaupt keine echte Teilmenge besitzt, gilt nach Definition 3 als endliche Menge.

bildung zwischen $M$ und $N$. Dann können wir das durch diese Abbildung dem Element 1 von $M$ zugeordnete Element von $N$ mit $n_1$ bezeichnen, das dem Element 2 entsprechende Element von $N$ ebenso mit $n_2$, das zu 3 zugeordnete mit $n_3$ usw. Hiernach läßt sich die Menge $N$ schreiben in der Form: $N = \{n_1, n_2, n_3, \ldots\}$; mit anderen Worten: wir haben die Elemente von $N$ *abgezählt*, so daß sich ein erstes, zweites, drittes, ... Element von $N$ angeben läßt. Umgekehrt wird jedes beliebige Element $n$ von $N$ an einer bestimmten, etwa der $k^{\text{ten}}$ Stelle, wobei $k$ eine natürliche Zahl bedeutet, in der abgezählten Menge $N$ vorkommen; denn durch die Abbildung $\Phi$ wird $n$ irgendeiner bestimmten natürlichen Zahl $k$ von $M$ zugeordnet, und dies besagt ja eben, daß $n$ die $k^{\text{te}}$ Zahl unserer Abzählung ist. Demnach läßt sich jede Menge, die der Menge aller natürlichen Zahlen äquivalent ist, in Form einer abgezählten Menge $\{a_1, a_2, a_3, \ldots\}$ darstellen; jede zur Menge der natürlichen Zahlen äquivalente Menge wird deshalb eine abzählbare Menge genannt. Eine abzählbare Menge ist also stets unendlich.

Wie sich im nächsten Paragraphen zeigen wird, ist keineswegs *jede* unendliche Menge abzählbar. Dagegen *enthält jede unendliche Menge $M$ eine abzählbare Teilmenge*. Diese Tatsache können wir, ausgehend von dem naiven Begriff der unendlichen Menge[1]), einfach mittels der folgenden (schon auf S. 19 angedeuteten) Schlußweise einsehen: Wir greifen aus $M$ zunächst ein beliebiges Element $m_1$ heraus, aus der dann noch übrigen Menge ein beliebiges weiteres Element $m_2$, ferner aus der um diese zwei Elemente verkleinerten Menge irgendein drittes Element $m_3$ usw.; dieses Verfahren denken wir uns *endlos* fortgesetzt, was deshalb möglich ist, weil $M$ voraussetzungsgemäß nicht endlich ist, weil wir also auf diese Weise niemals zu dem letzten noch übrigen Element von $M$ gelangen können. Vereinigen wir dann sämtliche durch jenes unbegrenzte Verfahren herausgegriffenen Elemente zu einer Menge $M_0 = \{m_1, m_2, m_3, \ldots\}$, so ist die abzählbare Menge $M_0$ eine (echte oder unechte) Teilmenge von $M$, weil ja jedes Element von $M_0$ auch in $M$ vorkommt; es enthält also in der Tat jede unendliche Menge eine abzählbare Teilmenge.

Wir gehen nunmehr zur Betrachtung einiger *Beispiele* von abzählbaren Mengen über. Wie wir oben (S. 17) sahen, ist gleich der Menge $\{1, 2, 3, 4, \ldots\}$ auch die Menge $\{2, 3, 4, 5, \ldots\}$ abzählbar. Das Gleiche gilt offenbar für jede Menge $N$, die aus der Menge der natürlichen Zahlen durch Weglassung endlich vieler natürlicher Zahlen entsteht; denn ordnen wir die (immer noch unendlich vielen) übriggebliebenen Zahlen wieder nach ihrer Größe, so haben

---

[1]) Man kann den Beweis ebensogut auch durchführen, indem man von der auf S. 18 gegebenen Definition der unendlichen Menge ausgeht.

wir damit schon eine erste, eine zweite, eine dritte Zahl usw. der Menge $N$ definiert und so jeder Zahl von $N$ eine bestimmte Platznummer zugeordnet, d. h. wir haben durch jene Ordnung die Menge $N$ bereits abgezählt. Wir können aber das gleiche Verfahren auch einschlagen, falls $N$ aus der Menge der natürlichen Zahlen durch Weglassung *unendlich vieler Zahlen* entstanden ist, falls nur $N$ selbst noch unendlich viele Zahlen enthält; ist z. B. $N$ die Menge aller positiven *geraden* Zahlen, so läßt sich $N$ auf die Menge der natürlichen Zahlen in folgender Weise umkehrbar eindeutig abbilden:

$$\begin{array}{cccccc} 2 & 4 & 6 & 8 & 10 & 12\ldots \\ \updownarrow & \updownarrow & \updownarrow & \updownarrow & \updownarrow & \updownarrow \\ 1 & 2 & 3 & 4 & 5 & 6\ldots, \end{array}$$

d. h. 2 wird die erste, 4 die zweite Zahl von $N$ usw. Es ist also zunächst *jede unendliche Teilmenge der Menge aller natürlichen Zahlen abzählbar.*

Gewissermaßen durch eine Umkehrung dieses Verfahrens ist ferner leicht zu zeigen, daß auch z. B. *die Menge aller positiven und negativen ganzen Zahlen,* also eine umfassendere Menge als die der natürlichen Zahlen, *abzählbar ist.* Ordnen wir die Elemente dieser Menge der Größe nach, und zwar unter Berücksichtigung des Vorzeichens, so daß die negativen Zahlen vor den positiven zu stehen kommen, so ist die Menge zunächst nicht abgezählt; denn es läßt sich z. B. die Zahl 1 nicht als die soundsovielte unserer Menge bezeichnen, da ihr ja unendlich viele Zahlen (nämlich alle negativen) vorausgehen. Dennoch kann man unsere Menge mittels eines einfachen Kunstgriffes abzählen wir wollen nämlich als erstes Element die Zahl 1, als zweites die Zahl $-1$, als drittes 2, als viertes $-2$, als fünftes 3, als sechstes $-3$ usw. nehmen; die Abzählung, d. h. die Zuordnung zur Menge der natürlichen Zahlen, wird dann folgende:

$$\begin{array}{ccccccccc} 1 & -1 & 2 & -2 & 3 & -3 & 4 & -4 & \ldots \\ \updownarrow & \updownarrow & \updownarrow & \updownarrow & \updownarrow & \updownarrow & \updownarrow & \updownarrow & \\ 1 & 2 & 3 & 4 & 5 & 6 & 7 & 8 & \ldots \end{array}$$

In der so abgezählten Menge kommt auch wirklich *jedes* Element der Menge, d. h. jede positive oder negative ganze Zahl, an bestimmter Stelle vor; ist nämlich $m$ irgendeine positive ganze Zahl, so ist $m$ offenbar die $(2m-1)^{\text{te}}$, $-m$ dagegen die $(2m)^{\text{te}}$ Zahl unserer Abzählung.

Dieses Beispiel zeigt deutlich den Unterschied zwischen einer *abgezählten* und einer nur *abzählbaren* Menge. In letzterer muß zunächst keineswegs ein erstes, zweites Element usw. gegeben sein; es kommt nur darauf an, daß durch entsprechende Anordnung der Elemente eine derartige Numerierung stets *ermöglicht* werden kann.

Die Hinzufügung der Zahl 0 ändert ersichtlich nichts an der Abzählbarkeit unserer Menge, wie überhaupt *die Eigenschaft einer Menge, abzählbar zu sein, durch Hinzufügung endlich vieler Elemente zu ihren ursprünglichen Elementen nicht verändert wird;* denn man kann ja die endlich vielen neuen Elemente in der Abzählung an den Anfang stellen und bewirkt dadurch nur, daß jedes der ursprünglichen Elemente in der neuen Abzählung eine um eine feste Zahl erhöhte Platznummer erhält.

Wir wollen jetzt ein von den bisher behandelten Mengen etwas verschiedenes Beispiel einer abzählbaren Menge betrachten. Bekanntlich liegen zwischen zwei benachbarten ganzen Zahlen (z. B. zwischen den Zahlen 1 und 2) unendlich viele gemeine Brüche oder, wie man dafür zu sagen pflegt, rationale Zahlen; wir schreiben eine rationale Zahl in der Form $\frac{m}{n}$, wobei wir unter $n$ stets eine natürliche (also *positive* ganze) Zahl und unter $m$ eine zu $n$ teilerfremde positive oder negative ganze Zahl verstehen wollen[1]). (Weisen $m$ und $n$ zunächst einen gemeinsamen Teiler auf, wie z. B. in den Brüchen $\frac{6}{3}$ oder $-\frac{10}{4}$, so kann man diesen Mangel durch Wegdividieren des größten gemeinsamen Teilers von Zähler und Nenner beseitigen, also 2 oder ausgeschrieben $\frac{2}{1}$ für $\frac{6}{3}$, bzw. $-\frac{5}{2}$ für $-\frac{10}{4}$ einsetzen.) Wie man sich leicht überzeugt, liegen sogar zwischen irgend zwei sich noch so wenig voneinander unterscheidenden rationalen Zahlen immer noch unendlich viele verschiedene andere. Denn mag der Unterschied zwischen $\frac{m}{n}$ und $\frac{m_1}{n_1}$ noch so klein sein, man kann ihn immer noch in beliebig viele, z. B. eine Million, gleiche Teile teilen, dann den Unterschied zwischen je zwei so entstandenen Zwischenzahlen wieder in beliebig viele gleiche Teile spalten und so endlos fortfahren; man erhält auf diese Weise unendlich viele zwischen $\frac{m}{n}$ und $\frac{m_1}{n_1}$ gelegene rationale Zahlen.

Wir betrachten nun die Menge aller denkbaren positiven und negativen rationalen Zahlen (einschließlich Null), eine Menge, die nach dem Gesagten unendlich mal viel umfassender ist als die Menge der ganzen Zahlen, da zwischen je zwei Elementen der letztgenannten (in ersterer ganz enthaltenen) Menge immer noch unendlich viele rationale Zahlen liegen. Dennoch *ist auch die Menge aller rationalen Zahlen abzählbar*, wie man z. B. folgendermaßen einsehen kann: Wir denken uns auf einem Papierblatt, das man sich grenzenlos ausgedehnt vorstellen

[1]) Ist im besonderen $n = 1$, so stellt $\frac{m}{1}$ die ganze Zahl $m$ dar; auch $0 = \frac{0}{1}$ wird als rationale Zahl betrachtet. — Teilerfremd nennt man zwei ganze Zahlen $m$ und $n$, wenn es außer 1 keine natürliche Zahl $t$ („gemeinsamen Teiler") gibt, die in beiden Zahlen $m$ und $n$ gleichzeitig enthalten ist.

möge, ein unendliches System von Horizontalzeilen (kurz: Zeilen), in gleichen Abständen verlaufend, und senkrecht dazu ein ebensolches System von Vertikalzeilen (kurz: Kolonnen) (vgl. Fig. 3). Die Zeilen und Kolonnen sollen numeriert werden, und zwar je eine beliebige mit 0, die darauf nach oben bzw. rechts folgenden mit 1, 2, 3 usw., die der Zeile 0 nach unten bzw. der Kolonne 0 nach links sich anschließenden mit $-1$, $-2$, $-3$ usw. Jeder der Schnittpunkte von Zeilen und Kolonnen, die man als die „Gitterpunkte“ des Systems zu bezeichnen pflegt, ist dann völlig bestimmt durch Angabe der Nummer $m$ der zugehörigen Zeile und der

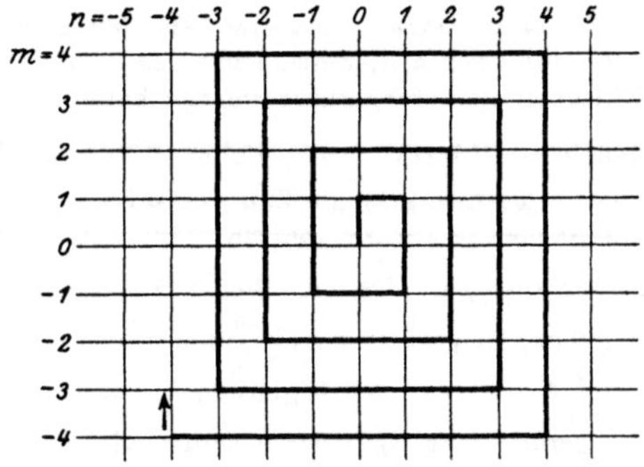

Fig. 3.

Nummer $n$ der zugehörigen Kolonne; wir wollen den Punkt symbolisch durch das Zeichen $\left(\frac{m}{n}\right)$ ausdrücken. Dann ist es zunächst leicht, *die Gesamtheit aller Gitterpunkte abzuzählen;* man verfolge zu diesem Zwecke den in der Abbildung angedeuteten, von $\left(\frac{0}{0}\right)$ über $\left(\frac{1}{0}\right)$, $\left(\frac{1}{1}\right)$, $\left(\frac{0}{1}\right)$ usw. verlaufenden, sich spiralförmig nach außen windenden Weg und lasse die Gitterpunkte in der Reihenfolge aufeinanderfolgen, wie man sie bei Verfolgung dieses Wegs erreicht. (Hiermit hat man, in der Sprache der Arithmetik ausgedrückt, eine Doppelfolge von Punkten zu einer einfachen Folge umgeordnet.) Man lasse schließlich aus der erhaltenen abgezählten Menge der Gitterpunkte all die Punkte $\left(\frac{m}{n}\right)$ fort, für die $\frac{m}{n}$ nicht die oben (S. 22) verlangten Eigenschaften besitzt ($n$ positiv, $m$ und $n$ teilerfremd, dazu noch $\frac{m}{n} = \frac{0}{1}$); es bleiben unendlich viele Gitterpunkte (ausschließlich auf der rechten Hälfte der Figur) übrig, und jeder von ihnen wird auch jetzt wieder längs unseres Wegs eine gewisse — gegen vorher niedriger gewordene — Platznummer aufweisen. Die übrig gebliebenen Gitterpunkte stimmen aber (bis auf die Klammern) in der Bezeichnung ersichtlich genau mit *sämtlichen* rationalen Zahlen überein. Die Abzählbarkeit der Menge der übrig gebliebenen Gitterpunkte erweist also die nämliche Eigenschaft für die Menge aller rationalen Zahlen, und man kann eine Abzählung dieser Menge an Hand des Wegs in Fig. 3 sofort angeben. Sie beginnt mit

$$\frac{1}{1},\ \frac{0}{1},\ -\frac{1}{1},\ \frac{2}{1},\ \frac{1}{2},\ -\frac{1}{2},\ -\frac{2}{1},\ \frac{3}{1},\ \frac{3}{2},\ \frac{2}{3},\ \frac{1}{3},\ -\frac{1}{3},\ \ldots,$$

ordnet also die rationalen Zahlen in eine ganz und gar andere Reihenfolge als deren übliche Anordnung der Größe nach, wie sie auf der Zahlengeraden (S. 7f.) im Sinne von links nach rechts anschaulich hervortritt. Eine umkehrbar eindeutige Zuordnung zwischen den natürlichen Zahlen 1, 2, 3, ... und sämtlichen rationalen Zahlen ist damit hergestellt.

Um zu zeigen, daß eine Abzählung der Menge aller rationalen Zahlen auch auf rein arithmetischem Weg, unter Ausschaltung jedes anschaulichen Hilfsmittels, durchgeführt werden kann, werde noch folgendes Verfahren angegeben, das eine etwas andere Form der Abzählung ergibt: $\frac{m}{n}$ sei eine beliebige *positive* rationale Zahl, es sei also nicht nur $n$, sondern auch $m$ positv. Die Summe $m+n$ der ganzen positiven Zahlen $m$ und $n$ werde mit $s$ bezeichnet, also $s=m+n$. Ist umgekehrt die ganze positive Zahl $s$ an Stelle von $\frac{m}{n}$ gegeben, so gibt es außer $\frac{m}{n}$ natürlich noch andere positive rationale Zahlen $\frac{m_1}{n_1}$, $\frac{m_2}{n_2}$ usw. von der Eigenschaft, daß die Summe aus Zähler und Nenner für sie gerade $s$ beträgt; dabei sollen wie stets nur solche Zahlen $\frac{m_1}{n_1}$, $\frac{m_2}{n_2}$ usw. in Betracht kommen, bei denen Zähler und Nenner teilerfremd sind. Bei festgegebenem Werte $s$ wollen wir diese rationalen Zahlen $\frac{m}{n}$, $\frac{m_1}{n_1}$, $\frac{m_2}{n_2}$ usw., um eine bestimmte Reihenfolge unter ihnen zu haben, etwa so ordnen, daß zuerst die Zahl mit dem größten Zähler, dann Zahlen mit allmählich abnehmenden Zählern und dementsprechend zunehmenden Nennern, am Schluß die Zahl mit dem kleinsten Zähler und dem größten Nenner zu stehen kommt. Ist z. B. $s=7$ gegeben, so sind alle rationalen Zahlen $\frac{m}{n}$, $\frac{m_1}{n_1}$ usw. der fraglichen Art in der angegebenen Reihenfolge die folgenden:

$$\tfrac{6}{1},\quad \tfrac{5}{2},\quad \tfrac{4}{3},\quad \tfrac{3}{4},\quad \tfrac{2}{5},\quad \tfrac{1}{6}.$$

Ist $s=8$, so erhält man die nachstehende Folge:

$$\tfrac{7}{1},\quad \tfrac{5}{3},\quad \tfrac{3}{5},\quad \tfrac{1}{7};$$

denn $\frac{6}{2}$, $\frac{4}{4}$ und $\frac{2}{6}$ fallen weg, weil hier Zähler und Nenner nicht teilerfremd sind. Man erkennt leicht, daß zu jedem Werte $s$, wie groß er auch immer sei, stets nur *endlich viele* rationale Zahlen $\frac{m}{n}$, $\frac{m_1}{n_1}$ usw. von der gewünschten Art gehören; denn es gibt ja nur endlich viele Paare von natürlichen Zahlen, deren Summe gleich der natürlichen Zahl $s$ ist.

Wir ordnen nun die Gesamtheit aller rationalen Zahlen, unter denen auch die ganzen Zahlen (Nenner $n=1$) vorkommen, in folgender Weise an: Zuerst kommt die Zahl $0=\frac{0}{1}$, für die $s=0+1=1$ ist. Dann folgen zunächst die positiven rationalen Zahlen $\frac{m}{n}$, für die $s=m+n$ den Wert 2 hat, darauf diejenigen, für die $s=3$ ist, alsdann die mit $s=4$, $s=5$, $s=6$ und so endlos weiter. Innerhalb jedes Systems rationaler Zahlen, für die $s$ den nämlichen Wert hat, führen wir die oben erläuterte Anordnung nach abnehmenden Zählerwerten ein. Dabei schieben wir aber jetzt auch noch alle negativen rationalen Zahlen in der Weise ein, daß jeder positiven Zahl $\frac{m}{n}$ die mit dem Vorzeichen „minus" versehene negative Zahl $-\frac{m}{n}$ unmittelbar folgt. Wir erhalten demnach eine endlose Folge rationaler Zahlen, die so beginnt:

$$\tfrac{0}{1};\quad \tfrac{1}{1},\quad -\tfrac{1}{1};\quad \tfrac{2}{1},\quad -\tfrac{2}{1},\quad \tfrac{1}{2},\quad -\tfrac{1}{2};\quad \tfrac{3}{1},\quad -\tfrac{3}{1},\quad \tfrac{1}{3},\quad -\tfrac{1}{3};$$
$$\tfrac{4}{1},\quad -\tfrac{4}{1},\quad \tfrac{3}{2},\quad -\tfrac{3}{2},\quad \tfrac{2}{3},\quad -\tfrac{2}{3},\quad \tfrac{1}{4},\quad -\tfrac{1}{4};\quad \tfrac{5}{1},\quad -\tfrac{5}{1},\quad \tfrac{1}{5},\quad -\tfrac{1}{5};$$
$$\tfrac{6}{1},\quad -\tfrac{6}{1},\quad \tfrac{5}{2},\quad -\tfrac{5}{2},\quad \tfrac{4}{3},\quad -\tfrac{4}{3},\quad \tfrac{3}{4},\quad -\tfrac{3}{4},\quad \tfrac{2}{5},\quad -\tfrac{2}{5},\quad \tfrac{1}{6},\quad -\tfrac{1}{6};$$
$$\tfrac{7}{1},\quad -\tfrac{7}{1},\quad \tfrac{5}{3},\quad -\tfrac{5}{3},\quad \ldots\,.$$

In dieser Folge sind nun *alle* überhaupt existierenden rationalen Zahlen enthalten, und jede hat in ihr einen bestimmten angebbaren Platz. Ist nämlich $\frac{p}{q}$ eine beliebige positive Zahl, so bilde man $p+q=t$; dann kommen in unserer Folge sicher nur endlich viele rationale Zahlen $\frac{m}{n}$ vor, für die $m+n=s$ kleiner ist als $t$ und die daher unserer Zahl $\frac{p}{q}$ vorangehen; da auch nur endlichviele rationale Zahlen vorhanden sind, für die die Summe aus Zähler und Nenner gerade $t$ beträgt, so gelangt man in unserer Folge nach einer bestimmten, endlichen Anzahl von Schritten zu der Zahl $\frac{p}{q}$. Sollte $\frac{p}{q}$ eine negative rationale Zahl sein, so findet man sie eine Stelle weiter, nämlich unmittelbar nach der entsprechenden positiven Zahl.

Schließlich haben wir in der so aufgestellten Folge aller rationalen Zahlen eine erste Zahl ($\frac{0}{1}$), eine zweite ($\frac{1}{1}$), eine dritte ($-\frac{1}{1}$) usw. Wir haben durch unsere Anordnung also die Menge aller rationalen Zahlen abgezählt und sie damit auf die Menge der natürlichen Zahlen abgebildet.

Mittels der in Beispiel 5 von § 2 vorgeführten Zahlengeraden (S. 7; vgl. auch die dortige Fig. 2) können wir aus der Menge aller rationalen Zahlen sofort ein interessantes geometrisches Beispiel einer abzählbaren Menge gewinnen. Erinnern wir uns nämlich jetzt, da wir im Besitz des Begriffs der umkehrbar eindeutigen Zuordnung und desjenigen der Äquivalenz sind, nochmals jenes Beispiels, so bemerken wir, daß die Zahlengerade eine Abbildung zwischen Mengen von Zahlen und Mengen von Punkten liefert. Denn greift man auf der Zahlengeraden eine beliebige Menge von Punkten heraus — es muß nicht gerade die durch *sämtliche* Punkte der Geraden gebildete Menge sein —, so ist diese Punktmenge von selbst (nämlich durch die für die Punkte verwendete Bezeichnung) auf diejenige Zahlenmenge abgebildet, welche aus all den reellen Zahlen besteht, die die Punkte der betreffenden Punktmenge auf der Zahlengeraden bezeichnen. Jede solche Punktmenge ist demnach der ihr entsprechenden Zahlenmenge äquivalent.

Wir betrachten nun *die Menge, die aus all den Punkten der Zahlengeraden besteht, welche durch rationale Zahlen bezeichnet werden.* Man nennt diese Punkte kurz die *rationalen Punkte.* Um uns ein Bild von dieser Menge zu machen, bedenken wir, daß (vgl. S. 22) zwischen je zwei ganzen Zahlen und sogar zwischen je zwei beliebigen rationalen Zahlen immer noch unendlich viele verschiedene rationale Zahlen liegen; auf die Zahlengerade angewandt, besagt dies: zwischen je zwei noch so nahe beieinander gelegenen rationalen Punkten der Geraden liegen immer noch unendlich viele rationale Punkte. Unsere Menge von Punkten erfüllt also die Gerade überall unendlich dicht, sie ist, wie man sagt, eine „überall dichte Menge". Fast könnte es scheinen, als werde die ganze gerade Linie nur eben von den Punkten unserer Menge ausgefüllt; diese Vermutung wird sich jedoch bald als im höchsten Grade trügerisch erweisen.

Vergleicht man mit der so betrachteten Punktmenge die nur aus den Punkten 1, 2, 3, ... der Zahlengeraden bestehende Punktmenge, die offenbar der Menge aller natürlichen Zahlen entspricht, so müssen diese beiden Punktmengen einander äquivalent sein, weil die beiden ihnen bezüglich äquivalenten Zahlenmengen, nämlich die Menge aller rationalen Zahlen und die Menge aller natürlichen Zahlen, sich als äquivalent erwiesen haben. Wie ungleich diese beiden äquivalenten Punktmengen sind, wieviel umfassender nämlich die erste ist als die zweite, lehrt aber schon die flüchtigste Anschauung; und die zunächst vielleicht naheliegende Meinung, zwei Mengen müßten „gleichgroß" oder wenigstens „ungefähr gleichgroß" sein, um sich als äquivalent zu erweisen, ist hiernach für unendliche Mengen als durchaus unzutreffend erkannt, während sie für endliche Mengen in der Tat, und zwar im schärferen Sinne, zutrifft (vgl. S. 16).

Übrigens ist nicht nur die Menge, die alle rationalen Zahlen in ihrer Gesamtheit enthält, abzählbar, sondern das Nämliche gilt auch von jeder unendlichen Teilmenge dieser Menge, d. h. von jeder Menge, die unendlich viele Elemente enthält und deren Elemente ausschließlich rationale Zahlen sind. Ist dies nachgewiesen, so folgt daraus gemäß der vorangegangenen Betrachtung von selbst, daß auch jede Menge von unendlich vielen rationalen Punkten der Zahlengeraden abzählbar ist. Zum Beweis jener Behauptung denken wir uns zunächst die Menge *aller* rationalen Zahlen abgezählt, d. h. ihre Elemente wie oben derart angeordnet, daß jede Zahl eine bestimmte Platznummer erhält. Eine beliebige unendliche Teilmenge der so angeschriebenen Menge entsteht dadurch, daß beliebig viele (endlich oder unendlich viele) Zahlen in der Abzählung gestrichen werden, aber so, daß jedenfalls noch unendlich viele in ihr stehenbleiben. Unter diesen übriggelassenen Zahlen steht wiederum eine an erster Stelle, eine an zweiter usw. Ordnen wir daher jeder rationalen Zahl ihre neue Platznummer zu, so ist die übriggebliebene Teilmenge abgezählt, der gewünschte Nachweis also geliefert.

Geht man, statt von der (abzählbaren) Menge aller rationalen Zahlen, von irgendeiner *beliebigen* abzählbaren Menge aus, so kann man für jede unendliche Teilmenge derselben genau die nämliche Betrachtung durchführen und erhält so den Satz:

*Jede unendliche Teilmenge einer abzählbaren Menge ist abzählbar.*

Der aufmerksame Leser wird nun vielleicht schon an dieser Stelle etwas gelangweilt oder mindestens enttäuscht sich fragen: Ist denn, bei allen interessanten Kunstgriffen im einzelnen, dies alles nicht letzten Endes trivial, liegt denn die Sache nicht so, daß, wie beim gewöhnlichen rohen Begriff des Unendlichgroßen, ebenso auch bei den *unendlichen Mengen* sich alle Größenunterschiede verwischen, daß also bei Aufwendung genügenden Scharfsinns alle unendlichen Mengen aufeinander abgebildet werden können und somit der Satz gilt: *Alle unendlichen Mengen sind untereinander äquivalent?* Träfe dieser Satz zu, so wären der Begriff der Äquivalenz und die bisherigen Betrachtungen über unendliche Mengen ohne wesentliche Bedeutung; es würde sich mit den unendlichen Mengen ähnlich verhalten wie mit dem naiven Begriff des Unendlichen, dem man Eigenschaften beizulegen pflegt, wie die folgenden: „Unendlich plus Unendlich = Unendlich", „Unendlich plus jeder endlichen Größe = Unendlich" usw., der aber eine scharfe Umgrenzung nicht zuläßt. Die Zurückweisung dieser berechtigten Frage werde dem Beginn des nächsten Paragraphen vorbehalten. Vorher soll hier noch ein letztes Beispiel einer abzählbaren Menge gegeben werden, das die eben gestellte Frage als noch näherliegend, aber dafür auch den im nächsten Paragraphen dargestellten ersten großen Triumph der Mengenlehre als um so bedeutungsvoller und dramatischer erscheinen läßt.

Dem jetzt zu besprechenden Beispiel einer abzählbaren Menge sei eine Bemerkung vorangeschickt. Wie auf S. 9 definiert, verstehen wir unter einer (reellen) *algebraischen Zahl* jede reelle Wurzel einer algebraischen Gleichung

(1) $$a_n x^n + a_{n-1} x^{n-1} + \dots + a_2 x^2 + a_1 x + a_0 = 0,$$

wo der Grad $n$ eine gegebene natürliche Zahl und $a_n, a_{n-1}, \dots, a_1, a_0$ beliebig gegebene ganze Zahlen bedeuten (von denen die erste $a_n$ als von Null verschieden anzunehmen ist; sonst könnte nämlich das Glied $a_n x^n$ fortgelassen werden, so daß es sich um eine Gleichung von niedrigerem als dem $n^{\text{ten}}$ Grad handeln würde). Jede reelle Zahl also, durch deren Eintreten an Stelle der unbekannten Größe $x$ die linke Seite der obigen Gleichung gleich Null wird, ist eine algebraische Zahl. Hiernach ist zunächst jede ganze Zahl und allgemeiner jede rationale Zahl algebraisch; denn die Zahl $\frac{p}{q}$ ist ja ersichtlich eine Wurzel der Gleichung $qx - p = 0$. Die rationalen Zahlen stellen aber offenbar nur einen kleinen Teil der Gesamtheit aller algebraischen Zahlen dar, da sie, wie wir eben sahen, schon mit den Wurzeln der Gleichungen *ersten* Grades ($n = 1$) zusammenfallen; in der Tat sind die Wurzeln einer Gleichung von höherem als dem ersten Grad (also für $n = 2, 3, 4, \dots$) im allgemeinen keine rationalen Zahlen, sondern „irrational" (so z. B. $\sqrt{2}$, $\sqrt[3]{5}$ usw.). Es möge hier noch ohne Beweis an den schon auf S. 9 erwähnten bekannten Satz aus den Elementen der Algebra[1]) erinnert

[1]) Vgl. z. B. *Weber-Epstein*, an dem auf S. 12 ang. Ort, S. 368.

werden, wonach eine algebraische Gleichung niemals mehr verschiedene Wurzeln hat, als ihr Grad angibt; die Gleichung (1) besitzt also höchstens $n$ Wurzeln.

Wir betrachten nun die *Menge aller algebraischen Zahlen* und wollen den Nachweis führen, daß auch diese Menge abzählbar ist. Zu diesem Zwecke ordnen wir zunächst alle denkbaren algebraischen *Gleichungen* in bestimmter Reihenfolge an. Ist nämlich eine beliebige algebraische Gleichung $n^{\text{ten}}$ Grades wieder in der Form (1) gegeben:

$$(1) \qquad a_n x^n + a_{n-1} x^{n-1} + \dots + a_2 x^2 + a_1 x + a_0 = 0,$$

wobei $a_n$ von Null verschieden ist, und bezeichnen wir, wie üblich, mit $|a|$ den sogenannten *absoluten Betrag* der reellen Zahl $a$, d. h. die *positive* Zahl, die gleich $a$ oder gleich $-a$ ist[1]), so wird die ganze Zahl

$$(2) \qquad h = (n-1) + |a_n| + |a_{n-1}| + \dots + |a_2| + |a_1| + |a_0|$$

die *Höhe* der Gleichung (1) genannt. Offenbar gehört dann zu jeder algebraischen Gleichung eine einzige positive ganze Zahl $h$ als ihre Höhe; z. B. hat die Gleichung $2x^2 - 3x + 1 = 0$ die Höhe $1 + 2 + 3 + 1 = 7$, die Gleichung $x^3 = 0$ (oder ausführlicher geschrieben: $x^3 + 0 \cdot x^2 + 0 \cdot x + 0 = 0$) die Höhe $2 + 1 + 0 + 0 + 0 = 3$. Umgekehrt gibt es aber, wie leicht einzusehen ist und wie im nächsten Absatz ausführlich gezeigt werden soll, zu einer gegebenen positiven ganzen Zahl $h$ zwar mehrere, aber stets nur *endlich viele* algebraische Gleichungen, die gerade die Höhe $h$ besitzen.

Denn zunächst kann der Grad $n$ einer Gleichung von der Höhe $h$ sicher selbst nicht größer sein als die Zahl $h$, wie aus der obigen Beziehung (2) hervorgeht; die Anzahl der $n+2$ Zahlen $n-1$, $a_n, \dots, a_1$, $a_0$ ist also nicht größer als $h+2$. Ferner läßt sich die Zahl $h$ nur auf endlich viele verschiedene Arten als Summe von höchstens $h+2$ positiven ganzen Zahlen (die Null einbegriffen) darstellen, d. h. es gibt nur endlich viele Systeme von höchstens $h+2$ nichtnegativen ganzen Zahlen:

$$n-1, \; A_n, \; A_{n-1}, \; \dots, \; A_1, \; A_0,$$

die zueinander addiert gerade die Zahl $h$ ausmachen und von denen überdies noch $A_n$ als von Null verschieden vorausgesetzt werden kann und soll. Endlich gibt es drittens zu jedem solchen System

$$n-1, \; A_n, \; A_{n-1}, \; \dots, \; A_1, \; A_0$$

wieder nur endlich viele Gleichungen vom Grade $n$, bei denen in der Schreibweise (1) die Zahlen $a_n = \pm A_n$, $a_{n-1} = \pm A_{n-1}$, $\dots$, $a_1 = \pm A_1$, $a_0 = \pm A_0$ (d. h. also die nach Belieben mit positivem oder negativem Vorzeichen versehenen Zahlen $A_n, \dots, A_0$) nacheinander auftreten.

Dieser etwas abstrakte Nachweis der Tatsache, daß zu einer bestimmten positiven ganzen Zahl $h$ stets nur endlich viele algebraische Gleichungen mit der Höhe $h$ gehören, wird sogleich verständlicher bei seiner Durchführung an einem konkreten Beispiel, etwa dem Falle $h = 3$. Hier kommen zunächst nur Gleichungen ersten, zweiten oder dritten Grades in Betracht; denn schon für $n = 4$ ist die Beziehung (2), die dann die Form $3 = 3 + |a_n| + \dots + |a_1| + |a_0|$

[1]) Es ist also z. B. $|5| = 5$, $|-4| = 4$; ferner $|0| = 0$.

annimmt, nicht mehr erfüllbar, wenn $a_n$, wie vorausgesetzt, von Null verschieden ist. Es ergibt sich also im Falle $h = 3$ für (2) die folgende Form:

$$3 = (n-1) + |a_n| + \cdots + |a_1| + |a_0|,$$

wobei für $n$ nur die Werte 3, 2 oder 1, für $n-1$ also nur die Werte 2, 1 oder 0 in Betracht kommen und überdies $|a_n|$ von Null verschieden ist. Diese Beziehung aber läßt sich, wie man durch Probieren leicht einsieht, nur auf folgende sieben Arten erfüllen:

$$\begin{aligned} 3 &= 2+1+0+0+0 \\ &= 1+2+0+0 = 1+1+1+0 = 1+1+0+1 \\ &= 0+3+0 = 0+2+1 = 0+1+2. \end{aligned}$$

Jeder einzelnen dieser sieben Beziehungen entsprechen nun genau so viele Gleichungen der Form (1), wie die Anzahl aller möglichen Verteilungen von Plus- und Minuszeichen in der betreffenden Beziehung beträgt (wobei nur von dem niemals negativen ersten Summanden $n-1$ abzusehen ist); z. B. läßt sich die erste der sieben Beziehungen bei Hinzufügung von Vorzeichen auf folgende zwei Arten schreiben:

$$3 = 2 + |1| + |0| + |0| + |0| = 2 + |-1| + |0| + |0| + |0|,$$

die dritte dagegen auf folgende vier Arten:

$$\begin{aligned} 3 &= 1 + |1| + |1| + |0| = 1 + |1| + |-1| + |0| \\ &= 1 + |-1| + |1| + |0| = 1 + |-1| + |-1| + |0|. \end{aligned}$$

Den hier angeschriebenen zwei bzw. vier Beziehungen entsprechen dann die folgenden zwei bzw. vier algebraischen Gleichungen von der Höhe 3:

$$x^3 = 0, \qquad -x^3 = 0$$

bzw. $\quad x^2 + x = 0, \quad x^2 - x = 0, \quad -x^2 + x = 0, \quad -x^2 - x = 0.$

Man überzeugt sich leicht, daß man aus den vorher angeschriebenen sieben Beziehungen im ganzen 22 solche Gleichungen erhält, und das sind *sämtliche* Gleichungen von der Höhe 3.

Wir haben so erkannt, daß es zu jeder Höhe $h$ stets nur *endlich viele* Gleichungen gibt, die diese Höhe besitzen, und können darauf gestützt die Gesamtheit aller algebraischen Gleichungen abzählen. In der fraglichen Abzählung sollen zuerst die Gleichungen von der Höhe 1 auftreten, dann die Gleichungen von der Höhe 2, darauf die von der Höhe 3 usw. Unter den endlich vielen Gleichungen, welche jeweils die nämliche Höhe besitzen, kann eine beliebige Reihenfolge vorgeschrieben werden; z. B. könnte man diese Gleichungen zunächst nach ihrem Grad ordnen, diejenigen gleichen Grades $n$ aber nach der Größe der in ihnen vorkommenden Zahlen $a_n$, $a_{n-1}$, ... in dieser Reihenfolge. Auf diese Weise erhält man eine vollständige Anordnung aller algebraischen Gleichungen als erste, zweite, dritte und so endlos weiter. Ist eine beliebige Gleichung gegeben, so kann zwar im allgemeinen nur recht umständlich, aber doch mit Sicherheit und durch ein endliches Verfahren bestimmt werden, die wievielte Gleichung in unserer Anordnung vorliegt; man kann z. B. die Höhe der gegebenen Gleichung bestimmen, dann auf dem oben skizzierten Weg die Liste sämtlicher

Gleichungen bis zu denen der fraglichen Höhe einschließlich aufstellen und endlich abzählen, wie viele Gleichungen in dieser Liste vor der gegebenen Gleichung auftreten.

Hiermit ist aber der gesuchte Beweis der Tatsache, daß die Menge aller algebraischen Zahlen abzählbar ist, nahezu vollendet. Wir denken uns nämlich die Wurzeln aller Gleichungen unserer Abzählung angeschrieben und zwar zuerst die Wurzeln der ersten Gleichung, dann die der zweiten, darauf die der dritten usw. Eine bestimmte Gleichung besitzt stets nur *endlich viele* Wurzeln (vgl. S. 28); diese können wir jeweils ihrer Größe nach ordnen. Bei der sich so ergebenden Folge algebraischer Zahlen kann und wird es vorkommen, daß die nämliche Zahl zu wiederholten Malen auftritt; z. B. kommt die Zahl 2 als Wurzel der Gleichung $x - 2 = 0$, also unter den Wurzeln der Gleichungen von der Höhe 3 vor, aber auch als Wurzel der Gleichung $x^2 - 4 = 0$ d. h. unter den Wurzeln der Gleichungen von der Höhe 6. Um eine Wiederholung der nämlichen Zahl zu verhindern, soll daher festgesetzt werden, daß jede Zahl nur *einmal*, nämlich bei ihrem ersten Auftreten in unserer Anordnung stehenbleiben, bei jeder Wiederholung aber gestrichen werden soll. Wir erhalten so eine Folge algebraischer Zahlen, in der es eine erste, eine zweite, eine dritte Zahl und so endlos weiter gibt und in der keine Zahl zweimal vorkommt. Wie oben bei der Abzählung der Menge der rationalen Zahlen (S. 22 ff.) wird freilich auch hier die „natürliche Rangordnung“ der algebraischen Zahlen, nämlich die Ordnung der Größe nach (oder, auf die Zahlengerade bezogen, von links nach rechts), durch das geschilderte Abzählungsverfahren gründlich zerstört. Z. B. kommen dabei die Zahlen $-\frac{1}{8}$ (Wurzel der Gleichung $8x + 1 = 0$) und $\sqrt{7} = 2{,}645\ \ldots$ (Wurzel der Gleichung $x^2 - 7 = 0$) nahe beieinander unter den Wurzeln der Gleichungen von der Höhe 9 vor, während die von $-\frac{1}{8}$ nur sehr wenig verschiedene Zahl $-\frac{1001}{8000}$ sehr weit davon entfernt auftritt, nämlich als Wurzel von $8000x + 1001 = 0$ bei den Gleichungen der Höhe 9001.

In der so erhaltenen Folge algebraischer Zahlen kommt schließlich auch *jede* algebraische Zahl wirklich an bestimmter Stelle vor. Denn ist eine beliebige algebraische Zahl, d. h. eine bestimmte reelle Wurzel einer gewissen algebraischen Gleichung gegeben, so kann man zunächst die Höhe dieser Gleichung bestimmen und so feststellen, den wievielten Platz in unserer Anordnung aller Gleichungen jene Gleichung besitzt; darauf kann man sich die Folge der algebraischen Zahlen bis zu den Wurzeln der fraglichen Gleichung einschließlich angeschrieben denken und schließlich abzählen, die wievielte Zahl in dieser Folge die gegebene Zahl ist. Es ist also wirklich die Menge *aller* algebraischen Zahlen, die wir auf diese Weise abzählen und damit auf die Menge der natürlichen Zahlen abbilden. Wir haben somit den Satz bewiesen:

*Die Menge aller algebraischen Zahlen ist abzählbar,*
eine der berühmtesten unter den ersten mengentheoretischen Entdeckungen *Cantors*[1]).

Eine anschaulichere Vorstellung von dem Sinne dieses Satzes erhalten wir, wenn wir uns an die geometrische Deutung des Satzes von der Abzählbarkeit der Menge aller rationalen Zahlen (S. 25 f.) erinnern. Wir sprachen damals von der überall dichten Erfüllung der Zahlengeraden mit rationalen Punkten. Es gibt aber (vgl. S. 9 und 109) auch Punkte auf der Zahlengeraden, die sich nicht durch rationale, sondern durch sogenannte irrationale Zahlen wie $\sqrt{2}$, $\sqrt[3]{5}$, $\pi = 3{,}14159\ldots$ usw. bezeichnen lassen. Nun sind z. B. $\sqrt{2}$ und $\sqrt[3]{5}$ algebraische Zahlen, nämlich Wurzeln der Gleichungen $x^2 - 2 = 0$ und $x^3 - 5 = 0$; und ebenso wie die Punkte $\sqrt{2}$ und $\sqrt[3]{5}$ der Zahlengeraden gibt es unendlich viele weitere Punkte, die zwar nicht durch rationale Zahlen, wohl aber durch algebraische Zahlen bezeichnet werden. Der bewiesene Satz besagt, daß *die Menge aller derjenigen Punkte der Zahlengeraden, die durch algebraische Zahlen bezeichnet werden, auch noch abzählbar ist.* Diese Punktmenge muß offenbar, wenn es mehr anschaulich als scharf so ausgedrückt werden darf, die Gerade noch unvergleichlich viel dichter erfüllen, als dies von der Menge der rationalen Punkte gilt; und noch weit näher als bei der früheren Menge liegt nunmehr der Gedanke, daß die jetzt betrachtete Punktmenge unsere Zahlengerade lückenlos erfülle, d. h. daß sie identisch sei mit der Gesamtheit *aller* Punkte auf der Geraden. Dies würde dann besagen, daß die Menge aller auf einer geraden Linie gelegenen Punkte abzählbar wäre, wie dies *Cantor* in der Tat bei seiner ersten Beschäftigung mit diesem Gegenstand vermutet und zu beweisen versucht hat (*C.-St.*).

Dem Nachweis, daß dies *nicht* der Fall ist und daß sich sogar die Menge aller Punkte einer beliebig kleinen endlichen Strecke nicht mehr abzählen läßt, soll der erste Teil des nächsten Paragraphen gewidmet sein.

## § 5. Das Kontinuum. Begriff der Kardinalzahl oder Mächtigkeit. Die Kardinalzahlen $\mathfrak{a}$, $\mathfrak{c}$ und $\mathfrak{f}$.

Wir betrachten die Gesamtheit aller positiven (reellen) Zahlen, die kleiner als 1 sind, einschließlich der Zahl 1 selber und wollen die aus all diesen Zahlen bestehende Menge im Laufe der nächsten Betrachtungen dieses Paragraphen stets mit $M$ bezeichnen. Um von dieser Menge von vornherein eine anschauliche Vorstellung zu gewinnen, bedienen wir uns wieder der Zahlengeraden; da es sich um

[1]) Journ. f. d. reine u. angew. Mathematik, **77** (1874), 258ff.

positive Zahlen handelt, haben wir die rechts vom Nullpunkt liegende Hälfte der Geraden zu betrachten und erkennen, daß der Menge $M$ die Menge aller zwischen dem Nullpunkt 0 und dem Einspunkt 1 (letzteren Endpunkt eingeschlossen) gelegenen Punkte der Zahlengeraden entspricht (vgl. S. 9 f.). Diese Punktmenge ist der Zahlenmenge $M$ äquivalent; es sind sind also beide Mengen entweder gleichzeitig abzählbar oder gleichzeitig nicht abzählbar.

Wir wollen vorerst überlegen, in welcher Form wir die Elemente der Menge $M$, d. h. die reellen Zahlen zwischen Null und Eins, einheitlich und einfach darstellen können. Hierzu eignet sich am besten die dem Leser aus den Schulerinnerungen noch wohlbekannte, allerdings auf der Schule meist wenig streng behandelte Darstellung einer beliebigen reellen Zahl als *Dezimalbruch*. Man unterscheidet bekanntlich erstens endliche oder *abbrechende* Dezimalbrüche, d. h. solche, bei denen von einer gewissen Stelle an lauter Nullen auftreten, die also unter Fortlassung dieser Nullen vollständig hingeschrieben werden können (wie 0,3 oder 0,001), und zweitens *unendliche* Dezimalbrüche, für die dies nicht der Fall ist und bei denen daher unendlich viele Ziffern in periodischer oder nicht periodischer Folge auftreten (wie 0,333 . . . oder $\sqrt{2} = 1{,}4142\ldots$). Daß zwei unendliche Dezimalbrüche, wenn sie nicht identisch sind, niemals die nämliche Zahl darstellen, mag aus der Schularithmetik als Selbstverständlichkeit vorausgesetzt werden (und ist übrigens bei scharfer Begründung der Lehre von den Dezimalbrüchen auch wirklich fast selbstverständlich). Etwas anders liegen die Verhältnisse beim Vergleich abbrechender und unendlicher Dezimalbrüche. Betrachtet man nämlich z. B. den abbrechenden Dezimalbruch 1 (d. h. 1,000 . . .) und den unendlichen Dezimalbruch 0,999 . . ., so besteht zwischen beiden Zahlen nicht die geringste Differenz, sie sind vielmehr genau gleich. Diese Tatsache, auf deren Beweis hier nicht eingegangen werden soll, wird dem Leser ohnehin sofort einleuchten, wenn er sich zunächst erinnert oder durch Rechnen davon überzeugt, daß der Bruch $\frac{1}{3}$ die Dezimalbruchentwicklung 0,333 . . . besitzt; multipliziert man die beiden Seiten der Beziehung $\frac{1}{3} = 0{,}333\ldots$ mit 3, so ergibt sich:

$$1 = \tfrac{3}{3} = 0{,}999\ldots.$$

Beziehungen dieser Art bestehen, wie zwischen 1 und 0,999 . . ., so allgemein zwischen *jedem* abbrechenden und je einem gewissen unendlichen Dezimalbruch[1]); während sich im allgemeinen jede reelle

[1]) Ist nämlich $m$ eine natürliche Zahl und bedeuten $a_1, a_2, \ldots, a_{m-1}, a_m$ lauter Zahlen aus der Reihe 0, 1, 2, . . ., 8, 9, wobei speziell $a_m$ als von Null verschieden angenommen werde, so ist der abbrechende Dezimalbruch $0, a_1 a_2 \ldots a_{m-1} a_m$ gleich dem folgenden unendlichen Dezimalbruch:

$$0, a_1 a_2 \ldots a_{m-1}\, a_m - 1\;9\;9\;9\ldots;$$

z. B. ist $0{,}123 = 0{,}122\,999\ldots$.

Zahl nur *auf eine einzige Weise* als Dezimalbruch darstellen läßt, gibt es für jede Zahl, die sich als *abbrechender* Dezimalbruch schreiben läßt, noch eine zweite Darstellung als unendlicher Dezimalbruch mit der Periode 9. Will man daher alle reellen Zahlen zwischen 0 und 1, aber jede bloß ein einziges Mal, in Dezimalbruchform erhalten, so braucht man nur unter den mit 0, ... beginnenden Dezimalbrüchen alle *abbrechenden* auszuschließen[1]. Es gilt also der Satz:

*Die Menge aller reellen Zahlen zwischen 0 und 1, letztere Zahl eingeschlossen, entspricht der Menge aller unendlichen Dezimalbrüche zwischen 0 und 1, beide Grenzen eingeschlossen.*

Wir können und wollen daher auch letztere Menge mit $M$ bezeichnen. Die Festsetzung, daß die Zahl 1, nicht aber die Zahl 0 Element der Menge sein soll, ist erfüllt, da der Dezimalbruch 0,999 ..., der gleich 1 ist, der Menge angehört, nicht aber der abbrechende Dezimalbruch 0 (= 0,000 ...). Man beachte noch, daß alle Dezimalbrüche unserer Menge die folgende Form haben:

$$0, a_1 a_2 a_3 a_4 \ldots,$$

wo $a_1, a_2, a_3, a_4, \ldots$ lauter Ziffern (d. h. Zahlen der Folge 0, 1 2, ..., 8, 9) bedeuten.

Wir wollen nun den Nachweis führen, daß die Menge $M$ all dieser unendlichen Dezimalbrüche nicht abzählbar ist. Sie ist so unvergleichlich viel umfassender als die Menge aller natürlichen Zahlen (oder selbst aller algebraischen Zahlen), daß eine Abzählung der Elemente der Menge $M$, also ihre Abbildung auf die Menge der natürlichen Zahlen, unmöglich wird: wie immer man nämlich eine solche Abbildung herzustellen versuchen mag, immer werden Dezimalbrüche von $M$ übrigbleiben, denen keine natürliche Zahl gegenübersteht. Um diesen ebenso grundlegenden wie geistvollen, von *Cantor* zuerst 1873/4[2]) gegebenen Beweis zu führen, brauchen wir nur die Richtigkeit der folgenden Behauptung zu zeigen:

---

Die oben im Text angeführte Regel, wonach jeder abbrechende Dezimalbruch einem gewissen unendlichen Dezimalbruch gleich ist, erleidet einzig und allein für die Zahl 0 eine Ausnahme; die Null ist nicht als unendlicher Dezimalbruch darstellbar.

[1]) Für die strenge Begründung des Wesens der Dezimalbrüche und ihrer in diesem Absatz angeführten Eigenschaften vgl. z. B. die Darstellung in den oben (S. 16, Fußn. 2) angeführten Werken von *Weber-Epstein* (S. 106ff.) und *Loewy* (S. 84ff.); man findet in ihnen, ebenso z. B. im ersten Kapitel von *K. Knopps* „Theorie und Anwendung der unendlichen Reihen" (Berlin 1922), auch eine scharfe Entwicklung des in der vorliegenden Schrift nicht erörterten Begriffs der reellen Zahl.

[2]) In der auf S. 31, Fußnote, angeführten Abhandlung. - Die nachfolgende Darstellung schließt sich an den zweiten *Cantor*schen Beweis an, der einfacher ist und den entscheidenden Grundgedanken in einer reineren und bequemer verallgemeinerungsfähigen Form darbietet: Jahresber. d. Deutschen Mathematikervereinigung, **1** (1892), 75ff.

***Hilfssatz.*** *Ist irgendeine abgezählte (oder abzählbare) Menge $M_0$ von Dezimalbrüchen aus der Menge M gegeben, so lassen sich Dezimalbrüche der Menge M bestimmen, die nicht in $M_0$ vorkommen.* Oder auch: *Jede abzählbare Menge $M_0$ unendlicher Dezimalbrüche zwischen 0 und 1 bestimmt weitere, nicht zu $M_0$ gehörige Dezimalbrüche der gleichen Art.*

Sobald dies nachgewiesen ist, folgt unmittelbar, daß die Menge $M$ aller unendlichen Dezimalbrüche zwischen 0 und 1 selbst *nicht* abzählbar ist, also auf keine Weise auf die Menge aller natürlichen Zahlen abgebildet werden kann; denn über die Menge *aller* unendlichen Dezimalbrüche zwischen 0 und 1 hinaus kann es doch sicherlich nicht *weitere* Dezimalbrüche derselben Art geben. Daß es überhaupt abzählbare Mengen von Dezimalbrüchen aus $M$ gibt, zeigt z. B. die Menge aller rationalen Zahlen (oder, was auf dasselbe hinauskommt, aller unendlichen *periodischen* Dezimalbrüche) zwischen 0 und 1, die jedenfalls unendlich und nach S. 26 abzählbar ist. Ob man nun von dieser oder von irgendeiner anderen, noch so umfassenden, aber immer noch abzählbaren Menge von Elementen von $M$ ausgeht, immer gibt es noch weitere solche Elemente nach dem aufgestellten Hilfssatz; niemals kann also eine umkehrbar eindeutige Zuordnung zwischen allen natürlichen Zahlen und allen Dezimalbrüchen von $M$ gefunden werden, weil die natürlichen Zahlen hierzu eben einfach nicht ausreichen.

Um den Hilfssatz nun wirklich zu beweisen, denken wir uns eine ganz beliebige abzählbare Menge $M_0$ von unendlichen Dezimalbrüchen zwischen 0 und 1 gegeben und irgendwie abgezählt. Den ersten Dezimalbruch der Abzählung bezeichnen wir etwa mit $0, a_1 a_2 a_3 \ldots$, wo $a_1, a_2, a_3$ usw. lauter Ziffern der Folge $0, 1, 2, \ldots, 8, 9$ bedeuten; der zweite Dezimalbruch sei $0, b_1 b_2 b_3 \ldots$, wo auch die Ziffern $b_1, b_2, b_3, \ldots$ dem System $0, 1, \ldots, 9$ entnommen sind, ebenso werde der dritte Dezimalbruch mit $0, c_1 c_2 c_3 \ldots$ bezeichnet usw. Wir denken uns die Folge all dieser (unendlich vielen) Dezimalbrüche in nachstehender Weise angeschrieben:

$$\begin{array}{ll}
1) & 0, a_1\, a_2\, a_3\, a_4\, a_5 \ldots \\
2) & 0, b_1\, b_2\, b_3\, b_4\, b_5 \ldots \\
3) & 0, c_1\, c_2\, c_3\, c_4\, c_5 \ldots \\
4) & 0, d_1\, d_2\, d_3\, d_4\, d_5 \ldots \\
5) & 0, e_1\, e_2\, e_3\, e_4\, e_5 \ldots \\
\cdot & \cdot \\
\cdot & \cdot \\
\cdot & \cdot
\end{array}$$

Sowohl die Menge $M_0$ dieser Dezimalbrüche wie auch ihre hier angedeutete, nachstehend mit $\Phi$ bezeichnete abgezählte Anordnung waren ganz beliebig gedacht, sind aber von nun an festzuhalten. Jedes der Zeichen $a_1, a_2, \ldots; b_1, b_2, \ldots; \ldots$ bedeutet also jetzt eine bestimmte Ziffer zwischen 0 und 9.

Es soll weiter eine unendliche Folge von Zahlen $\alpha_1, \beta_2, \gamma_3, \delta_4, \varepsilon_5, \ldots$ durch folgende zwei Festsetzungen definiert werden: *Erstens* mögen sämtliche Zahlen $\alpha_1, \beta_2, \gamma_3, \ldots$ usw. der Folge 1, 2, ..., 8, 9 entnommen sein, also lauter einzelne *von* 0 *verschiedene* Ziffern darstellen. *Zweitens* soll $\alpha_1$ verschieden sein von der ersten Dezimalziffer des ersten Dezimalbruchs der Abzählung $\Phi$, also verschieden sein von $a_1$; ebenso soll $\beta_2$ verschieden sein von der zweiten Dezimalziffer des zweiten Dezimalbruchs von $\Phi$, d. h. von $b_2$; in gleicher Weise soll $\gamma_3$ von $c_3$ verschieden sein, $\delta_4$ von $d_4$, $\varepsilon_5$ von $e_5$ usw.; ist $m$ eine beliebige natürliche Zahl, so ist die $m^{\text{te}}$ Zahl der Zahlenfolge $\alpha_1, \beta_2, \gamma_3, \ldots$ verschieden von der $m^{\text{ten}}$ Dezimalziffer des $m^{\text{ten}}$ Dezimalbruchs unserer Folge $\Phi$ von Dezimalbrüchen, im übrigen aber völlig beliebig unter den Ziffern 1, 2, ..., 8, 9. Dadurch sind die Zahlen $\alpha_1, \beta_2, \gamma_3, \ldots$ noch nicht vollständig festgelegt; denn ist z. B. $a_1 = 3$, so kann unter $\alpha_1$ noch eine beliebige der acht Zahlen 1, 2, 4, 5, 6, 7, 8, 9 verstanden werden. Die Auswahl unter den so offenbleibenden Möglichkeiten soll ganz beliebig, aber in jedem Fall ein für allemal *bestimmt* getroffen werden, so daß uns jetzt jede der Zahlen $\alpha_1, \beta_2, \gamma_3$ usw. je eine feste Ziffer darstellt. Wir können aus diesen unendlich vielen Zahlen den folgenden ganz bestimmten unendlichen Dezimalbruch bilden:

$$0, \alpha_1 \beta_2 \gamma_3 \delta_4 \varepsilon_5 \ldots,$$

den wir zur Abkürzung mit $D$ bezeichnen wollen[1]).

Wir zeigen nun schließlich, daß dieser Dezimalbruch $D$ in der gegebenen Folge $\Phi$ von Dezimalbrüchen nirgends vorkommt; mit anderen Worten: nimmt $m$ der Reihe nach den Wert jeder natürlichen Zahl an, so ist der Dezimalbruch $D$ stets verschieden von dem $m^{\text{ten}}$ Dezimalbruch der Abzählung $\Phi$. Dies ist sehr leicht einzusehen: $D$ ist nämlich nicht der erste Dezimalbruch jener Folge, da sich $D$ von diesem schon in der ersten Dezimalziffer $\alpha_1$ unterscheidet, die ja verschieden von der ersten Dezimalziffer $a_1$ jenes ersten Dezimalbruchs gewählt war. Ebensowenig kann $D$ der zweite Dezimalbruch jener Folge sein; denn von diesem weicht $D$ jedenfalls in der zweiten Dezimalziffer $\beta_2$ ab, die verschieden ist von $b_2$; ebenso unterscheidet sich $D$ von dem dritten Dezimalbruch mindestens in der dritten Stelle $\gamma_3$, vom vierten in der vierten Stelle $\delta_4$ usw. Ist endlich $m$ eine ganz beliebige

[1]) Werden die Ziffern $\alpha_1, \beta_2, \gamma_3$ usw. irgendwie anders gemäß der obigen Vorschrift gewählt, so erhält man einen anderen Dezimalbruch $D$. Man kann also derartige Dezimalbrüche in mannigfachster Weise bilden; doch genügt es zum Beweis des Hilfssatzes, unter ihnen einen bestimmten ins Auge zu fassen.

natürliche Zahl, so kann $D$ auch nicht der $m^{te}$ Dezimalbruch der Folge $\Phi$ sein; denn nach der Definition von $D$ ist zum mindesten die $m^{te}$ Dezimalstelle des Dezimalbruchs $D$ von der $m^{ten}$ Dezimalstelle jenes $m^{ten}$ Dezimalbruchs verschieden.

$D$ kommt also wirklich in der Abzählung $\Phi$ aller Dezimalbrüche der gegebenen Menge $M_0$ nicht vor. Der Dezimalbruch $D$, der mit $0, \ldots$ beginnt, ist aber selber eine reelle Zahl zwischen 0 und 1. Das nämliche gilt von allen anderen Dezimalbrüchen, die im Sinn der Fußnote auf der vorigen Seite gebildet werden können. Es gibt also in der Tat außer den Dezimalbrüchen der abzählbaren Menge $M_0$ noch weitere unendliche Dezimalbrüche zwischen 0 und 1, wie es der Hilfssatz behauptet. Demnach gilt nach den oben (S. 34) dem Hilfssatz angefügten Bemerkungen der Satz:

*Die Menge aller reellen Zahlen zwischen 0 und 1 ist nicht abzählbar.*

Bevor wir die Bedeutung dieses Satzes würdigen, seien zwei Bemerkungen zu dem geführten Beweise angefügt.

Nach Voraussetzung sollten die reellen Zahlen der Mengen $M$ und $M_0$ in der Form *unendlicher* Dezimalbrüche dargestellt werden; es ist also ausgeschlossen, daß in einem der Dezimalbrüche $0, a_1 a_2 \ldots$; $0, b_1 b_2 \ldots$ usw. von einer gewissen Stelle an lauter Nullen auftreten, da dann ein abbrechender Dezimalbruch vorliegen würde. Wäre nun etwa der in dem Beweisverfahren gebildete Dezimalbruch $D = 0, \alpha_1 \beta_2 \gamma_3 \ldots$ abbrechend, so würde sich unsere Schlußfolgerung nicht als bindend erweisen; denn dann könnte $D$ nach der auf S. 33 gemachten Bemerkung gleich einem der Dezimalbrüche aus der Folge $\Phi$ sein, nämlich gleich einem unendlichen Dezimalbruch mit der Periode 9. Diese Möglichkeit, daß der gebildete Dezimalbruch $D$ etwa abbrechend und nicht unendlich ist, erweist sich indes als *ausgeschlossen*, weil bei der Bildung von $D$ (vgl. erste Festsetzung von S. 35) nur die Ziffern von 1 bis 9 benutzt wurden, nicht aber die Null. Jene Festsetzung war gerade zu diesem Zwecke gemacht: als Vorsichtsmaßregel dagegen, daß $D$ etwa ein abbrechender Dezimalbruch würde. (Man erkennt übrigens leicht, daß zu diesem Zweck auch eine weniger einschränkende Festsetzung genügt hätte.)

Dieser speziellen Bemerkung werde noch die folgende allgemeinere angeschlossen: Wir erinnern uns der Abzählung $\Phi$ von Dezimalbrüchen, deren Beginn auf S. 34 so hingeschrieben wurde, daß ein nach links und oben abgeschlossenes, nach rechts und unten aber unendliches „Quadrat" von Ziffern entstand. Bei der Bildung des Dezimalbruches $D$ mußte gerade auf diejenigen Ziffern jenes Quadrats geachtet werden, die in der von links oben ($a_1$) nach rechts unten ziehenden (unbegrenzten) Diagonalen gelegen sind, also auf die Ziffern $a_1$, $b_2$, $c_3$ usw.; die in dem Dezimalbruch $D$ vorkommenden Ziffern $\alpha_1$, $\beta_2$, $\gamma_3$ usw. waren nämlich wesentlich dadurch definiert, daß sie von jenen in der Diagonalen auftretenden Ziffern bezüglich verschieden sein sollten. Man bezeichnet daher dieses Beweisverfahren oder ein ihm im Gedankengang analoges als Diagonalverfahren. Der Beweis des Diagonalverfahrens kommt in der Mengenlehre öfters und (wie hier) an besonders bedeutsamer Stelle vor. Der Leser lasse es sich daher nicht verdrießen, den geführten Nachweis für die Nichtabzählbarkeit der Menge $M$ so lange durchzudenken, bis er ihm völlig geläufig ist und als fast selbstverständlich erscheint; er wird dann auch deutlich erkennen, wie einfach im Grund der Beweis unseres — wie wir gleich sehen werden — überaus weittragenden Satzes ist. Das so an einer elementaren Anwendung gewonnene Verständnis des Diagonalverfahrens wird bei manchen anderen Beweisen, so z. B. bei dem letzten Satze dieses Paragraphen, die Auffassung komplizierterer Gedankengänge wesentlich erleichtern.

Nun vor allem zur anschaulich-geometrischen Bedeutung des bewiesenen Satzes! Er besagt (vgl. S. 32) zunächst, daß die Menge aller auf der Zahlengeraden zwischen den Punkten 0 und 1 gelegenen Punkte nicht abzählbar ist. Dabei ist es gleichgültig, ob man einen der Endpunkte 0 und 1 oder auch beide zu dieser Menge rechnet oder nicht; denn da eine abzählbare Menge auch abzählbar bleibt, wenn man noch endlich viele Elemente zu ihren Elementen hinzufügt oder von ihnen wegnimmt (vgl. S. 22 u. 26), so kann umgekehrt eine nichtabzählbare unendliche Menge nicht etwa durch Wegnahme (oder gar durch Hinzufügung) endlich vieler Elemente abzählbar werden.

Die Größe der Einheitsstrecke der Zahlengeraden (d. h. der Strecke von 0 bis 1) war, im Längenmaß genommen, willkürlich (vgl. S. 8), so daß unser Ergebnis für eine *beliebig lange* Strecke gültig bleiben muß. Aber auch ohne diese Überlegung erkennt man leicht die Allgemeinheit des bewiesenen Resultats. Sind nämlich zwei verschieden große Strecken $\overline{AB}$ und $\overline{CD}$ gegeben und betrachtet man die beiden Mengen, die aus allen auf der ersten bzw. auf der zweiten Strecke gelegenen Punkten bestehen, so sind trotz der verschiedenen Länge beider Strecken die zwei Mengen äquivalent. Man zeichne zum Beweis die beiden Strecken $\overline{AB}$ und $\overline{CD}$ (etwa parallel) untereinander (vgl. Fig. 4) und verbinde je zwei Endpunkte durch gerade Linien, die sich in einem Punkte $P$ schneiden. Zieht man dann von $P$ aus weitere Strahlen ganz beliebig, so wird jeder solche Strahl entweder *beide* gegebene Strecken oder *keine* von beiden schneiden.

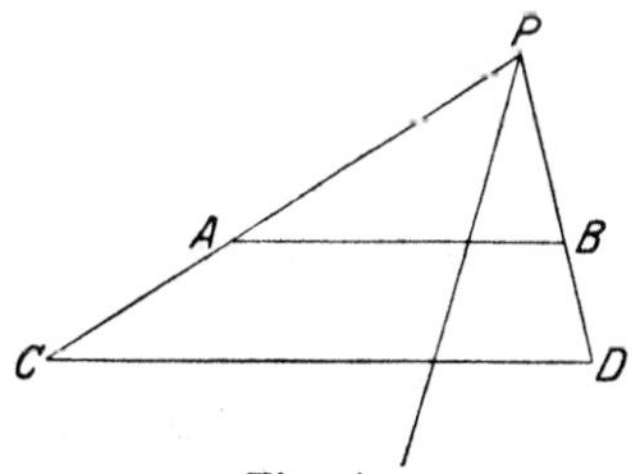

Fig. 4.

Im ersteren Fall, der für uns hier allein in Betracht kommt, wollen wir die beiden Schnittpunkte einander entsprechen lassen, also den Schnittpunkt des Strahls mit der einen Strecke seinem Schnittpunkt mit der anderen Strecke zuordnen, und umgekehrt. Denkt man sich alle möglichen solchen Strahlen durch $P$ gezogen, so erhält man offenbar eine umkehrbar eindeutige Zuordnung zwischen allen Punkten der einen Strecke und allen Punkten der anderen; um z. B. zu einem gegebenen Punkt von $\overline{AB}$ den zugeordneten von $\overline{CD}$ zu finden, verbinde man den gegebenen Punkt geradlinig mit $P$ und verlängere die Verbindungslinie; deren Schnittpunkt mit $\overline{CD}$ ist dann der gesuchte Punkt. Hierbei werden die Endpunkte der Strecken $\overline{AB}$ und $\overline{CD}$ bezüglich einander zugeordnet. Die beiden betrachteten Punktmengen sind also äquivalent.

Dieser Beweis gibt wieder eine — im ersten Augenblick überraschende oder sogar unheimliche — Illustration für die schon früher (S. 17) hervorgehobene Tatsache, wonach der Satz „Das Ganze ist größer als ein Teil" bei den unendlichen Mengen nicht mehr wie sonst gilt. Denn trägt man die Strecke $\overline{AB}$ (etwa durch Ziehen der Parallelen zu $\overline{BD}$ durch $A$) auf $\overline{CD}$ ab, so erhält man eine kleinere Teilstrecke von $\overline{CD}$; und doch ist nach dem Bewiesenen die Menge der Punkte dieser Teilstrecke äquivalent der Menge der Punkte der ganzen Strecke $\overline{CD}$. Oder etwas anders ausgedrückt: statt die Zuordnung durch Strahlen von $P$ aus durchzuführen, könnte man sie z. B. durch Parallelen zu $\overline{BD}$ herzustellen versuchen; dann bleiben offenbar auf der linken Seite von $\overline{CD}$ (und zwar auf einer Strecke von der Länge $\overline{CD}$ minus $\overline{AB}$) lauter Punkte von $\overline{CD}$ übrig, denen kein Punkt von $\overline{AB}$ zugeordnet ist. Allein das Mißglücken eines *bestimmten* Versuchs zur Abbildung zweier Mengen besagt, wie früher (S. 13) bemerkt, noch nichts über die Äquivalenz der Mengen. Im vorliegenden Beispiel ist es eben nicht das zunächst naheliegende, sondern ein *anderes* Verfahren der Zuordnung (nämlich das durch Fig. 4 angedeutete), das zum Ziel führt und die Äquivalenz der beiden so verschieden groß erscheinenden Mengen beweist.

Ist also eine beliebige gerade Strecke gegeben, so ist die Menge der auf ihr gelegenen Punkte äquivalent der Menge aller Punkte auf der Einheitsstrecke der Zahlengeraden. Sind $a$ und $b$ irgend zwei reelle Zahlen und daher auch irgend zwei Punkte der Zahlengeraden, so ist demnach die Menge aller Punkte zwischen $a$ und $b$ äquivalent der Menge aller Punkte zwischen 0 und 1; durch Übergang von den Punkten zu den sie bezeichnenden Zahlen schließt man hieraus, daß *die Menge aller reellen Zahlen zwischen 0 und 1 äquivalent ist der Menge aller reellen Zahlen zwischen irgend zwei beliebig gegebenen reellen Zahlen.* Im besonderen folgt daraus:

*Die Menge aller Punkte, die auf einer beliebigen, wenn auch noch so kurzen geraden Strecke gelegen sind, ist nicht abzählbar. Die Menge aller reellen Zahlen zwischen irgend zwei gegebenen, sich noch so wenig voneinander unterscheidenden reellen Zahlen ist nicht abzählbar.*

Wie merkwürdig dieses Resultat ist, erkennt man, wenn man es mit dem Ergebnis von S. 31 vergleicht. Dort erwies sich die Menge aller durch algebraische Zahlen bezeichneten Punkte der beiderseits unbegrenzten Zahlengeraden als abzählbar. Jedes Stück der Zahlengeraden zeigte sich aber schon unendlich dicht erfüllt mit Punkten, die durch rationale Zahlen bezeichnet sind, um so mehr also mit Punkten, denen algebraische Zahlen entsprechen. Demgegenüber sehen wir jetzt, daß die Menge *aller* Punkte einer noch so winzigen Strecke nicht mehr abzählbar ist. Daraus geht hervor, wie „unendlich mal viel dichter“ eine gerade Linie mit Punkten überhaupt erfüllt ist als mit Punkten, die durch algebraische Zahlen bezeichnet werden, obgleich auch schon die Punkte der letzteren Art überall auf der Geraden unendlich dicht gesät sind.

Dem Ergebnis, daß die Menge aller auf einer beliebig kleinen Strecke gelegenen Punkte nicht abzählbar ist, steht andererseits die folgende, gleichfalls überraschende Tatsache gegenüber:

*Die Menge aller Punkte einer beiderseits unbegrenzten geraden Linie ist äquivalent der Menge aller Punkte einer begrenzten, beliebig kleinen Strecke. Daher ist auch die Menge aller reellen Zahlen überhaupt äquivalent der Menge aller reellen Zahlen zwischen 0 und 1* (*oder zwischen irgend zwei anderen reellen Zahlen*).

Die Richtigkeit dieses Satzes läßt sich wiederum auf geometrischem Weg sehr leicht und anschaulich einsehen. Wir denken uns (vgl. Fig. 5) einmal eine unbegrenzte Gerade gezeichnet, dann eine begrenzte

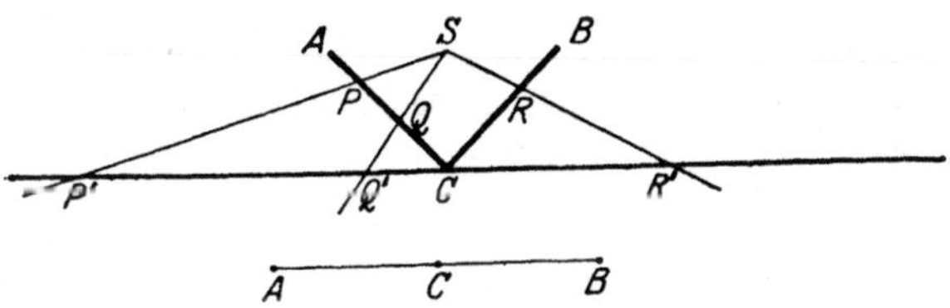


Fig. 5.

Strecke $\overline{AB}$, deren Mittelpunkt mit $C$ bezeichnet werden möge; endlich werde die nämliche (beispielsweise als dünner Draht zu denkende) Strecke $\overline{AB}$ in ihrem Mittelpunkt $C$ geknickt, so daß hier etwa ein rechter Winkel entsteht, und die geknickte Strecke so an die unbegrenzte Gerade angelegt, daß der Punkt $C$ mit einem beliebigen Punkt der Geraden zusammenfällt, während die beiden Hälften $\overline{CA}$ und $\overline{CB}$ nach links oben bzw. rechts oben mit einer Neigung von je $45^0$ gegen die Gerade emporstreben. Schließlich soll die Mitte der (in der Figur nicht gezeichneten) Verbindungslinie $\overline{AB}$ mit $S$ bezeichnet werden; $S$ kommt dann senkrecht über $C$ zu liegen.

Eine umkehrbar eindeutige Zuordnung zwischen den Punkten der geknickten Strecke $\overline{ACB}$ (mit Ausnahme ihrer beiden Endpunkte $A$ und $B$) und allen Punkten der unendlichen Geraden erhält man nun einfach auf folgende Weise: ist $P$ ein Punkt der Strecke, so ziehe man die Verbindungslinie $\overline{SP}$, deren Verlängerung die Gerade in einem Punkte $P'$ schneidet; ist $Q'$ ein Punkt der Geraden, so ziehe man die Verbindungslinie $\overline{SQ'}$, die die Strecke in einem Punkte $Q$ schneidet; dann werde festgesetzt, daß die Punkte $P$ und

$P'$, ebenso die Punkte $Q$ und $Q'$ einander entsprechen sollen und daß der auf der Geraden und der Strecke gleichzeitig gelegene Punkt $C$ sich selbst entspreche. Hierdurch wird jedem Punkt der Strecke mit Ausnahme ihrer Endpunkte ein einziger Punkt der Geraden, jedem Punkt der Geraden ein einziger Punkt der Strecke umkehrbar eindeutig zugeordnet. Die Menge aller Punkte der Geraden ist also wirklich äquivalent der Menge aller zwischen $A$ und $B$ gelegenen Punkte, wie wir nachweisen wollten.

Für den mit den Vorstellungen der analytischen Geometrie und dem Funktionsbegriff vertrauten Leser werde darauf hingewiesen, daß der soeben im Sinne der Fig. 5 bewiesene Satz noch unmittelbarer einleuchtet, wenn man von einer zwischen zwei beliebigen Grenzen $x = a$ und $x = b$ eindeutigen und *monotonen* (d. h. beständig wachsenden oder beständig abnehmenden) Funktion $y = f(x)$ ausgeht, die zwischen den angegebenen Grenzen *alle* reellen Zahlenwerte annimmt. Eine solche Funktion ist bekanntlich z. B. $y = \operatorname{tang} x$, wenn $a = -\frac{\pi}{2}$, $b = \frac{\pi}{2}$ gesetzt wird (vgl. Fig. 6); ein anderes Beispiel ist $y = \operatorname{cotg} x$ zwischen $x = 0$ und $x = \pi$. Ordnet man für jeden Punkt der eine solche Funktion darstellenden Kurve die Abszisse $x$ und die Ordinate $y$ einander zu, so gehört wegen der Eindeutigkeit der Funktion zu jedem Wert $x$ zwischen $a$ und $b$ eine einzige reelle Zahl $y$, umgekehrt wegen der Monotonie zu jeder reellen Zahl $y$ ein einziger zwischen $a$ und $b$ gelegener Wert $x$. Die Funktion $y = f(x)$ definiert also eine Abbildung zwischen der Menge aller reellen Zahlen und der aller Zahlen zwischen $a$ und $b$, sie beweist demnach die Äquivalenz der beiden Mengen.

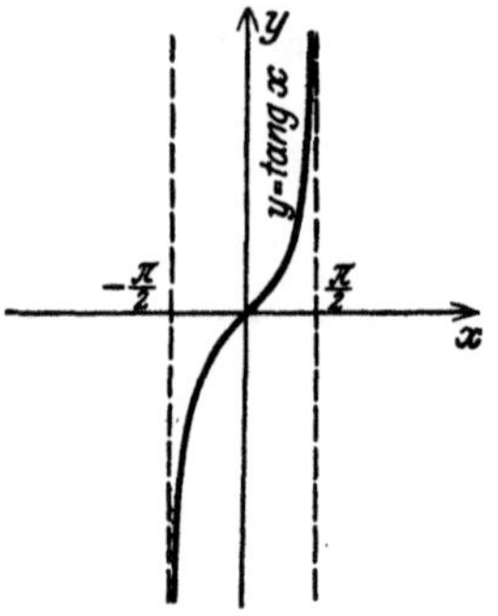

Fig. 6.

Endlich noch eine überaus wichtige *arithmetische* Folgerung aus dem Satz von der Nichtabzählbarkeit der Menge $M$, eine Folgerung, die 1874 den ersten großen Triumph *Cantors* und der Mengenlehre bedeutet hat! Wie schon auf S. 9 erwähnt, bezeichnet man eine (reelle) Zahl, die nicht Wurzel einer algebraischen Gleichung ist, als eine *transzendente Zahl.* Der Wissenschaft ist bis heute erst für verhältnismäßig spezielle Klassen von Zahlen der Nachweis gelungen, daß sie transzendent sind, und dieser Nachweis ist keineswegs leicht. Demgegenüber folgt aus dem so einfachen Satze von der Nichtabzählbarkeit unserer Menge $M$ in Verbindung mit früheren Ergebnissen ohne weiteres, daß *es unendlich viele transzendente Zahlen gibt,* ja noch mehr: daß es sozusagen eine „regelmäßige" Eigenschaft beliebiger reeller Zahlen ist, transzendent zu sein, während eine algebraische Zahl nur „ausnahmsweise" vorliegt.

Wie wir nämlich auf S. 30f. sahen, ist die Menge aller algebraischen Zahlen abzählbar; um so mehr gilt dies von der Menge aller algebraischen Zahlen zwischen 0 und 1 oder zwischen irgend zwei beliebigen Zahlen. Andererseits haben wir nunmehr erkannt, daß die Menge *aller* reellen Zahlen zwischen 0 und 1 oder zwischen irgend zwei anderen Zahlen nicht abzählbar ist. Nach der Definition der transzendenten Zahlen ist endlich die Gesamtheit aller reellen Zahlen nichts Anderes als die Gesamtheit aller algebraischen *und* aller transzendenten Zahlen.

Wäre nun die Menge aller transzendenten Zahlen zwischen zwei gegebenen reellen Zahlen $a$ und $b$ abzählbar oder gar endlich, so könnte man eine Abzählung *aller reellen* Zahlen zwischen $a$ und $b$ leicht auf folgende Weise herstellen: wir gehen aus von einer Abzählung der (abzählbaren) Menge aller *algebraischen* Zahlen zwischen $a$ und $b$ und lassen der ersten Zahl dieser Abzählung die erste Zahl einer bestimmten Abzählung der *transzendenten* Zahlen zwischen $a$ und $b$ folgen, dann die zweite Zahl der algebraischen Abzählung, darauf die zweite Zahl der transzendenten, sodann die dritte Zahl der algebraischen Abzählung usw. Auf diese Weise würde man eine Abzählung der Menge *aller reellen* Zahlen zwischen $a$ und $b$ erhalten[1]). Da aber diese letztere Menge, wie wir bewiesen haben, nicht abzählbar ist, so muß unsere Annahme über die Abzählbarkeit der Menge aller transzendenten Zahlen zwischen $a$ und $b$ falsch gewesen sein. Wir haben somit den Satz bewiesen:

*Die Menge aller transzendenten Zahlen zwischen irgend zwei gegebenen reellen Zahlen ist unendlich und nicht abzählbar; um so mehr gilt das Nämliche von der Menge aller transzendenten Zahlen überhaupt.*

Dieser interessante und bestimmte Satz, der über die damals (1874) von den transzendenten Zahlen bekannten Tatsachen weit hinausgeht, betrifft eine Menge von Zahlen, von denen auch nur eine einzige wirklich zu bestimmen keineswegs ganz leicht ist. Er stellt der unendlichen Menge der algebraischen Zahlen, die „nur" abzählbar ist, die nicht mehr abzählbare Menge der transzendenten Zahlen gegenüber; diese ist übrigens, wie leicht gezeigt werden kann, der Menge *aller* reellen Zahlen äquivalent. Diese Entdeckung (oder richtiger: *Anwendung* einer Entdeckung) hat denn auch zum erstenmal die Bedeutung der damals im Beginn ihrer Entwicklung befindlichen Mengenlehre der mathematischen Mitwelt des forschenden *Cantor* vernehmlich gekündet.

Das Diagonalverfahren, wie es oben verwendet wurde, läßt sich übrigens theoretisch auch zur numerischen Bildung transzendenter Zahlen benutzen. Verstehen wir nämlich in dem Hilfssatz von S. 34

---

[1]) Dieser Beweis beruht auf dem nämlichen Gedanken, den wir bereits auf S. 21 zum Nachweis der Abzählbarkeit der Menge aller positiven und negativen ganzen Zahlen benutzt haben. Wie der Leser unmittelbar erkennt, zeigt dieses Verfahren allgemein, daß *eine abzählbare Menge auch dann noch abzählbar bleibt, wenn zu ihren Elementen die Elemente einer weiteren abzählbaren Menge hinzugefügt werden.*

unter $M_0$ die (nach S. 31 abzählbare) Menge aller algebraischen Zahlen, jede als unendlicher Dezimalbruch geschrieben, und bedeutet $\Phi$ irgendeine Abzählung dieser Menge, die nach der Methode von S. 30 angeschrieben gedacht werden kann, so ist jede nach dem Diagonalverfahren konstruierte Zahl $D$ (S. 35) eine reelle und nicht algebraische, also transzendente Zahl. Die praktische Durchführung dieses theoretisch einfachen Verfahrens zur Konstruktion transzendenter Zahlen würde allerdings, sobald man über die ersten Dezimalen von $D$ hinauszugehen wünscht, an dem Zeitaufwand scheitern, der erforderlich ist, um eine Abzählung aller algebraischen Zahlen auch nur einigermaßen weit wirklich herzustellen. Überdies ist die Bestimmung von nur endlich vielen Dezimalen der Zahl $D$ offenbar bedeutungslos, von Wert vielmehr erst ein Gesetz, das alle Dezimalen von $D$ einheitlich bestimmt.

Aus dem Satz von der Nichtabzählbarkeit der Menge der reellen Zahlen haben wir im Vorangehenden Folgerungen gezogen, die uns wichtige geometrische und arithmetische Erkenntnisse vermittelten. Hieraus erhellt schon, daß es sich dabei um ein innerhalb der Gesamtmathematik bedeutsames Ergebnis handelt, das — gleich besonders wichtigen Sätzen anderer mathematischer Teilgebiete — weit über die betreffende engere Disziplin (hier über die Mengenlehre) hinaus uns neue Tatsachen lehrt. Wir haben aber bisher, abgesehen von Andeutungen im vorigen Paragraphen, noch nicht von der Bedeutung unseres Satzes für die Mengenlehre selbst gesprochen.

In dieser Beziehung kann man unser Ergebnis geradezu als die *Grundlage der Mengenlehre* betrachten, von der aus die Einführung unendlich großer Zahlen erst einen Sinn bekommt; diese Bedeutung hat der Satz historisch in der Tat gehabt. Der Sachverhalt wird am deutlichsten werden, wenn wir zunächst von den *endlichen Mengen* ausgehen. Wie wir uns im dritten Absatz des § 3 (S. 12) klarmachten, kann man von der Betrachtung zweier oder mehrerer untereinander äquivalenter endlicher Mengen naturgemäß zum Begriff der *endlichen Anzahl oder Kardinalzahl* gelangen; äquivalente endliche Mengen haben unter sich etwas gemeinsam, was wir die Anzahl ihrer Elemente nennen und vermittels einer solchen Betrachtung logisch und mathematisch einführen können (vgl. auch die Beispiele 1 und 2 des § 2, S. 4). So gelangt man zu den endlichen Kardinalzahlen 1, 2, 3 usw.; auch die Zahl 0 als Kardinalzahl der Nullmenge läßt sich so auffassen. Umgekehrt sind zwei endliche Mengen auch *nur* dann äquivalent, wenn sie im gewöhnlichen Sinn gleichviel Elemente enthalten (vgl. S. 16 und die Fußnote 2 dazu).

Es liegt danach nahe, den Begriff der Anzahl vom Endlichen aufs Unendliche derart zu übertragen, daß man je zwei oder mehreren unendlichen Mengen, die einander äquivalent sind, die nämliche „unendliche Kardinalzahl“ beilegt und auf diese Weise die unendlichen Kardinalzahlen einführt. Nun bietet es keine besondere Schwierigkeit, gewisse unendliche Mengen als untereinander äquivalent zu erkennen, also etwa die verschiedenen in § 4 betrachteten abzählbaren Mengen oder die auf S. 37ff. behandelten Punktmengen aufeinander abzubilden, wie wir dies taten. Solange aber die Möglichkeit oder sogar die Wahrscheinlichkeit offen bleibt, daß überhaupt *alle* unendlichen Mengen untereinander äquivalent sind, stellt die damit ermöglichte Einführung einer einzigen „unendlich großen Kardinalzahl“ keinen wissenschaftlichen Fortschritt dar; denn ein Rechnen mit dieser einen unendlichen Zahl wird nichts wesentlich Neues ergeben, sondern auf die naive Vorstellung eines ganz unbestimmten „Unendlich“ und dessen durchaus triviale Eigenschaften (vgl. S. 27) hinauslaufen. Von einer wirklichen, sinnvollen Einführung des Unendlichgroßen in die Mathematik kann erst dann die Rede sein, wenn es gelingt, verschiedene, voneinander scharf getrennte unendlich große Zahlen zu unterscheiden und Regeln für ihre Vergleichung und fürs Rechnen mit ihnen aufzustellen.

Eben dies ermöglicht aber der bewiesene Satz von der Nichtabzählbarkeit der Menge $M$. Denn nach ihm gibt es mindestens zwei nichtäquivalente unendliche Mengen, z. B. die Menge der natürlichen Zahlen und die Menge $M$; das Diagonalverfahren gestattet sogar, wie wir später sehen werden, den Nachweis der Existenz unendlich vieler unendlicher Mengen, unter denen keine einer andern äquivalent ist. Man kann daher die unendlichen Mengen in verschiedene Klassen derart einteilen, daß die Mengen einer und derselben Klasse untereinander äquivalent sind, niemals aber eine Menge einer Klasse äquivalent ist einer Menge einer andern Klasse. Weiter führt man dann, ganz wie bei den endlichen Mengen, für das Gemeinsame, was allen untereinander äquivalenten beliebigen (auch unendlichen) Mengen jeweils eigentümlich ist, eine Bezeichnung ein, und zwar spricht man auch hier von der Kardinalzahl oder auch von der Mächtigkeit unendlicher Mengen; wir werden diese beiden Ausdrücke gleichmäßig verwenden. Zum Unterschied von den endlichen Kardinalzahlen soll die Kardinalzahl einer unendlichen Menge nötigenfalls als eine unendliche oder transfinite (überendliche) Kardinalzahl bezeichnet werden. Die Ausdrucksweise „zwei unendliche Mengen besitzen die gleiche Kardinalzahl oder Mächtigkeit“ besagt also nichts anderes als „die zwei Mengen sind äquivalent“; „die Mächtigkeiten zweier Mengen sind verschieden“ ist nur eine andere Ausdrucksweise für „die beiden Mengen sind nicht äquivalent“. Die zunächst unbestimmte Frage nach der Vergleichbarkeit unendlicher Mengen oder nach den Begriffen „gleich“ und „ungleich“ im Reich des Unendlichgroßen ist so auf den scharfen und eindeutigen Begriff der Äquivalenz, d. h. der umkehrbar eindeutigen Zuordnung zurückgeführt — eine der bedeutsamsten Leistungen in *Cantor*s Werk.

Man erkennt, daß der Begriff der Mächtigkeit eine naturgemäße, aber weittragende Verallgemeinerung des Begriffs der (endlichen) Anzahl ist; die Mächtigkeit einer Menge gibt gewissermaßen an, „wie viele" Elemente die Menge enthält. Aber in scharfem Gegensatz zu der naiven Auffassung brauchen wir uns nunmehr nicht mit der trivialen Aussage zu begnügen, eine gegebene unendliche Menge enthalte „unendlich viele" Elemente; sicherlich enthält z. B. die Menge aller natürlichen Zahlen ebenso wie die Menge aller reellen Zahlen unendlich viele Elemente, aber die Mächtigkeit der einen Menge ist, wie wir gesehen haben, verschieden von der Mächtigkeit der anderen. Andererseits liegen freilich bei den unendlichen Mengen nicht etwa wie bei den endlichen Mengen die Verhältnisse so einfach, daß die Mächtigkeit einer Menge schon dann verschieden ist von der einer anderen, wenn z. B. die erstere Menge „mehr" Elemente enthält als die letztere; wie wir auf S. 21 erkannten, besitzt z. B. die Menge *aller* natürlichen Zahlen die nämliche Mächtigkeit wie die Menge aller *geraden* natürlichen Zahlen. Dies liegt wesentlich daran, daß zwar nicht im Bereich der endlichen, wohl aber in dem der unendlichen Mengen eine Menge sehr wohl einer echten Teilmenge von sich selbst äquivalent sein kann — eine Eigentümlichkeit, die sich, wie wir gesehen haben (S. 18), geradezu zur *Definition* des Begriffes der unendlichen Menge benutzen läßt.

Gegen die vorstehend angegebene Art der Einführung der unendlichen Kardinalzahlen läßt sich allerdings der Einwand erheben, daß die Kennzeichnung „das Gemeinsame aller — oder je zweier — untereinander äquivalenter unendlicher Mengen" keine scharfe Begriffsbildung ist, wie man sie von einer mathematischen Definition mit Recht verlangen muß. Das gleiche gilt von *Cantor*s Definition (Beiträge I, S. 481): „Mächtigkeit oder Kardinalzahl von $M$ nennen wir den Allgemeinbegriff, welcher mit Hilfe unseres aktiven Denkvermögens dadurch aus der Menge $M$ hervorgeht, daß von der Beschaffenheit ihrer verschiedenen Elemente $m$ und von der Ordnung ihres Gegebenseins abstrahiert wird"; vgl. hierzu die Beispiele des § 2. Andere Definitionen (so *Russell* [Zitate im Anfang des § 12]; vgl. ferner *Hessenberg*, Taschenbuch, S. 70f.) geben gleichfalls zu gewissen Bedenken Anlaß (vgl. *Hausdorff*, S. 46). Indes ist der Umstand, daß all diese Definitionen unzureichend erscheinen, ohne wesentliche Bedeutung für die Mengenlehre, und zwar aus folgendem Grund: Die Aussagen über Kardinalzahlen, die in der Mengenlehre vorkommen, lassen sich sämtlich zurückführen auf Aussagen der Form: zwei Kardinalzahlen sind gleich oder sind verschieden; auch die Aussagen, die sich auf die Definition des § 6 (S. 48) stützen, fallen hierunter. Diese Aussagen sind nun nach der Begriffsbestimmung der Kardinalzahlen gleichbedeutend mit Aussagen der Form: zwei Mengen sind äquivalent oder sind nicht äquivalent. Der Begriff der Äquivalenz von Mengen ist aber in § 3 in voller Strenge eingeführt worden. Man kann sich daher bei der Benutzung der Kardinalzahlen zur vollen Rechtfertigung darauf berufen, daß jeder Satz über Kardinalzahlen stets, wenn auch mit einiger Umständlichkeit, in eine Behauptung über die Äquivalenz von Mengen verwandelt werden kann. — Für eine direkte und völlig strenge Einführung der Kardinalzahlen mittels der „axiomatischen Methode" werde auf das Zitat in § 12 (S. 212, Fußnote 3 [*Fraenkel*]) verwiesen.

Wir wollen im folgenden, wie vielfach üblich, unendliche Kardinalzahlen regelmäßig mit kleinen deutschen Lettern bezeichnen (Mengen dagegen, wie schon bisher, meist mit großen lateinischen Lettern). Doch sei schon hier erwähnt, daß nach dem Vorgang von *Cantor* die unendlichen Kardinalzahlen auch — und grundsätzlich sogar in erster Linie — durch hebräische Lettern bezeichnet werden, nämlich durch ein $\aleph$ („Alef", d. i. der erste Buchstabe des hebräischen Alphabets) mit kleinen, rechts unten angebrachten Nummern (sogenannten Indizes): $\aleph_0$, $\aleph_1$, $\aleph_2$ (gelesen: Alef-Null, Alef-Eins, Alef-Zwei) usw.; welche Bewandtnis es mit dieser Bezeichnung hat und weshalb wir sie vorerst nicht verwenden, darauf wird im § 11 (S. 134 und 140) zurückzukommen sein. Im besonderen bezeichnen wir die Mächtigkeit jeder abzählbaren Menge stets mit $\mathfrak{a}$, während die Mächtigkeit der Menge aller reellen Zahlen (und jeder zu ihr äquivalenten Menge) mit $\mathfrak{c}$ bezeichnet wird. Da demnach die — schlechthin als „Kontinuum" bezeichnete — Menge aller Punkte einer „kontinuierlichen" Strecke oder einer „kontinuierlichen" geraden Linie die Mächtigkeit $\mathfrak{c}$ besitzt, nennt man $\mathfrak{c}$ kurz die *Mächtigkeit des Kontinuums*.

Wir haben bisher nur zwei verschiedene unendliche Kardinalzahlen, nämlich $\mathfrak{a}$ und $\mathfrak{c}$, kennen gelernt. Zum Abschluß dieses Paragraphen soll noch eine unendliche Menge betrachtet werden, deren Mächtigkeit sowohl von $\mathfrak{a}$ wie von $\mathfrak{c}$ verschieden ist.

Unter einer (*eindeutigen*) *Funktion* $y = f(x)$ versteht man in der Mathematik ein Abhängigkeitsverhältnis folgender Art: $x$ sei eine Veränderliche, die alle Zahlenwerte eines gewissen Zahlenbereichs annehmen kann; wir wollen der Einfachheit halber als Bereich denjenigen aller reellen Zahlen zwischen 0 und 1 (beide Grenzen eingeschlossen) wählen, so daß also $x$ alle Zahlenwerte zwischen 0 und 1 durchläuft. Zu jedem einzelnen solchen Wert von $x$ soll nun ein jeweils ganz beliebiger, aber ein für allemal bestimmter (und im folgenden gleichfalls als reell angenommener) Zahlenwert $y$ gegeben sein, etwa durch eine mathematische Formel, eine willkürliche Vorschrift oder sonstwie; während $x$ alle Werte des Bereichs durchläuft, wird daher auch $y$ innerhalb eines gewissen Bereichs reeller Zahlen veränderlich sein, doch brauchen dabei für verschiedene Werte von $x$ nicht auch die zugehörigen Werte von $y$ ihrerseits verschieden zu sein. Um eine solche Abhängigkeit zwischen zwei veränderlichen Größen $x$ und $y$ zu kennzeichnen, nennt man $y$ eine (reelle) Funktion von $x$. Das Abhängigkeits- oder Funktionsverhältnis tritt auch schon in der Schreibweise deutlich hervor, wenn wir $f(x)$ statt $y$ schreiben; soll also z. B.

für jede reelle Zahl $x$ zwischen 0 und 1 als zugehöriger $y$-Wert die reelle Zahl $x^2 + 3x$ gelten, so deutet man dies an durch die Schreibweise $f(x) = x^2 + 3x$; für den speziellen Wert $x = 4$ ergibt sich demnach $f(4) = 16 + 12 = 28$. Bekannte Beispiele derartiger Funktionen sind z. B. der Gang des Luftdrucks (Barometerstandes) an einem Orte oder die (eigentlich durch fortwährende Messungen zu bestimmende) Fieberkurve eines Kranken; die Veränderliche $x$ ist in beiden Fällen die Zeit, als Funktion $f(x)$ der Zeit wird im ersten Beispiel der Luftdruck, im zweiten die Körpertemperatur bestimmt. Im folgenden werden wir unter $x$ und $f(x)$ nicht benannte Größen wie Zeit, Temperatur usw., sondern der Einfachheit halber reine Zahlen verstehen.

Wir betrachten nun die *Menge F aller überhaupt denkbaren Funktionen* $f(x)$ *von* $x$, wenn $x$ alle Zahlenwerte zwischen 0 und 1 durchläuft. Jedes Element unserer Menge ist eine gewisse Funktion $f(x)$, und zwei Funktionen sind natürlich verschieden, sobald die Vorschriften, durch die den Werten $x$ gewisse Werte $f(x)$ zugeordnet werden, nicht restlos übereinstimmen; gibt es also auch nur einen einzigen Zahlenwert $x$ zwischen 0 und 1, zu dem das eine Mal ein anderer Funktionswert $f(x)$ gehört als das andere Mal, so liegen schon zwei verschiedene Funktionen vor. Unser Ziel ist, zu zeigen: die Menge aller Funktionen $f(x)$ ist so umfassend, daß sie auch nicht die Mächtigkeit $\mathfrak{c}$ besitzt. Zu diesem Zwecke läßt sich wieder, ähnlich wie auf S. 34ff., die Methode des Diagonalverfahrens verwenden.

Es sei nämlich eine *die Mächtigkeit* $\mathfrak{c}$ *besitzende,* sonst aber ganz beliebige Menge $F_0$ von Funktionen $f(x)$ gegeben, so daß eine Abbildung zwischen dieser Funktionenmenge $F_0$ und der Menge $C$ aller reellen Zahlen zwischen 0 und 1 existiert; eine beliebige solche Abbildung werde gewählt und im folgenden festgehalten. Wir werden dann ausdrücklich eine Funktion $\varphi(x)$ (also ein Element der Menge $F$ *aller* Funktionen $f(x)$) nachweisen, die in der Menge $F_0$ nicht vorkommt. Hiernach kann keinesfalls schon $F_0$ *alle* Funktionen $f(x)$ umfassen, und damit wird der gewünschte Nachweis dafür erbracht sein, daß die Mächtigkeit unserer Menge $F$ jedenfalls von $\mathfrak{c}$ (und übrigens, wie man leicht einsieht, um so mehr auch von $\mathfrak{a}$) verschieden ist.

Um wirklich eine in $F_0$ nicht vorkommende Funktion $\varphi(x)$ zu bilden, empfiehlt es sich vor allem, die gewählte Abbildung zwischen der Zahlenmenge $C$ und der Funktionenmenge $F_0$ recht deutlich zu kennzeichnen. Zu diesem Zwecke wollen wir für die reellen Zahlen zwischen 0 und 1 die Bezeichnung $z$ einführen und diejenige Funktion $f(x)$ unserer Menge, die vermöge der gewählten Abbildung einer bestimmten Zahl $z$ zugeordnet ist, anschaulich durch $f_z(x)$ bezeichnen. Hiernach ist z. B. $f_{\frac{1}{2}}(x)$ diejenige Funktion von $x$, die bei unserer Abbildung der Zahl $\frac{1}{2}$ entspricht.

Es werde nun eine Funktion $\psi(x)$ nach folgender Vorschrift gebildet: für jeden bestimmten Zahlenwert $z$ zwischen 0 und 1 soll $\psi(x)$ denjenigen Wert besitzen, den die Funktion $f_z(x)$ für den speziellen Wert $x = z$ annimmt. Um diese etwas abstrakte Festsetzung deutlicher zu machen, betrachten wir ein Beispiel. Die Funktion $\psi(x)$ ist völlig bestimmt, wenn ihr Zahlenwert für jeden Wert von $x$ zwischen 0 und 1 bekannt ist. Dieser Wert ist nach der obigen Regel für jeden Wert von $x$, beispielsweise für den Wert $x = \frac{1}{2}$, folgendermaßen zu bestimmen: die der reellen Zahl $\frac{1}{2}$ durch unsere vorausgesetzte Abbildung zugeordnete Funktion der Funktionenmenge $F_0$ sei etwa $y = x^2$, also $f_{\frac{1}{2}}(x) = x^2$; für $x = \frac{1}{2}$ hat diese Funktion den Wert $(\frac{1}{2})^2 = \frac{1}{4}$, also $f_{\frac{1}{2}}(\frac{1}{2}) = \frac{1}{4}$; dies soll nach Definition gerade der Wert der Funktion $\psi(x)$ für $x = \frac{1}{2}$ sein, also $\psi(\frac{1}{2}) = \frac{1}{4}$. Genau entsprechend bestimmt sich der Wert von $\psi(x)$ für jeden anderen Zahlenwert von $x$. [Ganz kurz läßt sich die gegebene Definition für $\psi(x)$ offenbar so ausdrücken: für jeden Wert $x$ ist $\psi(x) = f_x(x)$.]

Endlich sei eine Funktion $\varphi(x)$, wiederum für alle Werte von $x$ zwischen 0 und 1, durch die einzige Bestimmung definiert, daß $\varphi(x)$ für jeden Wert von $x$ stets von dem zugehörigen Wert von $\psi(x)$ verschieden sein solle; im übrigen kann $\varphi(x)$ beliebig sein. Man kann also derartige Funktionen $\varphi(x)$ in mannigfachster Weise bilden. Um eine bestimmte und einfache Vorstellung zu gewinnen, setzen wir beispielsweise $\varphi(x) = \psi(x) + 1$.

Wir werden nun sehen: $\varphi(x)$ kommt unter den Funktionen von $F_0$ über haupt nicht vor. Ist dies gezeigt, so ist unser Ziel erreicht; denn $\varphi(x)$ ist ja für jeden Zahlenwert zwischen 0 und 1 definiert, also eine Funktion unserer Funktionenmenge $F$. Diese Menge *aller* Funktionen kann also mit den Funktionen von $F_0$ nicht erschöpft sein, wie wir nachweisen wollten.

Um zu zeigen, daß $\varphi(x)$ in der Tat von allen Funktionen der Menge $F_0$ verschieden ist, bezeichnen wir mit $\xi$ eine beliebige reelle Zahl, also mit $f_\xi(x)$ eine beliebige Funktion von $F_0$, und weisen nach, daß $\varphi(x)$ nicht etwa dieselbe Funktion ist wie $f_\xi(x)$. Dazu genügt es, nach den Zahlenwerten der beiden Funktionen $\varphi(x)$ und $f_\xi(x)$ für den speziellen Wert $x = \xi$ zu fragen. Es sollte [nach der Definition von $\psi(x)$] $\psi(x)$ für $x = \xi$ den nämlichen Zahlenwert haben, wie $f_\xi(x)$ für $x = \xi$. Der Wert von $\varphi(x) = \psi(x) + 1$ ist aber für jeden Wert von $x$, also auch für $x = \xi$, um die Zahl 1 größer als der zugehörige Wert von $\psi(x)$. $\varphi(x)$ ist also für $x = \xi$ verschieden von $f_\xi(x)$, d. h. die Funktionen $\varphi(x)$ und $f_\xi(x)$ sind gewiß nicht identisch. Wir haben somit in $\varphi(x)$ eine Funktion gefunden, die in $F_0$ nicht vorkommt; eine dem Kontinuum äquivalente Funktionenmenge $F_0$ kann also niemals *alle* Funktionen von $F$ umfassen, d. h.:

*Die Mächtigkeit der Menge aller eindeutigen reellen Funktionen $f(x)$ ($x$ veränderlich zwischen 0 und 1) ist verschieden von der Mächtigkeit des Kontinuums (und erst recht von der Mächtigkeit* $\mathfrak{a}$). Man pflegt die Mächtigkeit dieser Funktionenmenge mit $\mathfrak{f}$ zu bezeichnen.

Es sei nochmals hervorgehoben, daß wir bei dieser Betrachtung den Begiff der Funktion in dem ganz allgemeinen, auf S. 45 gekennzeichneten Sinn gefaßt haben. Für den mit dem Begriff der *stetigen Funktion* vertrauten Leser wird demgegenüber die später (S. 87f.) zu beweisende Tatsache von Interesse sein, daß die Menge aller *stetigen* Funktionen einer reellen Veränderlichen „bloß" die Mächtigkeit des Kontinuums besitzt; eine stetige Funktion stellt also gewissermaßen nur einen speziellen Ausnahmefall gegenüber einer ganz allgemeinen (eindeutigen reellen) Funktion einer reellen Veränderlichen dar. Wir haben in der Tat bei der Konstruktion der Funktion $\psi(x)$ (und also auch $\varphi(x)$) ein äußerst „unstetiges" Verfahren eingeschlagen; stehen doch die Zahlenwerte von $\psi(x)$ für zwei nahe beisammen gelegene Werte von $x$ in keinerlei besonders enger Beziehung zueinander.

Der Leser, der den Gang des geführten Beweises aufmerksam verfolgt, wird erkennen, daß er (nämlich bei der Definition der Funktion $\psi(x)$) auf dem Diagonalverfahren beruht und dem Gedankengang des auf S. 34ff. geführten Beweises für die Nichtabzählbarkeit des Kontinuums völlig analog verläuft.

## § 6. Die Größenordnung der Kardinalzahlen.

Den endlichen Kardinalzahlen oder Anzahlen 1, 2, 3, ... reihen sich in der Mengenlehre die unendlichen Kardinalzahlen an, von denen wir in den zwei vorangehenden Paragraphen drei verschiedene kennen gelernt haben, nämlich $\mathfrak{a}$, $\mathfrak{c}$ und $\mathfrak{f}$. Die Entscheidung, welche von zwei *endlichen* Kardinalzahlen die kleinere und welche die größere ist, ist dem Leser wohlvertraut; man kann sie, wie man leicht einsieht, folgendermaßen formulieren: Sind $M$ und $N$ zwei endliche Mengen und ist $M$ äquivalent einer *echten* Teilmenge von $N$, so ist die Kardinalzahl von $M$ kleiner als die Kardinalzahl von $N$.

Unser nächstes Ziel soll sein, auch die *unendlichen* Kardinalzahlen ihrer Größe nach anzuordnen. Wir überzeugen uns hier sogleich, daß es unmöglich ist, die eben angeführte Regel auch zur Definition der Größenordnung unendlicher Kardinalzahlen zu verwenden. Denn ist z. B. $M$ die Menge der natürlichen Zahlen, $N$ die Menge aller rationalen Zahlen, so ist $M$ eine echte Teilmenge von $N$; da $M$ sich selber äquivalent ist, ist $M$ äquivalent einer echten Teilmenge von $N$; dennoch ist die Kardinalzahl von $M$ nicht kleiner als die von $N$, da ja beide Mengen abzählbar, ihre Kardinalzahlen also gleich sind. Diese Abweichung von den bei endlichen Mengen gewohnten Verhältnissen liegt wiederum daran, daß eben eine unendliche Menge sehr wohl einer echten Teilmenge von sich äquivalent sein kann.

Zu einer brauchbaren Anordnung der unendlichen Kardinalzahlen gelangen wir dagegen, wenn wir die oben für die endlichen Kardinalzahlen festgelegte Regel ausbauen zu der folgenden

**Definition.** Ist die Menge $M$ äquivalent einer Teilmenge der Menge $N$, während $N$ keiner Teilmenge von $M$ äquivalent ist, so nennt man die Kardinalzahl $\mathfrak{m}$ von $M$ kleiner als die Kardinalzahl $\mathfrak{n}$ von $N$, also $\mathfrak{n}$ größer als $\mathfrak{m}$. Mit den auch sonst üblichen Zeichen schreibt man hierfür $\mathfrak{m} < \mathfrak{n}$ oder gleichbedeutend $\mathfrak{n} > \mathfrak{m}$.

Diese Definition, bei der es einer Unterscheidung zwischen echten und unechten Teilmengen nicht mehr bedarf, ist offenbar eine vernünftige und zweckmäßige Festsetzung. Denn sind die in ihr enthaltenen Voraussetzungen für $\mathfrak{m} < \mathfrak{n}$ erfüllt, so kann nicht $\mathfrak{m} = \mathfrak{n}$, d. h. nicht $M \sim N$ sein; nach der zweiten Voraussetzung der Definition gibt es nämlich im Falle $\mathfrak{m} < \mathfrak{n}$ keine Teilmenge von $M$, der $N$ äquivalent wäre, während im Falle $\mathfrak{m} = \mathfrak{n}$ sicherlich $N$ einer Teilmenge von $M$ äquivalent ist, z. B. der Menge $M$ selbst. Ebenso überzeugt sich der Leser mittels einfacher Überlegung, daß nach der obigen Definition nicht etwa von den Kardinalzahlen zweier nicht-äquivalenter Mengen die eine gleichzeitig kleiner *und* größer sein kann als die andere, daß also die Beziehungen $\mathfrak{m} < \mathfrak{n}$ und $\mathfrak{n} < \mathfrak{m}$ miteinander nicht verträglich sind; ferner erkennt man leicht, daß unter drei Kardinalzahlen $\mathfrak{m}$, $\mathfrak{n}$ und $\mathfrak{p}$, von denen $\mathfrak{m}$ kleiner als $\mathfrak{n}$, $\mathfrak{n}$ kleiner als $\mathfrak{p}$ (oder gleich $\mathfrak{p}$) ist, $\mathfrak{m}$ auch kleiner ist als $\mathfrak{p}$. Endlich leuchtet ein, daß bei der Vergleichung der Kardinalzahlen zweier Mengen jede der letzteren ohne weiteres durch eine äquivalente Menge ersetzt werden darf, daß also aus $\mathfrak{m} < \mathfrak{n}$, $\mathfrak{m} = \mathfrak{m}'$, $\mathfrak{n} = \mathfrak{n}'$ stets $\mathfrak{m}' < \mathfrak{n}'$ folgt. Die hiermit ausgedrückten vier Eigenschaften der Größenordnung der Kardinalzahlen, deren vollständiger Beweis als leichte und wertvolle Übung zum Gebrauch des Äquivalenz- und Abbildungsbegriffs dem Leser empfohlen sei, sind charakteristisch für *jeden* in der Mathematik auftretenden *Ordnungsbegriff*; vgl. S. 92 und 129f. Dagegen ist vorläufig noch die Frage offen, ob der Größenordnung der Kardinalzahlen eine weitere, ebenso allgemeine und grundsätzliche Eigenschaft zukommt: ob nämlich von zwei verschiedenen Kardinalzahlen stets eine kleiner ist als die andere oder ob sie vielleicht unvergleichbar sein können. Wir kommen hierauf noch ausführlicher zurück (S. 59 und 149).

Wir benutzen die obige Definition, der auch die gewöhnliche Anordnung der *endlichen* Kardinalzahlen entspricht, vor allem zur Feststellung der Größenordnung der Mächtigkeiten $\mathfrak{a}$, $\mathfrak{c}$ und $\mathfrak{f}$. Es sei also zunächst $M$ die Menge der natürlichen Zahlen, $N$ die Menge aller reellen Zahlen, so daß $\mathfrak{a}$ die Mächtigkeit von $M$, $\mathfrak{c}$ diejenige von $N$ ist. Da $M$ eine Teilmenge von $N$ darstellt, ist $M$ sicherlich äquivalent einer Teilmenge von $N$. Andererseits ist nach S. 26 jede Teilmenge von $M$ entweder endlich oder doch abzählbar, so daß gewiß $N$ keiner Teilmenge von $M$ äquivalent sein kann (was übrigens auch unmittelbar aus dem Beweis der Nichtabzählbarkeit des Kontinuums (S. 34ff.) hätte geschlossen werden können). Daher ist $\mathfrak{a} < \mathfrak{c}$.

Ebenso ist $\mathfrak{c} < \mathfrak{f}$. Denn verstehen wir jetzt unter $C$ die Menge aller reellen Zahlen zwischen 0 und 1, unter $F$ die zu Ende des vorigen Paragraphen betrachtete Menge aller reellen Funktionen $f(x)$ ($x$ veränderlich zwischen 0 und 1), so ist zunächst $C$ äquivalent einer Teilmenge $F'$ von $F$. Wir können nämlich $F'$ wählen als die Menge all der ganz speziellen („konstanten") Funktionen $f(x)$, die jeweils für alle Werte $x$ einen und den nämlichen, irgendwie zwischen 0 und 1 gelegenen Zahlenwert besitzen, und ordnen dann jeder bestimmten Zahl $z$ der Zahlenmenge $C$ die Funktion $f(x) = z$ zu, d. h. diejenige Funktion, die für alle Werte von $x$ den nämlichen festen Wert $z$ besitzt. Diese Abbildung zwischen $C$ und $F'$ zeigt, daß $C \sim F'$. Um andererseits einzusehen, daß $F$ keiner Teilmenge von $C$ äquivalent ist, erinnern wir uns des am Schluß des vorigen Paragraphen geführten Beweises. Wir gingen dort (S. 46) aus von einer zu $C$ äquivalenten Teilmenge $F_0$ von $F$ und zeigten, daß eine solche Teilmenge $F_0$ niemals mit $F$

zusammenfallen kann, weil sich (auf Grund einer Abbildung zwischen $C$ und $F_0$) stets Elemente von $F$ nachweisen lassen, die in $F_0$ nicht vorkommen. Solche Elemente müssen aber um so mehr vorhanden sein, wenn $F_0$ als zu einer *Teilmenge* von $C$ (statt zu $C$ selbst) äquivalent vorausgesetzt wird; dies ist von vornherein einleuchtend und aus der früher durchgeführten Überlegung ohne wesentliche Abänderung zu entnehmen. Da also auch eine zu einer Teilmenge von $C$ äquivalente Teilmenge von $F$ nicht mit $F$ identisch sein kann, ist $F$ selbst sicher keiner Teilmenge von $C$ äquivalent. Hieraus und aus $C \sim F'$ folgt schließlich nach unserer Definition, daß die Mächtigkeit von $C$ kleiner ist als die von $F$, wie gezeigt werden sollte.

Der Leser überzeugt sich an Hand der Definition ohne weiteres, daß *die Kardinalzahl jeder endlichen Menge, d. h. jede endliche Anzahl, kleiner ist als* $\mathfrak{a}$. Ferner gilt der folgende wichtige Satz:

*Die Kardinalzahl* $\mathfrak{a}$ *der abzählbaren Mengen ist die kleinste unendliche Kardinalzahl.*

Denn wie auf S. 20 gezeigt wurde, besitzt jede unendliche Menge eine abzählbare Teilmenge; jede Teilmenge einer abzählbaren Menge ist andererseits nach S. 26 entweder endlich oder abzählbar. Eine gegebene unendliche Menge, die nicht selbst abzählbar ist, besitzt demnach eine der Menge der natürlichen Zahlen äquivalente Teilmenge, ohne selbst einer Teilmenge der Menge der natürlichen Zahlen äquivalent zu sein. Daher ist nach der Definition der Größenordnung die Kardinalzahl einer beliebig gegebenen unendlichen Menge entweder größer als $\mathfrak{a}$ oder gleich $\mathfrak{a}$, wie gezeigt werden sollte.

Aus den beiden letzten Resultaten erhält man noch das folgende Ergebnis:

*Jede endliche Kardinalzahl ist kleiner als jede unendliche Kardinalzahl.*

Die sich weiter erhebende Frage, ob $\mathfrak{c}$ die nächstgrößere Kardinalzahl nach $\mathfrak{a}$ ist oder ob es eine zwischen $\mathfrak{a}$ und $\mathfrak{c}$ gelegene unendliche Kardinalzahl gibt, ist trotz erheblicher Bemühungen der Mathematiker noch ungelöst. Man bezeichnet diese Frage als das *Kontinuumproblem.* Sie fällt offenbar zusammen mit der Frage, ob jede unendliche Teilmenge des Kontinuums (d. h. der Menge der reellen Zahlen oder aller Punkte einer Geraden) entweder abzählbar oder dem Kontinuum äquivalent ist, oder ob es unendliche Teilmengen gibt, die eine andere (dazwischenliegende) Kardinalzahl besitzen. *Cantor* war von Anfang an entschieden der Meinung, daß $\mathfrak{c}$ die zweitkleinste Kardinalzahl sei. Es hat nicht an Versuchen hervorragender Forscher gefehlt, diese Vermutung oder ihr Gegenteil zu beweisen; so sind zur Zeit des dritten internationalen Mathematikerkongresses in Heidelberg (1904) gleichzeitig Beweisversuche für beide (einander widersprechende) Annahmen gemacht worden, die sich später als nicht stichhaltig erwiesen. Ebensowenig ist bekannt, ob zwischen $\mathfrak{c}$ und $\mathfrak{f}$ eine weitere Kardinalzahl existiert.

Wohl hat dagegen schon *Cantor* die weitere Frage entschieden, ob es noch eine größere Mächtigkeit als $\mathfrak{f}$ gibt. Es gilt nämlich der Satz (zuweilen als *Cantors Satz* bezeichnet):

*Zu jeder beliebigen Menge läßt sich eine Menge von größerer Mächtigkeit angeben. Es gibt also keine größte Mächtigkeit; die mit $\mathfrak{a}$ beginnende Reihe der unendlichen Mächtigkeiten ist nach obenhin unbegrenzt.*

Es sei nämlich $M$ eine beliebige endliche oder unendliche Menge. Dann können wir die Menge aller verschiedenen Teilmengen (Untermengen) von $M$ bilden; wir wollen sie mit $\mathfrak{U}M$ (Abkürzung für: Menge aller Untermengen von $M$) oder auch kurz mit $U$ bezeichnen. Jedes Element von $\mathfrak{U}M$ ist eine Teilmenge von $M$, und umgekehrt ist jede Teilmenge von $M$ ($M$ selbst sowie die Nullmenge eingeschlossen) ein Element von $\mathfrak{U}M$. Es kann und soll nun gezeigt werden, daß die Mächtigkeit von $U$ größer ist als die von $M$, und zwar wird wieder das Diagonalverfahren (S. 34ff.) den Nerv des Beweises bilden[1]).

Wir zeigen vor allem, daß die Mächtigkeiten der Mengen $M$ und $U$ überhaupt voneinander *verschieden* sind; damit wird der entscheidende (und verhältnismäßig schwierige) Teil des Beweises erledigt sein. Es sei $U_0$ eine *zu $M$ äquivalente* Teilmenge von $U$; wir werden auf Grund dieser Annahme ein nicht in $U_0$ vorkommendes Element von $U$ konstruieren; damit wird dargetan sein, daß eine zu $M$ äquivalente Menge von Teilmengen von $M$ nie mit $U$ zusammenfallen, also nie *alle* Teilmengen von $M$ umfassen kann. Es sei übrigens im voraus bemerkt, daß die Betrachtung unverändert und mit dem gleichen Ergebnis durchgeführt werden kann, wenn man $U_0$ als *zu einer Teilmenge von $M$* (statt zu $M$ selbst) äquivalent voraussetzt; wir werden später noch von dieser Bemerkung Gebrauch machen (die ohnehin plausibel ist, da nach der folgenden Betrachtung $U$ weit umfassender ist als $M$, um so mehr also weit umfassender als eine Teilmenge von $M$).

Wir denken uns zunächst eine beliebige Abbildung zwischen den äquivalenten Mengen $M$ und $U_0$ gewählt und von nun an festgehalten; sie ordnet jedem Element $m$ von $M$ ein Element $u$ von $U_0$ (d. h. eine Teilmenge $u$ von $M$) umkehrbar eindeutig zu. Auf Grund dieser Abbildung werden wir eine Teilmenge $u'$ von $M$ angeben, die in $U_0$ nicht vorkommt. Hierzu bedenken wir vor allem, daß für irgend zwei nach unserer Abbildung einander entsprechende Elemente, z. B. $m_1$ und $u_1$, zwei Fälle möglich sind: die Teilmenge $u_1$ von $M$ enthält entweder $m_1$ als Element oder sie enthält $m_1$ nicht. Wir können daher die Elemente von $M$ in zwei Klassen einteilen: jedes Element der ersten Klasse ist in dem ihm vermöge unserer Abbildung entsprechenden Element von $U$

[1]) Vgl. *Hessenberg*, S. 41f. und *Zermelo III* (s. S. 187, Fußnote 2), S. 276; der Grundgedanke des Beweisverfahrens findet sich bei *Cantor* (Jahresb. d. D. Mathematikervereinig., **1** [1892], 75—78). Übrigens hatte *Cantor* schon in den „Grundlagen" (1883) die Existenz unendlich vieler verschiedener unendlicher Kardinalzahlen bewiesen, aber mit ganz anderen, tieferen Hilfsmitteln (aus der Theorie der „Wohlordnung").

(das eine Teilmenge von $M$ ist) selbst als Element enthalten; jedes Element der zweiten Klasse ist in dem entsprechenden Element von $U$ nicht enthalten. (Als Beispiel sei bemerkt, daß, falls z. B. die Nullmenge und $M$ selbst in $U_0$ auftreten, in der ersten Klasse das Element von $M$ vorkommt, das der Menge $M$ selbst zugeordnet ist, in der zweiten Klasse aber das Element von $M$, das der Nullmenge entspricht.) Wir betrachten *sämtliche Elemente der zweiten Klasse* und bezeichnen die durch ihre Gesamtheit gebildete Menge mit $u'$; $u'$ ist eine — möglicherweise auf die Nullmenge zusammenschrumpfende — Menge gewisser Elemente von $M$, also eine Teilmenge von $M$ oder ein Element von $U$. Es soll gezeigt werden, daß das Element $u'$ von $U$ in der Menge $U_0$ überhaupt nicht vorkommt.

In der Tat: kommt $u'$ in $U_0$ vor, so gehört das dem Element $u'$ von $U_0$ zugeordnete Element $m'$ von $M$ entweder zur ersten oder zur zweiten der im vorigen Absatz gekennzeichneten Klassen. Gehört $m'$ zur ersten Klasse, so besagt dies: $m'$ ist ein Element von $u'$; $u'$ enthält aber nach Voraussetzung nur Elemente der zweiten Klasse und keines der ersten, kann also $m'$ nicht enthalten. Daher könnte $m'$ nur zur zweiten Klasse gehören, so daß das Element $m'$ in der ihm zugeordneten Teilmenge $u'$ nicht enthalten wäre. Nach der Definition enthält aber $u'$ *alle* Elemente der zweiten Klasse, es müßte also auch $m'$ in $u'$ vorkommen; dieser Widerspruch zeigt, daß $m'$ auch nicht der zweiten Klasse angehören kann, d. h. daß es überhaupt kein Element $m'$ in $M$ gibt, dem das Element $u'$ von $U$ vermöge unserer Abbildung entsprechen kann. Die Untermenge $u'$ von $M$ kann also wirklich in $U_0$ nicht vorkommen, wie wir zeigen wollten. — Der Leser lasse sich durch die auf $m'$ bezügliche, zunächst paradox anmutende Betrachtung nicht einschüchtern, sondern mache sie sich gründlich zu eigen; ein gleicher Gedankengang wird uns später (S. 153) nochmals begegnen.

Nachdem so nachgewiesen ist, daß die Mengen $M$ und $U$ nicht äquivalent, also nicht von gleicher Mächtigkeit sein können, ist es ein leichtes, zu zeigen, daß die Mächtigkeit von $M$ *kleiner* ist als diejenige von $U$. Zum Nachweis dessen ist zunächst eine Teilmenge von $U$ anzugeben, der $M$ äquivalent ist; eine solche erhalten wir einfach durch Zusammenfassung aller derjenigen Elemente von $U$ — d. h. aller derjenigen Teilmengen von $M$ —, die nur je ein einziges Element von $M$ enthalten; ist $\{a\}$ irgendeine derartige Teilmenge von $M$ und ordnen wir ihr das (begrifflich scharf von der Menge $\{a\}$ zu trennende) Element $a$ von $M$ zu und umgekehrt, so ist damit eine Abbildung zwischen $M$ und einer Teilmenge von $U$ gegeben. Andererseits geht aus der Bemerkung am Schluß des drittletzten Absatzes hervor, daß $U$ keiner Teilmenge von $M$ äquivalent sein kann. Damit ist der Beweis unserer Behauptung vollendet die wir nunmehr schärfer so aussprechen können:

*Ist $M$ eine beliebige Menge, so besitzt die Menge $\mathfrak{U}M$ aller Teilmengen von $M$ stets eine größere Kardinalzahl als $M$.*

Liegt also irgendeine Menge $M$ vor, z. B. eine Menge $M$ von der Kardinalzahl $\mathfrak{k}$, so erhalten wir in $\mathfrak{U}M = U$ eine Menge von einer Kardinalzahl $\mathfrak{g} > \mathfrak{k}$, in $\mathfrak{U}U$ wiederum eine Menge von einer Kardinalzahl $\mathfrak{h} > \mathfrak{g}$ und so endlos weiter. Die hierin hervortretende Tatsache, daß es unendlich viele verschiedene unendliche Kardinalzahlen gibt, ist namentlich aus folgender Erwägung heraus außerordentlich bedeutsam: Für die naive Vorstellung gibt es nur *ein* „Unendlichgroßes", innerhalb dessen weitere Größenunterschiede nicht mehr scharf abgegrenzt werden können. Demgegenüber hat sich im vorigen Paragraphen zunächst erwiesen, daß es *verschiedene* unendliche Kardinalzahlen gibt. Unser letztes Ergebnis zeigt aber sogar, daß es *unendlich viele voneinander scharf unterscheidbare* unendliche Kardinalzahlen gibt, daß also in dem Reich derjenigen „unendlich großen Zahlen“, die wir in den unendlichen Kardinalzahlen kennen gelernt haben, eine mindestens ebenso große (in Wirklichkeit sogar unvergleichlich größere) Mannigfaltigkeit herrscht als im Bereich der gewöhnlichen endlichen Kardinalzahlen.

Übrigens stellt unser Satz nicht etwa ein bloßes „Existenztheorem“ dar, d. h. er besagt nicht nur, daß zu einer gegebenen Kardinalzahl eine größere *existiert,* sondern er gibt auch ein einfaches Verfahren an, eine solche *wirklich zu bilden.*

Es werde noch hervorgehoben, daß der bewiesene Satz natürlich auch für eine *endliche* Menge $M$ und ihre Kardinalzahl gilt; ist doch $M$ nicht als unendlich vorausgesetzt worden. Indes besagt unser Satz für endliche Mengen nur eine in der Kombinatorik elementar bewiesene Tatsache (vgl. S. 82/3). Daß und in welcher Weise er insbesondere für die kleinsten Mengen zutrifft, nämlich für solche mit keinem oder einem einzigen Element, zeigen die Beispiele $M = 0$, $U = \{0\}$ und $M = \{a\}$, $U = \{0, \{a\}\}$, die beim Übergang zu den Kardinalzahlen von $M$ und $U$ nur besagen: $0 < 1$ und $1 < 2$ (S. 83). Der Leser wird sich den Beweis unseres Satzes besonders deutlich an Hand einer endlichen Menge $M$ als Beispiel klarmachen.

Eine grundsätzliche Frage in bezug auf die Größenordnung der Kardinalzahlen ist bisher noch unerledigt geblieben. Sind $\mathfrak{m}$ und $\mathfrak{n}$ irgend zwei Kardinalzahlen, so fragt es sich, ob ebenso wie bei den endlichen Anzahlen stets einer der drei (sich nach S. 49 ausschließenden) Fälle: $\mathfrak{m} = \mathfrak{n}$, $\mathfrak{m} < \mathfrak{n}$, $\mathfrak{m} > \mathfrak{n}$ vorliegt („Trichotomie“), oder ob es noch weitere Möglichkeiten gibt, d. h. ob es vielleicht vorkommen kann, daß zwei verschiedene Kardinalzahlen *unvergleichbar* sind, so daß keine von ihnen kleiner ist als die andere.

Um der Beantwortung dieser Frage näherzukommen, wollen wir, ausgehend von unserer Definition der Größenordnung, alle möglichen Vergleichsbeziehungen zwischen zwei gegebenen Mengen $M$ und $N$ nach einem elementaren Verfahren der allgemeinen Logik durchdenken, einem Verfahren, dessen Verwendung für den vorliegenden Zweck durch *Cantor* bedeutungsvoll und berühmt geworden ist: Es kann zunächst Teilmengen von $M$ geben, die zu $N$ äquivalent sind, und *gleichzeitig* Teilmengen von $N$, die zu $M$ äquivalent sind (*erster Fall*); ferner kann es Teilmengen von $M$ geben, die zu $N$ äquivalent sind, während keine zu $M$ äquivalente Teilmenge von $N$ existiert (*zweiter Fall*); weiter kann umgekehrt die Existenz einer zu $N$ äquivalenten Teilmenge von $M$ ausgeschlossen sein, während es Teilmengen von $N$ gibt, die zu $M$ äquivalent sind (*dritter Fall*); endlich kann es sein, daß weder eine zu $N$ äquivalente Teilmenge von $M$ noch eine zu $M$

äquivalente Teilmenge von $N$ existiert (*vierter Fall*). Diese vier Fälle bilden offenbar eine sogenannte logische Disjunktion, d. h. sie erschöpfen, einander gegenseitig ausschließend, alle überhaupt denkbaren Möglichkeiten.

Der bequemen Veranschaulichung diene das folgende Schema, in dem $\mathfrak{m}$ und $\mathfrak{n}$ die Kardinalzahlen der Mengen $M$ und $N$ bezeichnen:

| | $N$ einer Teilmenge von $M$ äquivalent | $N$ keiner Teilmenge von $M$ äquivalent |
|---|---|---|
| $M$ einer Teilmenge von $N$ äquivalent | erster Fall ($M \sim N$, d. h. $\mathfrak{m} = \mathfrak{n}$) | dritter Fall ($\mathfrak{m} < \mathfrak{n}$) |
| $M$ keiner Teilmenge von $N$ äquivalent | zweiter Fall ($\mathfrak{n} < \mathfrak{m}$) | vierter Fall ($\mathfrak{m}$ und $\mathfrak{n}$ unvergleichbar) |

Von den aufgezählten Fällen haben wir uns jetzt nur noch mit dem ersten und dem vierten näher zu beschäftigen. Denn nach unserer Definition der Größenordnung der Kardinalzahlen vom Beginn dieses Paragraphen besagt ja der zweite Fall einfach, daß $N$ eine kleinere Kardinalzahl besitzt als $M$, während im dritten Fall die Kardinalzahl von $M$ kleiner ist als die von $N$. Über den ersten Fall gibt der von *Cantor* schon frühzeitig vermutete Äquivalenzsatz Auskunft; er besagt:

*Ist $M$ einer Teilmenge von $N$ und gleichzeitig $N$ einer Teilmenge von $M$ äquivalent, so sind die Mengen $M$ und $N$ selbst einander äquivalent, ihre Kardinalzahlen also gleich.*

Der Äquivalenzsatz ist für die tatsächliche Vergleichung von Mengen von sehr wesentlicher Bedeutung. Es kommt nämlich häufig vor, daß für zwei Mengen leicht gezeigt werden kann, daß jede einer Teilmenge der anderen äquivalent ist, während ihre Äquivalenz direkt, d. h. durch Herstellung einer Abbildung, nicht oder nur schwierig nachzuweisen ist. Ein bezeichnendes und wichtiges Beispiel werden wir später (S. 87f.) behandeln.

Um zu einem Beweis des Äquivalenzsatzes zu gelangen, gehen wir von den Begriffen der Summe und des Durchschnitts von Mengen aus; ersterer wird im nächsten Paragraphen noch eine eingehendere Behandlung erfahren.

Sind zunächst $N$ und $P$ irgend zwei Mengen, so versteht man unter ihrer Summe oder Vereinigungsmenge die Menge aller Elemente, die *mindestens in einer* der beiden Mengen enthalten sind, unter ihrem Durchschnitt die Menge aller Elemente, die in beiden Mengen *gleichzeitig* vorkommen. Man bezeichnet die Vereinigungsmenge mit $\mathfrak{S}(N, P)$ oder auch, da es sich gewissermaßen um die Summe der Elemente von $N$ und derjenigen von $P$ handelt, mit $N + P$, den Durchschnitt dagegen mit $\mathfrak{D}(N, P)$. Bedeutet z. B. $N$ die Menge aller Punkte des liegenden, $P$ die Menge der Punkte des aufrechtstehenden Rechtecks in Fig. 7, so umfaßt die Summe alle Punkte der ganzen kreuzartigen Figur, der Durchschnitt aber nur die Punkte des in der Mitte gelegenen Quadrats.

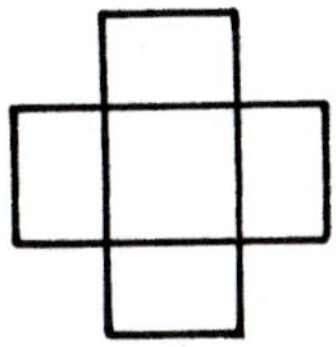

Fig. 7.

Sind nicht nur zwei Mengen, sondern ist eine beliebige (endliche oder unendliche) *Menge* $M = \{N, P, R, \ldots\}$ gegeben, deren Elemente $N, P, R, \ldots$ selbst Mengen sind, so versteht man entsprechend unter der *Summe* oder *Vereinigungsmenge* $\mathfrak{S}M = \mathfrak{S}(N, P, R, \ldots) = N + P + R + \cdots$ diejenige Menge, welche alle Elemente umfaßt, die mindestens in *einer* der Mengen $N, P, R, \ldots$ vorkommen; der Durchschnitt $\mathfrak{D}M = \mathfrak{D}(N, P, R, \ldots)$ dagegen ist die Menge aller derjenigen Elemente, die gleichzeitig in *allen* Mengen $N, P, R, \ldots$ enthalten sind. Die Vereinigungsmenge entspricht dem logischen „entweder — oder", der Durchschnitt dem logischen „sowohl — als auch". Ist z. B. $M_1 = \{1, 2, 3, \ldots\}$, $M_2 = \{2, 3, 4, \ldots\}$, $M_3 = \{3, 4, 5, \ldots\}$ usw. und bedeutet $M = \{M_1, M_2, M_3, \ldots\}$ die abzählbare Menge all dieser (selbst sämtlich abzählbaren) Mengen, so ist die Vereinigungsmenge $\mathfrak{S}M$ offenbar gleich $\{1, 2, 3, \ldots\}$ (also gleich $M_1$), dagegen der Durchschnitt $\mathfrak{D}M$ gleich der Nullmenge; denn es gibt keine, wenn auch noch so große, natürliche Zahl, die gleichzeitig in *allen* Mengen $M_1, M_2, M_3, \ldots$ vorkommt. Ein anderes Beispiel für den Durchschnitt einer abzählbaren Menge von Mengen erhält man, wenn man für $M_1$ die Menge aller (etwa auf diesem Papierblatt denkbaren) geschlossenen ebenen Polygone (Vielecke) wählt, für $M_2$ die Menge all dieser Polygone mit Ausnahme der gleichseitigen Dreiecke unter ihnen, für $M_3$ die Menge aller Polygone außer den gleichseitigen Dreiecken und den Quadraten, für $M_4$ die Menge aller Polygone außer den regelmäßigen 3-, 4- und 5-Ecken, usw.; der Durchschnitt $\mathfrak{D}M = \mathfrak{D}(M_1, M_2, \ldots)$ enthält in diesem Fall alle Polygone mit Ausnahme der regelmäßigen.

Die beiden vorstehenden Beispiele der Durchschnittsbildung sind zur Veranschaulichung des Folgenden so gewählt, daß jedesmal eine abzählbare Menge von Mengen $M_1, M_2, \ldots$ auftritt und daß von diesen Mengen jede eine Teilmenge der vorangehenden ist. Die Beispiele zeigen, daß der Durchschnitt dieser Mengen sich entweder auf die Nullmenge reduzieren kann oder auch nicht.

Es genüge hier ohne nähere Ausführung, die dem Leser überlassen bleibe (vgl. S. 65f.), der unmittelbar einleuchtende Hinweis darauf, daß es bei der Bildung von Summe und Durchschnitt weder auf die Reihenfolge, in der dabei die Mengen von $M$ herangezogen werden, noch auf eine Zerlegung der Aufgabe in einzelne Teilschritte (vermittels Zusammenfassung gewisser Mengen untereinander durch Klammern) ankommen kann.

Nach dieser Vorbereitung gehen wir gemäß dem zu beweisenden Satze von zwei Mengen $M$ und $N$ aus, von denen $M$ einer echten Teilmenge $N_1$ von $N$, $N$ einer echten Teilmenge $M_1$ von $M$ äquivalent ist[1]). Der Äquivalenzsatz besagt, daß $M$ und $N$ selbst einander äquivalent sind. Wir wollen den Satz vor allem auf eine noch einfachere Form bringen. Ist $\Phi$ eine Abbildung zwischen $N$ und $M_1$, so wird die echte Teilmenge $N_1$ von $N$ durch $\Phi$ von selbst auf eine echte Teilmenge $M_2$ von $M_1$ abgebildet; es ist also $N_1 \sim M_2$. Da $M_1$ eine echte Teilmenge von $M$ ist, so ist um so mehr $M_2$ eine echte Teilmenge von $M$. Andererseits folgt aus $M \sim N_1$ und $N_1 \sim M_2$ nach S. 15, daß die Menge $M$ ihrer echten Teilmenge $M_2$ äquivalent ist.

Der Äquivalenzsatz wird bewiesen sein, wenn gezeigt ist, daß $M \sim M_1$; denn wegen $M_1 \sim N$ folgt dann auch $M \sim N$. Es kommt also nur darauf an, die folgende, an sich sehr einleuchtende Tatsache nachzuweisen: *Ist die Menge $M$ äquivalent ihrer echten Teilmenge $M_2$, so ist sie auch äquivalent jeder Menge $M_1$ „zwischen $M$ und $M_2$“, d. h. jeder echten Teilmenge $M_1$ von $M$, die ihrerseits $M_2$ als echte Teilmenge enthält.*

Zwecks einfacherer Schreibweise bezeichnen wir von nun an die Menge $M_2$ mit $A$, ferner die Menge aller in $M_2$ nicht vorkommenden Elemente von $M_1$ mit $B$, endlich die Menge aller in $M_1$ nicht vorkommenden Elemente von $M$ mit $C$. Unter Benutzung des Begriffs der Summe können wir dann statt $M_1$ auch $A+B$, statt $M$ auch $A+B+C$ schreiben. Unser Ziel ist, aus der nach Voraussetzung geltenden Äquivalenz $A+B+C \sim A$ die weitere Beziehung $A+B+C \sim A+B$ zu folgern. Wir verfahren zu diesem Zweck, ohne die einleuchtenden Teile des Gedankenganges bis ins einzelne zu zergliedern, auf die folgende Weise:

Es sei $\Psi$ eine Abbildung der Menge $A+B+C$ auf die ihr äquivalente Menge $A$. Wenden wir diese Abbildung auf die drei Teilmengen $A$, $B$, $C$ der Menge $A+B+C$ an, so wird $A$ auf eine äquivalente Menge $A_1$, $B$ auf eine äquivalente $B_1$, $C$ auf eine äquivalente $C_1$ abgebildet; $A_1$, $B_1$ und $C_1$ sind Teilmengen von $A$, die übrigens kein (auch nur zweien von ihnen) gemeinsames Element enthalten, und stellen zusammengenommen die Menge $A$ dar, so daß gilt: $A_1+B_1+C_1=A$. Weiter wenden wir eine Abbildung $\Psi_1$, die die Menge $A$ der äquivalenten Menge $A_1$ zuordnet[2]), auf die Teilmengen $A_1$, $B_1$, $C_1$ von $A$ an; dabei werde $A_1$ auf die äquivalente Menge $A_2$, $B_1$ auf die äquivalente $B_2$, $C_1$ auf die äquivalente $C_2$ abgebildet; dann sind $A_2$, $B_2$ und $C_2$ gewisse Teilmengen von $A_1$, die paarweise keine gemeinsamen Elemente aufweisen und zusammen die Menge $A_1$ darstellen; es ist also $A_2+B_2+C_2$

---

[1]) Ist $N_1$ mit $N$ oder $M_1$ mit $M$ identisch, so besagt dies schon, daß $M \sim N$, daß also der Äquivalenzsatz in diesen Fällen zutrifft. Man kann sich daher auf die Betrachtung *echter* Teilmengen $N_1$ und $M_1$ beschränken, womit der Fall *endlicher* Mengen $M$ und $N$ offenbar ausgeschlossen ist; für endliche Mengen ist der Satz in der Tat trivial.

[2]) Die Zuordnungsvorschrift $\Psi_1$, die die Abbildung zwischen $A$ und $A_1$ vermittelt, ist übrigens offenbar ein Teil der Zuordnungsvorschrift $\Psi$ zwischen $A+B+C$ und $A$; ebenso ist die Abbildung $\Psi_2$ ein Teil von $\Psi_1$ usw.

$= A_1$. Wird ebenso eine zwischen $A_1$ und $A_2$ bestehende Abbildung $\Psi_2$ nunmehr auf die Teilmengen $A_2$, $B_2$, $C_2$ von $A_1$ angewandt, so möge $A_2$ auf die äquivalente Menge $A_3$, $B_2$ auf die äquivalente $B_3$, $C_2$ auf die äquivalente $C_3$ abgebildet werden; $A_3$, $B_3$ und $C_3$ sind Teilmengen von $A_2$ ohne gemeinsame Elemente, und es ist $A_3 + B_3 + C_3 = A_2$. Da $A \sim A_1 \sim A_2 \sim A_3 \cdots$, so werden diese Mengen bei der Fortführung des Prozesses niemals erschöpft (ja nicht einmal kleiner ihrer Kardinalzahl nach; vgl. die Mengen $M_1$, $M_2$, $M_3, \ldots$ im ersten Beispiel auf S. 55); wir können und wollen uns daher dieses Verfahren *unbegrenzt* fortgesetzt denken und veranschaulichen uns seine ersten Schritte durch Fig. 8. Ferner verzeichnen wir noch die aus der Definition der Mengen $C_1, C_2$ usw. folgenden Äquivalenzen: $C \sim C_1 \sim C_2 \sim C_3 \cdots$.

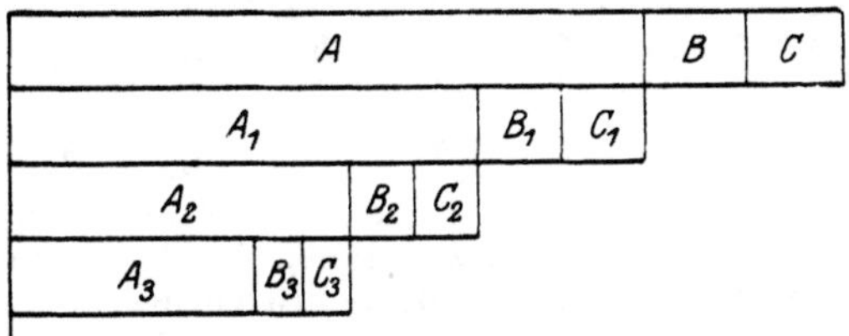


Fig. 8.

Wir führen endlich eine letzte Menge ein. Es kann sein, daß sich in der Menge $A$ Elemente befinden, die gleichzeitig *allen* Mengen $A$, $A_1$, $A_2, \ldots$ angehören (von denen ja jede eine echte Teilmenge der vorangehenden ist); gleichviel ob solche Elemente vorhanden sind oder nicht (vgl. die Beispiele auf S. 55), wollen wir den Durchschnitt all dieser Mengen mit $D$ bezeichnen, so daß $D$ die Nullmenge ist, falls keine gemeinsamen Elemente existieren. Dann läßt sich offenbar (vgl. Fig. 8)[1]) die ursprünglich gegebene Menge $A + B + C$ auffassen als die Summe der Menge $D$ und der unendlich vielen Mengen $C, B, C_1, B_1, C_2, B_2, \ldots$, unter denen keine ($D$ eingeschlossen) mit einer anderen ein Element gemeinsam hat. Ebenso können wir die Menge $A + B$ betrachten als die Summe der Menge $D$ und der unendlich vielen Mengen $B, C_1, B_1, C_2, B_2, C_3, \ldots$ oder — was bis auf die (für die Bildung der Summe gleichgültige) Reihenfolge das nämliche ist — als die Summe der unendlich vielen Mengen $D, C_1, B, C_2, B_1, C_3, B_2$ usw. Unser Ziel, nämlich der Nachweis der Äquivalenz zwischen $A + B + C$ und $A + B$, ist erreicht, wenn wir eine Abbildung zwischen diesen beiden Mengen herstellen können.

Um eine solche Abbildung zu ermöglichen, genügt es offenbar, zunächst die Mengen $D, C, B, C_1, B_1, \ldots$ und $D, C_1, B, C_2, B_1, \ldots$, als deren Summen wir $A + B + C$ und $A + B$ auffassen gelernt haben, einander paarweise in umkehrbar eindeutiger Weise zuzuordnen und dann eine Abbildung zwischen je zwei solchen einander zugeordneten Mengen herzustellen. Der Inbegriff all dieser unendlich vielen Abbildungsvorschriften wird eine Abbildung zwischen den beiden Mengen $A + B + C$ und $A + B$ darstellen, wesentlich deshalb, weil jedes Element von $A + B + C$ einer und *nur einer einzigen* der

---

[1]) Will man sich in Fig. 8 jeden der beiden Fälle ($D = 0$ oder nicht) veranschaulichen, so hat man sich im ersten Fall $D$ als ein auf die linke Begrenzungslinie der Rechtecke $A$, $A_1, \ldots$ zusammengeschrumpftes Rechteck zu denken (analog dem ersten Beispiel auf S. 55). Im zweiten Fall ist $D$ als ein gleichgroßes Teilrechteck der Rechtecke $A$, $A_1$, ... zu denken, an deren linker Begrenzung beginnend; die Rechtecke $A_1$, $A_2, \ldots$ nehmen dann in einem gewissen Sinn gegen das Teilrechteck $D$ ab, ähnlich wie die Mengen von Polygonen $M_1$, $M_2$, ... auf S. 55 gegen $\mathfrak{D}M$.

Mengen $D$, $C$, $B$, $C_1$, $B_1$, ... angehört; daher können wir nämlich immer die für die betreffende eindeutig bestimmte Menge zuständige Abbildung zweifelsfrei wählen. Jene paarweise Zuordnung von Mengen wollen wir nun entsprechend folgendem Schema vornehmen:

| | | | | | | | | | |
|---|---|---|---|---|---|---|---|---|---|
| $A+B+C$: | $D$ | $C$ | $B$ | $C_1$ | $B_1$ | $C_2$ | $B_2$ | $C_3$ | $B_3 \ldots$ |
| | $\updownarrow$ | $\updownarrow$ | $\updownarrow$ | $\updownarrow$ | $\updownarrow$ | $\updownarrow$ | $\updownarrow$ | $\updownarrow$ | $\updownarrow$ |
| $A+B$: | $D$ | $C_1$ | $B$ | $C_2$ | $B_1$ | $C_3$ | $B_2$ | $C_4$ | $B_3 \ldots$ |

Es soll also jede der Mengen $D$, $B$, $B_1$, $B_2$, ... sich selbst, von den Mengen $C$, $C_1$, $C_2$ usw. dagegen der Bestandteil $C$ von $A+B+C$ dem Bestandteil $C_1$ von $A+B$, der Bestandteil $C_1$ von $A+B+C$ dem Bestandteil $C_2$ von $A+B$ usw. zugeordnet werden. Die Möglichkeit der Abbildung zwischen je zwei in dieser Weise einander zugeordneten Mengen ist nun für die Mengen $D$, $B$, $B_1$, ... trivial, da hier nur jedes einzelne Element sich selbst zugeordnet zu werden braucht; für die Mengen $C$, $C_1$, ... folgt die Möglichkeit der paarweisen Abbildung aus den oben (S. 57) hergeleiteten Äquivalenzen $C \sim C_1 \sim C_2 \cdots$. Eine Abbildung zwischen den Mengen $A+B+C$ und $A+B$, d. h. zwischen $M$ und $M_1$, ist also hergestellt, der Äquivalenzsatz somit bewiesen.

Der vorgeführte Gedankengang folgt dem ersten von *F. Bernstein* stammenden Beweis des Äquivalenzsatzes (zuerst veröffentlicht in *E. Borel*s Leçons sur la théorie des fonctions [Paris 1898], S. 103 ff.). Er macht wesentlich Gebrauch von der Folge der natürlichen Zahlen, wie sie in der abgezählten Menge $\{C, B, C_1, B_1, C_2, B_2, \ldots\}$ verhüllt auftritt. Das Wesentliche des Beweises liegt offenbar darin, daß von den gegebenen unendlichen Mengen $M$ und $N$, deren Kardinalzahl ganz beliebig ist, sich jedenfalls je abzählbar unendlich viele Mengen derart abspalten lassen, daß sowohl diese wie auch die übrig bleibenden Reste (oben $D$) paarweise äquivalent sind. — Ein vor *Bernstein* von *E. Schröder* gegebener Beweis (1896) hat sich als irrig erwiesen (*A. Korselt* in Math. Ann., **70** [1911], 294). Von *E. Zermelo* (*Zermelo III* [vgl. nachstehend S. 187 Fußnote], S. 271f.) und anderen stammen Beweise des Äquivalenzsatzes, die ein Zurückgreifen auf die Folge der natürlichen Zahlen und ihre Eigenschaften zu vermeiden suchen, dafür aber zum Teil wesentlich abstrakteren Charakter besitzen; vgl. die Angaben bei *Schoenflies*, Mengenlehre, S. 34—39.

Wir wollen aus dem Äquivalenzsatz noch eine einfache Folgerung ziehen, die für die Vergleichung von Kardinalzahlen vielfach nützlich ist. Sind $M$ und $N$ zwei Mengen und ist $M$ einer Teilmenge von $N$ äquivalent, so bestehen (vgl. das Schema auf S. 54) die beiden einander ausschließenden Möglichkeiten: $N$ ist entweder einer gewissen Teilmenge von $M$ äquivalent oder keiner Teilmenge von $M$ äquivalent. Im ersten Fall ist nach dem Äquivalenzsatz die Kardinalzahl von $M$ gleich der von $N$, im zweiten Fall nach der Definition der Größenordnung jene kleiner als diese. Es gilt also:

*Sind $M$ und $N$ Mengen mit den Kardinalzahlen $\mathfrak{m}$ und $\mathfrak{n}$ und ist $M$ einer Teilmenge von $N$ äquivalent, so ist $\mathfrak{m}$ gleich oder kleiner als $\mathfrak{n}$ (in Zeichen: $\mathfrak{m} \leqq \mathfrak{n}$).*

Der Leser überlege, wie sich durch diesen Satz die Beweise der Beziehungen $\mathfrak{a} < \mathfrak{c}$, $\mathfrak{c} < \mathfrak{f}$ (S. 49f.) und des Satzes von S. 51 vereinfachen!

Es bleibt schließlich noch der vierte der auf S. 54 angeführten Fälle zu betrachten, der dem Leser schon bei kurzer Überlegung als recht paradox erscheinen wird. Denn daß von zwei gegebenen Mengen *keine* eine Teilmenge aufweisen sollte, die zur anderen Menge äquivalent ist, würde die *Unvergleichbarkeit* der beiden Mengen und damit auch ihrer Kardinalzahlen bedeuten und unseren sonstigen Vorstellungen von Zahlen als vergleichbaren „Größen" scharf widersprechen. Es hat eines erst in neuerer Zeit bewiesenen Satzes, des auf S. 141 ff. zu besprechenden Wohlordnungssatzes, bedurft, um den strengen Nachweis zu führen, daß dieser vierte Fall überhaupt nicht vorkommen kann (vgl. S. 149); schon *Cantor* hatte diese Tatsache behauptet und hatte auch erkannt, daß sie nur durch tiefliegende Betrachtungen bewiesen werden könne, doch ist ihm ein vollständiger Nachweis nicht gelungen. Nehmen wir dieses Ergebnis hier vorweg, so gelangen wir zu dem abschließenden und einfachen Resultat, von dem wir natürlich vorläufig keinen Gebrauch machen:

*Sind M und N irgend zwei Mengen, so sind entweder M und N äquivalent oder M besitzt eine kleinere Kardinalzahl als N oder eine größere Kardinalzahl als N. Von zwei verschiedenen Kardinalzahlen ist also stets eine kleiner als die andere.*

## § 7. Die Addition und Multiplikation der Kardinalzahlen.

Wir haben in den letzten Paragraphen „unendlichgroße Zahlen", nämlich unendliche Kardinalzahlen, wirklich kennen gelernt und sie ihrer Größe nach miteinander verglichen. Wir wollen nun untersuchen, ob und wie man mit den unendlichen Kardinalzahlen auch *rechnen* kann; es wird sich zeigen, daß die aus der gewöhnlichen Arithmetik bekannten Operationen der Addition, der Multiplikation und der Potenzierung sich in einer naturgemäßen Verallgemeinerung auf die unendlichen Kardinalzahlen übertragen lassen und auch hier völlig bestimmte Ergebnisse liefern. Dabei bleiben sogar die in der gewöhnlichen Arithmetik für diese Rechnungsarten gültigen Regeln[1]) auch für die unendlichen Kardinalzahlen bestehen. Die Umkehrung der genannten Operationen, also die Rechnungsarten der Subtraktion, der Division, des Wurzelziehens und des Logarithmierens, sind dagegen im Bereich der unendlichen Kardinalzahlen nicht ausführbar, insofern als sie hier, wie wir sehen werden, im allgemeinen nicht zu eindeutigen Ergebnissen führen.

---

[1]) Solche Regeln sind namentlich:

$a + b = b + a$, $\quad a \cdot b = b \cdot a$ („kommutative Gesetze"),

$a + (b + c) = (a + b) + c$, $\quad a \cdot (b \cdot c) = (a \cdot b) \cdot c$ („assoziative Gesetze"),

$a \cdot (b + c) = a \cdot b + a \cdot c$, $\quad (a + b) \cdot c = a \cdot c + b \cdot c$ („distributive Gesetze").

Diese Tatsache, daß eine vernünftige Subtraktion oder Division für unendliche Kardinalzahlen nicht definiert werden kann, ist ebensowenig verwunderlich wie beispielsweise der Umstand, daß für gewisse später (in den §§ 9 und 11) noch einzuführende Gattungen „unendlicher Zahlen“ auch manche Gesetze der Addition und der Multiplikation (z. B. schon der Satz $a + b = b + a$) nicht gültig bleiben. Denn wenn das Reich der in der Mathematik verwendeten Zahlen in so grundsätzlicher Weise und in so weitem Umfang ausgedehnt wird, wie dies durch die Einführung der *Cantor*schen unendlichen Zahlen geschieht, so ist keineswegs zu erwarten, daß die neuen „Zahlen“ sich genau den nämlichen Gesetzen fügen wie die alten; vielmehr ist in der Mathematik (wie auch anderswo) jede Verallgemeinerung eines Begriffs mit der Aufgabe eines Teiles der Eigenschaften des ursprünglichen engeren Begriffs verbunden. Es wird also zunächst bei der Definition der Rechenoperationen für die unendlichen Kardinalzahlen freilich darauf zu achten sein, daß sie „naturgemäße“ Verallgemeinerungen der entsprechenden Operationen zwischen gewöhnlichen Zahlen darstellen; „naturgemäß“ vor allem in dem Sinn, daß die beim Operieren mit endlichen Zahlen gültigen Gesetze *nach Möglichkeit* auch für die neuen Operationen erhalten bleiben. Sind für diese aber einmal entsprechende Definitionen zugrunde gelegt, so ist es nicht mehr Aufgabe des Mathematikers, die in dem erweiterten Operationsgebiet gültigen Rechengesetze *vorzuschreiben* (etwa als die der gewöhnlichen Arithmetik), sondern umgekehrt auf Grund der getroffenen Definitionen zu *untersuchen*, inwieweit die alten Gesetze erhalten bleiben und was im übrigen an deren Stelle zu treten hat[1]). So ist es nur eine erfreuliche, von vornherein nicht zu erwartende Tatsache, daß für die im folgenden definierten Operationen der Addition und Multiplikation unendlicher Kardinalzahlen sich die gewöhnlichen Regeln der Addition und Multiplikation als unverändert gültig erweisen.

In diesem Zusammenhang werde hervorgehoben, daß es in besonderem Maß die Verkennung des vorstehend angeführten Sachverhalts war, wodurch von Anfang an die Durchsetzung der Ideen *Cantor*s, namentlich die Anerkennung der unendlichen Zahlen überhaupt, erschwert wurde. Als charakteristisch sowohl für den Standpunkt *Cantor*s wie für den vieler unter seinen Gegnern mag etwa die folgende Bemerkung Platz finden, die einem Briefe *Cantor*s

---

[1]) Diesen Gedanken hatte *Cantor* im Auge, als er der abschließenden Darstellung seiner Entdeckungen u. a. das Motto voranstellte: „Neque enim leges intellectui aut rebus damus ad arbitrium nostrum, sed tanquam scribae fideles ab ipsius naturae voce latas et prolatas excipimus et describimus.“ (Beiträge, S. 481.)

an *G. Eneström* aus dem Jahre 1885[1]) entnommen ist: „Alle sogenannten Beweise wider die Möglichkeit aktual-unendlicher Zahlen sind dadurch fehlerhaft, und darin liegt ihr *πρῶτον ψεῦδος*, daß sie von vornherein den in Frage stehenden Zahlen sämtliche Eigenschaften der endlichen Zahlen zumuten oder vielmehr aufdringen, während die aktual-unendlichen Zahlen doch andererseits, wenn sie überhaupt auf irgendeine Weise denkbar sein sollen, durch ihren Gegensatz zu den endlichen Zahlen ein ganz neues Zahlengeschlecht konstituieren müssen, dessen Beschaffenheit von der Natur der Dinge durchaus abhängig und Gegenstand der Forschung, nicht aber unserer Willkür oder unserer Vorurteile ist."

Als Vorbereitung zur Definition der Addition und Multiplikation von *Kardinalzahlen* erklären wir die Addition und Multiplikation von *Mengen* (erstere wurde schon auf S. 54/55 kurz eingeführt). Wir beginnen mit folgender

**Definition 1.** Unter der Summe zweier Mengen $M$ und $N$ versteht man die Menge $S$, welche alle Elemente enthält, die in $M$ oder in $N$ (d. h. mindestens in *einer* der beiden Mengen) vorkommen. Man nennt $S$ die Summe oder Vereinigungsmenge der Mengen $M$ und $N$ und schreibt wie in der gewöhnlichen Arithmetik: $S = M + N$ oder auch $S = \mathfrak{S}\{M, N\}$.

Zu dieser Definition ist folgendes zu bemerken: Es kann vorkommen, daß ein und dasselbe Element in beiden Mengen $M$ und $N$ gleichzeitig enthalten ist. Auch in diesem Fall wird das betreffende Element in der Vereinigungsmenge natürlich nur einmal, nicht etwa zweimal, auftreten.

Die angeführte Definition der Vereinigungsmenge würde genügen, wenn wir uns im Bereich des Endlichen befänden; denn mittels ihrer läßt sich der Reihe nach die Vereinigungsmenge von drei, vier, ..., allgemein von endlich vielen Mengen bilden. Da wir aber jetzt im Reich des Unendlichen operieren wollen, werden wir uns hiermit nicht begnügen können, sondern auch unendlich viele Mengen zu addieren versuchen. Wir denken uns zu diesem Zweck die zu addierenden Mengen $M_1, M_2, M_3, \ldots$ als Elemente einer Menge $M$ gegeben. Dabei soll die Schreibweise $M_1, M_2$ usw. nur der bequemen Bezeichnung dienen, nicht aber etwa fordern, daß $M$ abzählbar sei; die Menge $M$, deren Elemente lauter Mengen sind, kann vielmehr eine beliebige Kardinalzahl besitzen. Wir setzen dann fest:

**Definition 2.** Es sei eine Menge von Mengen gegeben: $M = \{M_1, M_2, M_3, \ldots\}$, wobei sowohl die Kardinalzahl von $M$ wie

---

[1]) Vgl. Ztschr. f. Philosophie u. philos. Kritik, N. F., **88** (1886), 226; „Natur und Offenbarung", **32** (1886), 47.

die Kardinalzahlen der einzelnen Mengen $M_1$, $M_2$ usw. beliebig sein können. Dann versteht man unter der Summe oder Vereinigungsmenge der Mengen $M_1, M_2, \ldots$ die Menge $S$ aller der Elemente, die *mindestens einer* der Mengen $M_1, M_2, \ldots$ angehören. Man schreibt: $S = \mathfrak{S}M = \mathfrak{S}\{M_1, M_2, M_3, \ldots\} = M_1 + M_2 + M_3 + \cdots$.

Auch hier ist ein Element, das in mehreren der Mengen (Summanden) $M_1$, $M_2$ usw. gleichzeitig vorkommt, in die Vereinigungsmenge natürlich nur *einmal* aufzunehmen.

*Beispiele:* Wir betrachten auf der Zahlengeraden die Strecken von 0 bis 1, von 1 bis 2, von 2 bis 3 usw., ferner die Strecken von $-1$ bis 0, von $-2$ bis $-1$, von $-3$ bis $-2$ usw. Die Mengen der Punkte einer jeden dieser Strecken (unter Einschluß des jeweils linken, d. h. durch die kleinere Zahl bezeichneten Endpunkts, oder auch jeweils beider Endpunkte) sollen mit $M_0, M_1, M_2$ usw., ferner mit $M_{-1}, M_{-2}, M_{-3}$ usw. bezeichnet werden. Diese unendlich vielen Punktmengen seien die Elemente von $M$. Dann wird die Vereinigungsmenge $\mathfrak{S}M$ durch die Menge *aller* Punkte der (beiderseits unbegrenzten) Zahlengeraden dargestellt. — Die nämliche Vereinigungsmenge erhält man, wenn man unter $M_0$ die Menge der Punkte zwischen 0 und 2, unter $M_1$ die der Punkte zwischen 1 und 3 usw. versteht.

Um ein anderes anschauliches Beispiel zu bilden, denke man an den auf S. 7 erwähnten Wettlauf zwischen Achilles und der Schildkröte (vgl. die dortige Fig. 1) und bezeichne der Reihe nach mit $S_1, S_2, \ldots$ die Strecken, die Achilles durchläuft, um den jeweiligen Vorsprung der Schildkröte einzuholen; die Strecke $S_n$ hat demnach als linken Endpunkt den Punkt $P_n$ der Fig. 1 ($n$ beliebige natürliche Zahl). Bezeichnet man ferner die Menge aller auf der Strecke $S_n$ gelegenen Punkte (einschließlich der Endpunkte) mit $M_n$, so stellt die Vereinigungsmenge $M_1 + M_2 + M_3 + \cdots$ offenbar die Menge aller auf der Strecke von Fig. 1 gelegenen Punkte dar einschließlich ihres rechten, aber ausschließlich ihres linken Endpunkts.

Der Definition der Addition von *Kardinalzahlen* ist jetzt noch eine Bemerkung vorauszuschicken: Es seien $M$ und $N$ zwei verschiedene, aber äquivalente Mengen von Mengen, etwa

$$M = \{M_1, M_2, M_3, \ldots\} \text{ und } N = \{N_1, N_2, N_3, \ldots\};$$

wiederum soll durch die Bezeichnung nicht etwa Abzählbarkeit zum Ausdruck gebracht, wohl aber angedeutet werden, welche Elemente der äquivalenten Mengen $M$ und $N$ nach Wahl einer bestimmten Abbildung einander zugeordnet sind, nämlich bezüglich die Mengen $M_1$ und $N_1$, $M_2$ und $N_2$ usw. Wir wollen ferner annehmen, daß je zwei hiernach einander entsprechende Elemente von $M$ und $N$ *äquivalente* Mengen seien, daß also die Beziehungen gelten: $M_1 \sim N_1$, $M_2 \sim N_2$,

$M_3 \sim N_3$ usw. Es entsteht die Frage, ob unter diesen Bedingungen auch die Vereinigungsmengen $\mathfrak{S}M$ und $\mathfrak{S}N$ einander äquivalent sind.

Dies ist sicher nicht allgemein der Fall, wie ein Beispiel sofort zeigt. Ist z. B. $M_1 = \{1, 2, 3\}$, $M_2 = \{4, 5\}$, $N_1 = \{6, 7, 8\}$, $N_2 = \{8, 9\}$, so sind $M_1$ und $N_1$ als Mengen von je drei Elementen einander äquivalent, und das Nämliche gilt von den Mengen $M_2$ und $N_2$, die je zwei Elemente enthalten. Ebenso ist $\{M_1, M_2\} \sim \{N_1, N_2\}$. Dennoch sind die Vereinigungsmengen

$$M_1 + M_2 = \{1, 2, 3, 4, 5\} \text{ und } N_1 + N_2 = \{6, 7, 8, 9\}$$

einander *nicht* äquivalent, da erstere fünf Elemente, letztere aber nur vier umfaßt.

Dies hat indes im vorliegenden Fall, wie der aufmerksame Leser schon erkannt haben wird, seinen Grund darin, daß die Mengen $N_1$ und $N_2$ ein *gemeinsames* Element (8) aufweisen, die Mengen $M_1$ und $M_2$ aber nicht. Die im vorletzten Absatz aufgeworfene Frage, ob die Vereinigungsmengen $\mathfrak{S}M$ und $\mathfrak{S}N$ äquivalent sind, läßt sich also nicht allgemein, wohl aber unter der Bedingung bejahen, daß erstens die in $M$ auftretenden Mengen $M_1, M_2, \ldots$ paarweise elementefremd sind, d. h. daß kein Element in zweien dieser Mengen *gleichzeitig* vorkommt (oder, in der Ausdrucksweise von S. 54, daß der Durchschnitt je zweier der Mengen $M_1, M_2, \ldots$ die Nullmenge ist), und daß zweitens das Nämliche für alle in $N$ auftretenden Mengen $N_1, N_2, \ldots$ gilt. Ist nämlich unter dieser Bedingung $\Phi_1$ eine bestimmte Abbildung zwischen den äquivalenten Mengen $M_1$ und $N_1$, $\Phi_2$ eine Abbildung zwischen $M_2$ und $N_2$, $\Phi_3$ eine Abbildung zwischen $M_3$ und $N_3$ usw., so können wir eine Abbildung $\Phi$ zwischen den Vereinigungsmengen $\mathfrak{S}M$ und $\mathfrak{S}N$ folgendermaßen herstellen: $\Phi$ ordnet jedes zu $M_1$ gehörige Element von $\mathfrak{S}M$ dem ihm auf Grund der Abbildung $\Phi_1$ entsprechenden Element von $N_1$ zu, das ja gleichzeitig auch in $\mathfrak{S}N$ vorkommt, und umgekehrt; ebenso ordnet $\Phi$ die zu $M_2$ gehörigen Elemente von $\mathfrak{S}M$ den ihnen vermöge $\Phi_2$ entsprechenden Elementen von $N_2$ (und $\mathfrak{S}N$) zu; entsprechend wird die Abbildung $\Phi$ für *alle* Elemente von $\mathfrak{S}M$ und $\mathfrak{S}N$ definiert. Da jedes Element von $\mathfrak{S}M$ *nur einer einzigen* der Mengen $M_1$, $M_2$ usw. angehört (infolge der vorausgesetzten Eigenschaft dieser Mengen, paarweise elementefremd zu sein), und da das Entsprechende für jedes Element von $\mathfrak{S}N$ gilt, so wird man nie über die gerade zu wählende unter den Abbildungen $\Phi_1, \Phi_2, \ldots$ in Unsicherheit sein können, wie man dies im Beispiel des vorigen Absatzes bei dem Element 8 wäre. Durch die angegebene Vorschrift wird also in völlig bestimmter Weise zwischen den Elementen der Mengen $\mathfrak{S}M$ und $\mathfrak{S}N$ eine umkehrbar eindeutige Zuordnung $\Phi$ hergestellt, die gewissermaßen der Inbegriff der einzelnen Abbildungen $\Phi_1, \Phi_2, \ldots$ ist. *Die beiden Vereinigungsmengen sind also wirklich äquivalent.*

Hiermit ist die Möglichkeit geschaffen, die Addition von *Kardinalzahlen* zu erklären. Um nämlich zunächst zwei Kardinalzahlen, etwa $\mathfrak{m}_1$ und $\mathfrak{m}_2$, zu addieren, denken wir uns eine beliebige Menge $M_1$ von der Kardinalzahl $\mathfrak{m}_1$ und eine beliebige zu $M_1$ elementefremde Menge $M_2$ von der Kardinalzahl $\mathfrak{m}_2$. Als die Summe der Kardinalzahlen $\mathfrak{m}_1$ und $\mathfrak{m}_2$ wird dann folgerichtig die Kardinalzahl der Vereinigungsmenge $M_1 + M_2$ zu erklären sein. Diese Festsetzung hat freilich nur dann überhaupt einen vernünftigen Sinn, wenn hiernach das Ergebnis der Addition davon unabhängig ist, *welche* Mengen $M_1$ und $M_2$ als Vertreterinnen der Kardinalzahlen $\mathfrak{m}_1$ und $\mathfrak{m}_2$ im besonderen Fall gerade gewählt wurden. Die Betrachtung des letzten Absatzes zeigt, daß diese Unabhängigkeit wirklich vorhanden ist. Denn werden an die Stelle von $M_1$ und $M_2$ zwei andere, gleichfalls elementefremde Mengen $N_1$ und $N_2$ von den nämlichen Kardinalzahlen $\mathfrak{m}_1$ und $\mathfrak{m}_2$ gesetzt, so ist nach dem Ergebnis des vorigen Absatzes die Vereinigungsmenge $N_1 + N_2$ äquivalent der Menge $M_1 + M_2$, ihre Kardinalzahlen sind also gleich, d. h. die Addition der Kardinalzahlen $\mathfrak{m}_1$ und $\mathfrak{m}_2$ ergibt bei der zweiten Ausführung das gleiche Ergebnis wie das erste Mal.

Ohne diese Erklärung der Addition *zweier* Kardinalzahlen besonders zu formulieren, wollen wir die Addition von Kardinalzahlen gleich für den allgemeinsten (in Def. 2 auf S. 61 f. für *Mengen* ins Auge gefaßten) Fall definieren, in dem die zu addierenden Kardinalzahlen in beliebiger endlicher oder unendlicher Zahl vorliegen. Es werde also erklärt:

**Definition 3.** Es sei eine beliebige endliche oder unendliche Menge von Kardinalzahlen $M = \{\mathfrak{m}_1, \mathfrak{m}_2, \mathfrak{m}_3, \ldots\}$ gegeben[1]), die nicht etwa abzählbar zu sein braucht. Um die Summe aller Kardinalzahlen der Menge $M$ zu bilden, ist folgendermaßen zu verfahren: Man wähle

---

[1]) Für den Fall, daß unter diesen Kardinalzahlen *gleiche* vorkommen sollten, können wir sie uns formal in der Schreibweise voneinander unterschieden denken. Will man sich mit einer so formalen Beseitigung der angedeuteten Schwierigkeit nicht begnügen, so muß man hier statt des Begriffs der *Menge*, in der ein Element nur entweder vorkommen oder nicht vorkommen kann, einen anderen Begriff, den des *Komplexes*, einführen, für den es auch darauf ankommt, *wie oft* ein Element im Komplex auftritt. Wie man durch Vermittlung des Begriffs der Funktion (mit einer Menge als „Argument") den Begriff des Komplexes einführen kann, ist bei *Hausdorff*, S. 32—36, ganz allgemein auseinandergesetzt. Vgl. auch die spezielleren diesbezüglichen Ausführungen im folgenden, S. 69.

Vom rein grundsätzlichen Standpunkt aus gesehen, kann man der erwähnten Schwierigkeit ganz entgehen durch völlige Vermeidung der Kardinalzahlen und ausschließliche Benutzung von Mengen (vgl. oben S. 44); statt mit gleichen Kardinalzahlen operiert man dann mit (äquivalenten, aber) verschiedenen Mengen.

eine beliebige Menge $M_1$ von der Kardinalzahl $\mathfrak{m}_1$, eine beliebige zu $M_1$ elementefremde Menge $M_2$ von der Kardinalzahl $\mathfrak{m}_2$ usw., allgemein zu jeder in $M$ enthaltenen Kardinalzahl eine Menge von eben dieser Kardinalzahl, und zwar derart, daß die gewählten Mengen sämtlich paarweise elementefremd sind. Man bilde die Vereinigungsmenge $S = M_1 + M_2 + M_3 + \cdots$; ihre Kardinalzahl sei $\mathfrak{s}$. Dann wird $\mathfrak{s}$ als die Summe aller Kardinalzahlen der Menge $M$ bezeichnet; man schreibt:

$$\mathfrak{s} = \mathfrak{m}_1 + \mathfrak{m}_2 + \mathfrak{m}_3 + \cdots.$$

Man erkennt auf Grund des Resultats von S. 63 genau wie bei der Addition *zweier* Kardinalzahlen, daß auch das Ergebnis der allgemeinen Addition unabhängig davon ist, *welche* Mengen $M_1$, $M_2$ usw. als Vertreterinnen der Kardinalzahlen $\mathfrak{m}_1$, $\mathfrak{m}_2$ usw. im besonderen Fall gewählt wurden.

*Beispiel:* Es sei die Menge $M = \{1, 2, 3, 4, \ldots\}$ gegeben, also die Menge aller endlichen Kardinalzahlen (ausschl. 0). Wählen wir $M_1 = \{a_1\}$, $M_2 = \{a_2, a_3\}$, $M_3 = \{a_4, a_5, a_6\}$ usw., wobei die Elemente $a_1$, $a_2$, $a_3$ usw. sämtlich untereinander verschieden sein mögen, im übrigen aber völlig beliebig sein können, so besitzt $M_1$ die Kardinalzahl 1, $M_2$ die Kardinalzahl 2, $M_3$ die Kardinalzahl 3 usw. Es ergibt sich als Summe der Mengen $M_1$, $M_2$ usw.:

$$S = M_1 + M_2 + M_3 + \cdots = \{a_1, a_2, a_3, a_4, a_5, a_6, \ldots\},$$

d. h. $S$ ist eine *abzählbare* unendliche Menge. Daher ist:

$$1 + 2 + 3 + 4 + \cdots = \mathfrak{a}.$$

Der Leser beachte, daß auf diese Weise die Addition unendlich vieler natürlicher Zahlen möglich ist, die in der gewöhnlichen Arithmetik keinerlei Sinn hat.

Bevor wir jetzt weitere Beispiele für die Addition von Kardinalzahlen anführen, sei noch darauf hingewiesen, daß die zwei Grundregeln der gewöhnlichen Addition, nämlich

$$a + b = b + a \quad \text{und} \quad a + b + c = a + (b + c) = (a + b) + c,$$

entsprechend auch für die Addition endlich oder unendlich vieler (Mengen oder) Kardinalzahlen gelten; man bezeichnet diese Regeln als *kommutatives* und *assoziatives Gesetz der Addition.* Das Bestehen der ersten Regel — also der beliebigen Vertauschbarkeit der Reihenfolge der Summanden in einer Summe von endlich oder unendlich vielen Gliedern — liegt daran, daß es bei der Bildung der Vereinigungsmenge auf die Reihenfolge ja überhaupt nicht ankommt. Auch das assoziative Gesetz, das die Gleichgültigkeit irgendwelcher Zusammenfassungen der Summanden bei der Addition ausdrückt, ist aus der Definition der Addition ohne Schwierigkeit herzuleiten. Ist nämlich die Menge von Mengen

$$M = \{N_1, N_2, \ldots; P_1, P_2, \ldots; Q_1, Q_2, \ldots; \ldots\}$$

gegeben, wobei wiederum die Indizes wie überhaupt die ganze Bezeichnungsweise nur der Bequemlichkeit dienen, so setzen wir:

$\{N_1, N_2, \ldots\} = N, \quad \{P_1, P_2, \ldots\} = P, \quad \{Q_1, Q_2, \ldots\} = Q,$ usw., so daß $N, P, Q, \ldots$ Teilmengen von $M$ darstellen, die paarweise elementefremd sind und zusammengenommen alle Elemente von $M$ umfassen. Dann ist:

$$\mathfrak{S}M = \mathfrak{S}N + \mathfrak{S}P + \mathfrak{S}Q + \cdots;$$

denn die links und die rechts stehende Vereinigungsmenge enthalten die nämlichen Elemente (die Elemente sämtlicher Elemente von $M$), wie eine leichte Überlegung zeigt. Die soeben angeschriebene Gleichung drückt aber offenbar das assoziative Gesetz der Addition für *Mengen* aus, und nach Definition 3 folgt aus ihm unmittelbar das nämliche Gesetz für *Kardinalzahlen.*

Wir wenden nunmehr die Definition der Addition von Kardinalzahlen auf einige Beispiele an.

Zunächst fällt die so eingeführte Addition der Kardinalzahlen, wenn man *endliche* Kardinalzahlen ins Auge faßt und deren zwei oder endlich viele addiert, mit der gewöhnlichen Addition natürlicher Zahlen zusammen; der Leser wird im Anschluß an das Beispiel der vorigen Seite sich leicht Beispiele hierfür bilden und den allgemeinen Beweis erbringen können.

Nach S. 22 wird die Eigenschaft einer unendlichen Menge, abzählbar zu sein, nicht dadurch geändert, daß zu ihren Elementen noch endlich viele weitere Elemente hinzugefügt werden. Dies besagt:

$$n + \mathfrak{a} = \mathfrak{a} + n = \mathfrak{a},$$

falls $n$ irgendeine *endliche* Kardinalzahl bedeutet.

Man kann dieses Ergebnis auch folgendermaßen herleiten. Aus $M = \{1\}$, $N = \{2, 3, 4, 5, \ldots\}$ folgt $M + N = \{1, 2, 3, 4, \ldots\}$ oder, da $M$ die Kardinalzahl 1, $N$ aber ebenso wie $M + N$ die Kardinalzahl $\mathfrak{a}$ besitzt:

$$1 + \mathfrak{a} = \mathfrak{a} + 1 = \mathfrak{a}.$$

Daher ist nach dem assoziativen Gesetz und wegen $2 = 1 + 1$:

$$\mathfrak{a} + 2 = \mathfrak{a} + (1 + 1) = (\mathfrak{a} + 1) + 1 = \mathfrak{a} + 1 = \mathfrak{a},$$

ähnlich $\quad \mathfrak{a} + 3 = (\mathfrak{a} + 2) + 1 = \mathfrak{a} + 1 = \mathfrak{a}$ usw.,

also für jede endliche Zahl $n$: $\mathfrak{a} + n = \mathfrak{a}$.

Da für $M = \{1, 3, 5, 7, \ldots\}$, $N = \{2, 4, 6, 8, \ldots\}$ sich ergibt: $M + N = \{1, 2, 3, 4, \ldots\}$, und da alle drei Mengen $M$, $N$, $M + N$ abzählbar sind, so folgt:

$$\mathfrak{a} + \mathfrak{a} = \mathfrak{a}.$$

Ebenso ist daher auch $\mathfrak{a} + \mathfrak{a} + \cdots + \mathfrak{a} = \mathfrak{a}$, wo $\mathfrak{a}$ endlich oft als Summand gesetzt gedacht ist.

Nach S. 38 besitzt sowohl die Menge aller Punkte zwischen den Punkten 0 und 1 der Zahlengeraden wie auch die Menge aller Punkte zwischen den Punkten 1 und 2 die Kardinalzahl $\mathfrak{c}$, und das nämliche gilt auch von der Menge aller Punkte zwischen 0 und 2. Es besteht also die Beziehung

$$\mathfrak{c} + \mathfrak{c} = \mathfrak{c}$$

und daher für endlich viele Summanden: $\mathfrak{c} + \mathfrak{c} + \cdots + \mathfrak{c} = \mathfrak{c}$.

Wir betrachten weiter die Menge $M$, die aus allen reellen Zahlen zwischen 0 und 1 und noch dazu allen natürlichen Zahlen besteht; die Kardinalzahl von $M$ ist offenbar $\mathfrak{c} + \mathfrak{a}$. Wir können diese Kardinalzahl auch auf anderem Wege bestimmen, indem wir nämlich $M$ mit der Menge $N$ vergleichen, die *alle* reellen Zahlen umfaßt und also nach S. 39 die Kardinalzahl $\mathfrak{c}$ besitzt. $M$ ist eine Teilmenge von $N$, also gewiß äquivalent einer Teilmenge von $N$; da andererseits $N$ äquivalent ist der Menge aller reellen Zahlen zwischen 0 und 1, ist auch umgekehrt $N$ äquivalent einer Teilmenge von $M$. Nach dem Äquivalenzsatz (S. 54) sind daher $M$ und $N$ äquivalent, d. h. auch $M$ besitzt die Kardinalzahl $\mathfrak{c}$; es ist also:

$$\mathfrak{c} + \mathfrak{a} = \mathfrak{c}.$$

Man kann diese Beziehung z. B. auch dahin deuten, daß die Menge aller transzendenten Zahlen, vereinigt mit der Menge aller algebraischen Zahlen, als Summe die Menge aller reellen Zahlen ergibt.

Als Beleg dafür, wie auch ohne „inhaltliche" Überlegungen schon jetzt durch rein formale Rechnung neue Regeln gefolgert werden können, diene die folgende Herleitung von

$$\mathfrak{c} + n = \mathfrak{c} \quad (n \text{ beliebige endliche Kardinalzahl}),$$

die sich auf das assoziative Gesetz und die schon bewiesenen Regeln $\mathfrak{c} = \mathfrak{c} + \mathfrak{a}$ und $\mathfrak{a} + n = \mathfrak{a}$ stützt:

$$\mathfrak{c} + n = (\mathfrak{c} + \mathfrak{a}) + n = \mathfrak{c} + (\mathfrak{a} + n) = \mathfrak{c} + \mathfrak{a} = \mathfrak{c}.$$

Wir wollen jetzt zur *Multiplikation* von Mengen und Kardinalzahlen übergehen und beginnen mit folgender Definition, die uns durch eine alsbald anzuführende Erwägung nahegelegt wird:

**Definition 4.** Zwei beliebige Mengen $M$ und $N$ seien gegeben. Um das Produkt von $M$ und $N$ herzustellen, bilden wir alle verschiedenen Elementepaare $(m, n)$, deren einer Bestandteil $m$ alle Elemente von $M$ durchläuft, während für den anderen Bestandteil $n$ alle Elemente von $N$ eingesetzt werden sollen. Die Menge $P$, deren Elemente alle verschiedenen derartigen Elementepaare sind, wird das Produkt oder die Verbindungsmenge der Mengen $M$ und $N$ genannt; man schreibt $P = M \cdot N$.

Über die Natur der hier eingeführten Paare ist folgendes zu bemerken: Zwei Paare $(m, n)$ und $(m_1, n_1)$ gelten nur dann als gleich, wenn sie erstens in den einzelnen Bestandteilen übereinstimmen (also $m = m_1$, $n = n_1$ ist) und zweitens die gleichen Bestandteile beidemal der nämlichen Menge ($M$ bzw. $N$) entnommen sind, also nicht etwa $m$ ein Element von $M$ und $m_1$ ein Element von $N$ darstellt. Diese zweite Bedingung ist überflüssig, wenn die Mengen $M$ und $N$ elementefremd sind, erfordert dagegen genaue Beachtung, falls $M$ und $N$ gemeinsame Elemente enthalten. Ist z. B. $M = \{1, 2, 3\}$, $N = \{1, 2\}$, so ist das Paar $(1, 2)$, in dem 1 ein Element von $M$ und 2 ein Element von $N$ ist, verschieden von dem Paar $(2, 1)$, in dem 2 aus $M$, 1 aus $N$ entnommen ist. Man *kann* in solchen Fällen, um Verwechselungen ein für allemal auszuschließen, die Zugehörigkeit eines Elements zu einer bestimmten Menge durch die *Reihenfolge* der Elemente innerhalb des Paars andeuten, also z. B. verabreden, daß in dem Paar $(m, n)$ stets das erste Element $m$ aus $M$, das zweite Element $n$ aus $N$ stammt. Dann hat man natürlich auf die Reihenfolge der Elemente innerhalb eines Paars scharf zu achten und die Paare $(m, n)$ und $(n, m)$ als voneinander verschieden zu betrachten. Diese Verabredung ist aber nicht *notwendig*. Man kann statt dessen z. B. unterhalb jedes Elements in jedem Elementepaar (gewissermaßen als Index) die Menge notieren oder sich notiert denken, der das Element entnommen ist; dann braucht man auf die Reihenfolge der Elemente im Paar in keiner Weise mehr zu achten, sondern hat zwei Elementepaare dann und nur dann als gleich zu betrachten, wenn sie die nämlichen Elemente aus den nämlichen Mengen in irgendwelcher Reihenfolge enthalten. Für gewöhnlich ist allerdings die Schreibweise unter Beachtung der Reihenfolge, also die Benutzung *geordneter Paare,* bequemer und daher auch üblich. Da es dann für die Paare, und ebenso für die durch Definition 5 einzuführenden Komplexe, auf die Anordnung der Elemente wesentlich ankommt, während in einer *Menge* die Anordnung der Elemente gar keine Rolle spielt, werden zur Unterscheidung die Paare und Komplexe durch runde Klammern und nicht wie die Mengen durch geschweifte gekennzeichnet. — Sind die Mengen $M$ und $N$ elementefremd, so fallen diese Erwägungen und jede Beachtung der Reihenfolge im Elementepaar ohnehin fort.

Weshalb man das Produkt zweier Mengen auf die oben angeführte Weise definiert, wird an einem Beispiel sofort anschaulich. Es sei etwa $M = \{m_1, m_2, m_3\}$, $N = \{n_1, n_2\}$; dann wird

$$P = M \cdot N =$$
$$\{(m_1, n_1), \quad (m_1, n_2), \quad (m_2, n_1), \quad (m_2, n_2), \quad (m_3, n_1), \quad (m_3, n_2)\}.$$

Man erkennt, daß allgemein für den Fall *endlicher* Mengen $M$ und $N$ die Anzahl der Elemente der Verbindungsmenge gerade das Produkt ist, das sich durch Multiplikation der Anzahl der Elemente von $M$ mit der Anzahl der Elemente von $N$ ergibt. Da wir (wie bei der Addition) das Produkt von Mengen als Vorstufe zur Erklärung des Produktes von Kardinalzahlen einführen, so stellt unsere Definition eine naturgemäße Verallgemeinerung der für endliche Mengen passenden Definition auf beliebige unendliche Mengen dar.

Entsprechend wie bei der Addition gehen wir jetzt von der Multiplikation *zweier* Mengen zur Multiplikation *beliebig vieler* (endlich oder unendlich vieler) Mengen über. Es werde also erklärt:

**Definition 5.** Es sei eine beliebige Menge $M$ von Mengen gegeben: $M = \{M_1, M_2, M_3, \ldots\}$; $M$ braucht nicht etwa abzählbar zu sein. Man bilde alle Elementekomplexe

$$m = (m_1, m_2, m_3, \ldots),$$

wobei $m_1$ alle Elemente von $M_1$, $m_2$ alle Elemente von $M_2$, $m_3$ alle Elemente von $M_3$ durchläuft usw., so daß von jeder der in $M$ enthaltenen Mengen je ein einziges Element in $m$ vorkommt; dann nennt man die Menge $P$, deren Elemente *alle möglichen verschiedenen* Komplexe $m$ sind, das Produkt oder die Verbindungsmenge der Mengen $M_1, M_2, M_3, \ldots$, die auch als Faktoren des Produkts bezeichnet werden. Man schreibt:

$$P = \mathfrak{P}M = \mathfrak{P}\{M_1, M_2, M_3, \ldots\} = M_1 \cdot M_2 \cdot M_3 \cdots.$$

Ganz entsprechend wie bei der Multiplikation *zweier* Mengen ist zu Definition 5 zu bemerken, daß es zwar an sich auf die Reihenfolge der einzelnen Elemente im Komplex nicht ankommt, daß aber zwei Komplexe nur dann als gleich zu betrachten sind, wenn sie *die nämlichen Elemente aus den nämlichen Mengen* enthalten. Sind also die Mengen $M_1$, $M_2$ usw. nicht paarweise elementefremd, so kann der Fall vorkommen, daß zwei Komplexe die nämlichen Elemente enthalten, ohne doch als gleich angesehen werden zu können. In diesem Fall kann man zur Vermeidung von Verwechslungen sich zu jedem Element die zugehörige Menge als Index vermerkt denken oder auch, was bequemer und üblicher ist, in der Schreibweise eine bestimmte Reihenfolge der Elemente im Komplex innehalten. Wie immer nach dieser Richtung verfahren wird, so ist doch klar, daß die Reihenfolge der Faktoren in dem Produkt $M_1 \cdot M_2 \cdot M_3 \cdots$ keineswegs wesentlich ist, sondern daß die Verbindungsmenge begrifflich unabhängig ist von der Reihenfolge, in der die Faktoren auftreten.

*Beispiel:* Die Menge $M$ sei abzählbar, also $M = \{M_1, M_2, M_3, M_4, M_5, \ldots\}$. Die Mengen $M_1$, $M_2$ usw. seien folgende:

$$M_1 = \{m_1, n_1\}, \quad M_2 = \{m_2, n_2\}, \quad M_3 = \{m_3\}, \quad M_4 = \{m_4\},$$
$$M_5 = \{m_5\} \text{ usw.},$$

wobei die Elemente $m_1, n_1, m_2, n_2, m_3, m_4, m_5, \ldots$ beliebig sein können; $M_1$ und $M_2$ enthalten also je zwei Elemente, während alle weiteren Mengen nur aus je einem einzigen Element bestehen. Dann lassen sich aus den Elementen dieser unendlich vielen Mengen nur die folgenden vier verschiedenen Komplexe bilden:

$$(m_1, m_2, m_3, m_4, m_5, \ldots),$$
$$(m_1, n_2, m_3, m_4, m_5, \ldots),$$
$$(n_1, m_2, m_3, m_4, m_5, \ldots),$$
$$(n_1, n_2, m_3, m_4, m_5, \ldots);$$

die Menge dieser vier Elemente ist also die Verbindungsmenge $\mathfrak{P}M$. — Wird unter einem der Elemente von $M$, z. B. unter $M_3$, die Nullmenge verstanden (die überhaupt kein Element enthält), so gibt es keinen einzigen Komplex, der aus *jeder* der Mengen $M_1$, $M_2$, $M_3$ usw.

je ein Element enthält. Die Menge aller Komplexe schrumpft dann selbst auf die Nullmenge zusammen, und so offenbar immer, wenn unter den Faktoren des Produkts die Nullmenge vorkommt.

Umgekehrt kann sich offenbar auch *nur* dann die Verbindungsmenge auf die Nullmenge reduzieren, wenn unter den Mengen, deren Verbindungsmenge gebildet werden soll, die Nullmenge auftritt. Denn anderenfalls enthält ja jeder der Faktoren mindestens ein Element, es gibt also auch mindestens einen Komplex, in dem je ein Element aus jedem Faktor auftritt. Wir können also das einem bekannten Satz der Arithmetik (vgl. nachstehend S. 73) analoge Ergebnis feststellen:

*Ein Produkt von Mengen ist stets dann und nur dann gleich der Nullmenge, wenn unter den Faktoren die Nullmenge vorkommt.*

Um von der Multiplikation von Mengen zu der von Kardinalzahlen übergehen zu können, haben wir wieder die entsprechende Hilfsbetrachtung wie bei der Addition (S. 63) anzustellen. Es seien nämlich zwei verschiedene, aber äquivalente Mengen von Mengen gegeben:

$$M = \{M_1, M_2, M_3, \ldots\}, \quad N = \{N_1, N_2, N_3, \ldots\};$$

wiederum soll (wie auf S. 62) die gewählte Bezeichnungsweise nicht etwa die Abzählbarkeit von $M$ und $N$ fordern, wohl aber eine bestimmte Abbildung zwischen den beiden äquivalenten Mengen $M$ und $N$ andeuten, nach der $M_1$ und $N_1$, $M_2$ und $N_2$ usw. jeweils einander entsprechen. Ferner sollen je zwei hiernach einander zugeordnete Mengen selber äquivalent sein, also $M_1 \sim N_1$, $M_2 \sim N_2$ usw. Dann erkennt man in ähnlicher Weise wie bei der Addition (S. 63), daß auch die Verbindungsmengen $\mathfrak{P} M$ und $\mathfrak{P} N$ äquivalent sind; der Leser wird leicht eine Abbildung zwischen ihnen angeben können.

Auf Grund dieser Tatsache läßt sich nunmehr die *Multiplikation von Kardinalzahlen* folgendermaßen erklären:

**Definition 6.** Es sei eine beliebige endliche oder unendliche Menge von Kardinalzahlen $M = \{\mathfrak{m}_1, \mathfrak{m}_2, \mathfrak{m}_3, \ldots\}$ gegeben [1]), die nicht etwa abzählbar zu sein braucht. Um das Produkt aller Kardinalzahlen der Menge $M$ zu bilden, ist folgendermaßen zu verfahren: Man wähle eine beliebige Menge $M_1$ von der Kardinalzahl $\mathfrak{m}_1$, eine beliebige Menge $M_2$ von der Kardinalzahl $\mathfrak{m}_2$ usw., also zu jeder in $M$ enthaltenen Kardinalzahl eine Menge von eben dieser Kardinalzahl. Man bilde die Verbindungsmenge $P = M_1 \cdot M_2 \cdot M_3 \cdots$; ihre Kardinalzahl sei $\mathfrak{p}$. Dann wird $\mathfrak{p}$ als das Produkt aller Kardinalzahlen der Menge $M$ bezeichnet; man schreibt:

$$\mathfrak{p} = \mathfrak{m}_1 \cdot \mathfrak{m}_2 \cdot \mathfrak{m}_3 \cdots.$$

---

1) Auch hierfür gilt die (auf das Auftreten gleicher Summanden — hier: Faktoren — bezügliche) Fußnote von S. 64.

Werden bei Anwendung dieser Definition an Stelle der Mengen $M_1$, $M_2$ usw. irgendwelche andere, bezüglich äquivalente Mengen als Vertreterinnen der Kardinalzahlen $\mathfrak{m}_1$, $\mathfrak{m}_2$ usw. gewählt, so wird die neue Verbindungsmenge der ursprünglichen äquivalent sein, wie die der Definition 6 vorangeschickte Überlegung zeigt. Man gelangt also, unabhängig von der besonderen Wahl der Mengen $M_1$, $M_2$ usw., stets zur nämlichen Kardinalzahl $\mathfrak{p}$ als Ergebnis der Multiplikation. Dies muß offenbar der Fall sein, damit unsere Definition wirklich einen eindeutigen Sinn habe.

Der Anführung von Beispielen (S. 74) werde noch die wichtige Bemerkung vorangeschickt, daß die Grundregeln der Multiplikation und der Verknüpfung der Addition mit der Multiplikation, wie sie in der gewöhnlichen Arithmetik gelten, auch für das Rechnen mit beliebigen Kardinalzahlen bestehen bleiben. Es sind dies die Rechenregeln

$$a \cdot b = b \cdot a, \qquad a \cdot b \cdot c = a \cdot (b \cdot c) = (a \cdot b) \cdot c,$$
$$a \cdot (b + c) = a \cdot b + a \cdot c, \qquad (a + b) \cdot c = a \cdot c + b \cdot c.$$

Diese Regeln gelten in unserem jetzigen Gebiet nicht nur für zwei oder drei bzw. endlich viele, sondern auch für unendlich viele Kardinalzahlen. Wie man sich nämlich durch Anwendung der Definition der Verbindungsmenge und (bei der zweiten Beziehung) durch Wahl geeigneter Abbildungen ohne Schwierigkeit überzeugen kann, gelten zunächst für drei beliebige Mengen $A$, $B$, $C$ stets die Beziehungen:

$$A \cdot B = B \cdot A, \qquad A \cdot B \cdot C \sim A \cdot (B \cdot C) \sim (A \cdot B) \cdot C \text{ [1]},$$
$$A \cdot (B + C) = A \cdot B + A \cdot C, \qquad (A + B) \cdot C = A \cdot C + B \cdot C.$$

Geht man von den Mengen selbst zu ihren Kardinalzahlen über (und nimmt man in den beiden letzten Beziehungen $B$ und $C$ bzw. $A$ und $B$ als elementefremd an), so ergeben sich daraus die obigen Rechenregeln für Kardinalzahlen. Auf entsprechendem Weg läßt sich weiter die Gültigkeit jener Regeln nicht nur für zwei oder drei Kardinalzahlen, sondern für beliebige Mengen von Kardinalzahlen feststellen, was übrigens wesentlich nur für die beiden ersten Regeln, das kommutative und das assoziative Gesetz der Multiplikation, in Betracht kommt.

---

[1]) In dieser Beziehung sind die drei miteinander verglichenen Verbindungsmengen nicht miteinander identisch, sondern nur einander äquivalent. In der Tat ist z. B. das Element $(a, (b, c))$ der Menge $A \cdot (B \cdot C)$ verschieden von dem Element $((a, b), c)$ der Menge $(A \cdot B) \cdot C$, und beide sind verschieden von dem Element $(a, b, c)$ der Menge $A \cdot B \cdot C$. Ordnen wir aber diese drei Elemente und ebenso je drei im gleichen Sinne zusammengehörige andere Elemente der drei Mengen einander zu, so entstehen dadurch Abbildungen zwischen den Mengen $A \cdot B \cdot C$, $A \cdot (B \cdot C)$ und $(A \cdot B) \cdot C$, die die Äquivalenz der drei Mengen erweisen. — Genau Entsprechendes gilt übrigens von den Mengen $A \cdot B$ und $B \cdot A$, falls man im Sinn der Bemerkung von S. 68 bei der Bildung der Verbindungsmenge die Reihenfolge der einzelnen Elemente im Komplex als wesentlich betrachtet; dann sind $A \cdot B$ und $B \cdot A$ nicht mehr gleich, sondern nur noch äquivalent (was sich fürs Folgende als gleichgültig erweist).

Das assoziative Gesetz für Mengen wollen wir für den Fall unendlich vieler Faktoren noch besonders in einer speziellen Form aussprechen, wobei wir die Bezeichnungsweise von S. 66 benutzen. Ist wie dort

$$M = \{N_1, N_2, \ldots; P_1, P_2, \ldots; Q_1, Q_2, \ldots; \ldots\},$$

$$N = \{N_1, N_2, \ldots\}, \; P = \{P_1, P_2, \ldots\}, \; Q = \{Q_1, Q_2, \ldots\},$$

so daß die paarweise elementefremden Mengen $N, P, Q, \ldots$ mit $M$ durch die Beziehung

$$M = N + P + Q + \cdots$$

verknüpft sind, so besagt das assoziative Gesetz der Multiplikation:

$$\mathfrak{P}N \cdot \mathfrak{P}P \cdot \mathfrak{P}Q \cdots \sim \mathfrak{P}M = \mathfrak{P}\{N + P + Q + \cdots\}.$$

Diese Form des assoziativen Gesetzes erweist sich als besonders geeignet für den Beweis der ersten der auf S. 84 anzuführenden Potenzregeln.

Ganz wie bei den endlichen Zahlen bestehen für eine beliebige Kardinalzahl $\mathfrak{m}$ die Beziehungen:

$$\mathfrak{m} = 1 \cdot \mathfrak{m}, \quad \mathfrak{m} + \mathfrak{m} = 2 \cdot \mathfrak{m}, \quad 2 \cdot \mathfrak{m} + \mathfrak{m} = 3 \cdot \mathfrak{m} \quad \text{usw.}$$

oder allgemein, wenn $n$ eine beliebige endliche Kardinalzahl bedeutet:

$$\underbrace{\mathfrak{m} + \mathfrak{m} + \cdots + \mathfrak{m}}_{n \text{ Summanden}} = n \cdot \mathfrak{m}.$$

Dabei sind unter 1, 2, 3 usw. die so bezeichneten endlichen Kardinalzahlen zu verstehen, deren Multiplikation mit anderen endlichen oder unendlichen Kardinalzahlen ja durch Definition 6 völlig erklärt ist.

Die Richtigkeit dieser Beziehungen erkennt man dadurch, daß man jeweils die linke Seite nach der Definition der Addition, die rechte Seite nach der Definition der Multiplikation berechnet; die dabei schließlich linkerseits auftretende Vereinigungsmenge erweist sich dann als äquivalent der rechterseits entstehenden Verbindungsmenge, d. h. die angeschriebenen Beziehungen treffen wirklich zu. Um uns z. B. von der Gleichheit zwischen $\mathfrak{m} + \mathfrak{m}$ und $2 \cdot \mathfrak{m}$ zu überzeugen, bilden wir eine Menge von der Mächtigkeit $\mathfrak{m}$: $M = \{a, b, c, \ldots\}$, eine zweite ebensolche (also zu $M$ äquivalente) und zu $M$ elementefremde: $M' = \{a', b', c', \ldots\}$, endlich eine Menge von 2 Elementen: $K = \{n, p\}$. Dann entspricht der Mächtigkeit $\mathfrak{m} + \mathfrak{m}$ die Vereinigungsmenge

$$M + M' = \{a, b, c, \ldots a', b', c', \ldots\},$$

dagegen der Mächtigkeit $2 \cdot \mathfrak{m}$ die Verbindungsmenge

$$K \cdot M = \{(n, a), (n, b), (n, c), \ldots (p, a), (p, b), (p, c), \ldots\};$$

ordnen wir die Elemente $a$ und $(n, a)$, $b$ und $(n, b)$ usw., ferner $a'$ und $(p, a)$, $b'$ und $(p, b)$ usw. bezüglich einander zu, so ist die Äquivalenz zwischen $M + M'$ und $K \cdot M$ augenfällig gemacht. Entsprechend ist der Beweis allgemein für $\mathfrak{n} \cdot \mathfrak{m}$ ($\mathfrak{n}$ beliebige endliche oder unendliche Kardinalzahl) leicht zu führen. Wir können das Ergebnis folgendermaßen aussprechen:

*Das Produkt zweier endlicher oder unendlicher Kardinalzahlen* $\mathfrak{m}\cdot\mathfrak{n}$ *läßt sich auch durch wiederholte Addition gewinnen, nämlich durch* $\mathfrak{n}$*-malige Addition des Summanden* $\mathfrak{m}$ *oder durch* $\mathfrak{m}$*-malige Addition des Summanden* $\mathfrak{n}$.

Setzt man speziell einen der Faktoren gleich 1, so ergibt sich:

$$\mathfrak{m} = 1 + 1 + 1 + \cdots \quad (\mathfrak{m} \text{ Summanden}),$$

d. h. eine unendliche Kardinalzahl läßt sich, ganz wie eine natürliche Zahl, als eine Summe von lauter Einsen darstellen, und zwar als Summe von „so vielen“ Einsen, als die darzustellende Kardinalzahl selbst angibt.

Wir wollen ferner, wie auf S. 42, die Zahl 0 als Kardinalzahl der Nullmenge auffassen; dann erhalten wir aus dem Ergebnis von S. 70 durch Übergang von den Mengen zu ihren Kardinalzahlen:

*Ein Produkt von Kardinalzahlen ist dann und nur dann Null, wenn unter den Faktoren die Null vorkommt.*

Dieser Satz ist aus der Lehre von den gewöhnlichen Zahlen bekannt und bildet dort gleich den auf S. 59, Fußnote, angeführten Gesetzen eine der wesentlichsten Grundlagen der Arithmetik.

Die beiden soeben bewiesenen Sätze, die wichtige Eigenschaften des Rechnens mit endlichen Zahlen auf beliebige Kardinalzahlen übertragen, zeigen aufs neue, daß die für die Addition und Multiplikation von Kardinalzahlen aufgestellten Definitionen naturgemäß und zweckmäßig gewählt sind.

Im Gegensatz zu den bisher angeführten, in Form von *Gleichungen* ausdrückbaren Rechenregeln, die für die Addition und Multiplikation (und ebenso für die im nächsten Paragraphen zu erklärende Potenzierung) der unendlichen Kardinalzahlen ebenso gelten wie für das Rechnen mit gewöhnlichen Zahlen, lassen sich die in der gewöhnlichen Arithmetik gültigen *Ungleichungen* im allgemeinen nicht auf das Rechnen mit unendlichen Kardinalzahlen übertragen. Sind nämlich $a$, $b$, $c$ irgend drei natürliche Zahlen, von denen etwa $a$ kleiner ist als $b$, so ist bekanntlich auch $a + c$ kleiner als $b + c$ und ebenso $a \cdot c$ kleiner als $b \cdot c$. Demgegenüber gelten z. B. für die uns bekannten unendlichen Kardinalzahlen $\mathfrak{a}$ und $\mathfrak{c}$ die Beziehungen (vgl. S. 67):

$$\mathfrak{a} + \mathfrak{c} = \mathfrak{c}, \quad \mathfrak{c} + \mathfrak{c} = \mathfrak{c}, \quad \text{also} \quad \mathfrak{a} + \mathfrak{c} = \mathfrak{c} + \mathfrak{c},$$

obgleich $\mathfrak{a} < \mathfrak{c}$ ist; wir werden ebenso sehen, daß auch $\mathfrak{a}\cdot\mathfrak{c} = \mathfrak{c}\cdot\mathfrak{c}$ und nicht $< \mathfrak{c}\cdot\mathfrak{c}$ ist. Auf gewisse Ungleichungen, die auch im Bereich der unendlichen Kardinalzahlen gelten und teilweise nicht ganz einfach zu beweisen sind, soll hier nicht eingegangen werden (vgl. *Hausdorff*, S. 54 u. S. 57 ff.). Nur eine einzige unter ihnen soll in Rücksicht auf später (S. 83 f.) hervorgehoben werden, nämlich der fast selbstverständliche Satz:

*Ist $M = \{\mathfrak{m}, \mathfrak{n}, \ldots\}$ eine Menge von Kardinalzahlen, die zu jeder in ihr vorkommenden Kardinalzahl eine noch größere enthält, so ist die Summe $\mathfrak{m} + \mathfrak{n} + \cdots$ größer als jede der Kardinalzahlen von $M$.*

In der Tat ist, wenn $\mathfrak{q}$ irgendeine Kardinalzahl von $M$ bedeutet, die Summe größer als $\mathfrak{q}$; denn nach Voraussetzung kommt in $M$, also auch unter den Gliedern der Summe, eine Kardinalzahl $\mathfrak{r} > \mathfrak{q}$ vor, und die Summe ist nach dem Satz von S. 58 jedenfalls gleich oder größer als jeder Summand; also $\geqq \mathfrak{r} > \mathfrak{q}$.

In der gewöhnlichen Arithmetik ergibt sich aus den Grunddefinitionen des Rechnens als nächste Folgerung das Einmaleins. Ganz entsprechend werden wir jetzt durch Anwendung unserer Definitionen der Addition und Multiplikation auf die uns bekannten Kardinalzahlen einige einfache, aber merkwürdige und inhaltsreiche Beziehungen erhalten.

Daß zunächst die übliche Multiplikation endlicher Zahlen im Einklang steht mit unserer Definition 6, ist klar nach der Bemerkung von S. 68; auf dieses Ziel sind wir ja gerade bei der *Definition* der Multiplikation von Mengen und Kardinalzahlen losgesteuert.

Nach S. 66 ist $\mathfrak{a} + \mathfrak{a} = 2 \cdot \mathfrak{a} = \mathfrak{a}$; daher ist auch

$$3 \cdot \mathfrak{a} = (2 + 1) \cdot \mathfrak{a} = 2 \cdot \mathfrak{a} + 1 \cdot \mathfrak{a} = \mathfrak{a} + \mathfrak{a} = \mathfrak{a},$$

$$4 \cdot \mathfrak{a} = 3 \cdot \mathfrak{a} + \mathfrak{a} = \mathfrak{a} + \mathfrak{a} = \mathfrak{a} \quad \text{usw.},$$

also allgemein

(1) $$n \cdot \mathfrak{a} = \mathfrak{a} \quad \text{für jede endliche Zahl } n.$$

Es ist aber auch

(2) $$\mathfrak{a} \cdot \mathfrak{a} = \mathfrak{a},$$

wie man z. B. mittels eines der Verfahren schließen könnte, die auf S. 22 ff. zur Abzählung der Menge der rationalen Zahlen verwandt wurden. Meist pflegt man zum Beweis der Beziehung (2) den folgenden (übrigens zur Abzählung der rationalen Zahlen gleichfalls benutzbaren) Weg einzuschlagen: Die zwei gemäß der Definition der Multiplikation zu wählenden abzählbaren Mengen seien etwa

$$M = \{1, 3, 5, 7, \ldots\} \quad \text{und} \quad N = \{2, 4, 6, 8, \ldots\}.$$

Wir ordnen die in der Verbindungsmenge vorkommenden Zahlenpaare in der folgenden Form eines links oben beginnenden, nach rechts und unten unbegrenzten „Quadrats" an:

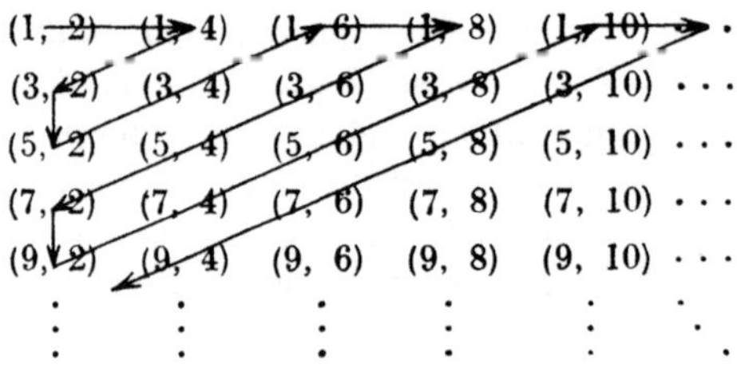

Alle in diesem zweifach unendlichen Schema vorkommenden Zahlenpaare sollen der Reihe nach so durchlaufen werden, wie es unsere mit Pfeilen versehene Zickzacklinie in leicht verständlicher Weise andeutet; auf (1, 2) folgen also (1, 4), (3, 2), (5, 2), (3, 4) usw. In der Abzählung, die alle von der Zickzacklinie getroffenen Zahlenpaare der Reihe nach aneinander anreiht, kommen ersichtlich *alle* Zahlenpaare des Schemas vor; die Verbindungsmenge $M \cdot N$ ist also wirklich abzählbar, wie wir beweisen wollten.

Weiter ist

(3) $$n \cdot \mathfrak{c} = \mathfrak{c} \text{ für jede endliche Zahl } n,$$

(4) $$\mathfrak{a} \cdot \mathfrak{c} = \mathfrak{c}.$$

Die erste dieser Beziehungen folgt einfach daraus, daß ebenso wie die Menge aller Punkte einer bestimmten geraden Strecke auch die Menge aller Punkte einer doppelt, dreimal, viermal, ..., $n$-mal so großen Strecke die Mächtigkeit $\mathfrak{c}$ besitzt (vgl. auch S. 37f.). Gehen wir ferner aus von der durch die Punkte 0 und 1 (letzteren eingeschlossen) begrenzten Strecke der Zahlengeraden und bezeichnen wir die Punkte dieser Strecke mit $(0, c)$, wo $c$ alle unendlichen Dezimalbrüche zwischen 0 und 1 (d. h. also alle reellen Zahlen zwischen diesen Grenzen) durchläuft, so können wir analog die Punkte der Strecke von 1 bis 2 (letzteren Punkt eingeschlossen) mit $(1, c)$ bezeichnen, ebenso die Punkte der Strecke von 2 bis 3 mit $(2, c)$ usw., wobei immer $c$ alle unendlichen Dezimalbrüche zwischen 0 und 1 durchläuft; in gleicher Weise mögen die Punkte zwischen $-1$ und 0 mit $(-1, c)$, die zwischen $-2$ und $-1$ gelegenen mit $(-2, c)$ bezeichnet werden usw. Die Menge aller Punkte der beiderseits unbegrenzten Zahlengeraden stellt in dieser Bezeichnungsweise offenbar die Verbindungsmenge $A \cdot C$ der Menge $A$ aller ganzen Zahlen und der Menge $C$ aller reellen Zahlen zwischen 0 und 1 dar, von denen erstere abzählbar ist, letztere die Mächtigkeit $\mathfrak{c}$ besitzt. Da die Menge *aller* Punkte einer geraden Linie ebenfalls von der Mächtigkeit $\mathfrak{c}$ ist (S. 39), so ist hiermit die Beziehung $\mathfrak{a} \cdot \mathfrak{c} = \mathfrak{c}$ bewiesen. — Der Beweis läßt sich ähnlich auch auf Grund der Beispiele von S. 62 bei Auffassung der Multiplikation als wiederholter ($\mathfrak{a}$-facher) Addition von $\mathfrak{c}$ führen. (Ebenso kann man auch den Beweis für $\mathfrak{a} \cdot \mathfrak{a} = \mathfrak{a}$ erbringen, da $\mathfrak{a}$ sowohl die Kardinalzahl der Menge aller rationalen Punkte zwischen 0 und 1 wie der *aller* rationalen Punkte ist.)

Endlich soll noch gezeigt werden, daß auch folgende Beziehung gilt:

(5) $$\mathfrak{c} \cdot \mathfrak{c} = \mathfrak{c},$$

und zwar wollen wir diesen Satz in geometrischer Einkleidung beweisen, um gleich eine weitere Folgerung daraus ziehen zu können. Es sei ein Quadrat von der Seitenlänge 1 (etwa 1 cm) gegeben; wir wollen die Menge aller innerhalb dieses Quadrats gelegenen Punkte betrachten und zu dieser Menge auch noch die Punkte zweier Quadratseiten (etwa der oberen und der rechten) rechnen, nicht aber die auf den zwei anderen Seiten (der unteren und der linken) gelegenen Punkte. Ist $P$ ein beliebiger Punkt unserer Menge, so wollen wir (vgl. Fig. 9) von $P$ aus eine Linie senkrecht zur linken Quadratseite und eine zweite Linie senkrecht zur unteren Quadratseite ziehen; denken wir uns diese beiden Seiten als *Maßstäbe* (d. h. mit einer von 0 bis 1 reichenden Längenmaßeinteilung versehen), deren Skalen an der (ihnen gemeinsamen) linken unteren Quadratecke beginnen, so treffen die beiden senkrechten Linien unsere Quadratseiten in Punkten, deren Maßzahlen $x$ (auf der unteren Quadratseite) und $y$ (auf der linken) seien. Dann ist jede der Zahlen $x$ und $y$ zwar größer als 0, aber höchstens gleich 1; gemäß der Überlegung von S. 32 f. können wir daher eindeutig $x$ als einen unendlichen Dezimalbruch $0, x_1 x_2 x_3 \ldots$ schreiben und ebenso $y$ als einen unendlichen Dezimalbruch $0, y_1 y_2 y_3 \ldots$, wo $x_1, x_2, x_3, \ldots y_1, y_2, y_3, \ldots$ lauter Ziffern aus der Reihe 0, 1, 2, ..., 9 bedeuten. Zu jedem bestimmten Punkt $P$ unserer Menge gehört demnach ein Paar von völlig bestimmten unendlichen Dezimalbrüchen $x$ und $y$; umgekehrt gehört zu je zwei zwischen 0 und 1 gelegenen unendlichen Dezimalbrüchen ein einziger Punkt unseres Quadratinhalts, den man leicht finden kann als Schnittpunkt der Senkrechten, die in den Punkten $x$ und $y$ unserer beiden Quadratseiten errichtet werden. Wir können auf Grund dieser umkehrbar eindeutigen Zuordnung statt $P$ auch $(x, y)$ schreiben.

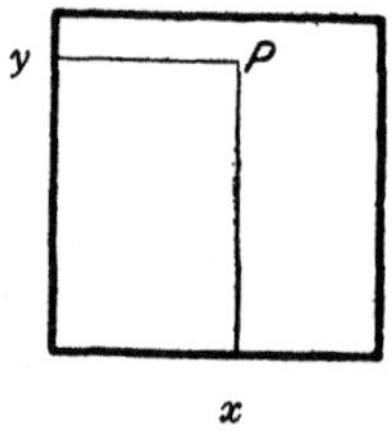

Fig. 9.

Außer unserem Quadrat betrachten wir jetzt noch die Strecke von 0 bis 1 auf der Zahlengeraden, deren Punkte wiederum durch die unendlichen Dezimalbrüche zwischen 0 und 1 bezeichnet werden können. Wir werden eine umkehrbar eindeutige Zuordnung zwischen den Punkten dieser Einheitsstrecke und sämtlichen Punkten unseres Quadratinhalts herstellen. Ist nämlich $P$ ein beliebiger, aber von nun an bestimmter Punkt des Quadratinhalts, so seien wie oben

$$x = 0, x_1 x_2 x_3 \ldots \quad \text{und} \quad y = 0, y_1 y_2 y_3 \ldots$$

die zwei ihn bestimmenden unendlichen Dezimalbrüche; dann bilden wir aus diesen beiden Zahlen den durch sie eindeutig bestimmten Dezimalbruch

$$z = 0, x_1 y_1 x_2 y_2 x_3 y_3 \ldots;$$

da $z$ wiederum zwischen 0 und 1 liegt, können und wollen wir dem Punkt $P$ den durch $z$ bezeichneten Punkt unserer Einheitsstrecke auf der Zahlengeraden zuordnen. Ist umgekehrt ein beliebiger Punkt auf dieser Strecke gegeben, der durch den Dezimalbruch

$$z = 0, z_1 z_2 z_3 z_4 z_5 z_6 \ldots$$

bezeichnet ist, so ordnen wir diesem Punkt der Einheitsstrecke denjenigen Punkt $P$ unseres Quadratinhalts zu, der durch folgende Werte $x$ und $y$ festgelegt ist:

$$x = 0,\ z_1\, z_3\, z_5 \ldots \quad \text{und} \quad y = 0,\ z_2\, z_4\, z_6 \ldots;$$

da auch diese Werte $x$ und $y$ Dezimalbrüche[1]) zwischen 0 und 1 sind, ist der Punkt $P$ eindeutig bestimmt. Wir haben so eine Abbildung zwischen den Mengen aller Punkte des Quadratinhalts und aller Punkte einer Strecke hergestellt; da die Menge aller Punkte der Strecke die Kardinalzahl $\mathfrak{c}$ besitzt, gilt das Nämliche von der Menge sämtlicher Punkte des Quadrats. Die Elemente dieser letzteren Menge können aber durch die Zahlenpaare $(x, y)$ bezeichnet werden, wo sowohl $x$ wie $y$ je eine Zahlenmenge von der Kardinalzahl $\mathfrak{c}$ durchläuft; die Kardinalzahl der Menge aller Punkte $P$ ist daher nach der Definition der Multiplikation von Kardinalzahlen gleich $\mathfrak{c} \cdot \mathfrak{c}$, und da sich diese Menge als äquivalent einer Menge von der Kardinalzahl $\mathfrak{c}$ erwiesen hat, so ist der gewünschte Beweis der Beziehung $\mathfrak{c} \cdot \mathfrak{c} = \mathfrak{c}$ wirklich geliefert.

Geometrisch betrachtet, enthält der Satz $\mathfrak{c} \cdot \mathfrak{c} = \mathfrak{c}$ zunächst die soeben nachgewiesene Tatsache, daß sich die Menge aller Punkte in dem von uns betrachteten Quadrat auf die Menge der Punkte der Einheitsstrecke abbilden läßt. Ein noch merkwürdiger aussehendes

---

[1]) Allerdings sind $x$ und $y$ nicht notwendig *unendliche* Dezimalbrüche, wie es zur Herstellung einer umkehrbar eindeutigen Zuordnung erforderlich wäre, sondern einer der beiden Dezimalbrüche kann ein abbrechender sein, also schließlich lauter Nullen aufweisen; ist z. B. $z = 0{,}1210101010\ldots$, so ist $y = 0{,}200\ldots = 0{,}2$. Dieser formale Mangel des obigen Beweises erfordert entweder den Nachweis, daß das Auftreten der abbrechenden Dezimalbrüche, deren es nur eine abzählbare Menge gibt, auf das zu beweisende Resultat ohne Einfluß ist (wegen $\mathfrak{c} + \mathfrak{a} = \mathfrak{c}$, vgl. S. 67), oder eine Abänderung folgender Art: Man betrachte nicht, wie im Text angegeben, lauter einzelne *Ziffern* $x_1, x_2, \ldots y_1, y_2, \ldots z_1, z_2, \ldots$, sondern, falls eine dieser Ziffern (z. B. $x_1$) Null ist, statt dessen diejenige *Ziffernfolge* $x_1\, x_2 \ldots x_k$, die entsteht, wenn man von $x_1$ bis zur nächsten von Null verschiedenen Ziffer $x_k$ fortschreitet; ist weiter die nächste Ziffer $x_{k+1}$ von Null verschieden, so wird sie für sich als Ziffernfolge betrachtet, anderenfalls wieder die bis zur nächsten von Null verschiedenen Ziffer reichende Folge ins Auge gefaßt usw. So erhält man z. B. für den Dezimalbruch 0,12103400507 ... die folgende (durch Vertikalstriche angedeutete) Einteilung in Ziffernfolgen: 0,1|2|1|03|4|005|07| ... Wird nun das obige Verfahren zur Gewinnung einer Zahl $z$ aus einem Zahlenpaar $(x, y)$ und umgekehrt, statt wie oben mittels der einzelnen Ziffern, vielmehr mittels der Ziffernfolgen durchgeführt, so behält das Verfahren, wie man leicht einsieht, seinen umkehrbar eindeutigen Charakter bei, liefert dann aber niemals abbrechende Dezimalbrüche; z. B. ergibt sich aus dem vorher angeführten Wert $z = 0{,}1|2|1|01|01|01\ldots$

$$x = 0{,}110101\ldots, \qquad y = 0{,}20101\ldots$$

Durch diesen von *J. König* stammenden Kunstgriff wird also der obige Beweis lückenlos.

Ergebnis erhält man durch folgende Überlegung: Durch zwei *beliebige* (positive oder negative) reelle Zahlen $x$ und $y$ läßt sich ersichtlich jeder Punkt der *unbegrenzten* Ebene in genau der nämlichen Weise umkehrbar eindeutig festlegen, wie dies für die Punkte in unserem Quadrat unter der Bedingung geschah, daß die Zahlen $x$ und $y$ auf die Werte zwischen 0 und 1 beschränkt blieben (vgl. Beispiel 5 des § 9, S. 97f.). Da auch die Menge *aller* reellen Zahlen die Kardinalzahl $\mathfrak{c}$ besitzt, ist demnach $\mathfrak{c} \cdot \mathfrak{c}$ gleichzeitig die Kardinalzahl der Menge aller Punkte einer unbegrenzten Ebene. Berücksichtigt man endlich noch, daß die Menge aller auf einer *beliebigen Strecke* gelegenen Punkte gleichfalls von der Kardinalzahl $\mathfrak{c}$ ist (S. 39), so kann man die Beziehung $\mathfrak{c} \cdot \mathfrak{c} = \mathfrak{c}$ in der folgenden überraschenden Form aussprechen:

*Sämtliche Punkte einer allseits unbegrenzten Ebene lassen sich in umkehrbar eindeutiger Weise den Punkten einer unbegrenzten geraden Linie oder auch den Punkten einer noch so kurzen Strecke zuordnen.*

Als *Cantor* 1877 dieses Ergebnis sowie das allgemeinere, auf S. 87 anzuführende im 84. Band des Journals für die reine und angewandte Mathematik veröffentlichte, in dem er die Aufnahme der Abhandlung nur mühsam (auf Verwendung von *Weierstraß* [*C.-St.*]) erreicht hatte, da wirkte die Entdeckung äußerst überraschend und aufsehenerregend und fand beim mathematischen Publikum wenig Vertrauen. Hatte man doch fest an das Charakteristische der *Dimensionenzahl* in dem Sinne geglaubt, daß z. B. ein Gebilde von „zwei Dimensionen", wie die Menge aller Punkte eines Quadrates oder einer Ebene oder einer beliebigen Fläche, unmöglich auf ein „eindimensionales" Gebilde (Menge aller Punkte einer Strecke oder einer Geraden oder irgendeiner Linie) abgebildet werden könne. Das gegenteilige Ergebnis *Cantor*s schien das Wesen der Dimension von Grund auf zu zerstören, da es die Kardinalzahl des „Kontinuums" als charakteristisch für jedes solche aufwies, gleichgültig ob es eindimensional oder zweidimensional sei.

Dennoch hat der Begriff der Dimension hiermit seine Bedeutung nicht verloren; im Gegenteil, gerade die Methoden der Mengenlehre haben uns erst die volle Einsicht in sein wahres Wesen vermittelt. Die vorhin benutzte Abbildung zwischen einer zweidimensionalen (Quadrat) und einer eindimensionalen (Strecke) Punktmenge ist nämlich (zwar umkehrbar eindeutig, aber) ganz und gar nicht „stetig" (im mathematischen Sinne), also nicht so beschaffen, daß benachbarten Punkten des Quadrates etwa auch stets benachbarte Punkte der Strecke entsprächen und umgekehrt. Die Abbildung ist vielmehr, wie der Leser leicht erkennen wird, so unstetig wie nur möglich, sie zerstört alles, was dem ebenen bzw. dem linearen Kontinuum als solchen charakteristisch ist; es ist so (wie *F. Klein* sich ausdrückt), als schütte man alle Punkte des Quadrates in einen Sack, um sie zum Zwecke der Abbildung erst gründlich durcheinander zu rütteln.

Dagegen haben tiefergehende Forschungen gezeigt, daß bei Hinzunahme der Forderung der *gegenseitigen Stetigkeit der Zuordnung* eine Abbildung *nicht* möglich ist, weder zwischen dem linearen und dem ebenen Kontinuum[1]) noch überhaupt zwischen „Kontinuen verschiedener Dimensionen" (nach schwierigen Forschungen *L. E. J. Brouwers*; vgl. namentlich Math. Annalen, **70**—**72** [1911—12]). Erst dieses Ergebnis im Zusammenhang mit dem *Cantor*schen läßt erkennen, in welchem Sinn die Dimensionenzahl eines geometrischen Gebildes etwas Unveränderliches, für es Charakteristisches darstellt.

Während wir in diesem Paragraphen die Operationen der Addition und Multiplikation vom Bereich der gewöhnlichen natürlichen Zahlen auf denjenigen der endlichen und unendlichen Kardinalzahlen ausdehnen konnten, ist es nicht möglich, die gleiche Verallgemeinerung auch für die Subtraktion und Division zu bewirken. Denn wäre z. B. die Aufgabe gestellt, die Differenz $\mathfrak{a} - \mathfrak{a}$ zu berechnen, so müßten wir uns der drei auf S. 66 angeführten Beziehungen erinnern: $\mathfrak{a} + 1 = \mathfrak{a}$, $\mathfrak{a} + n = \mathfrak{a}$, $\mathfrak{a} + \mathfrak{a} = \mathfrak{a}$; aus ihnen folgt, daß für $\mathfrak{a} - \mathfrak{a}$ entweder die Zahl 1 oder jede andere natürliche Zahl $n$ oder die unendliche Kardinalzahl $\mathfrak{a}$ genommen werden kann. Angesichts der entstehenden Unbestimmtheit muß von der allgemeinen Ausführung der Subtraktion abgesehen werden. Ebenso folgt z. B. aus den Beziehungen $n \cdot \mathfrak{c} = \mathfrak{a} \cdot \mathfrak{c} = \mathfrak{c} \cdot \mathfrak{c} = \mathfrak{c}$, daß die Division nicht allgemein ausführbar ist; denn der Quotient $\frac{\mathfrak{c}}{\mathfrak{c}}$ könnte hiernach gleich einer beliebigen endlichen Zahl $n$, gleich $\mathfrak{a}$ oder gleich $\mathfrak{c}$ gesetzt werden.

## § 8. Die Potenzierung der Kardinalzahlen.

Wir wollen die Potenzierung der Kardinalzahlen auf dieselbe Weise erklären, wie es in der gewöhnlichen Arithmetik üblich ist, nämlich als eine wiederholte Multiplikation des nämlichen Faktors mit sich selbst. Doch sei schon hier bemerkt, daß ursprünglich von *Cantor* eine andere Definition der Potenzierung gegeben worden ist, die freilich auf das gleiche Ergebnis hinausläuft; wir werden auf diese andere Definition nachher zurückkommen.

[1]) Zuerst bewiesen von *J. Lüroth* 1878 (vgl. Math. Ann. **63** [1907], 222). Eine einfache Darstellung findet man in dem kurzen temperamentvollen, zur ersten Einführung überhaupt sehr empfehlenswerten Abschnitt über Mengenlehre in *F. Kleins* Elementarmathematik vom höheren Standpunkte aus, Teil I (Autographierte Vorles., ausgearb. von *E. Hellinger*, 2. Aufl., Leipzig 1911), S. 580ff.

Um zu einer beliebigen Kardinalzahl $\mathfrak{m}$ die Potenz $\mathfrak{m}^2 = \mathfrak{m} \cdot \mathfrak{m}$ zu bilden, haben wir nach der Definition der Multiplikation zunächst zwei Mengen $M_1$ und $M_2$ von der nämlichen Kardinalzahl $\mathfrak{m}$ zu wählen; anders ausgedrückt: wir haben eine Menge $N$ der Kardinalzahl 2 von Mengen der Kardinalzahl $\mathfrak{m}$ zu nehmen (d. h. eine Menge $N$, die nur zwei Mengen $M_1$ und $M_2$ [von der Kardinalzahl $\mathfrak{m}$] enthält). Hierauf sind alle Elementepaare $(m_1, m_2)$ zu bilden, wobei $m_1$ alle Elemente von $M_1$, $m_2$ alle Elemente von $M_2$ durchläuft; die Menge aller möglichen derartigen Paare (d. i. die Verbindungsmenge $M_1 \cdot M_2$) besitzt dann die Kardinalzahl $\mathfrak{m} \cdot \mathfrak{m}$ oder $\mathfrak{m}^2$.

Die sinngemäße Ausdehnung dieser Erklärung auf den allgemeineren Fall, wo die Menge $N$ von Mengen nicht die Kardinalzahl 2, sondern eine beliebige endliche oder unendliche Kardinalzahl besitzt, führt zu der folgenden

**Definition.** Es seien zwei beliebige Kardinalzahlen $\mathfrak{m}$ und $\mathfrak{n}$ gegeben. Um die Potenz $\mathfrak{m}^{\mathfrak{n}}$ zu bilden, wählen wir eine Menge $N$ von Mengen: $N = \{M_1, M_2, M_3, \ldots\}$, die folgende zwei Eigenschaften besitzt: 1. die Menge $N$ soll die Kardinalzahl $\mathfrak{n}$ besitzen (sie ist also im allgemeinen keineswegs abzählbar), 2. jede der in $N$ enthaltenen Mengen $M_1, M_2, M_3, \ldots$ soll die Kardinalzahl $\mathfrak{m}$ besitzen. Wir bilden dann die Verbindungsmenge $\mathfrak{P}N = M_1 \cdot M_2 \cdot M_3 \cdot \ldots$; gemäß der Definition der Multiplikation von Mengen sind zu diesem Zweck alle Elementekomplexe der Form $(m_1, m_2, m_3, \ldots)$ aufzustellen, wobei $m_1$ alle Elemente von $M_1$, $m_2$ alle Elemente von $M_2$ durchläuft usw., und die Menge aller derartigen Komplexe stellt dann die Verbindungsmenge $\mathfrak{P}N$ dar. Ist $\mathfrak{q}$ die Kardinalzahl der Menge $\mathfrak{P}N$, so wird $\mathfrak{q}$ die $\mathfrak{n}^{\text{te}}$ Potenz von $\mathfrak{m}$ genannt; man schreibt $\mathfrak{q} = \mathfrak{m}^{\mathfrak{n}}$ und bezeichnet wie in der Arithmetik $\mathfrak{m}$ als die Basis, $\mathfrak{n}$ als den Exponenten der Potenz.

Daß nach dieser Erklärung das Ergebnis der Potenzierung davon unabhängig ist, *wie* die Elemente von $N$, d. h. die Mengen $M_1$, $M_2$ usw. gewählt werden, braucht nicht mehr besonders nachgewiesen zu werden; denn das liegt einfach daran, daß nach S. 70f. das Ergebnis der Multiplikation von Kardinalzahlen stets das nämliche ist, welche Mengen auch immer man als Vertreterinnen der einzelnen Kardinalzahlen heranziehen mag[1]).

Vor Erörterung der Rechengesetze für die Potenz und vor Anführung einiger, diesmal sich besonders interessant gestaltender Beispiele für die Potenzierung werde noch *der Ausgangspunkt* gestreift, *von dem aus Cantor die die Lehre von der Potenz entwickelt hat.* Diese Betrachtung wird zeigen, in wie innigem Zusammenhang die Potenzierung mit anderen mathematischen Begriffen steht, insbesondere mit dem der Funktion und mit der auf S. 51f. betrachteten Menge aller Teilmengen einer Menge.

---

[1]) Ausnahmsweise wird der Inhalt des folgenden kleingedruckten Abschnittes auch an manchen späteren Stellen *dieses Paragraphen* benutzt.

Wir knüpfen an den auf S. 45 kurz entwickelten Begriff einer Funktion $y = f(x)$ an, der ja in Mathematik und Naturwissenschaft eine geradezu beherrschende Rolle spielt. Es seien zwei beliebige Mengen $M$ und $N$ gegeben und es werde verabredet, daß für die unabhängige Veränderliche (die wir daher mit $n$ statt mit $x$ bezeichnen wollen) jedes Element der Menge $N$ genommen werden kann, während als abhängige Veränderliche („Funktionswerte") alle und nur die Elemente $m$ der Menge $M$ in Betracht kommen sollen; es ist also $m = f(n)$, wobei $m$ auf die Elemente von $M$ und $n$ auf die von $N$ beschränkt ist. Soll z. B. mit einem Satz von 4 Würfeln gleichzeitig gewürfelt werden und läßt man $n$ die Numerierungen der einzelnen Würfel als erster, zweiter usw., also die Zahlen 1, 2, 3, 4 durchlaufen, während $m$ die gewürfelte Augenanzahl (eine der Zahlen 1 bis 6) bedeutet, so gibt $m = f(n)$ die Anzahl $m$ der Augen an, die mit dem $n^{\text{ten}}$ Würfel erzielt ist; $N$ ist die Menge $\{1, 2, 3, 4\}$, $M$ die Menge $\{1, 2, 3, 4, 5, 6\}$. Kombiniert man auf jede mögliche Weise mit jeder der vier Würfelnummern jede Augenanzahl, so erhält man alle möglichen Resultate eines Wurfs; betrachtet man zwei Würfe der vier Würfel schon dann als verschieden, wenn mit einem und demselben Würfel verschiedene Augenzahlen erzielt werden, so gibt es offenbar $6^4 = 1296$ verschiedene Möglichkeiten des Würfelns, von denen jede als eine — nur Werte aus der Menge $M$ annehmende — Funktion der Menge $N = \{1, 2, 3, 4\}$ betrachtet werden kann[1]). Als ein zweites Beispiel diene eine beliebige Dezimalbruchentwicklung, z. B. die der Zahl $\pi = 3{,}14159\ldots$ Als Menge $N$ der unabhängigen Veränderlichen nehmen wir die Menge $\{0, 1, 2, 3, 4, \ldots\}$ der Stellennummern der einzelnen Dezimalstellen, wobei 0 die Stelle vor dem Komma und $k$ die $k^{\text{te}}$ Stelle hinter dem Komma bedeute. Die Funktion soll die an jeder einzelnen Stelle vorkommende Ziffer angeben; für die abhängige Veränderliche kommen also die Zahlen $0, 1, 2, \ldots, 8, 9$ in Betracht, d. h. es ist $M = \{0, 1, \ldots, 8, 9\}$. Ein bestimmter zwischen 0 und 10 gelegener Dezimalbruch (z. B. der für $\pi$) wird also gegeben sein durch eine — sämtliche Werte $n$ von $N$ durchlaufende — Funktion $f(n)$, die nur die Werte $m$ von $M$ annehmen kann, also zu jeder Stelle $n$ eine Ziffer angibt. *Eine* solche Funktion bestimmt die Dezimalbruchentwicklung von $\pi$; die Gesamtheit *aller möglichen* derartigen Funktionen entspricht offenbar der Menge *aller* Dezimalbrüche zwischen 0 und 10. Statt von einer Funktion spricht man in diesem Zusammenhang häufiger und anschaulicher von einer (Besetzung oder) Belegung der Menge $N$ mit der Menge $M$, im letzten Beispiel also von einer gewissen Belegung der Menge aller (unendlich vielen) Stellennummern mit der Menge aller (zehn) Ziffern. Fragt man nach der Anzahl aller möglichen derartigen Funktionen oder Belegungen, so wird man in diesem Fall offenbar auf das „Produkt" $10 \cdot 10 \cdot 10 \cdot \ldots$ geführt; denn für die Besetzung der Stelle vor dem Komma hat man 10 Möglichkeiten, nach Besetzung dieser Stelle weitere 10 Möglichkeiten für die Besetzung der ersten Stelle nach dem Komma usw.

---

[1]) Ein ähnliches, vielleicht noch anschaulicheres Beispiel erhält man, wenn man unter $N$ eine Programmfolge von Klaviervorträgen für je einen einzelnen Spieler versteht und unter $M$ eine Gruppe von Musikern, deren jeder zur Übernahme jeder der Programmnummern geeignet ist. Eine beliebige Funktion $m = f(n)$, wo $n$ die Programmnummern, $m$ die Musiker durchläuft, entspricht dann einer gewissen *Rollenbesetzung* der Programmfolge, und die Menge aller Funktionen demnach der Gesamtheit aller möglichen Rollenbesetzungen, d. h. aller denkbaren Verteilungen der Musiker auf die Programmnummern, wobei der nämliche Musiker sehr wohl mehrere Nummern übernehmen kann.

Wir können jede Funktion oder Belegung als einen „Komplex“ schreiben, nämlich im ersten Beispiel (Würfel) als einen Komplex $(a, b, c, d)$, wo $a$, $b$, $c$, $d$ sämtlich der Menge $\{1, 2, 3, 4, 5, 6\}$ zu entnehmen sind; im zweiten Fall hat der Komplex abzählbar unendlich viele Stellen und kann in der Form $\{a_0, a_1, a_2, a_3, \ldots\}$ geschrieben werden, wobei für $a_k$ nur Ziffern, d. h. nur Elemente der Menge $\{0, 1, \ldots, 8, 9\}$ eintreten können. (Schreibt man die Funktion oder Belegung in dieser Form, so hat man offenbar die *Reihenfolge* im Komplex zu beachten, obgleich es an sich beim Funktionsbegriff auf eine Reihenfolge nicht ankommt.)

Wir betrachten nun, zum allgemeinen Fall beliebiger Mengen $N$ (für die unabhängige Veränderliche) und $M$ (für die abhängige) zurückkehrend, die *Menge aller möglichen Belegungen der Menge N mit der Menge M*, d. h. die Menge aller möglichen Funktionen $m = f(n)$, wobei $n$ die Elemente von $N$ durchläuft und die Funktionswerte $m$ auf die Elemente von $M$ beschränkt sind. Zwei Belegungen oder Funktionen gelten hierbei dann (aber auch *nur* dann) als verschieden, wenn irgendein Element von $N$ beidemal verschieden belegt ist, d. h. wenn zu irgendeinem $n$ beidemal verschiedene Funktionswerte $m$ gehören. Diese Menge aller Belegungen nennt man mit *Cantor* die Belegungsmenge von $N$ mit $M$, in Zeichen $(N/M)$; zuweilen wird auch von der Potenz $M^N$ gesprochen. Jedes Element der Belegungsmenge läßt sich als ein Komplex $([m, n], [m', n'], \ldots)$ oder kurz (unter Beachtung der Reihenfolge) als $(m, m', \ldots)$ schreiben; dabei durchlaufen die *Stellen* des Komplexes (in den obigen Beispielen die Würfelnummern 1 bis 4 bzw. die abgezählt unendlich vielen Stellen 0, 1, 2, ... eines Dezimalbruches) alle Elemente $n$, $n'$, ... der Menge $N$, die Menge aller Stellen ist also äquivalent $N$; dagegen sind die *Werte* $m$, $m'$ usw. der einzelnen Stellen Elemente von $M$, und zwar in jeder möglichen Besetzung. Es gehört also bei jeder Belegung zu jedem Element von $N$ nur ein bestimmtes Element von $M$, das aber gleichzeitig auch zu anderen Elementen von $N$ gehören kann (eindeutige, aber nicht umkehrbar eindeutige Funktion).

Vergleichen wir schließlich diese Begriffsbildung mit der der Verbindungsmenge oder des Produkts (Definition 5 auf S. 69), so erkennen wir, daß die Belegungsmenge $(N/M)$ äquivalent ist der Verbindungsmenge $M \cdot M' \cdot \ldots$, falls die Mengen $M$, $M'$ usw. sämtlich äquivalent $M$ sind und die Menge $\mathrm{N} = \{M, M', \ldots\}$, deren Elemente die Faktoren $M$, $M'$ usw. sind, die Kardinalzahl $\mathfrak{n}$ von $N$ besitzt. In der Tat ist (nach der Definition der Verbindungsmenge) $\mathfrak{P}\mathrm{N} = M \cdot M' \cdot \ldots$ die Menge aller möglichen Komplexe $(m, m', \ldots)$, deren Stellenzahl der Kardinalzahl von N entspricht, während die einzelnen Stellen die Elemente von $M$, $M'$, ..., d. h. von lauter Mengen mit der gleichen Kardinalzahl $\mathfrak{m}$ wie $M$, zu durchlaufen haben. Nach der Definition der Potenzierung von Kardinalzahlen (S. 80) ist also $\mathfrak{P}\mathrm{N} = M \cdot M' \cdot \ldots$ gerade eine Menge der Art, wie sie zur Bildung der Potenz $\mathfrak{m}^{\mathfrak{n}}$ zu konstruieren ist; daher hat auch die zu $\mathfrak{P}\mathrm{N}$ äquivalente Belegungsmenge $(N/M)$ die Kardinalzahl $\mathfrak{m}^{\mathfrak{n}}$. Auf diese Weise, nämlich als *Kardinalzahl der Belegungsmenge*, hat *Cantor* den Begriff der Potenz $\mathfrak{m}^{\mathfrak{n}}$ eingeführt; die vorstehenden Betrachtungen zeigen, daß unsere obige, mehr an den Potenzbegriff der gewöhnlichen Arithmetik anknüpfende Definition mit der *Cantor*schen übereinstimmt. Der Vorzug der letzteren liegt in ihrer alsbald zu illustrierenden unmittelbaren Anwendungsfähigkeit, die aus dem Begriff der Belegungsmenge quillt.

Der Leser veranschauliche sich diese Einführung des Potenzbegriffes an den obigen Beispielen und vergleiche sie mit der früheren Definition! Er wird im Anschluß an das erste Beispiel leicht erkennen, daß für den Fall *endlicher* Mengen $M$ und $N$ mit den Kardinalzahlen $m$ und $n$ die Belegungsmenge $(N/M)$ im wesentlichen die Menge aller „Variationen $n^{\text{ter}}$ Klasse von $m$ Elementen mit Wiederholung" darstellt, deren Anzahl nach einem elementaren Satz der Kombinatorik in der Tat gleich $m^n$ ist (vgl. z. B. *Weber-Epstein* [Zitat von S. 12], S. 207.

Als wichtigste Anwendung des Begriffes der Belegungsmenge folge hier der Hinweis auf den *Zusammenhang des Potenzbegriffes mit der Menge aller Teilmengen einer Menge* $N$, die wir schon auf S. 51 betrachtet und mit $\mathfrak{U}N$ bezeichet haben. Eine beliebige Teilmenge $N'$ von $N$ (die Nullmenge und $N$ selbst eingeschlossen) entsteht dadurch, daß gewisse der Elemente $n, n', \ldots$ von $N$ in die Teilmenge $N'$ aufgenommen, die anderen aber nicht aufgenommen werden; wir wollen uns den Elementen der ersten Art eine Eins, denen der zweiten Art eine Null zugeordnet denken. *So kann man jede Teilmenge von* $N$ *als eine gewisse Belegung der Menge* $N$ *mit der Menge* $\{0, 1\}$ *auffassen*, d. h. als eine Funktion der Elemente von $N$, die nur die beiden Werte $f(n) = 1$ oder $f(n) = 0$ annehmen kann, je nachdem das betreffende Element $n$ in der (die Funktion bestimmenden) Teilmenge $N'$ vorkommt oder nicht; umgekehrt wird offenbar durch jede Belegung (Funktion) dieser Art eine gewisse Teilmenge von $N$ eindeutig definiert. (So entspricht z. B. der Menge $N$ selbst die Belegung, bei der für alle $n$ stets $f(n) = 1$ ist.) Die Menge $\mathfrak{U}N$ aller Teilmengen von $N$ fällt daher im wesentlichen zusammen mit der Menge aller Belegungen der Menge $N$ mit der Menge $\{0, 1\}$, d. h. in der obigen Schreibweise mit der Belegungsmenge $(N/\{0, 1\})$. Da die Menge $\{0, 1\}$ die Kardinalzahl 2 besitzt, so ist (nach der im vorletzten Absatz entwickelten *Cantor*schen Definition der Potenz) die Kardinalzahl jener Belegungsmenge, also auch die Kardinalzahl von $\mathfrak{U}N$, gleich $2^{\mathfrak{n}}$, wobei $\mathfrak{n}$ die Kardinalzahl der Menge $N$ bedeutet. Es gilt somit der folgende wichtige Satz, der dazu geführt hat, die Menge aller Teilmengen einer Menge $N$ auch schlechthin als die „*Potenzmenge von* $N$" zu bezeichnen:

*Ist* $N$ *eine beliebige Menge von der Kardinalzahl* $\mathfrak{n}$, *so besitzt die Menge* $\mathfrak{U}N$, *d. i. die Menge aller Teilmengen von* $N$, *die Kardinalzahl* $2^{\mathfrak{n}}$. *Die Menge* $\mathfrak{U}N$ *kann als die Belegungsmenge von* $N$ *mit einer Menge von zwei Elementen (z. B. mit* $\{0,1\}$*) aufgefaßt werden.*

*Ist also* $\mathfrak{n}$ *eine beliebige Kardinalzahl, so ist (nach S. 52) die Kardinalzahl* $2^{\mathfrak{n}}$ *stets größer als* $\mathfrak{n}$.

Dieser Satz gilt natürlich auch für *endliche* Mengen. Für solche drückt er, wie oben bemerkt, ein aus der Kombinatorik bekanntes elementares Resultat aus. Ist z. B. $N$ die Menge der drei Zahlen 1, 2, 3, so enthält $\mathfrak{U}N$ als Elemente die folgenden Mengen: $\{1, 2, 3\} = N$, $\{1, 2\}$, $\{2, 3\}$, $\{3, 1\}$, $\{1\}$, $\{2\}$, $\{3\}$, 0 (Nullmenge), also wirklich $8 = 2^3$ Elemente. (Für den Fall der Nullmenge $N = 0$ besagt unser Satz, daß $\mathfrak{U}0$ *ein* Element enthält ($2^0 = 1$); in der Tat ist ja die Nullmenge Teilmenge von sich selbst, während sie keine andere Teilmenge besitzt, d. h. es ist $\mathfrak{U}0 = \{0\}$ die Menge mit dem einzigen Element 0.)

Aus dem zweiten Teil des Satzes ersieht man, wenn man noch das auf S. 74 ausgesprochene Ergebnis hinzunimmt, daß *der Prozeß des Fortschreitens zu immer größeren und größeren unendlichen Kardinalzahlen ohne Schranke durchgeführt werden kann.* Denn ist $\mathfrak{m}_0$ die Kardinalzahl einer beliebigen endlichen oder unendlichen Menge (z. B.

der Menge aller natürlichen Zahlen) und wird $2^{\mathfrak{m}_0} = \mathfrak{m}_1$, $2^{\mathfrak{m}_1} = \mathfrak{m}_2$ gesetzt usw., so ist zunächst nach dem soeben bewiesenen Satz:

$$\mathfrak{m}_0 < \mathfrak{m}_1 < \mathfrak{m}_2 < \cdots,$$

dann aber nach S. 74 die Summe all dieser Kardinalzahlen

$$\mathfrak{m}_0 + \mathfrak{m}_1 + \mathfrak{m}_2 + \cdots$$

größer als *jede* unter ihnen; wird diese Summe mit $\mathfrak{s}$ bezeichnet, so ist wiederum $2^{\mathfrak{s}} > \mathfrak{s}$ usw. Auf diese Art lassen sich nicht nur zu jeder einzelnen Kardinalzahl, sondern auch zu jeder Menge von Kardinalzahlen immer größere Kardinalzahlen bilden.

Für endliche Zahlen $m$, $n$, $p$ werden in der Arithmetik die Beziehungen bewiesen:

$$m^n \cdot m^p = m^{n+p}, \quad m^n \cdot p^n = (m \cdot p)^n, \quad (m^n)^p = m^{n \cdot p}.$$

Genau die nämlichen Beziehungen gelten für beliebige (endliche oder unendliche) Kardinalzahlen $\mathfrak{m}$, $\mathfrak{n}$, $\mathfrak{p}$, und zwar (bei den ersten zwei Gleichungen) auch für beliebig viele Faktoren. Der Beweis läßt sich ohne besondere Schwierigkeit in der Weise führen, daß nach den Definitionen der Addition, Multiplikation und Potenzierung die linke wie die rechte Seite jeder Beziehung für sich in passender Weise berechnet und dann, vornehmlich unter Anwendung der auf S. 71f. angegebenen Rechenregeln für die Multiplikation, gezeigt wird, daß die erhaltenen Ergebnisse paarweise übereinstimmen.

Man versuche zur Übung etwa den Beweis der dritten Beziehung auf Grund der *Cantor*schen Definition der Potenz (mittels der Belegungsmenge) zu erbringen!

Gehen wir jetzt zu Beispielen über, so soll vor allem die Potenz $10^{\mathfrak{a}}$ berechnet werden. Wir bilden zu diesem Zweck, von der *Cantor*schen Potenzdefinition ausgehend, eine Menge von der Kardinalzahl $\mathfrak{a}$ (d. h. eine abzählbare Menge), etwa die Menge $N = \{1, 2, 3, \ldots\}$ aller natürlichen Zahlen, und belegen sie mit einer Menge von der Kardinalzahl 10, wofür wir die Menge $M = \{0, 1, 2, \ldots, 8, 9\}$ wählen. Wenn wir, wie im zweiten Beispiel auf S. 81, die Elemente von $N$ als die Stellenzeiger eines Dezimalbruchs (rechts vom Komma) auffassen und wenn wir links vom Komma stets eine Null anschreiben, so stellt, ähnlich wie dort, die Belegungsmenge $(N/M)$ ersichtlich *die Menge aller (endlichen und unendlichen) mit* 0, ... *beginnenden Dezimalbrüche* dar. Diese Menge besitzt also die Kardinalzahl $10^{\mathfrak{a}}$. — Diese Tatsache macht sich der Leser, der etwa die *Cantor*sche Definition zunächst überschlagen hat, auch leicht auf Grund der Potenzdefinition von S. 80 klar; er bilde zur Konstruktion von $10^{\mathfrak{a}}$ das Produkt $M_1 \cdot M_2 \cdot M_3 \cdot \ldots$ von abzählbar unendlich vielen Mengen, deren jede 10 Elemente umfaßt, und überzeuge sich, daß die Elemente der Verbindungsmenge bis auf die Schreibweise mit den oben bezeichneten Dezimalbrüchen zusammenfallen.

Die Kardinalzahl dieser Menge von Dezimalbrüchen können wir andererseits auch auf folgende Art bestimmen: Nach S. 39 besitzt die Menge aller unendlichen Dezimalbrüche zwischen 0 und 1 die Mächtigkeit $\mathfrak{c}$. Die Menge aller endlichen (abbrechenden) Dezimalbrüche zwischen 0 und 1 ist eine unendliche Teilmenge der Menge aller rationalen Zahlen zwischen 0 und 1, da sich jeder abbrechende Dezimalbruch auch als gemeiner Bruch (mit einer Potenz von 10 als Nenner) schreiben läßt; die Menge aller endlichen Dezimalbrüche ist also abzählbar (S. 26). Die Menge aller endlichen und unendlichen Dezimalbrüche zwischen 0 und 1 hat demnach die Mächtigkeit $\mathfrak{c} + \mathfrak{a}$, die nach S. 67 gleich $\mathfrak{c}$ ist. Wir haben also das folgende Ergebnis gewonnen:

$$10^{\mathfrak{a}} = \mathfrak{c}.$$

Daß in dieser Beziehung gerade die Kardinalzahl 10 auftritt, beruht allein darauf, daß unser Ziffernsystem, das auch der Bildung der Dezimalbrüche zugrunde liegt, entsprechend der Anzahl unserer Finger auf die Zahl 10 gegründet ist. Von der Tatsache, daß der Mensch zehn Finger besitzt, können aber die Wahrheiten der Mathematik nicht abhängig sein. Wirklich kann man alle reellen Zahlen ebensogut unter Zugrundelegung einer beliebigen anderen natürlichen Zahl $n$, die nur nicht die Eins sein darf (weil deren Potenzen alle wieder gleich Eins sind), in Form unendlicher und abbrechender „systematischer $n$-albrüche" darstellen, wobei statt der Potenzen von 10 und $\frac{1}{10}$ die Potenzen von $n$ und $\frac{1}{n}$ die Rolle der Einheiten spielen. Wählt man z. B. $n = 2$, so werden alle reellen Zahlen zwischen 0 und 1 durch alle unendlichen „Dualbrüche" der Form $0, b_1 b_2 b_3 \ldots$ dargestellt, wobei für $b_1$, $b_2$ usw. nur die zwei Werte 0 und 1 zulässig sind. Setzt man auf Grund dieser elementaren Tatsache der Arithmetik in der zuletzt angestellten Betrachtung $n$ an die Stelle von 10, so ergibt sich:

$n^{\mathfrak{a}} = \mathfrak{c}$ ($n$ beliebige von 1 verschiedene endliche Kardinalzahl).

Da also im besonderen auch $2^{\mathfrak{a}} = \mathfrak{c}$ ist, so folgt nach S. 83 der Satz:

*Die Menge aller Teilmengen einer abzählbaren Menge (z. B. der Menge der natürlichen Zahlen) besitzt die Mächtigkeit* $\mathfrak{c}$ *des Kontinuums.*

Daß die Menge aller $n$-albrüche zwischen 0 und 1 äquivalent ist der Menge aller Dezimalbrüche zwischen diesen Grenzen, läßt sich auch leicht direkt beweisen, ohne Berufung auf arithmetische Tatsachen. Wir benutzen zu diesem Zwecke (nach *J. König* [Zitat von S. 152], S. 219f.) den Äquivalenzsatz und wählen für $n$ der Anschaulichkeit halber einen bestimmten Zahlenwert, etwa $n = 2$ (Dualbrüche). Dann ist einerseits die Menge der Dualbrüche einer Teilmenge der Dezimalbruchmenge äquivalent, nämlich der Menge all*der* Dezimalbrüche, in denen nur die Ziffern 0 und 1 vorkommen; jeder Dezimalbruch dieser Art läßt sich ja als Dualbruch lesen und umgekehrt. Andererseits kann man der Menge aller Dezimalbrüche zwischen 0 und 1 leicht eine äquivalente Teilmenge der Dualbruchmenge auf folgende Art zuordnen: ist ein

Dezimalbruch $0, a_1 a_2 a_3 \ldots$ vorgelegt, dessen Ziffern $a_1$, $a_2$ usw. (allgemein $a_k$) also sämtlich zwischen 0 und 9 liegen, so soll an Stelle von $a_k$ eine Eins mit Voranstellung von $a_k$ Nullen treten, also eine Gruppe von $a_k + 1$ Ziffern; z. B. ist so der Dezimalbruch $0{,}41021\ldots$ zu ersetzen durch

$$0{,}0000101100101\ldots$$

Hiernach wird jedem Dezimalbruch eindeutig ein gewisser Dualbruch zugeordnet, und zwar umkehrbar eindeutig, da nach dieser Vorschrift niemals zwei verschieden geschriebenen Dezimalbrüchen der nämliche Dualbruch entsprechen kann. Es ist also die Menge der Dualbrüche äquivalent einer Teilmenge der Menge der Dezimalbrüche, diese umgekehrt äquivalent einer Teilmenge der Menge der Dualbrüche; nach dem Äquivalenzsatz sind somit beide Mengen einander äquivalent, ihre Kardinalzahlen $2^{\mathfrak{a}}$ und $10^{\mathfrak{a}}$ also gleich.

Unter Benutzung der *Cantor*schen Potenzdefinition sieht man sofort, daß $\mathfrak{c}^{\mathfrak{c}}$ gleich der auf S. 47 eingeführten Kardinalzahl $\mathfrak{f}$ ist; denn die dort untersuchte Menge aller zwischen 0 und 1 eindeutigen reellen Funktionen läßt sich als die Belegungsmenge des Kontinuums mit sich selbst (genauer: der Menge der reellen Zahlen zwischen 0 und 1 mit der Menge *aller* reellen Zahlen) auffassen. Man erkennt an diesem Beispiel deutlich die Fruchtbarkeit des Begriffs der Belegungsmenge. — Es ist übrigens nach den Potenzregeln $\mathfrak{c}^{\mathfrak{c}} = (2^{\mathfrak{a}})^{\mathfrak{c}} = 2^{\mathfrak{a}\cdot\mathfrak{c}} = 2^{\mathfrak{c}}$ [nach (4) auf S. 75], d. h. schon die Menge der reellen Funktionen, die *nur zwei* (oder *endlich viele*) verschiedene Werte (z. B. nur die Werte 0 und 1) annehmen können, besitzt die Kardinalzahl $\mathfrak{f}$; diese ist danach gleichzeitig die Kardinalzahl der Menge aller Teilmengen des Kontinuums.

Wir stellen noch einige weitere Beispiele für das Potenzieren von Kardinalzahlen zusammen. Es ist: $\mathfrak{a}^2 = \mathfrak{a}\cdot\mathfrak{a} = \mathfrak{a}$ (Gleich. (2) auf S. 74), $\mathfrak{a}^3 = \mathfrak{a}^2\cdot\mathfrak{a} = \mathfrak{a}\cdot\mathfrak{a} = \mathfrak{a}$, allgemein

$$\mathfrak{a}^n = \mathfrak{a} \text{ für jede endliche Kardinalzahl } n.$$

Weiter ergibt sich bei Benutzung der Potenzregeln (S. 84):

$$\begin{aligned}
\mathfrak{a}^{\mathfrak{a}} &= (n\cdot\mathfrak{a})^{\mathfrak{a}} \text{ (Gleich. (1) auf S. 74)} = n^{\mathfrak{a}}\cdot\mathfrak{a}^{\mathfrak{a}}\\
&= n^{\mathfrak{a}\cdot\mathfrak{a}}\cdot\mathfrak{a}^{\mathfrak{a}} \text{ (Gleich. (2) auf S. 74)} = (n^{\mathfrak{a}})^{\mathfrak{a}}\cdot\mathfrak{a}^{\mathfrak{a}} = (n^{\mathfrak{a}}\cdot\mathfrak{a})^{\mathfrak{a}}\\
&= (\mathfrak{c}\cdot\mathfrak{a})^{\mathfrak{a}} \text{ (siehe S. 85)} = \mathfrak{c}^{\mathfrak{a}} \text{ (Gleich. (4) auf S. 75)}\\
&= (n^{\mathfrak{a}})^{\mathfrak{a}} = n^{\mathfrak{a}\cdot\mathfrak{a}} = n^{\mathfrak{a}} = \mathfrak{c}, \text{ also}
\end{aligned}$$

$$\mathfrak{a}^{\mathfrak{a}} = \mathfrak{c}.$$

Dieses Beispiel zeigt deutlich die Möglichkeit eines fruchtbaren Rechnens mit unendlichen Kardinalzahlen auf Grund der für sie gültigen Rechenregeln.

Ferner ist nach Gleichung (5) auf S. 75 $\mathfrak{c}^2 = \mathfrak{c}\cdot\mathfrak{c} = \mathfrak{c}$, also auch $\mathfrak{c}^3 = \mathfrak{c}^2\cdot\mathfrak{c} = \mathfrak{c}\cdot\mathfrak{c} = \mathfrak{c}$ usw., allgemein $\mathfrak{c}^n = \mathfrak{c}$ für jede endliche Kardinalzahl $n$. Dies folgt übrigens nunmehr weit einfacher aus

$$\mathfrak{c}^n = (2^{\mathfrak{a}})^n = 2^{n\mathfrak{a}} = 2^{\mathfrak{a}} = \mathfrak{c}.$$

Weiter gilt:

$$\mathfrak{c}^{\mathfrak{a}} = (2^{\mathfrak{a}})^{\mathfrak{a}} = 2^{\mathfrak{a}\cdot\mathfrak{a}} = 2^{\mathfrak{a}} = \mathfrak{c}.$$

Mit berechtigter Genugtuung konnte *Cantor* 1895 auf diese kurze und gewissermaßen mechanische Ableitung der Beziehungen $\mathfrak{c}^n = \mathfrak{c}$ und $\mathfrak{c}^{\mathfrak{a}} = \mathfrak{c}$ hinweisen, die ihn 18 Jahre vorher eine längere und in ihren Methoden Erfindergeist erfordernde Abhandlung gekostet hatte (vgl. die Ableitung von $\mathfrak{c}\cdot\mathfrak{c} = \mathfrak{c}$ auf S. 75ff.). Das Rechnen mit den unendlichen Kardinalzahlen auf Grund der eingeführten Definitionen und der aus ihnen folgenden Rechenregeln erweist sich so als ein wertvoller Mechanismus zur Ersparnis gedanklicher Arbeit; gerade die Erfindung derartiger Mechanismen gehört zu den bevorzugten Aufgaben der Mathematik und spielt vielfach für den Fortschritt der Wissenschaft eine entscheidende Rolle (vgl. die Erfindung der Differential- und Integralrechnung).

Genau entsprechend, wie wir auf S. 76 sahen, daß die Menge aller Punkte eines Quadrats oder auch einer unbegrenzten Ebene die Kardinalzahl $\mathfrak{c}^2$ besitzt, erkennt man, daß die Menge aller Punkte eines Würfels oder des unbegrenzten dreidimensionalen Raumes die Kardinalzahl $\mathfrak{c}^3$ hat (entsprechend der Dimensionenzahl 3). Wir erhalten also das merkwürdige Ergebnis:

*Die Menge aller Punkte des unendlichen dreidimensionalen Raumes besitzt die Kardinalzahl $\mathfrak{c}$ des Kontinuums. Man kann also die Menge aller Punkte des Raumes auf die Menge aller Punkte einer noch so kleinen linearen Strecke so abbilden, daß jedem Punkt des Raumes ein einziger Punkt der Strecke zugeordnet ist und umgekehrt.*

Spricht man, wie es der Mathematiker vielfach tut, auch von Räumen mit mehr als drei Dimensionen, so wird konsequenterweise jeder Punkt des Raumes durch so viele unabhängige reelle Zahlen („Koordinaten“) definiert, als die Anzahl der Dimensionen beträgt. Die Menge aller Punkte eines Raumes von $n$ bzw. $\mathfrak{a}$ Dimensionen hat also die Kardinalzahl $\mathfrak{c}^n$ bzw. $\mathfrak{c}^{\mathfrak{a}}$; denn jeder Punkt ist umkehrbar eindeutig durch einen Komplex von Koordinaten

$$(x_1, x_2, \ldots, x_n) \quad \text{bzw.} \quad (x_1, x_2, x_3, \ldots)$$

bestimmt, wobei die einzelnen Koordinaten alle reellen Zahlen durchlaufen. Da, wie wir sahen, $\mathfrak{c}^n = \mathfrak{c}^{\mathfrak{a}} = \mathfrak{c}$ ist, so gilt:

*Auch die Menge aller Punkte eines Raumes von beliebig (endlich) vielen Dimensionen oder von abzählbar unendlich vielen Dimensionen hat nur die gleiche Kardinalzahl $\mathfrak{c}$ wie die Menge aller Punkte des eindimensionalen (linearen) Kontinuums.*

Zum Schluß werde von den Begriffen und Ergebnissen des Potenzierens noch eine Anwendung gemacht, die auch außerhalb der Mengenlehre von Interesse ist und die gleichzeitig die Bedeutung des Äquivalenzsatzes ins richtige Licht rückt. Wir betrachten *die Menge $S$ aller stetigen reellen Funktionen $y = f(x)$ einer reellen Veränderlichen $x$.* Dabei setzen wir, ohne den Begriff der Stetigkeit scharf zu zergliedern, über ihn nur das Eine als bekannt oder plausibel voraus: der Wert einer stetigen Funktion für einen bestimmten Wert (Stelle) $x$ ist völlig bestimmt durch die Funktionswerte in der „Nachbarschaft“, d. h. an den Stellen, die sich von der ursprünglichen Stelle um genügend wenig unterscheiden. Daher ist eine stetige Funktion schon *vollständig* (auch für die irrationalen $x$) gegeben, sobald nur ihre Werte an den *rationalen* Stellen $x$ bekannt sind; denn den irrationalen Stellen kommen immer rationale beliebig nahe (vgl. S. 110). Wenn wir nun die Menge aller rationalen Zahlen $x$ mit der Menge aller reellen Zahlen $y$ belegt denken, so entsteht eine Belegungsmenge von der Kardinalzahl $\mathfrak{c}^{\mathfrak{a}} = \mathfrak{c}$ (siehe oben), als deren Teilmenge wir die Menge $S$

der stetigen Funktionen auffassen können; jede stetige Funktion stellt nämlich nach dem Gesagten eine Belegung der rationalen Zahlen $x$ mit reellen Zahlen $y$ dar (was sich übrigens nicht umkehren läßt, da auch die Werte $y$ an den *rationalen* Stellen $x$ nicht ganz beliebig vorgeschrieben werden dürfen, weil wegen der Stetigkeit der Wert an einer rationalen Stelle durch die Werte an den benachbarten rationalen Stellen mitbestimmt sind; auf diesen recht verwickelten Sachverhalt braucht glücklicherweise gar nicht eingegangen zu werden). Umgekehrt ist aber eine Teilmenge der Funktionenmenge $S$ äquivalent dem Kontinuum, z. B. schon die Menge aller *konstanten* (und daher von selbst stetigen) Funktionen (S. 49). Die Kardinalzahl von $S$ ist also nach dem Äquivalenzsatz (vgl. S. 58) zugleich $\leq \mathfrak{c}$ und $\geq \mathfrak{c}$, also gleich $\mathfrak{c}$. Der Äquivalenzsatz, der daher hier nicht entbehrlich ist, erlaubt uns, von dem oben angedeuteten komplizierten Verhältnis der Menge $S$ zu der betrachteten Belegungsmenge ganz abzusehen. Wir erhalten so das Ergebnis, das zu dem Satz von S. 47 über die Kardinalzahl der Menge *aller* reellen Funktionen in scharfem Gegensatz steht: *Die Menge aller reellen stetigen Funktionen einer reellen Veränderlichen hat die Mächtigkeit des Kontinuums.*

## § 9. Geordnete Mengen. Ähnlichkeit und Ordnungstypus.

All unsere bisherigen Überlegungen haben an den Begriff der unendlichen Menge nur in der einen Richtung angeknüpft, daß wir uns mit den *Kardinalzahlen* der Mengen beschäftigt haben, d. h. mit dem, was je allen untereinander äquivalenten Mengen gemeinsam ist. Da der Hauptzweck des vorliegenden Buches nicht sowohl der ist, einen gleichmäßigen Überblick über das Gesamtgebiet der Mengenlehre zu geben, als vielmehr der, dem Leser die Möglichkeit der Einführung „unendlich großer Zahlen" und ihrer vernünftigen und fruchtbaren Verwendung vor Augen zu führen, so erscheint diese Hervorhebung des Äquivalenzbegriffs als berechtigt; denn in den unendlichen Kardinalzahlen, ihrer Vergleichung und dem Rechnen mit ihnen haben wir eine besonders einfache und wichtige Klasse solcher Zahlen und ihre Eigenschaften kennen gelernt.

Zwei äquivalente Mengen werden aber im allgemeinen, auch wenn man von der besonderen Natur ihrer Elemente absieht, neben der ihnen gemeinsamen Kardinalzahl noch Verschiedenheiten auf weisen, deren Gesamtheit man als die verschiedene *Anordnung ihrer Elemente* bezeichnen kann. Ist z. B. $M$ die Menge der natürlichen Zahlen in der gewöhnlichen Reihenfolge: $M = \{1, 2, 3, \ldots\}$, $N$ die Menge aller positiven Brüche, die ihrer *Größe* nach (also nicht etwa so wie auf S. 23) geordnet sind, so sind zwar $M$ und $N$ äquivalent, aber in bezug auf die Ordnung ihrer Elemente ganz verschieden: $M$ hat ein erstes Element 1 und zu jedem anderen Element von $M$ gibt es ein unmittelbar vorangehendes und ein unmittelbar nachfolgendes; $N$ besitzt dagegen kein erstes Element, da es keinen *kleinsten* positiven Bruch gibt, und zwischen je zwei positiven Brüchen liegen immer noch positive Brüche (z. B. ihr Mittel), so daß ein beliebiges Element von $N$ weder einen unmittelbaren Vorgänger noch einen unmittelbaren Nachfolger besitzt. Ja auch eine und die nämliche Menge zeigt ein sehr verschiedenes Aussehen je nach der Art der Anordnung ihrer Elemente. Z. B. besitzt die Menge aller ganzen Zahlen in der „natürlichen" Reihenfolge

$$\{\ldots, -3, -2, -1, 0, 1, 2, 3, \ldots\}$$

kein erstes Element, wohl aber in der Anordnung

$$\{0, 1, -1, 2, -2, 3, -3, \ldots\};$$

andere, wesentlich verschiedene Anordnungen für diese nämliche Menge sind z. B. die folgenden:

$$\{0, 2, -2, 4, -4, 6, -6, \ldots 1, -1, 3, -3, 5, -5, \ldots\},$$

$$\{\ldots, -8, -4, 0, 4, 8, \ldots \ldots, -7, -3, 1, 5, 9, \ldots$$
$$\ldots, -6, -2, 2, 6, 10, \ldots \ldots, -5, -1, 3, 7, 11, \ldots\}.$$

Bevor wir in die systematische Entwicklung eintreten, sollen einige Bemerkungen über die Bedeutung der Theorie der Ordnung und der geordneten Mengen vorangeschickt werden. Vor allem sei der (freilich über die Grenzen der rein mathematischen Betrachtung hinausführende) Hinweis gestattet, daß in gewisser Hinsicht die *geordnete Menge* den primären Begriff darstellt, aus dem der Begriff der *Menge schlechthin* erst durch einen Abstraktionsakt hervorgeht, gewissermaßen mittels Durcheinanderschütteln der (ursprünglich in bestimmter Reihenfolge befindlichen) Elemente (vgl. *Cantors* auf S. 44 erwähnte Einführung des Begriffs der Kardinalzahl); denn sowohl unsere Sinne (Gesicht, Gehör usw.) wie auch unser Denken vermitteln uns Einzeldinge und -begriffe in der Regel in einer gewissen räumlichen oder zeitlichen Ordnung, und wenn wir die Elemente einer nichtgeordneten Menge (z. B. der aller Buchstaben dieses Buchs) uns gedanklich oder in schriftlicher bzw. gedruckter Wiedergabe einzeln vor Augen führen wollen, kann dies nicht anders als in gewisser Reihenfolge geschehen. Von dieser Erwägung aus könnte man sogar daran denken, die Theorie der Ordnung (geordnete Mengen) vor der Theorie der Äquivalenz (Kardinalzahlen, ungeordnete Mengen) zu entwickeln; dies wäre jedoch schon deshalb unpraktisch, weil die letztere, auf eine weitergehende Abstraktion sich stützende Theorie unvergleichlich viel einfacher ist — ganz abgesehen davon, daß die systematische Entwicklung in der Mathematik meist vom Allgemeinen zum Besonderen fortschreitet, was der hier verwendeten Reihenfolge entspricht.

Neben diesen mehr psychologischen Erwägungen ist es aber namentlich die Rücksicht auf die Bedürfnisse der Mathematik selbst, die die Theorie der Ordnung und der geordneten Mengen zu einem besonders wichtigen, ja geradezu dem anwendungsfähigsten Teilgebiet der Mengenlehre stempelt. Zunächst haben wir mit der Einführung der unendlichen Kardinalzahlen nur eine einseitige Verallgemeinerung des Begriffs der natürlichen Zahl über das Endliche hinaus vorgenommen. Denn die endlichen Zahlen dienen ja im Leben und in der Wissenschaft nicht allein der Bezeichnung der *Anzahl* (der Beantwortung der Frage: wieviele Elemente kommen in einer vorgelegten endlichen Menge vor?), sondern gleichzeitig auch der Bezeichnung der *Ordnungszahl,* also dem Zweck des sukzessiven Aufzählens der einzelnen Elemente in der Reihenfolge erstens, zweitens, drittens usw., was psychologisch (Zählen des Kindes) wie mathematisch (vgl. z. B. die auf S. 16, Fußnote 2, erwähnten Schriften von *Hölder* und *Loewy*) sogar die einfachere Seite des Zahlbegriffs darstellt. Bei den *endlichen* Zahlen braucht man allerdings in der weiteren mathematischen Behandlung nicht mehr zwischen Kardinalzahlen und Ordnungszahlen zu unterscheiden; das liegt an der uns zwar durch die Gewöhnung als selbstverständlich erscheinenden, in Wirklichkeit aber keineswegs trivialen und übrigens mathematisch streng beweisbaren Tatsache, wonach man bei jeder wie immer vorgenommenen Numerierung der Elemente einer gegebenen endlichen Menge stets mit der nämlichen Nummer (Ordnungszahl) zum Abschluß kommt[1]); diese Ordnungszahl kann man daher, als Kardinalzahl aufgefaßt, unzweideutig zur Angabe der Anzahl der Elemente der Menge verwenden, und ebenso umgekehrt. In scharfem Gegensatz hierzu lassen sich, wie das letzte Beispiel des vorletzten Absatzes und weitere nachfolgende Beispiele zeigen, die Elemente einer gegebenen *unendlichen* Menge $M$ auf (sogar unendlich viele) *wesentlich* verschiedene Arten ordnen, so daß zur Kardinalzahl von $M$ nicht mehr bloß *eine,* sondern verschiedene Typen der Anordnung gehören. Will man also den Zählprozeß über die endlichen Ordnungszahlen hinaus aufs Unendliche verallgemeinern, so kommt man mit den unendlichen Kardinalzahlen, in denen allzuviel Abstraktion steckt, nicht aus; man muß neue „Zahlen" schaffen, also Zeichen, die wir den einzelnen Elementen einer geordneten Menge in Rücksicht auf die Plätze, die sie innerhalb der Menge einnehmen, zuordnen können. Zu solchen Zeichen, die man als „Ordnungstypen" bzw. „Ordnungszahlen" bezeichnet und die eine neue Art „unendlicher Zahlen" darstellen, ist *Cantor* bereits sehr frühzeitig gelangt, und zwar von den geordneten Mengen ausgehend auf dem entsprechenden Weg, der von den Mengen schlechthin zu den Kardinalzahlen führt.

Außer dieser wesentlich prinzipiellen Bedeutung ist schließlich die Theorie der geordneten Mengen von entscheidender Wichtigkeit für die *Anwendungen* der Mengenlehre auf andere mathematische Diszi-

---

[1]) Vgl. das Beispiel 1 auf S. 94. Beweise für diese Tatsache, auf deren Bedeutung zuerst wohl *E. Schröder* hingewiesen hat, findet man z. B. in den zitierten Schriften von *Hölder* und *Loewy*.

plinen, namentlich auf Funktionentheorie und Geometrie. Innerhalb der Theorie der Äquivalenz werden nämlich, gerade vermöge der außerordentlicben Allgemeinheit des Äquivalenzbegriffs, die spezielleren mathematischen Eigenschaften, wie Zusammenhang, Stetigkeit, Nachbarschaft usw., systematisch ausgeschaltet und geradezu von Grund auf zerstört; man denke beispielshalber an die Abzählung der rationalen Zahlen bzw. rationalen Punkte (S. 22ff.) oder an die Zuordnung der Punkte einer Strecke zu denen eines Quadrats (S. 76ff.). Bei der Untersuchung der Funktionen und der geometrischen Gebilde sind indes eben jene hier ausgeschalteten Eigenschaften von größter Bedeutung; diese Eigenschaften ihrem Wesen nach zu klären und systematisch zu erfassen, ist eine Hauptaufgabe der Mengenlehre, die von der Theorie der geordneten Mengen geleistet wird.

Wir beginnen mit der Einführung des Begriffs der „geordneten Menge". In Anlehnung an den gewöhnlichen Sprachgebrauch versteht man darunter eine Menge, für die eine *Regel* (Gesetz) gegeben ist, wodurch *für irgend je zwei Elemente der Menge stets bestimmt wird, daß eines vorangeht* (*früher kommt, kleiner ist*) *und das andere nachfolgt* (*später kommt, größer ist*). Da die betreffende Regel innerhalb gewisser sogleich zu erwähnender Grenzen willkürlich bleibt und an sich nichts mit Größe oder räumlichen bzw. zeitlichen Verhältnissen zu schaffen hat, ist eine möglichst allgemeine Bezeichnung der fraglichen Ordnungsbeziehung (wie „vorangehen" und „nachfolgen") jeder spezielleren (wie „kleiner" und „größer") vorzuziehen, die Regel könnte ja z. B. auch festsetzen, daß das größere Element vorangeht, das kleinere nachfolgt. Wie immer eine derartige Anordnungsregel beschaffen ist, vernünftigerweise wird sie stets folgende drei Eigenschaften besitzen: Erstens wird kein Element sich selber vorangehen; zweitens wird kein Element einem und demselben anderen Element gleichzeitig vorangehen *und* nachfolgen[1]); drittens wird ein Element, das einem zweiten vorangeht, während dieses zweite seinerseits einem dritten vorangeht, um so mehr selber dem dritten Element vorangehen.

Diese drei Eigenschaften, aber nichts Weiteres, wollen wir über die Anordnungsbeziehung für Mengen voraussetzen; im übrigen kann diese also völlig willkürlich sein. Der bequemen Bezeichnung wegen benutzt man für die Anordnungsbeziehung ein Zeichen, etwa $\prec$ (nicht zu verwechseln mit dem für die *Größenordnung der Kardinalzahlen* verwendeten Zeichen $<$); wir schreiben also $a \prec b$ (gelesen etwa: „$a$ vor $b$"), wenn von den zwei Elementen $a$ und $b$ einer Menge auf Grund der Anordnungsregel $a$ vorangeht und $b$ nachfolgt. Völlig

---

[1]) Diese zweite Eigenschaft ist übrigens von selbst erfüllt, wenn das nämliche von der ersten und der dritten gilt (vgl. S. 130).

gleichbedeutend mit $a \prec b$ soll die Schreibweise $b \succ a$ („$b$ nach $a$") sein. Die drei angeführten Eigenschaften lassen sich dann so ausdrücken:

1. Es ist nie $a \prec a$; 2. es ist nie gleichzeitig $a \prec b$ und $b \prec a$; 3. aus $a \prec b$, $b \prec c$ folgt $a \prec c$.

Ist zu einer Menge $M$ eine Regel gegeben, die zu jedem Paar $(a, b)$ verschiedener Elemente aus $M$ eine der Beziehungen $a \prec b$ und $b \prec a$ festlegt und dabei den drei angeführten Eigenschaften Genüge leistet, so sprechen wir von der einfach geordneten Menge $M$ oder kurz von der geordneten Menge $M$. Die Regel kann, wenn $M$ eine *endliche* Menge ist, durch Aufzählung aller Paare von Elementen und Angabe der jeweils gültigen Ordnungsbeziehung ausgedrückt werden (etwa tabellarisch). Ein derartiges Verfahren ist natürlich bei einer *unendlichen* Menge $M$ unmöglich. Hier muß an die Stelle einer Aufzählung oder Tabelle das Hilfsmittel treten, dessen sich die Mathematik allgemein bedient, um unendlich viele Einzelsachverhalte in einen endlichen Ausdruck zu kleiden: das *Gesetz*, zu dessen Aussprache man meist Formeln benutzt. Es verhält sich damit ebenso wie mit der Abbildung zweier äquivalenter Mengen (d. h. der umkehrbar eindeutigen Zuordnung ihrer Elemente), die zwar bei endlichen Mengen durch eine Summe von Einzelvorschriften, bei unendlichen aber nur durch Angabe eines Zuordnungsgesetzes zu vollziehen ist. Bei den vier auf S. 89 angedeuteten Anordnungen der Menge aller ganzen Zahlen z. B. sind die Anordnungsgesetze vollständig so auszusprechen: 1. von zwei ganzen Zahlen geht die kleinere voran; 2. von zwei ganzen Zahlen geht die mit dem kleineren absoluten Betrag (S. 28) voran, von zwei Zahlen mit dem nämlichen absoluten Betrag die positive; 3. von zwei ganzen Zahlen geht stets die gerade der ungeraden voran; sind beide gerade oder beide ungerade, so geht die Zahl mit dem kleineren absoluten Betrag voran, schließlich von zwei Zahlen mit dem nämlichen absoluten Betrag die positive; 4. von zwei ganzen Zahlen geht diejenige voran, die bei der Division durch 4 den kleineren der Reste $0, 1, 2, 3$ gibt; geben beide Zahlen denselben Rest, so geht die kleinere voran.

Aus den Eigenschaften der Ordnungsbeziehung folgt, daß zwischen irgend zwei Elementen $a$ und $b$ einer wie immer geordneten Menge (den Fall der Identität von $a$ und $b$ eingeschlossen) stets eine einzige der folgenden drei Beziehungen besteht: $a = b$, $a \prec b$, $a \succ b$. Durch die Regel, die eine Menge $M$ ordnet, werden natürlich gleichzeitig alle Teilmengen von $M$ geordnet; wir können daher jede Teilmenge einer geordneten Menge ohne weiteres selbst als geordnete Menge betrachten. Zwei geordnete Mengen werden nur dann als gleich bezeichnet, wenn sie die nämlichen Elemente enthalten und überdies die Anordnungsbeziehung für jedes Paar gleicher Elemente beidemal die nämliche ist.

Aus der nämlichen Menge kann man also sehr wohl verschiedene geordnete Mengen bilden (vgl. S. 89). Weitere Beispiele geordneter Mengen werden wir unmittelbar nach der nächsten Definition (S. 94 ff.) kennen lernen.

Eine beliebig gegebene Menge braucht nicht geordnet zu sein (wenn wir auch beim Aufschreiben oder Aussprechen gewisser ihrer Elemente uns unwillkürlich gezwungen sehen, dies in einer bestimmten Reihenfolge zu tun). Die Frage, *ob es möglich ist, eine gegebene Menge stets zu ordnen* — d. h. eine Ordnungsbeziehung von den angeführten Eigenschaften in ihr durch eine Regel festzulegen oder überhaupt festgelegt zu denken — wird uns später (S. 140ff.; vgl. auch S. 214) beschäftigen. Auch auf das Problem, *ob und wie man den Begriff der Ordnung und der geordneten Menge auf die Begriffe der Funktion oder der Äquivalenz und schließlich auf den der Menge schlechthin zurückführen kann,* kommen wir noch kurz zurück (S. 213).

Erwähnt seien die folgenden kurzen und anschaulichen Bezeichnungen: Stehen drei Elemente $a$, $b$, $c$ einer Menge zueinander in den Beziehungen $a \prec b$ und $b \prec c$, so sagt man, $b$ liege „zwischen" den Elementen $a$ und $c$. Geht ein Element $a$ einer Menge im Sinne der Ordnungsbeziehung *allen* übrigen Elementen der Menge voran, so nennt man es das „erste" Element der Menge; folgt $a$ allen übrigen Elementen der Menge nach, so heißt $a$ das „letzte" Element der Menge.

Die nämliche Bedeutung, die bei Mengen schlechthin der Äquivalenzbegriff besitzt, hat bei geordneten Mengen der Begriff der „Ähnlichkeit". Man setzt nämlich fest:

**Definition.** Eine geordnete Menge $M$ heißt einer geordneten Menge $N$ ähnlich, wenn die Elemente von $N$ denjenigen von $M$ auf solche Art zugeordnet werden können, daß erstens jedem Element $m$ von $M$ in umkehrbar eindeutiger Weise ein einziges Element $n$ von $N$ entspricht und daß zweitens bei dieser Zuordnung auch die Anordnung entsprechender Elemente die nämliche ist (d. h. daß, falls $m$ und $n$ sowie $m'$ und $n'$ zwei Paare entsprechender Elemente sind, aus der in $M$ geltenden Beziehung: $m \prec m'$ stets die Beziehung in $N$: $n \prec n'$ folgt und umgekehrt). Eine Zuordnung zwischen den Elementen der geordneten Mengen $M$ und $N$, welche die beiden angeführten Eigenschaften besitzt, nennt man eine ähnliche Abbildung zwischen den beiden Mengen. Man bezeichnet die Tatsache, daß die geordnete Menge $M$ der geordneten Menge $N$ ähnlich ist, durch die Schreibweise: $M \simeq N$ (gelesen: $M$ ähnlich $N$).

Nach dieser Definition kann Ähnlichkeit nur zwischen äquivalenten Mengen bestehen (wegen der ersten Eigenschaft der ähnlichen Abbildung). *Ähnliche Mengen sind also stets äquivalent,* während äquivalente geordnete Mengen keineswegs einander ähnlich zu sein brauchen. Z. B. können die geordneten Mengen[1])

$$M = \{1, 2, 3, 4, \ldots\} \text{ und } N = \{\ldots, 4, 3, 2, 1\},$$

die sogar die nämlichen Elemente enthalten, also sicherlich äquivalent sind, nicht ähnlich sein. Denn eine auf Grund einer ähnlichen Abbildung zwischen $M$ und $N$ dem Element 1 von $N$ zugeordnete Zahl von $M$ müßte allen anderen Zahlen von $M$ nachfolgen, wie dies die Zahl 1 in $N$ tut; offenbar geht aber *jede* Zahl von $M$ gewissen anderen voraus, nämlich allen im gewöhnlichen Sinn größeren Zahlen.

Aus der Definition der Ähnlichkeit fließen (vgl. S. 13ff.) unmittelbar die beiden Tatsachen, daß jede Menge[2]) sich selbst ähnlich ist und daß (wie zum Teil in der Ausdrucksweise schon stillschweigend benutzt) die Eigenschaft der Ähnlichkeit zweier Mengen $M$ und $N$ eine gegenseitige ist, d. h. daß zugleich mit $M \simeq N$ auch $N \simeq M$ gilt. Ferner erkennt man ohne weiteres, daß, falls $M$ der Menge $N$ und diese wiederum der Menge $P$ ähnlich ist, auch die Menge $M$ ihrerseits der Menge $P$ ähnlich ist; man hat zum Nachweis dieser Tatsache je eine ähnliche Abbildung zwischen $M$ und $N$ und zwischen $N$ und $P$ in der nämlichen Weise miteinander zu verknüpfen, wie dies für äquivalente ungeordnete Mengen auf S. 14 geschah.

*Beispiele.* 1. Die geordneten Mengen $\{1, 2, 3\}$, $\{2, 3, 1\}$, $\{3, 1, 2\}$, $\{1, 3, 2\}$, $\{3, 2, 1\}$, $\{2, 1, 3\}$ sind alle einander ähnlich. Es leuchtet ein, daß eine endliche Menge stets überhaupt geordnet werden kann; wird nämlich ein beliebiges Element als erstes, ein beliebiges anderes als zweites bezeichnet usw., so kommt dieses Verfahren stets zum Abschluß (vgl. S. 16). Ferner sind offenbar (vgl. oben S. 90) zwei endliche Mengen, die äquivalent sind (d. h. gleichviel Elemente aufweisen), stets auch ähnlich, wie immer ihre Elemente angeordnet werden mögen; denn es können ja die ersten Elemente, die zweiten, die dritten usw. bezüglich einander zugeordnet werden. Für den vollständigen Beweis dieser Tatsachen sei auf die oben gemachten Angaben verwiesen.

2. Wird die Menge aller natürlichen Zahlen wie auch die Menge aller rationalen Zahlen jeweils der Größe nach geordnet, d. h. so, daß stets die kleinere Zahl der größeren vorangeht, so sind diese beiden Mengen sicher nicht ähnlich, obgleich sie äquivalent sind. Denn es kann z. B. der Zahl 1 der ersten Menge keine Zahl der zweiten entsprechen, weil der Zahl 1 in der ersten Menge

[1]) Die in den Mengen geltenden Ordnungsbeziehungen sind hier und nachstehend durch die Reihenfolge angedeutet, in der die Elemente angeschrieben werden.

[2]) Der Zusatz „geordnet" bleibt nachstehend, wo ohne Mißverständnis möglich, öfters fort.

kein anderes Element vorangeht, während in der zweiten Menge jeder rationalen Zahl andere Zahlen vorangehen, da es ja keine *kleinste* rationale Zahl gibt. Ordnet man dagegen die Menge aller rationalen Zahlen so, wie es auf S. 23 geschehen ist, also in der Reihenfolge $\{\frac{1}{1}, \frac{0}{1}, -\frac{1}{1}, \frac{2}{1}, \frac{1}{2}, \ldots\}$, so ist diese geordnete Menge ähnlich der Menge der ihrer Größe nach geordneten natürlichen Zahlen; denn läßt man die Zahlen $\frac{1}{1}$ und 1, $\frac{0}{1}$ und 2, $-\frac{1}{1}$ und 3 usw. einander entsprechen, so ist ersichtlich die Reihenfolge für jedes Paar von Elementen der einen Menge dieselbe wie für das Paar der *entsprechenden* Elemente der anderen Menge.

3. $M$ sei die Menge aller rationalen Zahlen; $N$ sei die Menge aller rationalen Zahlen, ausgenommen die Zahlen zwischen 0 und 10, und zwar soll auch noch 0, nicht aber 10 zu $N$ gehören; die Elemente beider Mengen sollen ihrer Größe nach angeordnet sein. Dann ordnen wir von den negativen rationalen Zahlen einschließlich 0, die in beiden Mengen vorkommen, jede sich selber zu; ist dagegen $\frac{m}{n}$ irgendeine positive rationale Zahl aus $M$, so ordnen wir ihr die rationale Zahl $10 + \frac{m}{n} = \frac{10 \cdot n + m}{n}$ aus $N$ zu und umgekehrt (also der Zahl $\frac{r}{s}$ aus $N$ die Zahl $\frac{r}{s} - 10$ aus $M$). Auf diese Weise erhalten wir offenbar eine ähnliche Abbildung zwischen den geordneten Mengen $M$ und $N$.

Eine ähnliche Abbildung zwischen beiden Mengen wird aber *unmöglich*, sobald wir in die Menge $N$ auch noch die Zahl 10 aufnehmen und die so entstehende geordnete Menge mit $N'$ bezeichnen. Denn dann ist in $N'$ zwar $0 \prec 10$, aber keine Zahl von $N'$ liegt zwischen 0 und 10, d. h. 0 ist unmittelbarer Vorgänger von 10. In $M$ dagegen liegen zwischen je zwei verschiedenen Zahlen stets noch weitere Zahlen von $M$ (z. B. ihr Mittel). Ist nun $\Phi$ *irgendeine* Abbildung zwischen den Mengen $M$ und $N'$, so seien $\frac{m}{n}$ bzw. $\frac{r}{s}$ die rationalen Zahlen aus $M$, die den Zahlen 0 bzw. 10 aus $N'$ entsprechen. Das (arithmetische) Mittel zwischen $\frac{m}{n}$ und $\frac{r}{s}$ ist $\frac{\frac{m}{n} + \frac{r}{s}}{2} = \frac{m \cdot s + r \cdot n}{2 \cdot n \cdot s}$; wir wollen diese Zahl zur Abkürzung mit $\frac{p}{q}$ bezeichnen. Dann liegt bekanntlich, wie übrigens sehr leicht nachzuweisen ist, $\frac{p}{q}$ zwischen $\frac{m}{n}$ und $\frac{r}{s}$. Die vermöge der Abbildung $\Phi$ der Zahl $\frac{p}{q}$ von $M$ entsprechende Zahl von $N'$ sei endlich mit $\frac{a}{b}$ bezeichnet. Wenn nun $\Phi$ eine *ähnliche* Abbildung zwischen $M$ und $N'$ darstellen soll, so muß, da $0 \prec 10$ ist, auch $\frac{m}{n} \prec \frac{r}{s}$ sein; daher ist $\frac{m}{n} \prec \frac{p}{q} \prec \frac{r}{s}$. Dagegen kann unmöglich $0 \prec \frac{a}{b} \prec 10$ sein, wie es der Fall sein müßte, wenn die Abbildung $\Phi$ ähnlich wäre; denn zwischen 0 und 10 liegt ja überhaupt keine Zahl von $N'$. Eine ähnliche Abbildung zwischen den Mengen $M$ und $N'$ kann also nicht existieren.

Die Hinzufügung eines Elementes zu einer von zwei äquivalenten unendlichen Mengen kann das Bestehen der *Äquivalenz* sicher nicht stören (vgl. S. 19). Unser Beispiel zeigt dagegen, daß dies bei ähnlichen Mengen in bezug auf die *Ähnlichkeit* sehr wohl der Fall sein kann.

4. Wir betrachten einmal eine von links nach rechts ziehende beiderseits unbegrenzte gerade Linie und ferner eine zu ihr parallele gerade Strecke $\overline{AB}$ von der Länge 1 (vgl. Fig. 10); $M$ sei die Menge aller Punkte der geraden Linie, $N$ die Menge aller Punkte der Strecke *ausschließlich* ihrer beiden Endpunkte. Wir wollen beide Mengen ordnen durch die Vorschrift, für zwei Punkte $P$ und $Q$ der geraden Linie oder der Strecke solle $P \prec Q$ gelten, wenn $P$ links von $Q$ liegt, dagegen $P \succ Q$, wenn $P$ rechts von $Q$ gelegen ist. Um die Ähnlichkeit dieser zwei geordneten Mengen nachzuweisen, denken wir uns die (etwa durch einen dünnen Draht dargestellte) Strecke in der Mitte rechtwinklig geknickt und die geknickte Strecke ohne Umlegung so an die gerade Linie angelegt, wie es auf S. 39 (Fig. 5) geschah und in Fig. 10 wieder ausgeführt ist. Wie

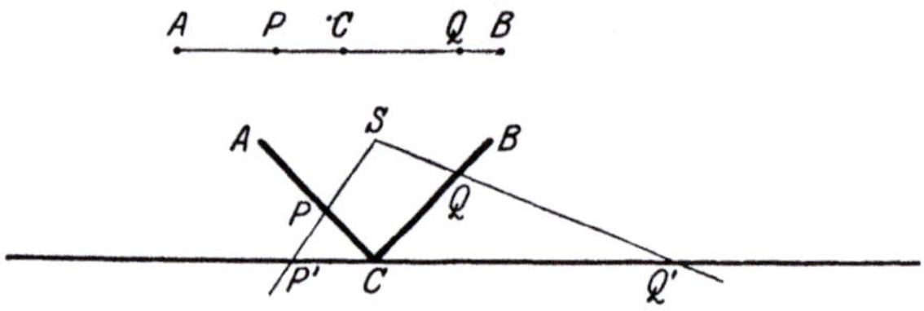


Fig. 10.

dort ziehen wir weiter von dem Punkte $S$ aus alle möglichen Strahlen, die die geknickte Strecke wie auch die gerade Linie in je einem Punkt schneiden. Eine Abbildung zwischen den Mengen $M$ und $N$ werde nun wie auf S. 39 hergestellt durch die Vorschrift, daß je ein Punkt der Strecke und der geraden Linie, die auf dem nämlichen von $S$ ausgehenden Strahle liegen, einander zugeordnet werden sollen. Diese Abbildung ist ähnlich, wie schon der Augenschein lehrt. Denn sind $P$ und $Q$ zwei Punkte der Strecke, von denen (in der ursprünglichen Lage der Strecke) $P$ links von $Q$ gelegen ist, so liegt der zu $P$ zugeordnete Punkt $P'$ der geraden Linie links von dem zu $Q$ zugeordneten Punkt $Q'$ der Geraden. $M$ ist also nicht nur äquivalent $N$, sondern auch ähnlich $N$.

Diese Zuordnung wird dagegen unmöglich, wenn wir zur Menge $N$ noch einen der Endpunkte der Strecke $\overline{AB}$, etwa den linken $A$, rechnen. Bei *unserer* Zuordnung entspricht jedenfalls diesem Punkt kein Punkt der geraden Linie, weil die Verbindungslinie zwischen $S$ und $A$, die der Geraden parallel ist, diese überhaupt nicht schneidet. Es kann aber nach der Hinzufügung von $A$ auch keine *andere* ähnliche Abbildung zwischen den beiden Mengen geben; denn dem Punkte $A$ geht kein Punkt der Strecke voran, während es zu *jedem* Punkt der Geraden noch links von ihm gelegene Punkte der Geraden (sogar unendlich viele) gibt.

Übertragen wir die Verhältnisse dieses Beispiels aus dem Reich der räumlichen Anschauung in das der Zahlen, indem wir die gerade Linie als Zahlengerade, die Strecke als ein beliebiges Stück derselben (etwa von 0 bis 1) mit Ausschluß der Endpunkte betrachten, so erhalten wir das folgende Ergebnis: Ist $M$ die Menge aller der Größe nach geordneten reellen Zahlen, $N$ die Menge der (ebenfalls der Größe nach geordneten) reellen Zahlen zwischen 0 und 1 (oder zwischen irgend zwei reellen Zahlen) unter Ausschluß der Grenzen, so sind beide Mengen ähnlich. Dies ist dagegen nicht mehr der Fall, wenn man zu der zweiten Menge ihre Grenzen oder eine von ihnen hinzurechnet.

5. $M$ sei die Menge aller Punkte einer unbegrenzten Ebene, z. B. einer allseitig ins Unendliche fortgesetzt gedachten Seite dieses Buches. In dieser Ebene sei ein Quadrat von beliebiger Größe gezeichnet (vgl. Fig. 11 auf S. 98), etwa so, daß zwei Quadratseiten von links nach rechts, die anderen zwei also von unten nach oben verlaufen; $N$ sei die Menge aller innerhalb dieses Quadrats gelegenen Punkte, während die auf den Seiten des Quadrats liegenden Punkte nicht zu $N$ gehören sollen. Beide Mengen mögen durch die nämliche Bestimmung geordnet sein: von zwei Punkten soll derjenige als vorangehend bezeichnet werden, der weiter *links* als der andere gelegen ist; liegt von zwei Punkten der Menge $M$ oder $N$ keiner links vom anderen, d. h. liegen beide Punkte genau untereinander (also auf einer Parallelen zu den von unten nach oben verlaufenden Quadratseiten), so soll derjenige Punkt dem anderen vorangehen, der *unter* dem anderen gelegen ist. Man überzeugt sich, daß unsere Vorschrift die drei Eigenschaften, die für jede Ordnungsbeziehung erfüllt sein müssen (S. 92), wirklich besitzt; $M$ und $N$ sind also geordnete Mengen.

Um eine ähnliche Abbildung zwischen den beiden Mengen herzustellen, denken wir uns die untere der beiden von links nach rechts verlaufenden und die linke der beiden von unten nach oben verlaufenden Quadratseiten jeweils unbegrenzt nach beiden Seiten verlängert; wir wollen diese zwei geraden Linien, deren Schnittpunkt die linke untere Quadratecke $O$ ist, als *Achsen* unserer Ebene bezeichnen und zwar in der angeführten Reihenfolge als wagerechte und senkrechte Achse. Dann kann jeder Punkt $P$ der Ebene, im besonderen also auch jeder Punkt des Quadrats, genau wie auf S. 76 vollständig bestimmt werden durch Angabe der Fußpunkte $P_1$ (auf der wagerechten Achse) und $P_2$ (auf der senkrechten Achse) der Linien (Lote), die von $P$ aus senkrecht zu den Achsen auf diese gefällt werden.

Es sei nun $P$ ein ganz beliebiger Punkt der Ebene, $P_1$ und $P_2$ die zu ihm gehörigen Fußpunkte auf der wagerechten und der senkrechten Achse; ebenso möge $Q$ einen beliebigen Punkt innerhalb des Quadrats, $Q_1$ und $Q_2$ die zu ihm gehörigen Fußpunkte auf den Achsen bezeichnen. Dann liegt $Q_1$ auf der wagerechten Achse speziell innerhalb der unteren Quadratseite, $Q_2$ auf der senkrechten Achse speziell innerhalb der linken Quadratseite (jeweils die Quadratecken ausgeschlossen); $P_1$ und $P_2$ dagegen können auf den Achsen innerhalb oder außerhalb der Quadratseiten liegen, auch mit Quadratecken zusammenfallen. In Beispiel 4 haben wir eine bestimmte ähnliche Abbildung zwischen der Menge aller Punkte einer unbegrenzten Geraden und der Menge aller Punkte einer Strecke kennengelernt; diese Abbildung benutzen wir jetzt, um in umkehrbar eindeutiger und ähnlicher Weise alle Punkte der wagerechten Achse den Punkten der unteren Quadratseite, alle Punkte der senkrechten Achse den Punkten der linken Quadratseite zuzuordnen. Endlich setzen wir fest: Der Punkt $P$ der Ebene, d. h. der Menge $M$, soll dem Punkt $Q$ des Quadratinnern, d. h. der Menge $N$, dann und nur dann zugeordnet sein, wenn gemäß der soeben angegebenen Zuordnungsvorschrift der Punkt $P_1$ dem Punkte $Q_1$ und *gleichzeitig* der Punkt $P_2$ dem Punkte $Q_2$ entspricht.

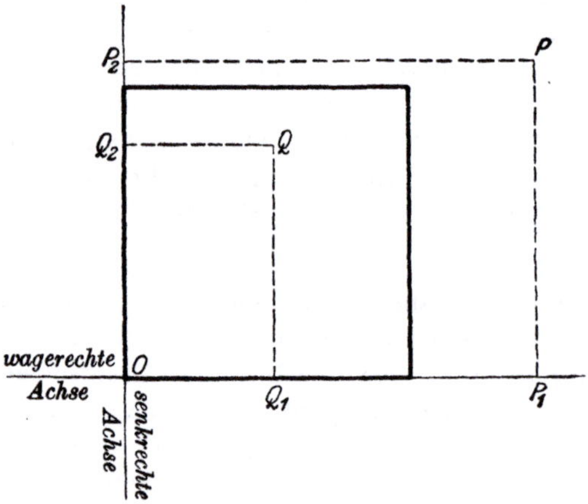

Fig. 11.

Die sich so ergebende Abbildung zwischen den Mengen $M$ und $N$ ist ähnlich. Am einfachsten erkennt dies der Leser dadurch, daß er zwei beliebige Punkte der einen Menge annimmt, die ihnen entsprechenden Punkte der anderen Menge zeichnerisch aufsucht und dann überlegt, daß und aus welchem Grunde die Reihenfolge der Punkte beidemal die nämliche ist. Hierbei ist besondere Aufmerksamkeit dem Falle zuzuwenden, wo die beiden Punkte der einen (und daher auch der anderen) Menge gerade *untereinander* liegen.

Genau wie wir vom Begriff der Äquivalenz zu dem der Kardinalzahl oder Mächtigkeit kamen (S. 43), gelangen wir jetzt vom Begriff der Ähnlichkeit zu dem des „Ordnungstypus". Wir wollen nämlich das Gemeinsame, was jeweils allen untereinander ähnlichen geordneten Mengen eigentümlich ist, ihren Ordnungstypus nennen. Die Aussage „zwei geordnete Mengen besitzen den nämlichen Ordnungstypus" ist also nur eine andere Ausdrucksweise für die Tatsache, daß die beiden Mengen ähnlich sind. Liegt eine bestimmte geordnete Menge vor, so erhalten wir, wenn wir von der speziellen Natur ihrer Elemente absehen, den Ordnungstypus; lassen wir auch noch die Anordnung der Elemente außer acht, so gelangen wir zur Kardinalzahl (vgl. die Beispiele des § 2, S. 4 ff.). Zur Kritik und Rechtfertigung der neuen Begriffsbildung gilt genau Entsprechendes, wie auf S. 44 zum Begriff der Kardinalzahl bemerkt wurde.

Da zwei äquivalente *endliche* Mengen stets ähnlich sind (vgl. S. 94), so entsprechen die endlichen Kardinalzahlen umkehrbar eindeutig den Ordnungstypen der endlichen Mengen; wir können daher auch diese „endlichen Ordnungstypen" mit 1, 2, 3 usw. bezeichnen und so die Doppelbedeutung der natürlichen Zahlen, als Anzahlen (Kardinalzahlen) und Ordnungszahlen zu dienen, rechtfertigen. Z. B. ist 3 der Ordnungstypus der Menge $\{1, 2, 3\}$ oder der Menge $\{a, b, c\}$, wo $a$, $b$, $c$ beliebig sind. Die Ordnungstypen unendlicher Mengen pflegt man mit kleinen griechischen Buchstaben zu bezeichnen. So ist $\omega$ der Ordnungstypus der (offenbar untereinander ähnlichen) *abgezählten* unendlichen Mengen, z. B. der Menge der natürlichen Zahlen in der gewöhnlichen Reihenfolge; der umgekehrte Ordnungstypus, also der der Menge $(\ldots, 4, 3, 2, 1)$ wird mit $^*\omega$ bezeichnet, wie überhaupt für den Ordnungstypus der geordneten Menge, die aus einer Menge vom Ordnungstypus $\mu$ durch Umkehrung der Anordnung entsteht, die Schreibweise $^*\mu$ üblich ist.

In den Ordnungstypen unendlicher Mengen können wir ebenso wie in ihren Kardinalzahlen „unendliche Zahlen" erblicken. Eine sinngemäße Anordnung dieser „Zahlen" nach ihrer „Größe", wie sie für die Kardinalzahlen in § 6 festgesetzt wurde, läßt sich freilich nicht ermöglichen; geht man nämlich an diese Aufgabe in einem dem dortigen Gedankengang entsprechenden, zweckmäßig veränderten Sinn heran, so zeigt sich, daß man im allgemeinen von zwei gegebenen Ordnungstypen weder einen als den kleineren noch (auf Grund der Definition der Ähnlichkeit) beide als gleich ansehen kann. Zwei Ordnungstypen sind also in der Regel *unvergleichbar*; man legt den Ordnungstypen deshalb nicht die Bezeichnung „Zahlen" bei, mit der die Vorstellung einer Ordnungsfähigkeit „der Größe nach" verbunden zu werden pflegt. Eine *besondere* Klasse von Ordnungstypen werden wir in § 11 als durchwegs vergleichbar kennenlernen und daher als „Ordnungszahlen" bezeichnen.

Dagegen kann das *Rechnen mit Ordnungstypen* ganz allgemein und ebenso bestimmt erklärt und ausgeführt werden wie das Rechnen mit Kardinalzahlen. Hierbei bleiben freilich die Rechenregeln, die für das Rechnen mit gewöhnlichen Zahlen gelten und die sich auch beim Rechnen mit Kardinalzahlen als gültig erwiesen haben, nicht mehr vollständig, sondern nur zum Teil bestehen. Wir wollen uns übrigens im wesentlichen auf die *Addition* der Ordnungstypen beschränken, deren Kenntnis auch für den nächsten Paragraphen von Nutzen sein wird.

$M$ sei eine geordnete Menge vom Ordnungstypus $\mu$, ferner $N$ eine geordnete Menge vom Ordnungstypus $\nu$, die zu $M$ elementefremd ist, also kein Element von $M$ enthält[1]). Wir bilden dann die Vereinigungsmenge der beiden Mengen (S. 61) und ordnen sie durch folgende Vorschrift: sind $m_1$ und $m_2$ Elemente aus $M$ und besteht in $M$ die Beziehung $m_1 \prec m_2$, so soll auch in der Vereinigungsmenge $m_1 \prec m_2$ gelten; sind $n_1$ und $n_2$ Elemente aus $N$ und ist in $N$ $n_1 \prec n_2$, so soll die nämliche Beziehung in der Vereinigungsmenge bestehen; ist endlich $m$ irgendein Element von $M$, $n$ irgendein Element von $N$, so soll in der Vereinigungsmenge stets $m \prec n$ gelten. Mit anderen Worten: Die Ordnung der Elemente von $M$ und von $N$ soll in der Vereinigungsmenge beibehalten werden, dagegen sollen alle Elemente von $M$ allen Elementen von $N$ in der Vereinigungsmenge vorangehen. Die durch diese Vorschrift geordnete Vereinigungsmenge $S$ wird als die Summe der geordneten Mengen $M$ und $N$ (in dieser Reihenfolge), der Ordnungstypus $\sigma$ der geordneten Menge $S$ als die Summe der Ordnungstypen $\mu$ und $\nu$ (in dieser Reihenfolge) bezeichnet; man schreibt:

$$S = M + N, \qquad \sigma = \mu + \nu.$$

Ein Mißverständnis wegen der Übereinstimmung dieser Schreibweisen mit denen, die für die Addition von ungeordneten Mengen und Kardinalzahlen benutzt werden, ist nicht zu befürchten; denn ob das Zeichen $+$ im einen oder im anderen Sinn gemeint ist, geht daraus hervor, ob $M$ und $N$ ungeordnete oder geordnete Mengen bzw. ob $\mu$ und $\nu$ Kardinalzahlen oder Ordnungstypen sind. Für den Fall lauter endlicher Zahlen, wo die Bezeichnung doppelsinnig ist, wird die Auffassung offenbar gleichgültig (vgl. das nachstehende Beispiel 1).

Sind $M_1$, $M_2$, $N_1$, $N_2$ lauter geordnete Mengen, von denen $M_1$ und $N_1$, ferner $M_2$ und $N_2$ gegenseitig elementefremd sind, und ist $M_1 \simeq M_2$, $N_1 \simeq N_2$, so ist auch $M_1 + N_1 \simeq M_2 + N_2$, wie man sich durch Zusammenfassung je einer zwischen $M_1$ und $M_2$ einerseits, zwischen $N_1$ und $N_2$ andererseits bestehenden ähnlichen Abbildung überzeugt (vgl. S. 63). Dies muß auch der Fall sein, wenn die obige Definition der Addition zweier Ordnungstypen $\mu$ und $\nu$ einen bestimmten Sinn haben soll, unabhängig von der besonderen Wahl der geordneten Mengen $M$ und $N$ (vgl. dieselbe Überlegung bei der Addition von Kardinalzahlen, S. 64 f.).

*Beispiele zur Addition zweier Ordnungstypen.* 1. Es ist $\{1, 2, 3\} + \{4, 5, 6, 7, 8\} = \{1, 2, 3, 4, 5, 6, 7, 8\}$ und $\{4, 5, 6, 7, 8\} + \{1, 2, 3\} = \{4, 5, 6, 7, 8, 1, 2, 3\}$. Gehen wir von den Mengen zu ihren Ord-

[1]) Diese Beschränkung ist deshalb nötig, weil sonst möglicherweise die Reihenfolge zweier in beiden Mengen vorkommender Elemente in der einen Menge umgekehrt ist wie in der anderen, so daß es unmöglich wird, die Reihenfolge in der Summe beizubehalten.

nungstypen über, so ergeben sich also zwischen den endlichen Ordnungstypen 3, 5, 8 die folgenden Beziehungen: $3 + 5 = 8$ und $5 + 3 = 8$.

Man sieht leicht ein, daß entsprechende Beziehungen für beliebige endliche Ordnungstypen bestehen und daß demnach ebenso wie für endliche *Kardinalzahlen* der Satz gilt: Die Summe zweier endlicher Ordnungstypen ist wieder ein endlicher Ordnungstypus, und zwar ist diese Summe unabhängig von der Reihenfolge der Summanden. Weiter erkennt man, daß die Rechenregeln für die Addition endlicher Ordnungstypen mit den für die Addition endlicher Kardinalzahlen gültigen genau übereinstimmen.

2. $M$ sei die geordnete unendliche Menge $\{2, 3, 4, \ldots\}$, $N$ die Menge $\{1\}$; der Ordnungstypus von $M$ ist $\omega$ (S. 99), der von $N$ ist 1. Der Ordnungstypus der Summe $\{2, 3, 4, \ldots 1\}$, in der auf eine abgezählte unendliche Menge ein weiteres Element folgt, ist gemäß der Definition der Addition $\omega + 1$. Dieser Ordnungstypus, bei dem ein *letztes* Element auftritt, ist sicherlich verschieden vom Ordnungstypus $\omega$, bei dem kein letztes Element vorkommt. Wird dagegen bei der Addition die Menge $N$ vorangestellt, so erhält man als Summe die geordnete Menge $\{1, 2, 3, 4, \ldots\}$, d. h. wiederum eine abgezählte unendliche Menge; daher ist $1 + \omega = \omega$. Es ist also $\omega + 1$ verschieden von $1 + \omega$.

Man schließt entsprechend weiter, daß $\omega + 1$, $\omega + 2$, $\omega + 3$ usw. lauter verschiedene Ordnungstypen sind, daß dagegen für jeden endlichen Ordnungstypus $n$ stets gilt: $n + \omega = \omega$. Ebenso sind $1 + {}^*\omega$, $2 + {}^*\omega$, $3 + {}^*\omega$ usw. lauter verschiedene Ordnungstypen, während für jeden endlichen Ordnungstypus $n$ offenbar ${}^*\omega + n = {}^*\omega$ ist.

3. Durch Addition der geordneten Mengen $\{1, 3, 5, \ldots\}$ und $\{2, 4, 6, \ldots\}$ erhält man die geordnete Menge $\{1, 3, 5, \ldots 2, 4, 6, \ldots\}$, deren Ordnungstypus also mit $\omega + \omega$ zu bezeichnen ist. Fügt man noch eine endliche Menge, etwa $\{\frac{1}{2}, \frac{1}{3}, \frac{1}{4}\}$ hinzu, so erhält man je nach der Stelle, an der diese Menge als Summand eingesetzt wird, die Beziehungen

$$3 + \omega + \omega = \omega + \omega, \qquad \omega + 3 + \omega = \omega + \omega;$$

dagegen läßt sich der Ordnungstypus $\omega + \omega + 3$ nicht mehr einfacher darstellen. Ebenso ist offenbar für jeden endlichen Ordnungstypus $n$

$$n + \omega + \omega = \omega + \omega = \omega + n + \omega,$$

während $\omega + \omega$, $\omega + \omega + 1$, $\omega + \omega + 2$, $\omega + \omega + 3$ usw. lauter verschiedene Ordnungstypen sind.

4. Durch Addition einer Menge vom Ordnungstypus ${}^*\omega$ und einer Menge vom Ordnungstypus $\omega$, z. B. der Mengen $\{\ldots, -3,$

$-2, -1, 0\}$ und $\{1, 2, 3, \ldots\}$, erhält man eine Menge vom Ordnungstypus $^*\omega + \omega$; das ist also der Ordnungstypus der Menge aller ganzen Zahlen in der natürlichen Reihenfolge:

$$\{\ldots, -3, -2, -1, 0, 1, 2, 3, \ldots\}.$$

Dieser Ordnungstypus ändert sich offenbar nicht, wenn zwischen der ersten und der zweiten Menge eine beliebige *endliche* Menge als Summand eingeschoben wird, deren Elemente man sich nach Belieben mit denen der ersten Menge (am Ende) oder mit denen der zweiten (am Anfang) vereinigt denken kann; es ist also für jeden endlichen Ordnungstypus $n$ stets $^*\omega + n + \omega = {}^*\omega + \omega$. Dagegen erkennt man genau wie bei den zwei letzten Beispielen, daß $n + {}^*\omega + \omega$ und $^*\omega + \omega + n$ für alle endlichen Ordnungstypen $n$ lauter untereinander (und natürlich auch von $^*\omega + \omega$) verschiedene Ordnungstypen darstellen.

Weitere Beispiele für die Addition von Ordnungstypen werden uns im nächsten Paragraphen entgegentreten.

Wir haben bei den Beispielen 3. und 4. schon stillschweigend die Rechenregel

$$(\alpha + \beta) + \gamma = \alpha + (\beta + \gamma)$$

benutzt, die besagt, daß es bei der Addition von drei Ordnungstypen $\alpha, \beta, \gamma$ gleichgültig ist, in welcher Weise je zwei Summanden zusammengefaßt werden. Diese Tatsache geht aus der Definition der Addition von Ordnungstypen ohne Schwierigkeit hervor, wie sich der Leser leicht klarmacht[1]); sie berechtigt uns, für jene Summe auch (unter Weglassung der Klammern) $\alpha + \beta + \gamma$ zu schreiben, was wir oben bereits getan haben. Diese Schreibweise ist gleichzeitig im Einklang mit der untenstehenden Definition der Addition von mehr als zwei Ordnungstypen. Dagegen gilt die für gewöhnliche Zahlen $m$ und $n$ (wie auch für beliebige ungeordnete Mengen oder Kardinalzahlen) bestehende Regel $m + n = n + m$ nicht mehr allgemein für die Addition von geordneten unendlichen Mengen und von Ordnungstypen unendlicher Mengen, wie unsere Beispiele zeigen; bei der Addition solcher Ordnungstypen darf also die Reihenfolge der Summanden nicht miteinander vertauscht werden.

Ganz analog wie bei der Addition der Kardinalzahlen läßt sich nun die Definition der Addition von zwei Ordnungstypen auf eine beliebige *Menge* von Ordnungstypen übertragen[2]). Man wird also festsetzen:

---

[1]) Man hat dazu nachzuweisen, daß in den entsprechenden geordneten Vereinigungsmengen die Anordnung je zweier gleicher Elemente beidemal die nämliche ist.

[2]) Hierfür gilt sinngemäß die Fußnote von S. 64.

**Definition.** Gegeben sei eine beliebige *geordnete* Menge $M = \{\ldots\alpha\ldots\beta\ldots\gamma\ldots\}$, deren Elemente $\alpha, \beta, \gamma, \ldots$ lauter Ordnungstypen seien (die geordnete Menge $M$ braucht natürlich, wie auch durch die Schreibweise angedeutet ist, keineswegs etwa ein *erstes* Element oder zu jedem ihrer Elemente einen unmittelbaren Nachfolger zu enthalten). Um die Summe der Ordnungstypen der Menge $M$ zu bilden, wähle man zu jedem Ordnungstypus $\alpha, \beta, \gamma, \ldots$ aus $M$ je eine beliebige geordnete Menge $A$ vom Ordnungstypus $\alpha$, $B$ vom Ordnungstypus $\beta$, $C$ vom Ordnungstypus $\gamma$ usw., und zwar derart, daß die gewählten Mengen paarweise elementefremd sind, also kein Element in mehreren von ihnen gleichzeitig vorkommt. Wir bilden dann die Vereinigungsmenge $S = \cdots + A + \cdots + B + \cdots + C + \cdots$ und ordnen sie durch die Festsetzung, daß für die Ordnungsbeziehung je zweier Elemente aus *verschiedenen* der Mengen $A, B, C, \ldots$ stets die Ordnung der zugehörigen Ordnungstypen in $M$ maßgebend sein möge, daß also die Elemente von $A$ denen von $B$, die Elemente von $B$ denen von $C$ vorangehen sollen usw.; die Ordnung der Elemente *jeder einzelnen* der geordneten Mengen $A, B, C, \ldots$ untereinander soll dagegen unverändert in die Vereinigungsmenge $S$ übernommen werden. Dann wird der Ordnungstypus $\sigma$ der geordneten Menge $S$ als die Summe der Ordnungstypen der Menge $M$ bezeichnet; man schreibt:

$$\sigma = \cdots + \alpha + \cdots + \beta + \cdots + \gamma + \cdots.$$

Wiederum ist das Ergebnis der Addition davon unabhängig, welche besonderen geordneten Mengen $A, B, C, \ldots$ als Vertreterinnen der Ordnungstypen $\alpha, \beta, \gamma, \ldots$ gewählt werden; bei anderer Auswahl erhält man nämlich eine geordnete Vereinigungsmenge $S'$, die der geordneten Menge $S$ ähnlich ist.

Ohne näher auf die *Multiplikation* der Ordnungstypen eingehen zu wollen, bemerken wir nur, daß eine Spezialisierung der Verhältnisse, wie sie bei der soeben angegebenen Definition auftraten, naturgemäß zum Produkt zweier Ordnungstypen führt. Besitzt nämlich die in der Definition vorangestellte geordnete Menge $M$ den Ordnungstypus $\mu$ und sind die in $M$ enthaltenen Ordnungstypen $\alpha, \beta, \gamma, \ldots$ alle gleich $\alpha$[1]), so erhalten wir in $\sigma$ eine Summe von lauter gleichen Summanden $\alpha$, die in der Kardinalzahl und Anordnung der geordneten Menge $M$ auftreten. Entsprechend der Erklärung der Multiplikation in der Arithmetik als einer wiederholten Addition bezeichnet man dann $\sigma$ als das Produkt der Ordnungstypen $\alpha$ und $\mu$ (in dieser Reihenfolge) und schreibt:

$$\sigma = \alpha \cdot \mu.$$

---

[1]) Vgl. die vorangehende Fußnote.

Ist z. B. $\alpha = \omega$, $\mu = 2$, so erhält man $\sigma = \omega + \omega = \omega \cdot 2$ etwa als den Ordnungstypus der Menge

$$\{1, 3, 5, \ldots 2, 4, 6, \ldots\}.$$

Ist dagegen $\alpha = 2$, $\mu = \omega$, so ergibt sich $\sigma = 2 + 2 + 2 + \cdots = 2 \cdot \omega$ etwa als der Ordnungstypus der Menge

$$\{a, b, a_1, b_1, a_2, b_2, \ldots\},$$

d. h. einer abgezählten unendlichen Menge. Da $\omega$ den Ordnungstypus einer abgezählten Menge bezeichnet, so haben wir damit erkannt, daß $2 \cdot \omega = \omega$ ist. Entsprechend schließt man für jeden endlichen Ordnungstypus $n$: $n \cdot \omega = \omega$, während die Ordnungstypen $\omega \cdot 1 = \omega$, $\omega \cdot 2$, $\omega \cdot 3$, ... alle untereinander verschieden sind. Bei der Multiplikation zweier Ordnungstypen darf also die Reihenfolge der Faktoren nicht vertauscht werden; vielmehr ist daran festzuhalten, daß der erste Faktor den Ordnungstypus angibt, der wiederholt zu addieren ist („Multiplikand"), während der zweite Faktor ausdrückt, „wie oft" und in welcher Anordnung diese wiederholte Addition ausgeführt werden soll („Multiplikator")[1].

Im besonderen gilt für jeden Ordnungstypus $\mu$:

$$\mu = 1 \cdot \mu = \cdots + 1 + \cdots + 1 + \cdots + 1 + \cdots,$$

d. h. ein beliebiger Ordnungstypus läßt sich als eine Summe darstellen, deren Summanden sämtlich gleich (der endlichen Ordnungszahl) 1 sind und in der durch $\mu$ bestimmten Reihenfolge und Häufigkeit in der Summe auftreten. Man vergleiche dazu das entsprechende Ergebnis für Kardinalzahlen (S. 73).

Weitere Beispiele für die Multiplikation von Ordnungstypen werden wir im Laufe der folgenden Betrachtungen (S. 118 ff., 126 und 132) kennen lernen.

Es ist leicht, die obige Erklärung des Produkts auf den Fall *endlich vieler* miteinander zu multiplizierender beliebiger (endlicher oder unendlicher) Ordnungstypen auszudehnen und demgemäß *Potenzen* von Ordnungstypen mit endlichen Exponenten zu definieren. Die Verallgemeinerung auf den Fall *unendlich vieler* Faktoren begegnet dagegen sehr wesentlichen Schwierigkeiten; es ist nämlich für gewöhnlich unmöglich, die (zunächst ungeordnete) Verbindungsmenge einer unendlichen Menge geordneter Mengen in der Art zu ordnen, wie es die sinngemäße Ausdehnung der obigen Produktdefinition erfordern würde. Eine schwierige und scharfsinnige Theorie, die *Hausdorff* seit 1908 begründet hat, rettet diese Situation durch Einführung einer Art Ersatzmultiplikation (und einer aus ihr naturgemäß

[1]) Übrigens ist diese Festsetzung der Reihenfolge in der Literatur nicht völlig einheitlich.

folgenden Ersatzpotenzierung), die sich auch zur Konstruktion von Ordnungstypen mannigfachster Art als nützlich erwiesen hat; diese Multiplikation und Potenzierung von Ordnungstypen ist aber grundverschieden von den entsprechenden Operationen für Kardinalzahlen. Hier genüge der Verweis auf *Hausdorff*, 5. und 6. Kapitel, besonders S. 147ff.

## § 10. Lineare Punktmengen[1]).

Wir wollen uns jetzt des Begriffs der geordneten Menge zu einigen Überlegungen bedienen, die nicht unmittelbar auf die Definition „unendlicher Zahlen" gerichtet sind. Sie führen uns statt dessen auf anschauliches Gebiet und zeigen, wie die Methoden der Mengenlehre gleich einem Mikroskop von unendlicher Vergrößerung noch Feinheiten unterscheiden lassen, die sich dem Auge des ohne Mengenlehre arbeitenden Geometers vollkommen entziehen.

Wir gehen aus von einer beiderseits unbegrenzten geraden Linie, die der Einfachheit halber von links nach rechts verlaufen möge. Um die Punkte der Geraden kurz bezeichnen zu können, denken wir sie uns als Zahlengerade; jede reelle Zahl stellt dann auch einen gleichbezeichneten Punkt der Geraden dar[2]). Wir betrachten die Menge $M$ aller Punkte der Geraden und ordnen sie durch die Festsetzung, daß $\prec$ als „links von" erklärt werden soll; zwischen zwei verschiedenen Punkten $P$ und $Q$ unserer Menge besteht also die Beziehung $P \prec Q$ oder $P \succ Q$, je nachdem $P$ links von $Q$ oder rechts von $Q$ liegt. *Alle folgenden Überlegungen betreffen Teilmengen der geordneten Punktmenge $M$*, die sämtlich geordnet sind durch die in $M$ gültige Anordnung. Jede gewonnene Erkenntnis über unsere Menge oder über Teilmengen von ihr liefert uns gleichzeitig ein Ergebnis über *geordnete Mengen reeller Zahlen;* wir brauchen dazu nur von den Punkten zu den sie bezeichnenden Zahlen überzugehen und diese, wie es stets geschehen soll, ihrer Größe nach angeordnet zu denken.

---

[1]) *Dieser Paragraph kann ohne Beeinträchtigung des Verständnisses alles später Folgenden überschlagen werden. Auch die in den Definitionen dieses Paragraphen eingeführten Begriffe und Bezeichnungen werden später nicht mehr benutzt.*

[2]) Um diese mehrfach benutzte umkehrbar eindeutige Zuordnung zwischen allen reellen Zahlen und allen Punkten einer Geraden in aller Strenge zu begründen, muß man, abgesehen von einer vollständigen Theorie der reellen Zahlen (vgl. nachfolgende Fußnote), auch eine geometrische Forderung zugrunde legen, die einer geraden Linie eine genügend starke Besetzung mit Punkten garantiert. Neben *Dedekind* (vgl. nachfolgende Fußnote) hat auch *Cantor* sich mit dieser Frage frühzeitig beschäftigt: Math. Ann. **5** (1872), 128. Man vergleiche etwa die Darstellung bei *Loewy* (Zitat von S. 16), S. 188—191, wo man auch weitere Literaturangaben findet, zu denen noch *Hölders* Aufsatz in den Berichten der math.-phys. Klasse d. Sächs. Ges. d. Wiss. 1901, bes. S. 30, hinzugefügt sei.

Wir beginnen mit einigen Definitionen, in denen „Punktmenge“ (genauere Bezeichnung: „lineare Punktmenge“) stets eine beliebige, aber mindestens drei Punkte enthaltende (geordnete) Teilmenge unserer geordneten Menge $M$ bedeuten soll. Beispiele folgen alsbald.

**Definition 1.** Eine Punktmenge $N$ heißt *überall dicht* oder auch schlechthin *dicht*, wenn zwischen je zwei Punkten von $N$ stets ein weiterer Punkt von $N$ liegt.

Sind $P_1$ und $P_2$ zwei beliebige Punkte einer überall dichten Punktmenge $N$ und ist etwa $P_1 \prec P_2$, so gibt es demnach in $N$ einen Punkt $P_3$ von der Eigenschaft $P_1 \prec P_3 \prec P_2$, ebenso Punkte $P_4$ und $P_5$, für die die Beziehungen $P_1 \prec P_4 \prec P_3$ und $P_3 \prec P_5 \prec P_2$ gelten, und so unbegrenzt weiter. Zwischen je zwei Punkten einer überall dichten Punktmenge liegen also stets unendlich viele Punkte der Menge; um so mehr ist jede überall dichte Punktmenge eine unendliche Menge.

**Definition 2.** Wird eine Punktmenge $N$ derart in zwei Teilmengen $N_1$ und $N_2$ eingeteilt, daß erstens jeder Punkt von $N$ einer, aber auch nur einer einzigen der Mengen $N_1$ und $N_2$ angehört, daß zweitens jede der Mengen $N_1$ und $N_2$ mindestens einen Punkt enthält (also keine von ihnen die Nullmenge ist) und daß drittens alle Punkte der Menge $N_1$ links von allen Punkten der Menge $N_2$ gelegen sind, so nennt man diese Einteilung einen *Schnitt* $N_1 | N_2$ *in der Menge* $N$[1]). Besitzt die Menge $N_1$ einen letzten Punkt (rechtsseitigen Endpunkt) $P_1$ oder die Menge $N_2$ einen ersten Punkt (linksseitigen Endpunkt) $P_2$, so sagt man von dem Punkte $P_1$ bzw. $P_2$ bzw. von jedem von beiden, er *erzeuge den Schnitt* $N_1 | N_2$. Diese Ausdrucksweise beruht darauf, daß man in diesen Fällen den Schnitt $N_1 | N_2$ einfach folgendermaßen erklären kann: zu $N_2$ gehören alle Punkte von $N$, die rechts von $P_1$ liegen, zu $N_1$ alle übrigen Punkte von $N$ — bzw.: zu $N_1$ gehören alle Punkte von $N$, die links von $P_2$ liegen, alle anderen zu $N_2$.

---

[1]) Der für die Grundlegung der Arithmetik (Theorie der *irrationalen* — d. h. der [reellen] nicht rationalen — Zahlen) wie auch der Geometrie überaus wichtige Begriff des „Schnittes“ ist von *Dedekind* in seiner Schrift „Stetigkeit und irrationale Zahlen“ (Braunschweig 1872, 4. Aufl. 1912) eingeführt worden. Unabhängig von *Dedekinds* Schnitttheorie hat im nämlichen Jahre (Math. Ann **5**, 123 ff.) *Cantor* seine Ideen über den Begriff der *Fundamentalreihe* entwickelt, auf den er die Theorie der irrationalen Zahlen gründet und der ihm — wie oben im Text der Begriff des Schnittes — als methodisches Werkzeug zur Untersuchung der Punktmengen dient. Trotz der bequemeren Anwendbarkeit der *Cantor*schen Methode ist hier der Auffassung *Dedekinds* um ihrer begrifflichen Einfachheit willen der Vorzug gegeben. Für eine vergleichende Betrachtung der beiden Theorien (sowie einer dritten, von *Weierstraß* herrührenden) in ihrer Verwendung zur Definition der Irrationalzahlen vergleiche man *Cantor*, Grundlagen, S. 21—27, sowie die S. 16, Fußnote, angeführte Literatur.

Ist $N_1 | N_2$ ein beliebiger Schnitt in $N$, so besteht offenbar im Sinn der Addition geordneter Mengen (S. 100) die Beziehung: $N = N_1 + N_2$.

Für einen beliebigen Schnitt $N_1 | N_2$ in $N$ sind nur folgende vier einander ausschließende Fälle möglich: 1. $N_1$ besitzt einen letzten und $N_2$ einen ersten Punkt; 2. $N_1$ besitzt einen letzten, aber $N_2$ keinen ersten Punkt; 3. $N_1$ besitzt keinen letzten, wohl aber $N_2$ einen ersten Punkt; oder endlich 4. weder besitzt $N_1$ einen letzten noch $N_2$ einen ersten Punkt. Aus Gründen, die bei den alsbald anzuführenden Beispielen einleuchten werden, nennt man den Schnitt $N_1 | N_2$ im ersten Fall einen *Sprung in der Menge* $N$, im vierten Fall eine *Lücke in der Menge* $N$; im zweiten und dritten Fall dagegen spricht man von einem *stetigen Schnitt.* Im ersten und zweiten Fall wird der Schnitt $N_1 | N_2$ durch den letzten Punkt von $N_1$, im ersten und dritten Fall durch den ersten Punkt von $N_2$ erzeugt, während es im vierten Fall keinen Punkt von $N$ gibt, der den Schnitt erzeugt.

Der Aufstellung weiterer Definitionen seien einige Beispiele vorangeschickt, die den Sinn der bisherigen Erklärungen veranschaulichen sollen.

1. Sind $P_1$ und $P_2$ irgend zwei Punkte auf unserer Geraden, d. h. irgend zwei Punkte der Punktmenge $M$, so sei $N$ die Menge aller Punkte zwischen $P_1$ und $P_2$. Sie ist überall dicht, und zwar gleichviel, ob man die Punkte $P_1$ und $P_2$ oder einen von ihnen zur Menge $N$ rechnet oder nicht; denn in jedem dieser Fälle liegt zwischen je zwei Punkten von $N$ stets ein weiterer Punkt von $N$. Auch die Menge *aller* Punkte der Geraden, d. h. die Menge $M$ selbst, ist überall dicht.

2. Sind $P_1$ und $P_2$ irgend zwei Punkte auf unserer Geraden, so sei $N$ die Menge aller *rationalen* Punkte zwischen $P_1$ und $P_2$, also *der* Punkte, die durch rationale Zahlen bezeichnet werden. Auch diese Menge ist überall dicht, und zwar ebenfalls unabhängig davon, ob $P_1$ oder $P_2$ oder beide Punkte zu $N$ gerechnet werden oder nicht; denn zwischen zwei verschiedenen rationalen Zahlen (und auch, wie sich auf S. 110f. zeigen wird, zwischen zwei verschiedenen reellen Zahlen) liegt stets eine weitere rationale Zahl (z. B. das arithmetische Mittel der gegebenen rationalen Zahlen). Im besonderen ist aus demselben Grund auch die Menge *aller* rationalen Punkte auf unserer Geraden überall dicht. Man vergleiche hierzu die früheren ausführlichen Bemerkungen auf S. 25f.!

3. $P$ sei ein beliebiger Punkt der Menge $M$ aller Punkte der Geraden. Teilen wir $M$ in zwei Teilmengen $M_1$ und $M_2$ durch die Festsetzung, daß zu $M_1$ alle links von $P$ gelegenen Punkte, zu $M_2$ dagegen alle rechts von $P$ gelegenen Punkte einschließlich des Punktes $P$ selbst gehören sollen, so erhalten wir einen Schnitt $M_1 | M_2$

in der Menge $M$; der Schnitt wird durch den Punkt $P$ erzeugt. Genau das nämliche ist der Fall, wenn wir den Punkt $P$ zu $M_1$ statt zu $M_2$ rechnen. In beiden Fällen ist der entstandene Schnitt stetig.

Rechnen wir dagegen $P$ weder zu $M_1$ noch zu $M_2$, so ist $M_1 | M_2$ ein Schnitt in derjenigen Teilmenge $N$ von $M$, die aus $M$ durch Fortlassung des einzigen Punktes $P$ entsteht. Dieser Schnitt $M_1 | M_2$ in $N$ ist eine Lücke. Denn ist $P_1$ *irgendein* Punkt von $M_1$, d. h. ein links von $P$ gelegener Punkt der Menge $M$, so gehört jeder zwischen $P_1$ und $P$ liegende Punkt von $M$ — da links von $P$ gelegen — sicherlich zu $M_1$; andererseits liegt jeder solche Punkt rechts von $P_1$, so daß $P_1$ jedenfalls nicht der letzte Punkt von $M_1$ ist. Ist ferner $P_2$ *irgendein* Punkt von $M_2$, d. h. ein rechts von $P$ gelegener Punkt von $M$, so ist genau ebenso einzusehen, daß $P_2$ nicht der erste Punkt von $M_2$ ist. Kurz gesagt: zu jedem Punkt von $M_1$ gibt es noch weiter rechts gelegene Punkte von $M_1$, zu jedem Punkt von $M_2$ aber auch noch weiter links gelegene Punkte von $M_2$. Nach S. 107 ist daher $M_1 | M_2$ eine Lücke in $N$. Diese Ausdrucksweise besagt anschaulich, daß in der Menge $N$ sozusagen noch ein Punkt (in unserem Fall der Punkt $P$) „fehlt", der bei seiner Aufnahme in die Menge $N$ den Schnitt $M_1 | M_2$ erzeugen würde.

4. $P_1$ und $P_2$ seien zwei beliebige Punkte auf unserer Geraden, es liege etwa $P_1$ links von $P_2$ (vgl. Fig. 12). $N$ sei die Menge, die aus allen Punkten links von $P_1$ und allen Punkten rechts von $P_2$

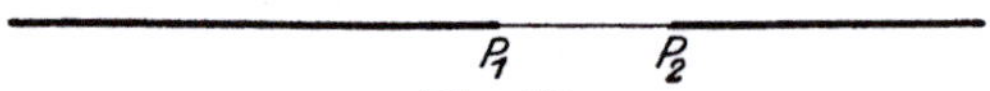

Fig. 12.

besteht, die Punkte $P_1$ und $P_2$ eingeschlossen. Erklärt man $N_1$ als die Menge aller links von $P_1$ gelegenen Punkte von $N$ unter Einschluß von $P_1$, $N_2$ als die Menge aller rechts von $P_2$ gelegenen Punkte von $N$ unter Einschluß von $P_2$, so ist $N_1 | N_2$ ein Schnitt in der geordneten Menge $N$. Dann liegt kein Punkt von $N_1$ rechts von $P_1$, kein Punkt von $N_2$ links von $P_2$; $P_1$ ist also der letzte Punkt von $N_1$, $P_2$ der erste Punkt von $N_2$. Daher ist $N_1 | N_2$ ein Sprung in $N$. Die Bezeichnung erklärt sich daraus, daß zwischen $P_1$ und $P_2$ überhaupt kein Punkt von $N$ liegt, diese Menge also einen „Sprung" von $P_1$ nach $P_2$ macht.

Rechnet man dagegen den Punkt $P_2$ nicht zur Menge $N$ (also auch nicht zu $N_2$), so ist der Schnitt $N_1 | N_2$ in $N$ weder ein Sprung noch eine Lücke, sondern stetig; $N_1$ hat dann ein letztes Element $P_1$, $N_2$ aber kein erstes Element. Die so erklärte Teilmenge $N$ von $M$ ist der geordneten Menge $M$ *aller* Punkte der Geraden ähnlich; man überzeugt sich davon, indem man genau entsprechend wie in Beispiel 3 auf S. 95 die in $N_2$ enthaltenen Punkte von $N$ den rechts von $P_1$ liegenden Punkten von $M$ ähnlich zuordnet, während $P_1$ und alle links von $P_1$ gelegenen Punkte sich selber zugeordnet werden. Ist z. B. $P_1$ der Punkt 0, $P_2$ der Punkt 10, so entspricht 0 und jeder durch eine negative Zahl bezeichnete Punkt von $M$ und $N$ sich selber; ist dagegen $a$ eine positive Zahl, so ist der Punkt $a$ von $M$ dem Punkte $a+10$ von $N$ zugeordnet und umgekehrt. Obgleich also in der Menge $N$ alle Punkte von $M$ zwischen 0 und 10 (letzteren eingeschlossen) gewissermaßen ausgelassen sind, ist doch im Sinn der Ähnlichkeit kein Unterschied zwischen $M$ und $N$ feststellbar; vom Standpunkt der bloßen Anordnung aus, der ein Längenmaß (Größenmaß) und daher den gewöhnlichen Begriff der Entfernung nicht kennt, ist die Punktmenge $N$ ebenso stetig wie die Menge $M$ *aller* Punkte der Geraden. Das nämliche gilt, wenn der Punkt $P_2$ (10) zur Menge $N$ hinzugefügt, aber dafür der Punkt $P_1$ (0) weggelassen wird.

5. $N$ sei die Menge aller rationalen Punkte auf unserer Geraden. Der Schnitt $N_1 | N_2$ werde folgendermaßen erklärt: Zu $N_2$ soll jeder Punkt gerechnet werden, der durch eine positive rationale Zahl $\frac{m}{n}$ bezeichnet ist, deren Quadrat $\frac{m^2}{n^2}$ größer ist als die Zahl 2; alle anderen Punkte von $N$ sollen zu $N_1$ gehören, also zunächst diejenigen durch positive rationale Zahlen $\frac{m}{n}$ bezeichneten Punkte, für die $\frac{m^2}{n^2}$ kleiner ist als 2, dann der Punkt 0 und schließlich alle durch negative rationale Zahlen bezeichneten Punkte. Wir werden sehen: $N_1$ hat kein letztes und $N_2$ kein erstes Element; es gibt also keinen Punkt von $N$, der den Schnitt $N_1 | N_2$ in $N$ erzeugt, dieser Schnitt ist somit eine Lücke.

Zunächst kann sicherlich weder der Punkt 0 noch ein durch eine negative rationale Zahl bezeichneter Punkt den Schnitt erzeugen, weil ja z. B. der zu $N_1$ gehörige Punkt 1 rechts von all diesen Punkten liegt. Es kann für die Erzeugung des Schnittes also nur ein Punkt in Betracht kommen, der durch eine positive rationale Zahl $\frac{m}{n}$ bezeichnet wird. Da es bekanntlich keine rationale Zahl gibt, deren Quadrat die Zahl 2 wäre[1]), so können wir die zwei Fälle unterscheiden,

[1]) Diese Tatsache läßt sich (so z. B. bei *Euclid*, ähnlich wohl schon in der Schule des *Pythagoras*) folgendermaßen einsehen: Eine beliebige gerade natürliche Zahl kann man offenbar in der Form $2p$ schreiben, eine beliebige ungerade Zahl in der Form $2q+1$, wo $p$ und $q$ natürliche Zahlen bedeuten. Wir wollen annehmen, das Quadrat des Bruches $\frac{m}{n}$ wäre 2, und setzen dabei voraus, daß die ganzen Zahlen $m$ und $n$ keinen gemeinsamen Teiler besitzen, durch den man ja sonst Zähler und Nenner kürzen könnte. Aus $\frac{m^2}{n^2}=2$ folgt $m^2=2n^2$, d. h. $m^2$ ist eine gerade Zahl; daher ist auch $m$ gerade, weil das

daß erstens $\frac{m^2}{n^2}$ kleiner als 2 oder zweitens $\frac{m^2}{n^2}$ größer als 2 ist. Im ersten Fall gibt es nun Punkte von $N_1$, die rechts von $\frac{m}{n}$ liegen, im zweiten Fall Punkte von $N_2$, die links von $\frac{m}{n}$ liegen, wie man auf folgende Weise zeigen kann:

Ist $\frac{m^2}{n^2}$ kleiner als 2, so liegt in der Punktmenge $M$, d. h. auf unserer Geraden, der Punkt $\frac{m}{n}$ links von dem (in $N$ nicht vorkommenden) Punkt $\sqrt{2}$ von $M$; dabei bedeutet $\sqrt{2}$ die (zwar nicht als gemeiner Bruch, wohl aber als unendlicher Dezimalbruch in der Form 1,4142 ... darstellbare) positive reelle Zahl, deren Quadrat die Zahl 2 ist. Nun liegt zwischen irgend zwei verschiedenen reellen Zahlen stets eine rationale Zahl[1]) (sogar unendlich viele rationale Zahlen); ist

---

Quadrat einer ungeraden Zahl wieder ungerade ist. Da also $m$ durch 2 teilbar ist, etwa $m = 2p$, so kann $n$ nicht gleichfalls durch 2 teilbar sein; $n$ ist somit ungerade. Andererseits folgt aus $4p^2 = 2n^2$, daß $n^2 = 2p^2$, also $n$ gerade ist. Das so erhaltene widerspruchsvolle Ergebnis, wonach $n$ gleichzeitig ungerade und gerade sein müßte, zeigt, daß die Annahme $\frac{m^2}{n^2} = 2$, von der wir ausgingen, falsch sein muß; die Quadratwurzel aus 2 ist keine rationale, sondern eine irrationale Zahl.

[1]) Diese später (S. 119) nochmals benutzte Tatsache läßt sich unter Verwendung der einfachsten Eigenschaften der Dezimalbrüche folgendermaßen beweisen: Es sei $A$ die kleinere, $B$ die größere der zwei gegebenen, der Einfachheit halber als positiv angenommenen reellen Zahlen. Liegt zwischen $A$ und $B$ eine ganze Zahl, so ist diese eine zwischen $A$ und $B$ gelegene rationale Zahl. Ist das nicht der Fall, so schreiben wir $A$, wenn möglich, als abbrechenden, sonst als unendlichen Dezimalbruch, dagegen $B$ jedenfalls als unendlichen Dezimalbruch (vgl. S. 32); $A$ und $B$ treten also auf in der Form

$$A = m, a_1 a_2 a_3 a_4 \ldots, \qquad B = m, b_1 b_2 b_3 b_4 \ldots,$$

wobei $m$ eine beliebige (aber beidemal die nämliche) positive ganze Zahl (oder Null) bedeutet und $a_1$, $b_1$, $a_2$, $b_2$ usw. lauter Ziffern der Reihe 0, 1, 2, ..., 9 sind; im besonderen werden bei $A$ nicht etwa schließlich lauter Neunen, bei $B$ nicht schließlich lauter Nullen auftreten. Dann kann eine gewisse Folge gleichnumerierter Ziffernpaare: $a_1$ und $b_1$, $a_2$ und $b_2$, $a_3$ und $b_3$ usw. möglicherweise aus paarweise gleichen Ziffern bestehen, also $a_1 = b_1$, $a_2 = b_2$ usw.; jedenfalls gibt es aber eine natürliche Zahl $n$ (die auch schon 1 sein kann) von der Eigenschaft, daß $a_n$ und $b_n$ die beiden ersten an entsprechender Stelle stehenden Ziffern sind, die sich voneinander unterscheiden ($a_n$ verschieden von $b_n$); ist schon $a_1$ verschieden von $b_1$, so ist $n = 1$. Wir wollen etwa annehmen, es sei $n = 4$, ohne daß dadurch die Allgemeingültigkeit der folgenden Überlegung beeinträchtigt würde; dann ist $a_1 = b_1$, $a_2 = b_2$, $a_3 = b_3$, aber $a_4$ verschieden von $b_4$ und zwar, da $A$ kleiner als $B$ sein sollte, $a_4$ kleiner als $b_4$; dies ist beispielsweise der Fall für $A = 27{,}2534$, $B = 27{,}2537272\ldots$. Dann liegt z. B. die Zahl

$$C = m, b_1 b_2 b_3 b_4 \text{ (in unserem Beispiel die Zahl } C = 27{,}2537)$$

zwischen $A$ und $B$; denn $C$ ist zunächst größer als $A$, weil $b_4$ größer ist

$\frac{p}{q}$ eine zwischen $\frac{m}{n}$ und $\sqrt{2}$ gelegene rationale Zahl, so ist $\frac{p^2}{q^2}$ kleiner als 2, weil $\frac{p}{q}$ kleiner ist als $\sqrt{2}$. Da also der Punkt $\frac{p}{q}$, der rechts von $\frac{m}{n}$ liegt, noch zu $N_1$ gehört, ist $\frac{m}{n}$ sicher nicht der letzte Punkt von $N_1$. Genau entsprechend ergibt sich, falls $\frac{m^2}{n^2}$ größer ist als 2, ein zu $N_2$ gehöriger Punkt $\frac{p}{q}$, der links von dem Punkte $\frac{m}{n}$ liegt; $\frac{m}{n}$ kann also auch nicht der erste Punkt von $N_2$ sein. Es enthält also weder $N_1$ einen letzten noch $N_2$ einen ersten Punkt, d. h. der Schnitt $N_1 | N_2$ in $N$ ist wirklich eine Lücke.

Dies ändert sich jedoch sogleich, falls wir auch noch den Punkt $\sqrt{2}$ von $M$ in die Menge $N$ aufnehmen. Gleichviel ob wir dann diesen Punkt zu $N_1$ oder zu $N_2$ rechnen, jedenfalls wird der Punkt $\sqrt{2}$ den Schnitt $N_1 | N_2$ in $N$ erzeugen. Denn in beiden Fällen besteht z. B. $N_2$ aus allen rechts von $\sqrt{2}$ gelegenen Punkten von $N$ und nur aus ihnen (evtl. unter Einschluß des Punktes $\sqrt{2}$ selbst); liegt nämlich der Punkt $\frac{m}{n}$ $\left(\frac{m}{n}\right.$ positive rationale Zahl$\left.\right)$ rechts vom Punkte $\sqrt{2}$, so besagt dies, daß die Zahl $\frac{m}{n}$ größer ist als die Zahl $\sqrt{2}$, d. h. daß $\frac{m^2}{n^2}$ größer ist als 2, wie dies das Kennzeichen der Punkte von $N_2$ sein sollte. Durch Hinzufügung des Punktes $\sqrt{2}$ ist also jene Lücke in der Menge $N$ (nicht aber etwa ihre übrigen Lücken) beseitigt.

Alles in diesem Beispiel Gesagte gilt, wie leicht einzusehen ist, völlig entsprechend, wenn $\sqrt{2}$ durch irgendeine andere nicht rationale reelle Zahl ersetzt wird.

Es mögen nun einige weitere Bezeichnungen, die Punktmengen betreffen, angegeben werden.

**Definition 3.** Eine Punktmenge $N$ heißt *in sich dicht,* wenn für *jeden* ihrer Punkte $P$ folgende Bedingung erfüllt ist: Liegt $P$ zwischen irgend zwei Punkten $P_1$ und $P_2$ von $N$, so liegt auch noch ein weiterer Punkt $Q$ von $N$ zwischen $P_1$ und $P_2$.

---

als $a_4$ und auf $a_4$ nicht lauter Neunen folgen; andererseits aber ist $C$ kleiner als $B$, da der Dezimalbruch $B$ unendlich sein sollte, also die auf $b_4$ folgenden Ziffern $b_5$, $b_6$ usw. keinesfalls lauter Nullen sind. Da endlich $C = m + \frac{1000 \cdot b_1 + 100 \cdot b_2 + 10 \cdot b_3 + b_4}{10000}$ eine rationale Zahl ist, so haben wir in der Tat zwischen den zwei beliebig gegebenen reellen Zahlen $A$ und $B$ eine rationale Zahl $C$ nachgewiesen. — Für das Wesen und die Eigenschaften der Dezimalbrüche sowie für die *keineswegs selbstverständliche* Tatsache, daß jede reelle Zahl als Dezimalbruch darstellbar ist, sei nochmals auf die S. 33 angeführten Werke verwiesen.

Eine in sich dichte Punktmenge ist also dadurch charakterisiert, daß zwischen je zwei Punkten, zwischen denen überhaupt ein Punkt der Menge liegt, stets noch ein weiterer Punkt der Menge liegt. Anders ausgedrückt: in jeder noch so unmittelbaren Nähe eines jeden Punktes der in sich dichten Menge — nämlich unmittelbar vor ihm oder unmittelbar nach ihm — gibt es immer noch einen weiteren Punkt der Menge. Da demnach die „unmittelbare Nähe“, wie immer sie auch in einem gegebenen Fall festgesetzt sei, stets noch enger erklärt werden kann, so liegen in unmittelbarer Nähe jedes Punktes einer in sich dichten Menge sogar unendlich viele Punkte der Menge (vgl. S. 106). Der Leser hüte sich aber, die Ausdrucksweise „unmittelbare Nähe“ anschaulicher als im Sinn der obenstehenden Definition verstehen zu wollen, etwa im Sinne einer mit dem Längenmaß zu bestimmenden kleinen Entfernung. Erklärt man z. B. $N$ ebenso wie im zweiten Absatz des oben angeführten Beispiels 4 (S. 108), so liegen in unmittelbarer Nähe des Punktes 0, und zwar rechts von ihm, unendlich viele Punkte mit Zahlenwerten, die ein wenig größer sind als 10; mit dem Metermaß auf der Zahlengeraden gemessen, sind also „unmittelbar benachbarte“ Punkte hier mehr als 10 cm voneinander entfernt.

Eine überall dichte Menge ist sicherlich in sich dicht; denn ist $N$ überall dicht und liegt $P$ zwischen den Punkten $P_1$ und $P_2$ von $N$, so liegen zwischen $P_1$ und $P$, um so mehr also zwischen $P_1$ und $P_2$ noch weitere Punkte von $N$. Dagegen ist eine in sich dichte Menge nicht notwendigerweise überall dicht, wie Beispiel 9 (S. 114ff.) zeigen wird.

**Definition 4.** Eine Punktmenge $N$ heißt *abgeschlossen*, wenn kein Schnitt in $N$ eine Lücke ist[1]); sie heißt *stetig*, wenn jeder Schnitt in $N$ stetig ist, wenn die Menge also weder Sprünge noch Lücken aufweist.

Die Bezeichnung „abgeschlossen“ bezieht sich darauf, daß jede einzelne Lücke in einer Punktmenge durch Hinzufügung eines Punktes zur Menge beseitigt werden kann, wie dies in den Beispielen 3 (S. 107/8) und 5 (S. 109ff.) gezeigt wurde; eine Menge mit Lücken ist also gewissermaßen noch nicht abgeschlossen.

**Definition 5.** Eine Punktmenge, die gleichzeitig in sich dicht und abgeschlossen ist, wird als *perfekt* bezeichnet.

*Beispiele* zu den Definitionen 3 bis 5:

6. $N$ sei die Menge aller Punkte zwischen zwei festen Punkten $P_1$ und $P_2$ unserer Geraden. Gleichviel ob $P_1$ und $P_2$ oder einer dieser Punkte zu $N$ gerechnet werden oder nicht[2]), jedenfalls ist $N$

---

[1]) Zu dieser Definition vgl. die folgende Fußnote.

[2]) Üblicher ist eine etwas veränderte Erklärung der abgeschlossenen Menge, nach der *die Zugehörigkeit der Endpunkte zur Menge erforderlich ist;*

eine in sich dichte und abgeschlossene, also perfekte und ferner stetige Menge. Nach Beispiel 1 (S. 107) ist nämlich $N$ überall dicht, um so mehr also in sich dicht. Ist ferner $N_1 | N_2$ irgendein Schnitt in $N$, so daß alle Punkte von $N_1$ links von allen Punkten von $N_2$ liegen, so gibt es, wie die Anschauung nahezulegen scheint[1]), auf der Geraden einen einzigen Grenzpunkt $Q$ zwischen den Teilmengen $N_1$ und $N_2$, der also zur Menge $N$, und zwar entweder zu $N_1$ oder zu $N_2$ gehört; $Q$ erzeugt den Schnitt $N_1 | N_2$, da jeder links von $Q$ gelegene Punkt zu $N_1$, jeder rechts von $Q$ gelegene Punkt zu $N_2$ gehört. Der Schnitt $N_1 | N_2$ ist also weder ein Sprung noch eine Lücke, d. h. die Menge $N$ ist wirklich abgeschlossen und stetig. Da die nämliche Überlegung auf die Menge $M$ *aller* Punkte unserer Geraden anwendbar ist, so ist auch diese Punktmenge perfekt und stetig.

7. Ist $N$ wie in Beispiel 2 (S. 107) die Menge aller rationalen Punkte zwischen $P_1$ und $P_2$, wo $P_1$ und $P_2$ zwei beliebige Punkte der Geraden bedeuten, so ist auch diese Menge überall dicht und also in sich dicht. Dagegen ist sie nicht abgeschlossen. Denn wie Beispiel 5 (S. 109 ff.) zeigt, liegt bei dem Punkte $\sqrt{2}$ der Menge $M$ eine Lücke in der Menge $N$; ebenso liegen Lücken in der Menge $N$ bei allen zwischen $P_1$ und $P_2$ gelegenen nicht rationalen Punkten der Menge $M$. Da es übrigens Punkte dieser Art, wie man entsprechend der Überlegung von S. 41 aus der Nichtabzählbarkeit der eine Strecke erfüllenden Punktmenge schließen kann, in unendlicher Anzahl gibt (sie liegen sogar in überall dichter und nicht abzählbarer Menge auf der Geraden), so weist unsere Menge $N$ unendlich viele Lücken auf. Diese Tatsache wird dem Leser überraschend erscheinen, wenn er nur davon ausgeht, daß zwischen zwei noch so benachbarten Punkten unserer Menge immer noch unendlich viele Punkte derselben liegen, und wenn er auf den ersten Blick daraus schließen möchte, daß diese

---

sie geht aus der Definition 4 dadurch hervor, daß man auch solche Schnitte $N_1 | N_2$ zuläßt, für die $N_1$ oder $N_2$ überhaupt kein Element von $N$ enthält. Im Interesse der Einfachheit wurde die obige etwas weitere Definition gewählt, nach der (entgegen der üblichen Auffassung) auch die Menge *aller* Punkte einer Geraden perfekt ist.

[1]) Diese Tatsache ist geometrisch nicht *beweisbar*; vielmehr pflegt man sie, da sie unserer Anschauung vom Wesen einer „kontinuierlichen" geraden Linie zu entsprechen scheint, postulatorisch in den Begriff der eine gerade Linie erfüllenden Punktmenge aufzunehmen (vgl. S. 105, Fußnote 2). Dagegen wird die entsprechende Tatsache für die Menge der reellen Zahlen *beweisbar*, falls man durch Definition den Begriff der reellen Zahl entsprechend weit faßt, so weit nämlich, daß sich die obige Tatsache für die Menge aller reellen Zahlen (evtl. zwischen zwei festen Zahlen) nachweisen läßt (vgl. die Darstellung in den auf S. 33 genannten Schriften *Loewys* und *Knopps*). Betrachtet man also die gerade Linie nicht eigentlich als geometrisches Gebilde, sondern als Abbild der Gesamtheit der reellen Zahlen (Zahlengerade), so wird die obige Tatsache in dem angegebenen Sinne beweisbar.

überall dichte Punktmenge unsere Gerade auch „stetig" und restlos erfülle (vgl. S. 25 f.). Gegenüber den Unvollkommenheiten der Anschauung zeigt unsere jetzige Betrachtung, daß die überall dichte Punktmenge $N$ dennoch Lücken (sogar unendlich viele Lücken) aufweist und daß sie demnach keine perfekte und keine stetige Menge (wie die Punktmenge $M$) darstellt; hierdurch wird gleichzeitig das Ergebnis von S. 38 f. anschaulich ergänzt. Dabei ist wiederum die Betrachtung davon unabhängig, ob der Punkt $P_1$ oder $P_2$ oder beide zu $N$ gerechnet werden oder nicht, und sie bleibt auch noch gültig, wenn $N$ als die Menge *aller* rationalen Punkte der Geraden überhaupt erklärt wird.

8. $N$ sei eine unendliche Menge von Punkten auf unserer Geraden, von denen jeder von dem nächsten gleich weit — etwa 1 cm — entfernt sei; $N$ kann also z. B. als die Menge der Punkte ..., $-3, -2, -1, 0, 1, 2, 3, \ldots$ betrachtet werden. Die Menge ist nicht in sich dicht; denn es ist z. B. der Punkt 1, aber kein weiterer Punkt zwischen den Punkten 0 und 2 gelegen, und Entsprechendes gilt von irgend je drei aufeinander folgenden Punkten. Um so weniger ist $N$ überall dicht. Dagegen ist $N$ eine abgeschlossene Menge. Denn ist $N_1 | N_2$ irgendein Schnitt in $N$, so enthält die Teilmenge $N_1$ einen letzten Punkt $P_1$ und die Teilmenge $N_2$ einen ersten Punkt $P_2$, nämlich den unmittelbar auf $P_1$ folgenden Punkt von $N$. Kein Schnitt in $N$ ist also eine Lücke, vielmehr jeder ein Sprung; die Menge ist abgeschlossen, aber nicht stetig.

9. Endlich soll noch ein Beispiel einer Punktmenge $N$ vorgeführt werden, die zwar in sich dicht und abgeschlossen, also perfekt, nicht aber überall dicht oder stetig ist; diese Menge ist sogar „*nirgends dicht*", d. h. es gibt in ihr kein Paar von Punkten $P_1$ und $P_2$ von der Art, daß wenigstens die Teilmenge der zwischen $P_1$ und $P_2$ (diese selbst eingeschlossen) gelegenen Punkte von $N$ überall dicht wäre.

Diese nicht so recht anschauliche Punktmenge $N$ wollen wir, um eine bestimmte Vorstellung zu gewinnen, folgendermaßen in einer sehr speziellen, aber leicht verallgemeinerungsfähigen Art erklären (vgl. Fig. 13): Wir fassen zunächst die Strecke vom Punkte 0 bis zum Punkte 9 unserer geraden Linie ins Auge. Das mittlere Drittel dieser Strecke, also die Strecke von 3 bis 6, möge auf irgendeine Weise (etwa durch starkes Ausziehen) markiert werden; es bleiben also die Strecke von 0 bis 3 und diejenige von 6 bis 9 unmarkiert.

Fig. 13.

Auf diesen beiden unmarkierten Strecken soll wiederum je das mittlere Drittel markiert werden, also die Strecken von 1 bis 2 und von 7 bis 8; unmarkiert bleiben dann vier Strecken zurück, nämlich von 0 bis 1, von 2 bis 3, von 6 bis 7 und von 8 bis 9. Abermals möge auf diesen vier unmarkierten Strecken je das mittlere Drittel markiert werden, d. h. die Strecken von $\frac{1}{3}$ bis $\frac{2}{3}$, von $2\frac{1}{3}$ bis $2\frac{2}{3}$, von $6\frac{1}{3}$ bis $6\frac{2}{3}$ und von $8\frac{1}{3}$ bis $8\frac{2}{3}$, so daß acht unmarkierte Strecken übrigbleiben. Dieses Verfahren wollen wir *unbegrenzt* fortgesetzt denken; bei jedem folgenden Schritt soll also auf jeder Strecke, die beim vorhergehenden Schritt noch unmarkiert geblieben ist, das mittlere Drittel markiert werden. *Unter $N$ wollen wir dann die geordnete Punktmenge verstehen, die erstens aus den beiderseitigen Endpunkten aller markierten Strecken und zweitens aus allen nicht auf markierten Strecken gelegenen Punkten zwischen den Punkten 0 und 9 unserer Geraden (diese beiden Punkte eingeschlossen) besteht.*

Diese Menge ist zunächst *nirgends* überall dicht. Es seien nämlich $P_1$ und $P_2$ irgend zwei Punkte unserer Punktmenge $N$; $P_1$ liege links von $P_2$. Es kann der Fall sein, daß $P_1$ und $P_2$ die beiden Endpunkte einer und derselben markierten Strecke sind; dann liegt zwischen $P_1$ und $P_2$ kein weiterer Punkt von $N$. In jedem anderen Fall dagegen liegen zwischen beiden Punkten sicher mehrere (sogar unendlich viele) markierte Strecken. Denn das Teilungsverfahren, das wir zur Herstellung der Menge $N$ anwandten, erstreckt sich auf jedes Stück unserer Geraden zwischen 0 und 9, das nicht völlig durch eine markierte Strecke ausgefüllt ist, und die Länge der jeweils entstehenden markierten Strecken nimmt mit der Fortsetzung des Teilungsverfahrens unbegrenzt ab. Denken wir uns daher genügend viele Schritte des Verfahrens gemacht, so werden zwischen $P_1$ und $P_2$ mehrere markierte Strecken zu liegen kommen (deren Zahl übrigens durch die weitere Fortsetzung des Teilungsverfahrens noch unbegrenzt vermehrt wird). Sind $Q$ und $R$ die beiden (zu $N$ gehörigen) Endpunkte *irgendeiner* zwischen $P_1$ und $P_2$ gelegenen markierten Strecke (wobei auch $Q$ mit $P_1$ oder $R$ mit $P_2$ zusammenfallen kann), so liegt zwischen $Q$ und $R$ kein Punkt von $N$ (nach der Definition von $N$); die Punktmenge $N$ ist also zwischen den (ganz beliebig angenommenen) Punkten $P_1$ und $P_2$ *nicht* überall dicht, wie wir zeigen wollten.

Dagegen ist die Menge $N$ in sich dicht. Ist nämlich $Q$ ein beliebiger Punkt von $N$, der zwischen zwei Punkten $P_1$ und $P_2$ von $N$ liegt, so können $P_1$ und $P_2$ nicht die beiden Endpunkte einer und der nämlichen markierten Strecke sein; denn zwischen zwei solchen Endpunkten liegt gemäß der Definition von $N$ überhaupt kein Punkt von $N$. $P_1$ und $P_2$ sind also Punkte von der nämlichen Art, wie im zweiten Teil des vorigen Absatzes betrachtet. Nach diesem liegen zwischen $P_1$ und $P_2$ mehrere markierte Strecken, deren Endpunkte lauter Punkte der Menge $N$ sind; sicher liegen also zwischen $P_1$ und $P_2$ außer $Q$ auch noch weitere Punkte von $N$. Die Punktmenge $N$ ist also wirklich in sich dicht.

Daß $N$ nicht überall dicht und dennoch in sich dicht ist, liegt daran, daß zwar wohl in unmittelbarer Nähe eines jeden Punktes von $N$ ein weiterer Punkt von $N$ liegt (und daher sogar unendlich viele weitere Punkte von $N$), daß dies aber unter Umständen nur nach der *einen* Richtung hin gilt. Ist nämlich $P$ der linksseitige Endpunkt einer markierten Strecke, so ist die Menge in der Richtung von $P$ aus nach rechts hin nicht dicht, sondern $P$ besitzt einen unmittelbar nachfolgenden Punkt, den rechtsseitigen Endpunkt der betreffenden markierten Strecke; das Umgekehrte gilt für die rechtsseitigen Endpunkte markierter Strecken. Für die Eigenschaft einer Menge, in sich dicht zu sein, ist solche einseitige Dichtigkeit hinreichend; nicht aber für die Eigenschaft, überall dicht zu sein.

Um endlich zu zeigen, daß unsere Punktmenge $N$ abgeschlossen ist, betrachten wir die Art der möglichen Schnitte in $N$. Ist $N_1 | N_2$ ein beliebiger Schnitt in $N$, so geht dieser Schnitt, wie leicht einzusehen ist, in einen Schnitt $M_1 | M_2$ in der Menge $M$ *aller* Punkte unserer Geraden über, falls wir z. B. folgende Festsetzung treffen: Zu $M_1$ sollen außer allen Punkten von $N_1$ noch diejenigen Punkte von $M$ gehören, die links von irgendeinem Punkt von $N_1$ liegen; alle anderen Punkte von $M$ (darunter auch alle Punkte von $N_2$) gehören zu $M_2$. Dieser Schnitt $M_1 | M_2$ hat die Eigenschaft, daß alle in $M_1$ enthaltenen Punkte von $N$ zu $N_1$, alle in $M_2$ enthaltenen Punkte von $N$ zu $N_2$ gehören. Es sei nun $Q$ der Punkt von $M$, der den Schnitt $M_1 | M_2$ erzeugt; ein einziger solcher Punkt $Q$ existiert stets, da die Punktmenge $M$ weder Sprünge noch Lücken, sondern nur stetige Schnitte aufweist (Beispiel 6, S. 112f.). Dann sind drei Fälle möglich: entweder liegt $Q$ *auf* einer markierten Strecke, die zwei Punkte $P_1$ und $P_2$ von $N$ verbindet[1]), oder $Q$ ist einer der beiden Endpunkte einer solchen Strecke, oder endlich $Q$ ist ein Punkt von $N$, der überhaupt keiner markierten Strecke angehört. Im ersten dieser drei Fälle gehören offenbar $P_1$ und die links von $P_1$ gelegenen Punkte von $N$ zu $N_1$, dagegen $P_2$ und die rechts von $P_2$ gelegenen Punkte von $N$ zu $N_2$, d. h. jeder der beiden Punkte $P_1$ und $P_2$ erzeugt den Schnitt $N_1 | N_2$ in $N$; dieser ist also ein Sprung. Im zweiten Fall kann entweder das nämliche der Fall sein, so daß der Schnitt $N_1 | N_2$ wiederum einen Sprung in $N$ darstellt, oder aber es kann noch $P_2$ zu $N_1$ bzw. schon $P_1$ zu $N_2$ gehören; dann wird der stetige Schnitt $N_1 | N_2$ durch $Q = P_2$ bezw. durch $Q = P_1$ erzeugt. Ist endlich $Q$ ein Punkt von $N$, der zu keiner markierten Strecke gehört, so ist $Q$ entweder der letzte Punkt von $N_1$ oder der erste von $N_2$, d. h. $Q$ erzeugt nicht nur den stetigen Schnitt $M_1 | M_2$ in $M$, sondern auch den stetigen Schnitt $N_1 | N_2$ in $N$. In allen drei Fällen ist demnach der Schnitt $N_1 | N_2$ in $N$ keine Lücke; $N$ ist also wirklich eine abgeschlossene Punktmenge. Die Menge $N$ ist perfekt, aber nirgends dicht und, da sie (unendlich viele) Sprünge aufweist, auch nicht stetig.

Es sei noch ohne Beweis vermerkt, daß diese merkwürdige Punktmenge $N$ — wie übrigens jede perfekte Punktmenge — die Mächtigkeit des Kontinuums besitzt. Die Menge aller markierten Strecken zwischen den Punkten 0 und 9 ist zwar gleichfalls unendlich, aber nur abzählbar[2]).

*Cantor* hat eine Reihe von Sätzen über in sich dichte, abgeschlossene und perfekte Punktmengen aufgestellt und bewiesen, Sätze, die für gewisse mathematische Gebiete von großer Bedeutung sind und erst durch die unendliche Scharfsichtigkeit, zu der uns das Werkzeug der Mengenlehre befähigt, ermöglicht werden. Auch andere, für die methodische Untersuchung der Punktmengen wesentliche Begriffsbildungen stammen von *Cantor*. Weitere daran anknüpfende Methoden und Ergebnisse, die nicht nur für die Geometrie, sondern vor allem für die Analysis grundlegend geworden sind, verdankt man zahlreichen anderen Forschern, unter denen hier nur *H. Lebesgue* genannt sei; der Leser findet eingehende Literaturnachweise und ausführliche Darstellungen aus diesem Gebiet in den am Schlusse des vorliegenden Buches genannten Schriften; man vergleiche auch die Bemerkungen in § 14 (S. 242ff.). Hier wollen wir uns damit begnügen, noch anzudeuten, auf welche Weise *Cantor* zum erstenmal zwei ganz besonders wichtige Punktmengen mittels der im Vorangegangenen enthaltenen Methoden ihrer Anordnung nach vollständig charakterisieren konnte. Voraus-

[1]) Dieser erste Fall kann übrigens, wie man unschwer einsieht, überhaupt nicht eintreten; wir werden aber von dieser Tatsache keinen Gebrauch machen.

[2]) Punktmengen dieser Art sind zuerst von *H. J. St. Smith* (Proc. of the London Math. Soc., (1) **6** [1875], 147f.) und seitdem vielfach behandelt worden.

geschickt werde dabei die fast selbstverständliche Bemerkung, daß die Eigenschaft einer geordneten Punktmenge $N$, überall dicht bzw. in sich dicht bzw. abgeschlossen zu sein, gleichzeitig eine Eigenschaft jeder zu $N$ ähnlichen Menge $N'$ ist; denn hat man eine bestimmte ähnliche Abbildung zwischen den Mengen $N$ und $N'$ gewählt, so beweist man die nämlichen Anordnungstatsachen wie für die Elemente der Menge $N$ auch für die ihnen zugeordneten Elemente von $N'$.

$a$ und $b$ seien nun zwei beliebige reelle Zahlen, etwa $a$ kleiner als $b$. Dann hat die Menge $N$ aller rationalen Zahlen zwischen $a$ und $b$, beide Grenzen ausgeschlossen — oder, was auf dasselbe hinauskommt, die Menge aller zwischen den Punkten $a$ und $b$ gelegenen rationalen Punkte auf der Zahlengeraden ausschließlich der Endpunkte — folgende drei Eigenschaften, falls man die Zahlen ihrer Größe nach, d. h. die Punkte in der Richtung von links nach rechts anordnet:

1. Die geordnete Menge $N$ ist abzählbar (S. 26);
2. sie enthält weder ein erstes noch ein letztes Element;
3. sie ist überall dicht (Beisp. 2 auf S. 107).

Die nämlichen drei Eigenschaften hat offenbar auch die geordnete Menge *aller* rationalen Zahlen bzw. *aller* rationalen Punkte der (beiderseits unbegrenzten) Zahlengeraden, wenn man die gleiche Anordnung festsetzt.

Man kann nun umgekehrt zeigen, daß durch die angeführten drei Eigenschaften ein gewisser Ordnungstypus vollständig bestimmt ist, d. h. daß irgendwelche geordnete Mengen, die jene drei Eigenschaften besitzen, stets einander ähnlich sind; der Beweis dieser Tatsache, von dessen Darstellung hier abgesehen werde[1]), läßt sich mit den bisherigen Mitteln erbringen. Man bezeichnet den Ordnungstypus jeder derartigen (geordneten) Menge mit $\eta$. Im besonderen folgt hieraus, daß alle geordneten Mengen, die unter Verwendung *irgendwelcher* Zahlen $a$ und $b$ im angeführten Sinn definiert sind, untereinander (wie auch mit der entsprechend geordneten Menge *aller* rationalen Zahlen) ähnlich sind. $\eta$ ist darnach auch z. B. der Ordnungstypus einer geordneten Menge $N'$, die folgendermaßen erklärt ist: $c$ und $d$ seien zwei beliebige reelle Zahlen, etwa $c$ kleiner als $d$, und $N'$ enthalte alle rationalen Zahlen, die kleiner als $c$ oder größer als $d$ sind, unter Anordnung der Größe nach. Dabei darf zu $N'$ auch *eine* der Zahlen $c$ und $d$ gerechnet werden, nicht aber beide, da sonst zwischen den Zahlen $c$ und $d$ der Menge keine weitere Zahl der Menge läge, diese also nicht überall dicht wäre.

Aus der Tatsache, daß der Ordnungstypus $\eta$ durch die angeführten drei Eigenschaften völlig festgelegt ist, kann man ohne

[1]) Vgl. *Cantor*, Beiträge I, S. 504—506.

weiteres folgende Beziehungen für das Rechnen mit diesem Ordnungstypus herleiten:

$\eta + \eta = \eta$, $\eta \cdot n = \eta$ für jeden endlichen Ordnungstypus $n$, $\eta \cdot \omega = \eta$.
Zum Beweis bilde man geordnete Mengen mit den links stehenden Ordnungstypen[1]); die angeschriebenen Beziehungen besagen dann nur, daß die so gebildeten geordneten Mengen wiederum unsere drei Eigenschaften besitzen.

Endlich wollen wir uns noch mit einem zweiten wichtigen Ordnungstypus etwas genauer beschäftigen. $a$ und $b$ seien wieder zwei beliebige reelle Zahlen ($a$ kleiner als $b$) bzw. zwei beliebige Punkte der Zahlengeraden ($a$ links von $b$). Dann soll im folgenden $N$ die Menge aller reellen Zahlen zwischen $a$ und $b$, beide Grenzen *eingeschlossen*, in der Anordnung nach der Größe bedeuten bzw. die ihr ähnliche Menge aller Punkte zwischen $a$ und $b$ einschließlich der Grenzen in der Anordnung von links nach rechts. Wir haben es bei der Menge $N$ mit dem zu tun, was man auch außerhalb der Mathematik als das *Kontinuum* (genauer: Linearkontinuum oder eindimensionales Kontinuum) bezeichnet: mit der „lückenlosen" oder „stetigen" Gesamtheit aller Punkte einer Strecke, also mit der nächstliegenden (geordneten) Punktmenge, die wir uns denken können. Innerhalb der Mathematik spielt diese Menge nicht nur in der Geometrie, sondern auch in der Analysis (man denke nur an den Begriff der Funktion, vgl. S. 45) eine hervorragende Rolle. Dennoch war es bis *Cantor* nicht gelungen, die Menge $N$ ohne Verwendung des Wörtchens „alle" („alle reellen Zahlen zwischen $a$ und $b$", „alle Punkte einer Strecke") rein geometrisch zu charakterisieren, d. h. sie ihrer Anordnung nach vollständig zu beschreiben. Vielfach war man vielmehr dazu gelangt, eine solche Beschreibung für unmöglich zu betrachten und den Begriff des Kontinuums als einen ursprünglichen anzusehen oder ihn auf den jenseits der Grenzen der Mathematik stehenden Zeitbegriff zurückzuführen, ja sogar ihn ins theologisch-mystische Gebiet zu verweisen[2]). Der naive Betrachter ist zunächst wohl geneigt,

---

[1]) Zur Bildung einer Menge vom Ordnungstypus $\eta \cdot \omega$ kann man z. B. von der Tatsache ausgehen, daß die Menge aller rationalen Zahlen zwischen 0 und 1, zwischen 1 und 2, zwischen 2 und 3 usw. jeweils den Ordnungstypus $\eta$ besitzt, wenn die Zahlen der Größe nach geordnet und dabei 0, 1, 2 usw. nicht zu den betreffenden Mengen gerechnet werden. Daher besitzt die Menge aller positiven rationalen Zahlen, ausgenommen die Zahlen 1, 2, 3 usw., den Ordnungstypus $\eta \cdot \omega$; dies ändert sich, wie man leicht einsieht, auch dann nicht, wenn die Zahlen 1, 2, 3 usw. zur Menge hinzugerechnet werden.

[2]) Für die historischen und grundsätzlichen Gesichtspunkte vergleiche man *Cantor*, Grundlagen, § 10. Die folgende Stelle daraus, die sich an eine Skizze der Geschichte unseres Problems im Altertum und Mittelalter anschließt, sei hier angeführt:

„... Hier sehen wir den *mittelalterlich-scholastischen Ursprung* einer Andie charakteristische Eigenschaft der geordneten Menge aller Punkte auf einer Strecke darin zu erblicken, daß die Punkte überall dicht („unendlich dicht") auf der Strecke gesät sind. Dies ist zweifellos eine Eigenschaft unserer Menge, genügt aber nicht im mindesten zu ihrer Beschreibung. Bedenken wir nur, daß die Menge aller entsprechend angeordneten *rationalen* Punkte zwischen $a$ und $b$ ebenfalls überall dicht ist! Diese Menge ist im Gegensatz zu $N$ abzählbar, ihre Elemente müssen also zwischen $a$ und $b$ unvergleichlich viel dünner gesät sein als die Elemente von $N$.

Nun können wir die geordnete Menge $N$ ihrer Anordnung nach in der folgenden Weise etwas genauer beschreiben: Eine Teilmenge von $N$ ist die Menge $R$ aller ihrer Größe nach angeordneten rationalen Zahlen (bzw. rationalen Punkte) zwischen $a$ und $b$; wir wollen dabei $a$ und $b$ selbst nicht zur Teilmenge $R$ rechnen, wodurch wir erreichen, daß $\eta$ der Ordnungstypus von $R$ wird. Diese Teilmenge, die zwar unendlich, aber abzählbar ist, hat die Eigenschaft, daß zwischen irgend zwei Elementen der Menge $N$ stets Elemente der Teilmenge $R$ gelegen sind; in der Tat liegt ja, wie in Fußnote 1 auf S. 110 gezeigt wurde, zwischen irgend zwei reellen Zahlen stets eine rationale Zahl. Ferner ist $N$, wie wir in Beispiel 6 (S. 112f.) sahen, abgeschlossen und in sich dicht, also perfekt, und enthält ein erstes Element $a$ und ein letztes $b$. Die geordnete Menge $N$ läßt sich also beschreiben durch Feststellung der folgenden drei Eigenschaften:

1. Die geordnete Menge $N$ ist perfekt[1]);

---

sicht, die wir noch heutigentages vertreten finden, wonach das Kontinuum ein unzerlegbarer Begriff oder auch, wie andere sich ausdrücken, eine reine aprioristische Anschauung sei, die kaum einer Bestimmung durch Begriffe zugänglich wäre; jeder arithmetische *Determinationsversuch* dieses *Mysteriums* wird als ein unerlaubter Eingriff angesehen und mit gehörigem Nachdruck zurückgewiesen; schüchterne Naturen empfangen dabei den Eindruck, als ob es sich bei dem „Kontinuum" nicht um einen *mathematisch-logischen Begriff*, sondern viel eher um ein *religiöses Dogma* handle.

Mir liegt es sehr fern, diese Streitfragen wieder heraufzubeschwören, auch würde mir zu einer genaueren Besprechung derselben in diesem engen Rahmen der Raum fehlen; ich sehe mich nur verpflichtet, den Begriff des Kontinuums, so logisch nüchtern wie ich ihn auffassen muß und in der Mannichfaltigkeitslehre ihn brauche, hier möglichst kurz und auch nur mit Rücksicht auf die *mathematische* Mengenlehre zu entwickeln. Diese Bearbeitung ist mir aus dem Grunde nicht leicht geworden, weil unter den Mathematikern, auf deren Autorität ich mich gern berufe, kein einziger sich mit dem Kontinuum in dem Sinne genauer beschäftigt hat, wie ich es hier nötig habe."

[1]) Man kann an Stelle von „perfekt" auch „stetig" setzen, ohne daß sich dadurch etwas an den im nächsten Absatz angeführten Tatsachen ändert. *Cantor* hat mit „perfekt" operiert.

2. sie enthält sowohl ein erstes Element $a$ als auch ein letztes Element $b$[1]);
3. sie enthält eine abzählbare Teilmenge $R$ derart, daß zwischen je zwei Elementen von $N$ stets mindestens ein Element der Teilmenge $R$ liegt; oder kurz: in ihr ist eine abzählbare Teilmenge dicht gelegen (demnach ist im besonderen $N$ auch überall dicht).

Durch diese drei Eigenschaften, die den auf S. 117 angeführten Eigenschaften des Ordnungstypus $\eta$ in gewisser Weise analog sind, ist die Menge $N$ in bezug auf ihren Ordnungstypus nun auch *vollständig* beschrieben. Mit anderen Worten: jede geordnete Menge, die diese drei Eigenschaften besitzt, ist unserer Menge $N$ ähnlich. Diese Eigenschaften enthalten also eine in bezug auf die Anordnung *erschöpfende* Charakterisierung des Linearkontinuums. Der Ordnungstypus der Zahlen- oder Punktmenge $N$, den man kurz den *Ordnungstypus des beiderseits begrenzten Linearkontinuums* nennen kann, wird mit $\Theta$ bezeichnet; der Ordnungstypus $\Theta$ ist also restlos bestimmt durch die drei angeführten Eigenschaften, von denen andererseits keine entbehrt werden kann. Wenn der Beweis dieser Tatsachen hier auch nicht vollständig ausgeführt werden soll, so möge doch bei der Bedeutung, die dieser Gegenstand besitzt, wenigstens der *Gedankengang* des *Cantor*schen Beweises[2]) entwickelt werden.

Ist $N'$ eine beliebige geordnete Menge, die im Verein mit einer abzählbaren Teilmenge $R'$ unsere drei Eigenschaften besitzt und deren erstes Element $a'$, deren letztes $b'$ ist, so wollen wir vor allem aus der Teilmenge $R'$ das Element $a'$ bzw. $b'$ bzw. beide entfernt denken, falls sie etwa von vornherein in $R'$ enthalten sein sollten; die so veränderte Menge $R'$ hat dann weder ein erstes noch ein letztes Element. Überdies ist $R'$ wegen Eigenschaft 3 überall dicht; $R'$ besitzt also die drei auf S. 117 aufgezählten Eigenschaften und hat demnach den Ordnungstypus $\eta$, den auch die Teilmenge $R$ von $N$ besitzt. $\Phi$ sei eine beliebige, aber von nun an bestimmte ähnliche Abbildung zwischen den Mengen $R$ und $R'$; durch $\Phi$ wird dann jedes in $R'$ vorkommende Element von $N'$ einer gewissen (gleichzeitig zu $N$ gehörigen) Zahl von $R$, d. h. einer rationalen Zahl zwischen $a$ und $b$ zugeordnet und umgekehrt. Ist dagegen $n'$ ein nicht zu $R'$ gehöriges Element von $N'$, so betrachten wir den Schnitt in $R'$ (nicht etwa in $N'$), dessen erste Hälfte alle und nur diejenigen Elemente von $R'$ enthält, die in $N'$ dem Element $n'$ vorangehen; diesem Schnitt entspricht vermöge der Abbildung $\Phi$ ein Schnitt in der Menge $R$ und damit auch ein eindeutig zugehöriger Schnitt in der Menge $N$ (vgl. S. 115 unten), der jedenfalls von einer gewissen reellen Zahl $n$ aus $N$ erzeugt wird; eben diese reelle Zahl ordnen wir dem Element $n'$ von $N'$ zu. Daß diese Zuordnung *umkehrbar* eindeutig ist, erkennen wir leicht, indem wir die Umkehrung in folgender Weise direkt angeben: ist eine reelle

[1]) Bei der gewöhnlichen Definition der abgeschlossenen Menge (vgl. Fußnote 2 auf S. 112) ist diese zweite Eigenschaft von selbst in der ersten eingeschlossen.

[2]) *Cantor,* Beiträge I, S. 510—512.

Zahl $n$ aus $N$ vorgelegt, so betrachten wir den zu $n$ gehörigen Schnitt in der Menge $R$, dessen erste Hälfte also von denjenigen rationalen Zahlen von $R$ gebildet wird, welche kleiner sind als $n$; diesem Schnitt entspricht vermöge der Abbildung $\Phi$ ein gewisser Schnitt in der Menge $R'$ und ein zugehöriger Schnitt in der Menge $N'$, der — da $N'$ eine perfekte und überall dichte Menge ist — durch ein einziges bestimmtes Element $n'$ von $N'$ erzeugt wird; das so festgelegte Element $n'$ ordnen wir der reellen Zahl $n$ zu. Die hierdurch hergestellte Abbildung zwischen den geordneten Mengen $N$ und $N'$ ist schließlich ähnlich; davon überzeugt man sich, wenn zwei beliebige reelle Zahlen $n_1$ und $n_2$ von $N$ ($n_1$ kleiner als $n_2$) gegeben sind und ihnen die Elemente $n_1'$ und $n_2'$ von $N'$ entsprechen, durch den Nachweis, daß ganz ebenso, wie $n_1$ zu der ersten Hälfte des durch $n_2$ erzeugten Schnittes in $N$ gehört, auch $n_1'$ in der ersten Hälfte des durch $n_2'$ erzeugten Schnittes in $N'$ vorkommt, so daß wirklich in $N'$ gilt: $n' \prec n_2'$.

Man erkennt an Hand der Definition des Ordnungstypus $\Theta$, daß die Ordnungstypen $\Theta$, $\Theta + \Theta = \Theta \cdot 2$, $\Theta \cdot 3$, ... $\Theta \cdot \omega$ usw. alle voneinander verschieden sind. Denn da jede Menge vom Ordnungstypus $\Theta$ ein erstes und ein letztes Element besitzt, weist z. B. jede Menge vom Ordnungstypus $\Theta + \Theta$ „in der Mitte" einen Sprung auf, während im Kontinuum keine Sprünge vorkommen. Ebenso erhält man, wenn man in einer Menge vom Ordnungstypus $\Theta$ ein Element fortläßt, eine Menge von einem anderen Ordnungstypus; es entsteht dann nämlich wie in Beispiel 3 auf S. 108 eine „Lücke", die die Menge zu einer nicht mehr abgeschlossenen macht. Dagegen verliert eine Menge vom Ordnungstypus $\eta$ durch Weglassung eines einzelnen Elements keine der drei auf S. 117 angeführten Eigenschaften, behält also ihren Ordnungstypus bei.

## § 11. Wohlgeordnete Mengen und Ordnungszahlen. Die Wohlordnung und ihre Bedeutung.

In der Gesamtheit der geordneten Mengen, mit denen wir uns in den letzten beiden Paragraphen beschäftigt haben, gibt es spezielle Mengen, die durch die besondere — wenn man will, besonders einfache — Art der Anordnung ihrer Elemente bemerkenswert sind und die man als „wohlgeordnet" bezeichnet. Im Reiche der wohlgeordneten Mengen herrschen besonders einfache Verhältnisse, die in vielen Beziehungen an die uns wohlvertrauten Eigenschaften der gewöhnlichen Zahlenreihe erinnern. Dementsprechend werden wir in den Ordnungstypen der wohlgeordneten Mengen eine Klasse „unendlicher Zahlen" kennenlernen, die viele Eigenschaften der endlichen Zahlen aufweisen und uns daher einen weniger fremden Eindruck machen, als ihn die unendlichen Kardinalzahlen und namentlich die Ordnungstypen unendlicher geordneter Mengen zunächst erwecken mochten. Ist schon hiermit ein besonderes Eingehen auf die Theorie der wohlgeordneten Mengen hinreichend gerechtfertigt, so werden gewisse Eigenschaften dieser Mengen doppelt bedeutungsvoll dadurch, daß sie sich auf ganz beliebige Mengen übertragen lassen. Neuerdings nämlich ist der strenge Nachweis der schon von *Cantor* mit Sicherheit vermuteten Tatsache gelungen, daß die Elemente jeder beliebigen (geordneten oder überhaupt nicht geordneten) Menge sich zu einer wohlgeordneten Menge umordnen bzw. anordnen lassen, und dieser Nachweis gestattet uns, wichtige Vereinfachungen für die Theorie der unendlichen *Kardinalzahlen* herzuleiten.

Wir sind zu Beginn des § 9 davon ausgegangen, daß die Kardinalzahlen der Mengenlehre zwar eine Verallgemeinerung des Begriffs der endlichen Zahl als *Anzahl* darstellen, daß man aber, um der Bedeutung der endlichen Zahlen für den *Zählprozeß*, d. h. der Verwendung der Zahl als *Ordnungszahl* gerecht zu werden, auch die Reihenfolge der Elemente in einer geordneten Menge beachten muß; das hat uns zu den Ordnungstypen als Verallgemeinerungen der endlichen Ordnungszahlen geführt. Der Zählprozeß ist jedoch von weit speziellerer Art, als es dem Ordnungstypus einer beliebigen geordneten unendlichen Menge entspricht. So beginnt das Zählen namentlich stets mit einem *ersten*, d. h. zuerst gezählten Ding; ferner folgt beim Zählprozeß jedem gezählten Ding, das nicht etwa überhaupt das letzte ist, ein weiteres Ding als *unmittelbarer Nachfolger*, d. h. auf $n$-tens folgt sofort $(n+1)$-tens. Von beiden Eigenschaften ist bei beliebigen Ordnungstypen keine Rede. Z. B. gibt es in einer nach dem Typus $^*\omega$ oder nach dem Typus $\eta$ geordneten Menge kein erstes Element; und in einer „überall dichten“ Menge (S. 106), z. B. in der Menge aller rationalen bzw. aller reellen Zahlen in der gewöhnlichen Reihenfolge, besitzt kein Element einen unmittelbaren Nachfolger, sondern „zwischen“ irgend zwei Elementen liegen noch unendlich viele andere. Um den gewöhnlichen Zählprozeß in das Gebiet des Unendlichen hinein fortzuführen, bedarf man demnach einer Spezialisierung des Begriffs des Ordnungstypus, also einer Beschränkung auf geordnete Mengen von besonderen Anordnungseigenschaften. Die Erkenntnis von der Bedeutung einer derartigen speziellen Klasse von Ordnungstypen und geordneten Mengen hat zu den frühesten und folgenreichsten Errungenschaften *Cantor*s gehört, der zu diesem Zweck von „wohlgeordneten“ Mengen und von „Ordnungs*zahlen*“ spricht (vgl. Grundlagen, S. 4ff.). Entsprechend seiner Begriffsbildung (a. a. O. sowie Beiträge II, S. 208f.) setzen wir fest:

**Definition 1.** Eine geordnete Menge $M$ heißt wohlgeordnet, wenn jede von der Nullmenge verschiedene Teilmenge von $M$ (im besonderen also auch $M$ selbst) ein *erstes* Element enthält.

Ist $a$ ein beliebiges Element der wohlgeordneten Menge $M$, so sei $N$ die Teilmenge aller auf $a$ folgenden Elemente $n$ von $M$ (d. h.

die Teilmenge derjenigen Elemente $n$, für die $a \prec n$ gilt); vorausgesetzt ist dabei, daß $a$ nicht etwa das letzte Element von $M$ ist. Nach der Definition der wohlgeordneten Menge besitzt die Teilmenge $N$ ein erstes Element $b$; für dieses gilt natürlich auch $a \prec b$. Dann gibt es kein Element $c$ in $M$, das zwischen $a$ und $b$ läge, also die Beziehungen $a \prec c \prec b$ erfüllte; denn $c$ müßte, weil auf $a$ folgend, zur Teilmenge $N$ gehören, kann aber dann doch deren erstem Element $b$ nicht vorangehen. Es gilt daher:

*In einer wohlgeordneten Menge gibt es zu jedem Element (außer dem etwaigen letzten) ein einziges unmittelbar nachfolgendes Element.*

Beispiele wohlgeordneter Mengen sind zunächst alle endlichen (geordneten)[1]) Mengen, ferner die Menge aller natürlichen Zahlen in der gewöhnlichen Reihenfolge; denn in jeder Menge von natürlichen Zahlen gibt es ja eine kleinste Zahl. Auch die Menge aller rationalen Zahlen in der auf S. 23 gegebenen Anordnung ist wohlgeordnet, wie überhaupt jede *abgezählte* Menge (d. h. jede Menge, die der Menge der ihrer Größe nach angeordneten natürlichen Zahlen ähnlich ist) wohlgeordnet ist; dies gilt aber keineswegs von jeder *abzählbaren* Menge, eine solche braucht ja überhaupt nicht geordnet zu sein. Auch eine nicht abgezählte unendliche Menge kann natürlich wohlgeordnet sein; so ist die Menge aller ganzen Zahlen nicht nur in der abgezählten Anordnung $\{0, 1, -1, 2, -2, \ldots\}$ wohlgeordnet, sondern auch z. B. in der nicht abgezählten Anordnung:

$$\{0, 1, 2, 3, \ldots -1, -2, -3, \ldots\}.$$

Ebenso ist die Menge aller positiven rationalen Zahlen z. B. auch in der folgenden, nicht abgezählten Anordnung wohlgeordnet:

$$\{1, 2, 3, \ldots \tfrac{1}{2}, \tfrac{3}{2}, \tfrac{5}{2}, \ldots \tfrac{1}{3}, \tfrac{2}{3}, \tfrac{4}{3}, \tfrac{5}{3}, \ldots \tfrac{1}{4}, \tfrac{3}{4}, \tfrac{5}{4}, \ldots, \ldots\}.$$

Nicht wohlgeordnet ist dagegen beispielsweise die Menge aller ganzen Zahlen in der natürlichen Reihenfolge

$$\{\ldots, -3, -2, -1, 0, 1, 2, 3, \ldots\},$$

da diese Menge selbst ebensowenig wie z. B. die Teilmenge der negativen Zahlen ein erstes Element besitzt. Auch die Menge aller rationalen oder reellen Zahlen zwischen 0 und 1 (oder zwischen irgendwelchen anderen Grenzen oder ohne Grenzen) ist nicht wohlgeordnet, wenn man die Zahlen der Größe nach ordnet; z. B. enthält ja die Teilmenge aller rationalen bzw. reellen Zahlen, die größer sind als $\frac{1}{2}$, kein erstes (kleinstes) Element, weil zwischen $\frac{1}{2}$ und jeder (um noch so wenig) größeren Zahl immer noch rationale bzw. reelle Zahlen liegen.

---

[1]) Vgl. die Bemerkung in Beispiel 1 von § 9, S. 94.

Unmittelbar aus der Erklärung der wohlgeordneten Mengen fließt noch der Satz:

*Jede Teilmenge einer wohlgeordneten Menge ist selbst wohlgeordnet.*

Um diesem Satz allgemeinste Gültigkeit (auch für die Nullmenge, die ja als Teilmenge jeder Menge gilt) zu sichern, bezeichnet man formal *auch die Nullmenge als wohlgeordnet,* eine Festsetzung, die mit Definition 1 im Einklang steht und sich weiterhin als nützlich erweisen wird. Ferner folgt in Verbindung mit dem Begriff der Ähnlichkeit der weitere Satz:

*Jede geordnete Menge, die einer wohlgeordneten Menge ähnlich ist, ist selbst wohlgeordnet.*

Wir haben zu Ende des § 9 (Definition auf S. 103) eine Methode kennengelernt, um aus einer geordneten Menge $M$, deren Elemente selbst lauter geordnete und paarweise elementefremde Mengen $A$, $B$, $C$ usw. sind, durch eine naturgemäße Ordnung der Vereinigungsmenge eine Art „geordnete Summe" der Mengen $A$, $B$, $C$ usw. zu bilden. Die Vermutung liegt nahe und soll jetzt bewiesen werden, daß diese geordnete Summe $S$ von selbst *wohlgeordnet* ist, falls das nämliche nicht nur von den einzelnen Summanden $A$, $B$, $C$ usw., sondern auch von der sie alle umfassenden geordneten Menge $M$ gilt. Der einfachste Spezialfall hiervon, an dem sich der Leser den nachstehenden Beweis zunächst einmal verdeutliche, liegt vor, wenn die Menge $M$ nur zwei Elemente $A$ und $B$ (oder allgemeiner nur endlich viele Elemente) enthält.

Um zu zeigen, daß die geordnete Summe $S$ wohlgeordnet ist, hat man nach Definition 1 nachzuweisen, daß in jeder beliebigen Teilmenge $S_0$ von $S$ ein erstes Element vorkommt. Hierbei werde nochmals daran erinnert, daß für die Anordnung zweier Elemente $a$ und $b$ von $M$, die zu verschiedenen Summanden, etwa zu $A$ und $B$, als Elemente gehören, die Reihenfolge von $A$ und $B$ in der Menge $M$ maßgebend sein sollte (S. 103). In der beliebigen Teilmenge $S_0$ von $S$ können nun Elemente aus verschiedenen, wenn auch nicht notwendig aus allen Summanden $A, B, C$ usw. vorkommen; die Menge derjenigen Summanden, die überhaupt einen Beitrag von Elementen zu $S_0$ liefern, ist jedenfalls eine Teilmenge der wohlgeordneten Menge $M$ *aller* Summanden und enthält als solche ein erstes Element, das $E$ heiße. In $S_0$ tritt also mindestens ein Element von $E$ auf, aber kein Element aus einem der Summanden, die in $M$ vor $E$ stehen. Ebenso muß es unter den in $S_0$ vorkommenden Elementen von $E$ wiederum ein erstes $e_0$ geben, weil diese Elemente eine Teilmenge der wohlgeordneten Menge $E$ ausmachen. Dann ist aber, wie aus der Anordnungsregel für die Summe $S$ hervorgeht, $e_0$ das erste Element der Teilmenge $S_0$ von $S$. $S$ ist hiermit als wohlgeordnet erwiesen, d. h. es gilt:

**Satz 1.** *Ist $M$ eine wohlgeordnete Menge von paarweise elementefremden wohlgeordneten Mengen, und wird deren Vereinigungsmenge im Sinne der Definition von S. 103 geordnet, so ist diese geordnete Vereinigungsmenge überdies wohlgeordnet. Insbesondere ist also die geord-*

*nete Vereinigungsmenge von zwei oder endlich vielen wohlgeordneten Mengen wiederum eine wohlgeordnete Menge.*

Um die Ordnungstypen der wohlgeordneten Mengen gegenüber anderen Ordnungstypen hervorzuheben, bezeichnet man sie als Ordinalzahlen oder Ordnungszahlen, im besonderen die Ordnungstypen *unendlicher* wohlgeordneter Mengen als transfinite oder unendliche Ordnungszahlen. Jede wohlgeordnete Menge $M$ besitzt also eine eindeutig bestimmte Ordnungszahl $\mu$, die gleichzeitig die Ordnungszahl jeder zu $M$ ähnlichen Menge ist, während die Ordnungszahl jeder nicht zu $M$ ähnlichen Menge von $\mu$ verschieden ist. Wie die anderen Ordnungstypen werden auch die Ordnungszahlen in der Regel durch kleine griechische Buchstaben bezeichnet. Die Ordnungszahlen stellen, wie gewünscht, eine naturgemäße Verallgemeinerung der endlichen Zahlen in Rücksicht auf den *Zählprozeß* dar, wie aus S. 122 f. hervorgeht.

Bei einer *endlichen* Menge entsprechen Kardinalzahl, Ordnungstypus und Ordnungszahl einander umkehrbar eindeutig; sie werden daher einheitlich, nämlich durch die natürlichen Zahlen, bezeichnet. In der Tat können ja die Elemente einer endlichen Menge ohne weiteres angeordnet, die Menge also in eine geordnete Menge verwandelt werden; und wie immer diese Ordnung vorgenommen wird, stets entsteht eine Menge vom nämlichen Ordnungstypus, der daher durch die Kardinalzahl (d. i. in diesem Fall die Anzahl der Elemente der Menge im gewöhnlichen Sinn) bezeichnet werden kann (S. 90). Da weiter jede geordnete endliche Menge wohlgeordnet ist, so ist der Ordnungstypus gleichzeitig eine (endliche) Ordnungszahl. (Daß natürlich dennoch Kardinalzahl und Ordnungszahl auch bei endlichen Mengen *begrifflich* verschieden sind, braucht wohl kaum betont zu werden; die Aussage „die Menge $\{1, 2, 3\}$ enthält drei Elemente" ist sicher logisch verschieden von der Aussage „die Menge enthält ein erstes, ein zweites und ein drittes Element".)

Ganz anders ist die Sachlage bei *unendlichen* Mengen. Da es für die Äquivalenzeigenschaften einer Menge auf eine etwaige Anordnung ihrer Elemente nicht ankommt und jede Menge sich selbst äquivalent ist, gehört zu jeder (unendlichen wie endlichen) Menge eine einzige Kardinalzahl. Die Elemente jeder unendlichen Menge lassen sich aber auf mannigfache Weise anordnen, d. h. man kann aus der nämlichen Menge eine Fülle verschiedener geordneter Mengen bilden; im allgemeinen werden verschiedene dieser aus der nämlichen Menge hervorgehenden geordneten Mengen auch verschiedene Ordnungstypen besitzen. Endlich kann es sein — das ist sogar, wie sich zeigen wird (S. 141), *stets* der Fall —, daß sich unter diesen geordneten Mengen auch wohlgeordnete befinden; deren Ordnungstypen sind dann gleichzeitig Ordnungszahlen. Ist z. B. die Menge aller natürlichen Zahlen gegeben, so ist $\mathfrak{a}$ ihre Kardinalzahl. Von den verschiedenen geordneten Mengen, die sich aus dieser Menge bilden lassen, seien hier nur einige wenige angegeben:

$$\{1, 2, 3, 4, 5, 6, \ldots\}, \ \{\ldots, 6, 5, 4, 3, 2, 1\}, \ \{1, 3, 5, \ldots 2, 4, 6, \ldots\},$$
$$\{\ldots, 6, 4, 2 \ldots, 5, 3, 1\}, \ \{1, 3, 5, \ldots\ldots, 6, 4, 2\}, \ \{\ldots, 5, 3, 1, 2, 4, 6, \ldots\},$$
$$\{1, 5, 9, \ldots 2, 6, 10, \ldots 3, 7, 11, \ldots 4, 8, 12, \ldots\};$$

endlich die (aus dem nachstehenden Anordnungsschema der natürlichen Zahlen von leicht erkennbarer Bildungsart:

$$\begin{matrix} 1 & 2 & 4 & 7 & 11 & 16 & . & . & . \\ 3 & 5 & 8 & 12 & 17 & . & . & . & . \\ 6 & 9 & 13 & 18 & . & . & . & . & . \\ 10 & 14 & 19 & . & . & . & . & . & . \\ 15 & 20 & . & . & . & . & . & . & . \\ 21 & . & . & . & . & . & . & . & . \\ . & . & . & . & . & . & . & . & . \\ . & . & . & . & . & . & . & . & . \end{matrix}$$

hervorgehende) geordnete Menge:

$$\{1, 2, 4, 7, \ldots; 3, 5, 8, 12, \ldots; 6, 9, 13, 18, \ldots; 10, 14, 19, 25, \ldots; \ldots\}.$$

Die Ordnungstypen dieser acht geordneten Mengen sind der Reihe nach (vgl. S. 101ff.):

$$\omega, \ {}^*\omega, \ \omega\cdot 2, \ {}^*\omega\cdot 2, \ \omega + {}^*\omega, \ {}^*\omega + \omega, \ \omega\cdot 4, \ \omega\cdot\omega.$$

Unter den acht geordneten Mengen sind endlich die erste, dritte, siebente und achte wohlgeordnet, d. h. die Ordnungstypen $\omega$, $\omega\cdot 2$, $\omega\cdot 4$, $\omega\cdot\omega$ sind unendliche Ordnungszahlen, die übrigen dagegen nicht; z. B. ist die fünfte der angeschriebenen Mengen nicht wohlgeordnet, weil in ihr die Teilmenge der geraden Zahlen (im Gegensatz zur entsprechenden Teilmenge der dritten Menge) kein erstes Element besitzt.

Die hier und im folgenden benutzte Addition und Multiplikation der Ordnungszahlen bedarf keiner besonderen Erklärung, da diese Operationen in dem in § 9 (S. 103) definierten Rechnen mit Ordnungstypen von selbst mitenthalten sind. Für dieses Rechnen ziehen wir aus Satz 1 (durch Übergang von den wohlgeordneten Mengen zu ihren Ordnungszahlen) die Folgerung:

**Satz 2.** *Eine Summe von lauter Ordnungszahlen ist, falls die Summanden in wohlgeordneter Anordnung auftreten, wiederum eine Ordnungszahl. Daher stellt namentlich jede Summe von endlich vielen Ordnungszahlen und jedes Produkt zweier Ordnungszahlen eine Ordnungszahl dar.*

Die letzte Aussage des Satzes 2 erhält man, wenn man wie auf S. 103 eine Summe von lauter *gleichen* (in wohlgeordneter Folge auftretenden) Ordnungszahlen ins Auge faßt. Bezeichnet man weiter, unter $\mu$ eine beliebige Ordnungszahl verstehend, die Ordnungszahl $\mu \cdot \mu$ mit $\mu^2$, dann $\mu^2 \cdot \mu$ mit $\mu^3$ usw., allgemein $\mu^n \cdot \mu$ mit $\mu^{n+1}$, so steht man beim einfachsten Fall der Potenzierung von Ordnungszahlen (vgl. oben S. 104), nämlich dem, wo der Exponent eine *endliche* Ordnungszahl ist; von der Ausdehnung auf den Fall gewisser unendlicher Exponenten wird auf S. 132 die Rede sein. — Daß die Addition und die Multiplikation von Ordnungszahlen (wie von Ordnungstypen überhaupt) nicht kommutativ ist, sondern im allgemeinen wesentlich von der Reihenfolge der Summanden bzw. Faktoren abhängt, wurde schon in § 9 (S. 101f. und 104) an Beispielen illustriert, die der Leser nun nochmals nachschlage.

Wie wir sahen, ist $\omega$ eine unendliche Ordnungszahl. Darüber hinaus erkennen wir sofort, daß *jede unendliche wohlgeordnete Menge Teilmengen von der Ordnungszahl* $\omega$ *besitzt*. Denn ist z. B. $m_0$ das (nach Definition vorhandene) erste Element der wohlgeordneten Menge $M$, so enthält $M$ nach S. 123 ein einziges auf $m_0$ unmittelbar folgendes Element $m_1$, ebenso ein auf $m_1$ folgendes $m_2$, dann ein nächstes $m_3$ usw.; dieses Verfahren, bei dem zu jedem Element sein Nachfolger herausgegriffen wird, kann ohne Ende fortgesetzt werden, da $M$ unendlich sein sollte (vgl. das — weit willkürlichere — Verfahren von S. 20). Die Menge der so herausgegriffenen Elemente $\{m_0, m_1, m_2, m_3, \ldots\}$ ist aber eine Teilmenge von $M$ und besitzt die Ordnungszahl $\omega$, womit unsere Behauptung als richtig erwiesen ist.

Ist $M$ eine unendliche wohlgeordnete Menge und $A$ die im vorigen Absatz hergestellte, mit dem Anfangselement von $M$ beginnende unendliche Teilmenge $\{m_0, m_1, \ldots\}$ vom Ordnungstypus $\omega$, so ist entweder $M$ mit $A$ identisch oder $M$ läßt sich im Sinn der Addition geordneter Mengen in der Form $M = A + B$ schreiben, wobei $B$ ersichtlich die nach Entfernung der Elemente von $A$ übrigbleibende Teilmenge von $M$ bedeutet und die Elemente von $B$ denen von $A$ nachfolgen. Nun läßt sich die wohlgeordnete Menge $A$ auf eine echte Teilmenge $A'$ ähnlich abbilden durch die Vorschrift, daß jedem Element von $A$ das ihm nachfolgende zugeordnet werden soll; $A'$ enthält dann alle Elemente von $A$ mit Ausnahme des ersten $m_0$ (das gleichzeitig auch das erste Element der ursprünglichen Menge $M$ ist). Ordnet man noch jedes Element von $B$ sich selber zu und bezeichnet $A' + B$ mit $M'$, so erhält man *eine ähnliche Abbildung der beliebigen unendlichen wohlgeordneten Menge* $M$ *auf die echte Teilmenge* $M'$ *von* $M$, bei der gewisse (sogar unendlich viele) Elemente von $M$ je ihrem *Nachfolger* entsprechen. Solche Abbildungen sind also für unendliche wohlgeordnete Mengen stets möglich. Ist z. B. $M$ die wohlgeordnete Menge $\{1, 3, 5, \ldots 2, 4, 6, \ldots\}$, so wird $A = \{1, 3, 5, \ldots\}$, $B = \{2, 4, 6, \ldots\}$ $A' = \{3, 5, 7, \ldots\}$ und $M' = \{3, 5, 7, \ldots 2, 4, 6, \ldots\}$; die in Frage, stehende ähnliche Abbildung zwischen $M$ und $M'$ läßt sich dann folgendermaßen andeuten:

$$\begin{array}{lcccccccc} M: & 1 & 3 & 5 & \ldots & 2 & 4 & 6 & \ldots \\ & \updownarrow & \updownarrow & \updownarrow & & \updownarrow & \updownarrow & \updownarrow & \\ M': & 3 & 5 & 7 & \ldots & 2 & 4 & 6 & \ldots \end{array}$$

Demgegenüber gilt der folgende von *Zermelo* stammende[1]) Satz, der für die wohlgeordneten Mengen bezeichnend ist:

**Satz 3.** *Niemals kann bei irgendeiner ähnlichen Abbildung einer wohlgeordneten Menge M auf eine Teilmenge N (M selbst nicht ausgeschlossen) der Fall vorkommen, daß ein Element m von M einem Element n von N zugeordnet ist, das ihm in der Menge M vorangeht.*

Denn käme dieser Fall vor, so müßte es unter allen derartigen Elementen $m$ ein erstes geben, wegen der Grundeigenschaft der wohlgeordneten Menge $M$. Es sei also $a$ das erste Element von $M$, dem ein ihm vorangehendes $b$ zugeordnet ist[2]); $b$ gehört sowohl zu $N$ wie zu $M$. Entspricht dann weiter dem Element $b$ von $M$ das (in $N$ wie auch in $M$ enthaltene) Element $c$, so wird die in $M$ geltende Beziehung $b \prec a$ wegen der Ähnlichkeit der Abbildung zwischen $M$ und $N$ die Beziehung $c \prec b$ in $N$ nach sich ziehen; da $N$ eine Teilmenge von $M$ ist, gilt $c \prec b$ auch in $M$. Es würde also $b$ durch unsere Abbildung dem ihm in $M$ vorangehenden Element $c$ von $N$ zugeordnet sein, entgegen unserer Voraussetzung, wonach das (auf $b$ nachfolgende) Element $a$ von $M$ das *erste* Element mit solcher Eigenschaft sein sollte; der erhaltene Widerspruch zeigt, daß unsere Annahme falsch, der behauptete Satz also richtig ist. Man beachte, wie wesentlich sich dieser Beweis darauf stützt, daß jede wie immer geartete Teilmenge von $M$ ein *erstes* Element aufweist; Satz 3 ist also eine unmittelbare und charakteristische Folgerung aus der Definition der wohlgeordneten Mengen.

Dem näheren Eingehen auf die Eigenschaften der wohlgeordneten Mengen werde noch die folgende Erklärung vorangeschickt:

---

[1]) Vgl. *Hessenberg*, S. V.

[2]) Hier tritt eine charakteristische (indirekte) Beweismethode der Theorie der wohlgeordneten Mengen auf, die uns nachstehend noch öfters begegnet. Sie besteht darin, daß zwecks Nachweises der Unmöglichkeit einer gewissen Eigenschaft der Elemente einer wohlgeordneten Menge zunächst angenommen wird, es gebe Elemente von der fraglichen Eigenschaft; dann muß nach Definition 1 in der Teilmenge aller derartigen Elemente ein *erstes* existieren, d. h. ein erstes Element von der fraglichen Eigenschaft; für dieses erste ist meist die Unmöglichkeit der Eigenschaft leicht nachzuweisen auf Grund der Tatsache, daß alle vorangehenden Elemente sie *nicht* besitzen. Daher kann die Menge überhaupt kein Element von der fraglichen Eigenschaft enthalten.

**Definition 2.** Ist $m$ ein beliebiges Element der wohlgeordneten Menge $M$, so wird die Teilmenge aller dem Element $m$ vorangehenden Elemente von $M$ ein Abschnitt von $M$ genannt, genauer: der durch das Element $m$ bestimmte Abschnitt von $M$[1]. Die Ordnungszahl von $M$ (und damit jeder zu $M$ ähnlichen Menge) nennt man größer ($>$) als die Ordnungszahl jedes Abschnittes von $M$, die Ordnungszahl jedes Abschnittes von $M$ kleiner ($<$) als die Ordnungszahl von $M$ selbst[2].

Aus dieser Definition gewinnen wir eine Größenordnung der Ordnungszahlen, ganz wie wir im § 6 eine Anordnung der Kardinalzahlen nach ihrer Größe durchgeführt haben; nur ist die Größenordnung der Ordnungszahlen, wie wir bald sehen werden, sehr viel durchsichtiger, als die der Kardinalzahlen bisher erschien. Wir haben uns vor allem davon zu überzeugen, daß die gegebene Erklärung der Größenordnung der Ordnungszahlen die drei (auf S. 91 f. angeführten) Eigenschaften besitzt, die man von jeder Anordnungsbeziehung vorauszusetzen pflegt. Dazu benötigen wir den folgenden Satz, der einen speziellen Fall des Satzes 3 darstellt:

**Satz 4.** *Eine wohlgeordnete Menge ist keinem ihrer Abschnitte ähnlich.*

Wäre nämlich entgegen dieser Behauptung der Abschnitt $A$ der wohlgeordneten Menge $M$ ähnlich zu $M$, so sei $a$ das Element von $M$, durch das der Abschnitt $A$ (im Sinn der Definition 2) bestimmt ist und das daher allen Elementen des Abschnittes nachfolgt. Das Element $a$ von $M$ wird durch eine (nach der gemachten Annahme existierende) ähnliche Abbildung zwischen $M$ und $A$ jedenfalls einem Element von $A$, d. h. einem ihm in $M$ vorangehenden Element, zugeordnet. Dies ist aber nach Satz 3 unmöglich, d. h. die Annahme $M \simeq A$ war falsch. — Es sei hervorgehoben, daß hiernach *eine beliebige Ordnungszahl* $\mu$ *stets verschieden ist von der Ordnungszahl* $\mu + 1$, und genauer, daß $\mu + 1$ *die nächstgrößere Ordnungszahl zu* $\mu$ *ist;* denn eine Menge von der Ordnungszahl $\mu + 1$ besitzt offenbar stets ein letztes Element, und der durch dieses bestimmte Abschnitt ist von der Ordnungszahl $\mu$.

Sind $M$ und $N$ zwei ähnliche wohlgeordnete Mengen, so ist nach Satz 4 keinesfalls die eine (etwa $N$) einem Abschnitt der andern ähnlich; also kann die Ordnungszahl von $N$, die *gleich* derjenigen von $M$ ist, nicht gleichzeitig *kleiner* sein als letztere (1. Eigenschaft von S. 92). Ist ferner $A$ einem Abschnitt der wohlgeordneten Menge $B$ und $B$ einem Abschnitt der wohlgeordneten Menge $C$ ähnlich, so ist offenbar auch $A$ einem Abschnitt von $C$ ähnlich; auf die Ordnungs-

[1] Ist $m$ das erste Element von $M$, so ist demnach die *Nullmenge* der durch $m$ bestimmte Abschnitt von $M$.

[2] Diese Bezeichnungen und Zeichen für die Größenordnung der *Ordnungszahlen* sind also dieselben wie die in § 6 für die Größenordnung der *Kardinalzahlen* eingeführten. Verwechselungen sind hieraus nicht zu befürchten (außer etwa bei *endlichen* Kardinal- und Ordnungszahlen, wo es nichts ausmacht).

zahlen übertragen, besagt dies: ist die Ordnungszahl von $A$ kleiner als diejenige von $B$ und diese selbst kleiner als die von $C$, so ist auch die Ordnungszahl von $A$ kleiner als diejenige von $C$ (3. Eigenschaft). Die nämliche Überlegung zeigt endlich, wenn wir $C$ mit $A$ zusammenfallen lassen, daß eine Ordnungszahl nicht gleichzeitig kleiner *und* größer als die nämliche andere Ordnungszahl sein kann (2. Eigenschaft); denn das würde besagen, daß $A$ einem Abschnitt von $B$ und $B$ einem Abschnitt von $A$, also $A$ einem Abschnitt von sich selbst ähnlich wäre. Unsere Definition besitzt also jene erforderlichen drei Eigenschaften.

Dagegen ist vorläufig noch nicht entschieden, ob nach unserer Definition überhaupt von je zwei verschiedenen Ordnungszahlen stets eine die kleinere ist; die Bejahung dieser Frage fällt offenbar mit der Behauptung zusammen, daß von zwei wohlgeordneten Mengen, die einander nicht ähnlich sind, stets eine einem Abschnitt der anderen ähnlich ist. Auf diese im Mittelpunkt der Lehre von den wohlgeordneten Mengen stehende Frage werden wir später (S. 135ff) noch eingehend zurückkommen. In den zunächst folgenden Überlegungen soll vorher ein anderer Gedankengang kurz skizziert werden, der sich ebensosehr durch seine Kühnheit wie durch seine konstruktive Anschaulichkeit auszeichnet.

Der Leser überzeugt sich zunächst leicht, daß die aus Definition 2 folgende Anordnung der *endlichen* Ordnungszahlen mit der gewöhnlichen Größenordnung der natürlichen Zahlen (und also auch derjenigen der endlichen Kardinalzahlen) übereinstimmt; z. B. besitzt der Abschnitt $\{1\}$ der wohlgeordneten Menge $\{1, 2\}$ die Ordnungszahl 1, der Abschnitt $\{1, 2\}$ der Menge $\{1, 2, 3\}$ die Ordnungszahl 2, d. h. die Ordnungszahl 1 ist kleiner als 2, 2 kleiner als 3 usw. Die Ordnungszahl 0 endlich entspricht dem durch das erste Element einer beliebigen wohlgeordneten Menge bestimmten Abschnitt, d. h. der Nullmenge.

Weiter folgt aus Definition 2, daß *$\omega$ die kleinste unendliche Ordnungszahl* ist. Denn ist $M$ irgendeine unendliche wohlgeordnete Menge und $A = \{m_0, m_1, m_2, \ldots\}$ die auf S. 127 hergestellte, mit dem ersten Element $m_0$ von $M$ beginnende Teilmenge von der Ordnungszahl $\omega$, so ist $A$ entweder mit $M$ identisch oder ein Abschnitt von $M$. Ist nämlich $A$ nicht mit $M$ identisch, so enthält $M$ noch Elemente $m$, die auf alle Elemente von $A$ folgen; bedeutet $a$ das erste unter allen derartigen Elementen $m$ von $M$, so ist offenbar $A$ der durch $a$ bestimmte Abschnitt von $M$. Demnach ist $\omega$ entweder selbst die Ordnungszahl von $M$ oder kleiner als sie; da sich andererseits jeder Abschnitt von $A$ als endlich erweist, so trifft unsere Behauptung zu.

Die Tatsache, daß jeder Abschnitt einer wohlgeordneten Menge von der Ordnungszahl $\omega$ endlich ist, besagt in Verbindung mit dem Ergebnis des vorigen Absatzes, daß im Sinn unserer Definition *jede endliche Ordnungszahl kleiner ist als jede unendliche Ordnungszahl.*

Weiter sei hier noch der folgende Satz vermerkt, den sich der Leser an Hand von Beispielen (z. B. für $\mu = 2, 3, \omega, \omega + 1, \omega \cdot 2, \omega \cdot 3$) leicht veranschaulicht; auf seinen Beweis wollen wir, um diesen kurzen Ausblick in das Reich der Ordnungszahlen nicht zu unterbrechen, erst später (S. 136) zurückkommen (natürlich ohne dann von den nachfolgenden Überlegungen Gebrauch zu machen).

**Satz 5.** *Ist $\mu$ eine beliebige Ordnungszahl, und wird die Menge aller Ordnungszahlen, die kleiner als $\mu$ sind, nach der Größe der Ordnungszahlen geordnet, so daß sie mit 0, 1, 2, ... beginnt, so ist diese Menge $W(\mu)$ wohlgeordnet und von der Ordnungszahl $\mu$.*

Wünscht man — wie es für viele Anwendungen nützlich ist — Satz 5 so auszusprechen, daß im Vordersatz bei der Erklärung der Menge $W(\mu)$ zunächst $\mu$ gar nicht vorkommt, so kann man sich offenbar so ausdrücken: Ist $W$ eine Menge von Ordnungszahlen mit der Eigenschaft, daß gleichzeitig mit irgendeiner Ordnungszahl $\alpha$ aus $W$ auch jede kleinere Ordnungszahl als $\alpha$ in $W$ vorkommt, so ist die nach der Größe der Ordnungszahlen geordnete Menge $W$ wohlgeordnet, und die Ordnungszahl $\mu$ der Menge $W$ stellt die *nächstgrößere* Ordnungszahl zu den Ordnungszahlen aus $W$ dar, d. h. die *kleinste* Ordnungszahl, die größer ist als jede in $W$ als Element vorkommende Ordnungszahl $\alpha$. $W = W(\mu)$ ist also die Menge aller Ordnungszahlen bis $\mu$ ausschließllch. — Daß allgemein zu jeder Menge $W$ von Ordnungszahlen, zu der es noch größere Ordnungszahlen gibt (vgl. hierzu S. 154), eine *nächstgrößere* Ordnungszahl existiert, ist eine Folge der Grundeigenschaft der Wohlordnung (Definition 1); ist nämlich $\beta$ eine Ordnungszahl, die größer ist als alle Elemente von $W$, und ist $\beta$ nicht schon selbst die nächstgrößere Ordnungszahl, so bilde man zu der wohlgeordneten Menge $W(\beta)$ aller Ordnungszahlen bis $\beta$ ausschließlich die Teilmenge $W_1$ aller *der* Ordnungszahlen aus $W(\beta)$, die größer sind als jede Ordnungszahl von $W$; nach Definition 1 besitzt $W_1$ ein erstes Element, das ersichtlich die gewünschte nächstgrößere Ordnungszahl darstellt.

Sind also alle Ordnungszahlen bis „zu einer gewissen Stelle" bekannt, so hat man, um die nächstgrößere Ordnungszahl $\mu$ zu gewinnen, nur die geordnete Gesamtheit jener Ordnungszahlen als Menge zu betrachten; $\mu$ ist dann die Ordnungszahl dieser Menge. Fährt man, mit $0, 1, 2$ usw. beginnend, nach dieser Vorschrift unbegrenzt fort, so erhält man die folgende vollständig bestimmte Reihe, die gewissermaßen *eine Fortsetzung der gewöhnlichen Zahlenreihe über das Unendliche hinaus* bedeutet (vgl. das Zitat auf S. 3) und eine der kühnsten Schöpfungen *Cantor*s darstellt:

$$0, 1, 2, 3, \quad \ldots \omega, \quad \omega + 1, \quad \omega + 2, \quad \ldots \omega \cdot 2, \quad \omega \cdot 2 + 1, \quad \ldots \omega \cdot 3, \quad \ldots$$
$$\omega \cdot 4, \ldots, \quad \omega \cdot m + n, \quad \ldots \omega^2 (= \omega \cdot \omega), \quad \omega^2 + 1, \quad \ldots \omega^2 + \omega, \quad \ldots$$
$$\omega^2 + \omega \cdot 2, \quad \ldots \omega^2 \cdot 2, \quad \ldots \omega^2 \cdot m + \omega \cdot n + p, \quad \ldots \omega^3, \quad \omega^3 + 1, \quad \ldots$$
$$\omega^n, \ldots \omega^n + \omega^{n-1} \cdot m_{n-1} + \omega^{n-2} \cdot m_{n-2} + \cdots + \omega \cdot m_1 + m_0, \ldots$$

Hierbei bedeuten die Summanden und Faktoren $m$, $n$, $p$, $m_{n-1}$ usw. ebenso wie die Exponenten $n$, $n - 1$ usw. *endliche* Ordnungszahlen. Die Einführung der Potenzen $\omega^2, \omega^3, \ldots, \omega^n$ ist auf Grund des Satzes 5 im Einklang mit der oben (S. 127) gegebenen Definition der Potenzen von Ordnungszahlen mit endlichen Exponenten, wie der Leser unschwer überlegen wird; so hat z. B. die Menge aller der Ordnungszahl $\omega^2$ vorangehenden Ordnungszahlen (die sämtlich von der Form $\omega \cdot m + n$ sind) die Ordnungszahl $\omega \cdot \omega$, weil lauter Abzählungen (festes $m$, veränderliches $n$) in abgezählter Reihenfolge (veränderliches $m$) aufeinander folgen. In einer sinngemäßen, hier nicht näher zu erörternden Verallgemeinerung[1]) dieses Potenzbegriffs (auf den Fall *unendlicher* Ordnungszahlen als Exponenten) legt man der wohlgeordneten Menge aller Ordnungszahlen von der oben angeschriebenen Form die Ordnungszahl $\omega^\omega$ bei und führt das Schema der Ordnungszahlen folgendermaßen unbegrenzt fort:

$$\omega^\omega, \quad \omega^\omega + 1, \ldots \quad \omega^\omega + \omega^n, \ldots \quad \omega^\omega \cdot n, \ldots \quad \omega^{\omega+1}, \quad w^{\omega+1} + 1, \ldots$$
$$\omega^{\omega \cdot n}, \ldots \omega^{\omega^2}, \ldots \omega^{\omega^n}, \ldots \omega^{\omega^\omega}, \ldots \omega^{\omega^\omega} \quad = \varepsilon, \quad \varepsilon + 1, \ldots.$$

Die hier mit $\varepsilon$ bezeichnete Ordnungszahl hat offenbar die Eigenschaft $\omega^\varepsilon = \varepsilon$ und ist die erste Ordnungszahl, die man, ausgehend von $\omega$ und den endlichen Ordnungszahlen, mittels Addition, Multiplikation und Potenzierung in endlicher Schreibweise nicht mehr darstellen kann; sie erfordert dabei eine neue Bezeichnung ($\varepsilon$). *Cantor* hat

---

[1]) Vgl. z. B. *Hausdorff*, S. 117 ff. Es sei nochmals (vgl. S. 105) hervorgehoben, daß die Potenzierung von Ordnungszahlen etwas ganz und gar anderes bedeutet und bezweckt, als die in § 8 behandelte Potenzierung der Kardinalzahlen. So ist z. B. eine Menge von der Ordnungszahl $\omega^\omega$ abzählbar und nicht etwa von der Kardinalzahl $\mathfrak{a}^\mathfrak{a} = \mathfrak{c}$ des Kontinuums. Um etwa die Menge der natürlichen Zahlen nach der Ordnungszahl $\omega^\omega$ anzuordnen, kann man mit *Hessenberg* jede Zahl als Produkt ihrer Primfaktoren darstellen und diese Produkte in erster Linie nach der wachsenden *Anzahl* der Faktoren anordnen; bei gleicher Anzahl der ihrer Größe nach anzuschreibenden Faktoren soll, unter Außerachtlassung etwa beiderseits gleicher Faktoren, die *Größe* der Faktoren für die Anordnung der Produkte maßgebend sein. Hiernach ergibt sich folgende Anordnung der (abzählbaren) Menge der natürlichen Zahlen:

1, 2, 3, 5, 7, 11, . . . (alle Primzahlen); 4, 6, 10, 14, . . .; 9, 15, 21, 33, . . .; . . .
8, 12, 20, 28, . . .; 18, 30, 42, 66, . . .; . . . 27, 45, 63, 99, . . .; . . .
16, 24, 40, 56, . . .; . . . .

Man mache sich dieses Bildungsgesetz klar und überzeuge sich hierzu namentlich, daß z. B. die Menge aller hierbei der Zahl $2^n$ vorangehenden Zahlen die Ordnungszahl $\omega^{n-1}$ aufweist!

allgemein die Ordnungszahlen $\xi$, die der Beziehung $\omega^\xi = \xi$ genügen, als *Epsilonzahlen* bezeichnet; hiernach ist $\varepsilon$ die kleinste Epsilonzahl.

Im Sinn unseres bisherigen Mengenbegriffs (S. 3) würden wir die Gesamtheit aller Ordnungszahlen des obigen endlos fortgesetzt gedachten Schemas (bei der getroffenen Anordnung nach der Größe der Ordnungszahlen) als eine wohlgeordnete Menge aufzufassen haben; aus welchen Gründen diese Auffassung als unzulässig betrachtet werden muß und wie demgemäß der in § 2 eingeführte Begriff der Menge abzuändern ist, das wird uns im nächsten Paragraphen beschäftigen.

Für die Leser, denen aus der Arithmetik der natürlichen Zahlen das Verfahren der „vollständigen Induktion" (Schluß von $n$ auf $n+1$) geläufig ist, sei bemerkt, daß die einfache Natur und Aufeinanderfolge der Ordnungszahlen eine Verallgemeinerung jenes Verfahrens auf beliebige Ordnungszahlen gestattet. Dieses — hier als *transfinite Induktion* bezeichnete — Verfahren besagt, daß eine Behauptung $\mathfrak{B}$ über Ordnungszahlen für *alle* Ordnungszahlen zutrifft, falls sie erstens für die (kleinste) Ordnungszahl 0 richtig ist und zweitens allgemein aus ihrer Gültigkeit für alle Ordnungszahlen bis zu einer beliebigen $\alpha$ (ausschließlich) auch noch ihre Gültigkeit für die Ordnungszahl $\alpha$ selbst folgt. Wäre nämlich unter diesen Bedingungen $\mathfrak{B}$ für eine Ordnungszahl $\beta$ unzutreffend, so sei $\beta_0$ die *erste* unter den Ordnungszahlen bis $\beta$ einschließlich [d. h. nach Satz 5: die erste Ordnungszahl der Menge $W(\beta+1)$], für die $\mathfrak{B}$ *nicht gilt*; da dann $\mathfrak{B}$ für alle Ordnungszahlen bis $\beta_0$ ausschließlich zuträfe, müßte $\mathfrak{B}$ nach der zweiten Bedingung auch noch für $\beta_0$ gelten, womit die Annahme über $\beta$ ad absurdum geführt ist. — Wie in der Arithmetik der natürlichen Zahlen liegt auch hier die Bedeutung des Induktionsschlusses nicht nur in seiner Brauchbarkeit zur Durchführung von *Beweisen*, sondern ebensosehr in seiner Verwendung zur Einführung von *Definitionen*: kann man eine gewisse Eigenschaft $\mathfrak{E}$ einer jeden Ordnungszahl $\alpha$ mittels Zurückführung auf alle Ordnungszahlen, die kleiner als $\alpha$ sind, formulieren und $\mathfrak{E}$ überdies z. B. für die Zahl 0 aussprechen, so ist damit die Definition von $\mathfrak{E}$ für *alle* Ordnungszahlen getroffen.

Zu jeder Ordnungszahl $\mu$ gehört eine eindeutig bestimmte Kardinalzahl, nämlich die Kardinalzahl einer wohlgeordneten Menge von der Ordnungszahl $\mu$. *Welche* wohlgeordnete Menge hierbei genommen wird, ist gleichgültig, da wohlgeordnete Mengen von der nämlichen Ordnungszahl ähnlich, also um so mehr äquivalent sind. (Z. B. gehört zu der kleinsten unendlichen Ordnungszahl $\omega$ die Kardinalzahl $\mathfrak{a}$ der abgezählten Mengen.) Man bezeichnet die Kardinalzahlen unendlicher wohlgeordneter Mengen als *Alefs* (vgl. S. 45). Umgekehrt gehört zwar zu jeder *endlichen* Kardinalzahl gleichfalls eine *eindeutig bestimmte* (gleichbezeichnete) Ordnungszahl (S. 90); zu jedem Alef dagegen gehören *unendlich viele verschiedene* Ordnungszahlen. Ist nämlich $M$ eine unendliche wohlgeordnete Menge von der Ordnungszahl $\mu$ und der Kardinalzahl $\mathfrak{m}$ und wird zu $M$ ein einziges Element als *letztes* hinzugefügt, so besitzt die dadurch neu entstehende wohlgeordnete Menge die von $\mu$ verschiedene Ordnungszahl $\mu+1$; die Kardinalzahl $\mathfrak{m}$ dagegen bleibt bei einer solchen Hinzufügung unverändert (vgl. S. 96). Entsprechend gehören zu der Kardinalzahl $\mathfrak{m}$ z. B. auch noch die

Ordnungszahlen $\mu + 2$, $\mu + 3$, $\mu + 4$ usw., übrigens auch $\mu + \omega$, $\mu + \omega + 1$ usw. (vgl. S. 19 und Fußnote auf S. 41). Man bezeichnet die (nach der Größe der Ordnungszahlen geordnete) Menge aller zu einem Alef gehörigen Ordnungszahlen als die *Zahlenklasse* dieses Alefs. Eine wichtige Rolle spielt die kleinste zum betreffenden Alef gehörige Ordnungszahl, die *Anfangszahl* der Zahlenklasse.

Geht man in dem Schema aller Ordnungszahlen von der kleinsten unendlichen Ordnungszahl $\omega$ aus und bildet man, im Sinne wachsender Ordnungszahlen fortschreitend, zu jeder Ordnungszahl die zugehörige Kardinalzahl, so erhält man zwar immer zu unendlich vielen verschiedenen Ordnungszahlen je eine und dieselbe Kardinalzahl; dennoch gibt es schließlich zu jeder auftretenden Kardinalzahl eine größere, und zwar eine *nächstgrößere*[1]). Man bezeichnet die sich derart ergebenden Kardinalzahlen der Reihe nach mit $\aleph_0, \aleph_1, \aleph_2, \ldots \aleph_\omega, \aleph_{\omega+1}, \ldots$ (vgl. S. 45); die so geordnete Gesamtheit aller Alefs wäre im Sinn unseres bisherigen Mengenbegriffs wiederum als eine wohlgeordnete Menge anzusprechen, was indes gleichartigen Bedenken, wie auf S. 133 oben erwähnt, begegnet. Im besonderen fällt hiernach $\aleph_0$, als zu der kleinsten unendlichen Ordnungszahl $\omega$ (und zu $\omega + 1$, $\omega + 2$ usw.) gehörig, mit der uns wohlbekannten Kardinalzahl $\mathfrak{a}$ der abzählbaren Mengen zusammen. Geht in der Reihe der Alefs die Kardinalzahl $\aleph_\mu$ der Kardinalzahl $\aleph_\nu$ voran, d. h. ist die Ordnungszahl $\mu$ kleiner als die Ordnungszahl $\nu$, so ist die Kardinalzahl $\aleph_\mu$ auch im Sinne der Größenordnung der Kardinalzahlen (S. 48) kleiner als die Kardinalzahl $\aleph_\nu$, wie folgende Überlegung zeigt: Ist $A$ eine wohlgeordnete Menge von der Ordnungszahl $\alpha$ und der Kardinalzahl $\aleph_\mu$, $B$ eine wohlgeordnete Menge von der Ordnungszahl $\beta$ und der Kardinalzahl $\aleph_\nu$, so wird, wenn $\aleph_\mu$

---

[1]) Zum Beweis bilde man, wenn $\aleph_\alpha$ ein beliebiges Alef ist, die (wohlgeordnete) Menge $M$ aller Ordnungszahlen, deren zugehörige Kardinalzahlen gleich oder kleiner als $\aleph_\alpha$ sind. Die Ordnungszahl $\mu$ von $M$ ist nach Satz 5 größer als jede in $M$ vorkommende Ordnungszahl, und zwar ist sie genauer die *nächstgrößere*. Nach der Definition der Menge $M$ gehört daher zu $\mu$ nicht mehr $\aleph_\alpha$ oder ein kleineres Alef als Kardinalzahl, sondern — wie man aus dem Äquivalenzsatz (vgl. S. 58) leicht folgert — ein größeres Alef. Dieses muß schließlich das auf $\aleph_\alpha$ unmittelbar folgende $\aleph_{\alpha+1}$ sein, weil zu jeder kleineren Ordnungszahl als $\mu$ höchstens die Kardinalzahl $\aleph_\alpha$ gehören sollte; $\mu$ ist die kleinste zu $\aleph_{\alpha+1}$ gehörige Ordnungszahl, also die Anfangszahl der Zahlenklasse von $\aleph_{\alpha+1}$.

Hiernach ist z. B. die (wohlgeordnete) Menge aller verschiedenen Ordnungszahlen von endlichen und abzählbaren Mengen (Kardinalzahl $\leq \aleph_0$) nicht mehr abzählbar, sondern sie besitzt als Kardinalzahl das zweitkleinste Alef $\aleph_1$, als Ordnungszahl die Anfangszahl der Zahlenklasse von $\aleph_1$. Weiter läßt sich auf Grund der skizzierten Überlegung z. B. das oben im Text angeführte Alef $\aleph_\omega$ erklären als die Kardinalzahl der wohlgeordneten Menge aller Ordnungszahlen, deren zugehörige Kardinalzahl ein $\aleph_n$ oder eine kleinere Kardinalzahl ist; $n$ darf hierbei jeden *endlichen* Wert annehmen.

in der Reihe der Alefs vor $\aleph_\nu$ steht, auch $\alpha$ in der Reihe der Ordnungszahlen vor $\beta$ stehen, also $\alpha$ kleiner sein als $\beta$. Das besagt, daß $A$ einem Abschnitt der wohlgeordneten Menge $B$ ähnlich, um so mehr also einer Teilmenge von $B$ äquivalent ist. Daher kann nach S. 58 $A$ nur entweder eine kleinere oder die nämliche Kardinalzahl besitzen wie $B$, und da $\aleph_\mu$ von $\aleph_\nu$ verschieden sein sollte, ist in der Tat $\aleph_\mu$ kleiner als $\aleph_\nu$.

Näher auf die interessante Theorie der Ordnungszahlen und der Alefs einzugehen, würde für den Rahmen dieser Darstellung zu weit führen; auch die vorangehenden, das Schema der Ordnungszahlen und das der Alefs betreffenden Ausführungen sollten nur eine andeutende Übersicht über die Verhältnisse und nicht eine systematische oder vollständige Entwicklung geben. Der Leser findet ausführliche Darstellungen dieser schon von *Cantor* eingehend erörterten Fragen (vgl. namentlich Grundlagen und Beiträge II) in den am Schluß genannten Schriften von *Hessenberg* und *Hausdorff* sowie — hier mit besonderer Rücksicht auf die historische Entwicklung — von *Schoenflies*.

Wir kehren nun wieder zu der auf S. 130 aufgeworfenen Frage nach der *Vergleichbarkeit zweier Ordnungszahlen* oder zweier wohlgeordneter Mengen zurück, um sie nach einer wesentlich von *Hausdorff*[1]) stammenden Umformung der ursprünglichen Methode *Cantor*s zu behandeln. Zunächst sollen zwei auch an sich beachtenswerte Sätze (6 und 7) hervorgehoben werden:

**Satz 6.** *Eine wohlgeordnete Menge kann nur auf eine einzige Weise auf sich selbst oder auf eine ähnliche Menge ähnlich abgebildet werden.*

Bei einer ähnlichen Abbildung der wohlgeordneten Menge $M$ auf sich selbst muß nämlich entweder jedes Element sich selbst zugeordnet sein oder es muß Elemente geben, die vorangehenden Elementen entsprechen; der letztere Fall würde dem Satze 3 widersprechen und ist somit ausgeschlossen. Daher kann eine wohlgeordnete Menge $M$ auch nicht auf zwei verschiedene Arten auf eine *andere* Menge $N$ ähnlich abgebildet werden; denn durch Kombination der beiden Abbildungen (Zuordnung je zweier dem nämlichen Element von $N$ entsprechender Elemente von $M$ zueinander) könnte man eine ähnliche Abbildung von $M$ auf sich selbst herstellen, bei der *nicht jedes* Element von $M$ sich selbst entspricht.

**Satz 7.** *Zwei Abschnitte der nämlichen wohlgeordneten Menge sind entweder miteinander identisch oder einer von ihnen ist ein Abschnitt des anderen.*

---

[1]) S. 104 f. Von den älteren Methoden sei neben der *Cantor*schen namentlich die von *Hessenberg* (S. 58—60) genannt.

In der Tat: ist die Menge $M$ wohlgeordnet und wird der durch das Element $a$ von $M$ bestimmte Abschnitt von $M$ mit $A$, der durch das Element $b$ von $M$ bestimmte Abschnitt mit $B$ bezeichnet, so ist entweder $a$ mit $b$ identisch oder in der Anordnnng der Elemente von $M$ steht $a$ vor $b$ oder $b$ vor $a$. Im ersten Fall sind die Abschnitte $A$ und $B$ identisch; im zweiten gehört $a$ und um so mehr jedes $a$ vorangehende Element von $M$ dem Abschnitt $B$ an, d. h. $A$ ist ein Abschnitt von $B$; im dritten Fall ist ebenso $B$ ein Abschnitt von $A$.

Satz 7 besagt, daß die Abschnitte einer und derselben wohlgeordneten Menge $M$ stets vergleichbar sind, daß nämlich die Ordnungszahlen zweier Abschnitte von $M$ entweder gleich sind oder die eine kleiner ist als die andere; denn nach der Definition 2 (S. 129) ist ja die Ordnungszahl eines Abschnitts einer wohlgeordneten Menge kleiner als die Ordnungszahl der Menge selbst. Darüber hinaus gehen wir jetzt zu dem Nachweis über, daß die Eigenschaft der Vergleichbarkeit nicht auf *Abschnitte der nämlichen* wohlgeordneten Menge beschränkt ist, sondern jedem *beliebigen Paar* wohlgeordneter Mengen zukommt.

Zu diesem Zwecke holen wir vor allem den bisher zurückgestellten Beweis des Satzes 5 (S. 131) nach. Es sei also $M$ eine beliebige wohlgeordnete Menge von der Ordnungszahl $\mu$, während $W(\mu)$ die Menge aller Ordnungszahlen, die kleiner als $\mu$ sind, bezeichne, geordnet nach der Größe der Ordnungszahlen; sind $\alpha$ und $\beta$ irgend zwei Ordnungszahlen von $W(\mu)$, so ist hiernach die in $W(\mu)$ etwa geltende Ordnungsbeziehung $\alpha \prec \beta$ gleichwertig mit der im Sinn der Definition 2 gemachten Aussage $\alpha < \beta$. Wir weisen die durch Satz 5 behauptete Ähnlichkeit zwischen den (jedenfalls geordneten) Mengen $M$ und $W(\mu)$ dadurch nach, daß wir direkt eine ähnliche Abbildung zwischen ihnen herstellen.

Hierzu sei im voraus der besseren Veranschaulichung halber bemerkt: Für „kleines" $\mu$ trifft die Behauptung ganz gewiß zu. Ist z. B. eine Menge $\{a, b, c\}$ von der Ordnungszahl 3 gegeben, so ist sie ähnlich der Menge $W(3) = \{0, 1, 2\}$; ebenso für beliebige endliche Mengen[1]). Aber auch für $\mu = \omega$ z. B. ist Satz 5 selbstverständlich; denn da $\omega$ nach S. 130 die kleinste unendliche Ordnungszahl ist, stellt $W(\omega)$ die Menge aller endlichen Ordnungszahlen in der gewöhnlichen Reihenfolge $\{0, 1, 2, 3, \ldots\}$ dar; die Ordnungszahl dieser Menge ist aber in der Tat $\omega$. Ähnlich für $\omega + 1$ usw. Für beliebig große Ordnungszahlen $\mu$ bedarf es jedoch eines allgemeinen Beweises.

Um also eine ähnliche Abbildung zwischen $M$ und $W(\mu)$ herzustellen, definieren wir zunächst überhaupt eine umkehrbar eindeutige Zuordnung

[1]) Man erkennt so gleichzeitig, daß die formale Zuerkennung des Prädikates „Ordnungszahl" an die *Null* eine gebieterische Notwendigkeit auch für die allgemeine Geltung des Satzes 5 ist, wie sie sich schon im Hinblick auf Definition 2 als erforderlich herausstellte.

zwischen den Elementen beider Mengen, von der wir dann nachweisen werden, daß sie ähnlich ist. $a$ sei ein beliebiges Element von $M$. Um die ihm zuzuordnende Ordnungszahl von $W(\mu)$ anzugeben, bezeichnen wir den durch $a$ bestimmten Abschnitt von $M$ mit $A$, seine Ordnungszahl mit $\alpha$; nach Definition 2 ist dann $\alpha$ kleiner als $\mu$, also ein Element von $W(\mu)$. *Diese Ordnungszahl $\alpha$ von $W(\mu)$ soll dem Element $a$ von $M$ zugeordnet werden.* Dann entspricht gemäß dieser Festsetzung auch umgekehrt jeder Ordnungszahl $\alpha$ von $W(\mu)$, d. h. jeder Ordnungszahl $\alpha < \mu$, eindeutig ein Element $a$ der Menge $M$, die die Ordnungszahl $\mu$ besitzen sollte. Denn nach Definition 2 besagt $\alpha < \mu$, daß $\alpha$ die Ordnungszahl einer einem Abschnitt von $M$ ähnlichen Menge — oder einfacher: die Ordnungszahl eines Abschnitts $A$ von $M$ — darstellt. Ist ein solcher Abschnitt $A$ durch das Element $a$ bestimmt, so ist $a$ nach der obigen Festsetzung ein der Ordnungszahl $\alpha$ von $W(\mu)$ zuzuordnendes Element von $M$; ein zweites, von $a$ verschiedenes derartiges Element kann in $M$ nicht vorkommen, weil ein solches nach Satz 7 einen zu $A$ *nicht* ähnlichen Abschnitt von $M$ bestimmen würde. Schließlich ist die so hergestellte Abbildung zwischen $M$ und $W(\mu)$ *ähnlich.* Denn sind $a$ und $b$ zwei Elemente von $M$, $A$ und $B$ die durch sie bestimmten Abschnitte und $\alpha$ und $\beta$ deren Ordnungszahlen, so folgt aus $a \prec b$ nach Satz 7 und dem Beweis dazu, daß $A$ ein Abschnitt von $B$, also nach Definition 2 $\alpha < \beta$ ist, und diese Betrachtung läßt sich offenbar umkehren. $W(\mu)$ ist also in der Tat wohlgeordnet und von der Ordnungszahl $\mu$, wie Satz 5 es behauptet.

Wir können hiernach die Elemente einer beliebigen wohlgeordneten Menge $M$ sämtlich durch „Indizes" bezeichnen, also in der Form $m_\alpha$ schreiben, wobei der Index $\alpha$ nicht nur wie sonst in der Mathematik die natürlichen Zahlen, sondern alle endlichen und unendlichen Ordnungszahlen bis zur Ordnungszahl von $M$ ausschließlich durchläuft. Man hat zu diesem Zweck als Index jedes Elements von $M$ die Ordnungszahl zu wählen, die ihm bei der soeben hergestellten Abbildung zugeordnet wurde. Damit ist eine Art „Normaldarstellung" jeder wohlgeordneten Menge:

$$\{m_0, m_1, m_2, \ldots m_\omega, m_{\omega+1}, \ldots m_{\omega\cdot 2}, m_{\omega\cdot 2+1}, \ldots\}$$

ermöglicht, die sich für mancherlei Zwecke als nützlich und anschaulich erweist, so z. B. auch für den uns gegenwärtig beschäftigenden Nachweis, daß zwei beliebige wohlgeordnete Mengen stets ihren Ordnungszahlen nach vergleichbar sind, d. h. daß entweder eine einem Abschnitt der anderen ähnlich ist, oder beide einander ähnlich sind.

Wir können uns aber für diesen Zweck die Sache auf Grund des Satzes 5 noch um ein Weiteres bequemer machen: statt zwei Mengen von den Ordnungszahlen $\mu$ und $\nu$ zu betrachten, die mit $m_0$, $m_1$ usw. bzw. $n_0$, $n_1$ usw. beginnen, also mit zwar verschiedenen, aber durch die gleichen Indizes bezeichneten Elementen, dürfen wir nach Satz 5 die Mengen der Indizes selbst, nämlich die jenen Mengen ähnlichen Mengen von *Ordnungszahlen* $W(\mu)$ und $W(\nu)$ ins Auge fassen. Diese Mengen fangen mit genau den nämlichen Elementen an, nämlich beide mit $0, 1, \ldots$ und, wenn $\mu$ und $\nu$ groß genug sind, sogar beide mit $0, 1, 2, \ldots \omega, \omega + 1, \ldots$. Begnügt man sich mit der Indexschreibweise, so wird man das vermutliche Zutreffen der Vergleichbarkeit sich so plausibel machen, daß man sagt: jede wohlgeordnete Menge besitzt mindestens „im Anfang" dasselbe Bildungsgesetz, das sich ausdrückt in der gegenseitigen Ähnlichkeit der „anfänglichen" entsprechenden Abschnitte beider Mengen, d. h. in der Gleichheit der Indizes entsprechender Elemente; diese Einzigkeit des Bildungsgesetzes wird sich nicht auf den Anfang beschränken, sondern so weit reichen, bis eine der Mengen erschöpft ist. Auf die Mengen $W(\mu)$ und $W(\nu)$ selbst übertragen, die sogar den *nämlichen* „Anfang" aufweisen, erscheint die Vergleichbarkeit noch einen Grad näherliegend und läßt sich in der Tat höchst einfach nachweisen.

Es seien also $\mu$ und $\nu$ zwei beliebige Ordnungszahlen, $W(\mu)$ und $W(\nu)$ die wohlgeordneten Mengen aller Ordnungszahlen, die kleiner als $\mu$ bzw. $\nu$ sind. Dann stimmen $W(\mu)$ und $W(\nu)$ jedenfalls in den ersten Elementen $0, 1, 2, \ldots$ überein. $D$ bezeichne die (wohlgeordnete) Menge $M$ der Ordnungszahlen, die gleichzeitig in $W(\mu)$ und $W(\nu)$ vorkommen, also den geordneten Durchschnitt beider Mengen; dann enthält $D$ mit irgendeiner Zahl $\gamma$ von $W(\mu)$ und $W(\nu)$ auch alle ihr (in beiden Mengen) vorangehenden Zahlen, weil $W(\gamma)$ eine Teilmenge — genauer: der durch $\gamma$ bestimmte Abschnitt — beider Mengen ist. Der Durchschnitt $D$ ist also z. B. mit $W(\mu)$ entweder identisch oder ein Abschnitt von $W(\mu)$, bestimmt durch das erste, allen Elementen von $D$ nachfolgende Element von $W(\mu)$; Entprechendes gilt für $D$ und $W(\nu)$. Wenn wir die Ordnungszahl von $D$ mit $\delta$ bezeichnen, so ist $D = W(\delta)$ (vgl. Satz 5). Wir gelangen also, ähnlich wie bei der Vergleichung ungeordneter Mengen hinsichtlich ihrer Kardinalzahlen (S. 54), zu folgendem Schema, das alle Möglichkeiten im Sinn „vollständiger Disjunktionen" verzeichnet:

| | $D = W(\mu)$, d. h. $\delta = \mu$ | $D$ Abschnitt von $W(\mu)$, d. h. $\delta < \mu$ |
|---|---|---|
| $D = W(\nu)$, d. h. $\delta = \nu$ | $W(\mu) = W(\nu)$, d. h. $\mu = \nu$ | $W(\nu)$ Abschnitt von $W(\mu)$, d. h. $\nu < \mu$ |
| $D$ Abschnitt von $W(\nu)$, d. h. $\delta < \nu$ | $W(\mu)$ Abschnitt von $W(\nu)$, d. h. $\mu < \nu$ | * |

Wie bei den Kardinalzahlen erledigen sich die drei ersten Fälle im Sinn der Vergleichbarkeit ($\mu = \nu$, $\nu < \mu$, $\mu < \nu$), nur viel einfacher als dort, wo zur Erledigung des ersten Falles der Äquivalenzsatz herangezogen werden mußte. Es bleibt also nur noch der vierte, durch ein Sternchen bezeichnete Fall zu betrachten.

*Dieser vierte Fall kann nun überhaupt nicht eintreten.* Denn ist $D$ ein Abschnitt beider Mengen $W(\mu)$ und $W(\nu)$, so gehört das diesen Abschnitt in beiden Mengen bestimmende Element $\delta$ gleichfalls beiden Mengen an; die Ordnungszahl $\delta$ muß dann also im Durchschnitt $D$

selbst vorkommen. Das widerspricht jedoch der Voraussetzung, wonach $D$ von der Form $W(\delta)$ ist, also nur die Ordnungszahlen bis $\delta$ *ausschließlich* umfaßt. $D$ muß daher mit mindestens einer der Mengen $W(\mu)$ und $W(\nu)$ zusammenfallen. (Anschaulicher ausgedrückt: Die Annahme, daß der Durchschnitt $D$ für beide Mengen nur ein Abschnitt sei, bei keiner also bis zum Ende reiche, widerspricht der Grundeigenschaft eines Durchschnitts, der so weit reichen muß, wie es die beiden Mengen gestatten; hier könnte man jedenfalls $D$ um ein Element „verlängern", nämlich um die Ordnungszahl $\delta$, die in jeder der beiden Mengen den Abschnitt $D = W(\delta)$ bestimmt.) Wir haben somit die ausnahmslose Vergleichbarkeit der wohlgeordneten Mengen bewiesen und können sie, wenn wir gemäß Satz 5 statt von $W(\mu)$ und $W(\nu)$ von beliebigen (ihnen ähnlichen) wohlgeordneten Mengen der Ordnungszahlen $\mu$ und $\nu$ ausgehen, so aussprechen:

**Hauptsatz 1 der Theorie der wohlgeordneten Mengen.** *Zwei wohlgeordnete Mengen sind entweder einander ähnlich oder eine von ihnen ist einem Abschnitt der anderen ähnlich. Von zwei ungleichen Ordnungszahlen ist also stets eine die kleinere und die andere die größere.*

Hiermit erst ist dem — im Vorstehenden nirgends als Beweishilfsmittel benutzten — Schema der Ordnungszahlen, wie wir es auf S. 132 kennen lernten, seine Einzigkeit und volle Bedeutung gesichert, insofern als es wirklich *allen* Ordnungszahlen Raum gibt. Es ist also ausgeschlossen, daß der unbegrenzt ausgedehnte Stamm, an dem sich die Ordnungszahlen wohlgeordnet aneinanderreihen, sich etwa irgendwo nach verschiedenen Ästen gabelt, deren Ordnungszahlen miteinander unvergleichbar wären, oder daß ganz losgelöst vom Hauptstamm sich noch Systeme von Ordnungszahlen vorfinden. Der geniale Gedanke aus einer frühen Schaffensperiode *Cantor*s (vgl. seine „Grundlagen"), den Zählprozeß über die Folge der endlichen Zahlen hinaus fortzusetzen, ist so klar und rein von ihm bis zu Ende durchgeführt. Ohne daß für Mehrdeutigkeiten und unbestimmte Unendlichkeitsbegriffe Platz oder gar Bedürfnis bliebe, folgt die Fortführung des Zählprozesses an jeder Stelle dem nämlichen, in Satz 5 ausgedrückten Gesetz, wonach die gerade fällige Zahl durch die Gesamtheit der ihr vorangegangenen eindeutig bestimmt ist. Weiterhin erlaubt dieser endlose Zählprozeß, die Elemente jeder noch so umfassenden wohlgeordneten Menge, weit über den Typus $\omega$ und selbst über die Kardinalzahl $\mathfrak{a}$ hinaus, gewissermaßen „abzuzählen", sie nämlich einheitlich mit Indizes zu versehen, die dann freilich nicht nur endliche Zahlen, sondern beliebige Ordnungszahlen sind.

Schließlich aber greift die Bedeutung des Hauptsatzes 1 sogar über die Fragen der Ordnung überhaupt hinaus und auf die Theorie der Äquivalenz über: die ausnahmslose Vergleichbarkeit der wohlgeordneten Mengen gilt nicht nur für ihre Ordnungszahlen, sondern ebenso für ihre Kardinalzahlen. Es seien nämlich $M$ und $N$ zwei beliebige wohlgeordnete Mengen. Sind $M$ und $N$ ähnlich, so sind sie um so mehr äquivalent, ihre Kardinalzahlen also gleich. Im anderen Fall ist nach Hauptsatz 1 die eine der beiden Mengen — etwa $M$ — einem Abschnitt der anderen — $N$ — ähnlich, d. h. die Ordnungszahl von $M$ kleiner als die von $N$. Daß $M$ einem Abschnitt von $N$ ähnlich ist, besagt im besonderen, daß $M$ einer Teilmenge von $N$ äquivalent ist; von den vier auf S. 54 aufgezählten Möglichkeiten kommen also in diesem Fall nur die erste und die dritte in Betracht, d. h. die Kardinalzahl von $M$ ist entweder gleich derjenigen von $N$ oder kleiner als sie. Wir erhalten so den

**Hauptsatz 2 der Theorie der wohlgeordneten Mengen.** *Wohlgeordnete Mengen sind nicht nur in bezug auf ihre Ordnungszahlen, sondern auch in bezug auf ihre Kardinalzahlen stets vergleichbar: die Kardinalzahlen zweier wohlgeordneter Mengen sind entweder gleich oder eine von ihnen ist kleiner als die andere. Sind nämlich $M$ und $N$ wohlgeordnete Mengen und ist die Ordnungszahl von $M$ kleiner als die Ordnungszahl von $N$, so ist die Kardinalzahl von $M$ gleich oder kleiner als die Kardinalzahl von $N$.*

Die Umkehrung dieses Satzes ergibt offenbar: sind $M$ und $N$ wohlgeordnete Mengen und ist die Kardinalzahl von $M$ kleiner (größer) als die von $N$, so ist (um so mehr) die Ordnungszahl von $M$ kleiner (größer) als die von $N$. Dagegen kann bei gleicher Kardinalzahl von $M$ und $N$ — ja sogar bei völliger Übereinstimmung dieser beiden wohlgeordneten Mengen in bezug auf ihre Elemente, abgesehen von der Ordnung — die Ordnungszahl von $M$ immer noch gleich, kleiner oder größer sein als die von $N$ (vgl. S. 126).

Der nunmehr für *wohlgeordnete* Mengen ausgeschlossene vierte Fall in bezug auf das Verhältnis zweier beliebiger Mengen hinsichtlich ihrer Kardinalzahlen, d. i. der Fall der *Unvergleichbarkeit* zweier Mengen oder zweier Kardinalzahlen, beunruhigt uns indes nach wie vor für ungeordnete oder für geordnete, aber nicht gerade *wohl*geordnete Mengen. Das ist der Grund, weshalb *Cantor* und seine Nachfolger die Bezeichnung „Mächtigkeit" der näherliegenden „Kardinalzahl" vorzogen; man trug Bedenken, mathematischen Objekten, die sich bezüglich ihrer Größe nicht einer ausnahmslosen Rangordnung fügen zu wollen schienen, den Ehrennamen einer „Zahl" zuzuerkennen. Nur die Alefs, die Mächtigkeiten der wohlgeordneten Mengen, für die der Hauptsatz 2 jedes Bedenken beseitigt, sollten als Kardinalzahlen bezeichnet werden.

Hier klaffte also im Gebäude der Mengenlehre noch eine tiefe Lücke zwischen den wohlgeordneten Mengen, deren Gesetze mit aller wünschenswerten Einfachheit und Einheitlichkeit geregelt waren, und allen anderen (geordneten oder ungeordneten) Mengen, für die eine so grundlegende Frage wie die nach der Vergleichbarkeit ihrer Mächtigkeiten offen blieb. Es lag nahe, die Überbrückung der Kluft sich in der Weise zu denken, daß man versuchte, entweder zu beliebigen Mengen äquivalente wohlgeordnete Mengen zu bilden oder, was wesentlich dasselbe bedeutet, beliebige Mengen durch geeignete Anordnung bzw. Umordnung ihrer Elemente selbst zu wohlgeordneten zu gestalten, kurz sie „wohlzuordnen“. Dann hätte man mit einem Schlag den Ertrag der Theorie der wohlgeordneten Mengen, vor allem den Hauptsatz 2, für alle Mengen nutzbar gemacht. Dieser Weg hatte denn in der Tat *Cantor* seit seiner ersten Beschäftigung mit diesen Fragen vorgeschwebt; eröffnet wurde er aber erst 1904 durch *Zermelo*s Beweis des entscheidenden Schrittes, den wir aussprechen als

**Wohlordnungssatz.** *Jede Menge kann in die Form einer wohlgeordneten Menge gebracht werden.*

Am nächstliegenden scheint es, zum Beweise dieses Satzes folgenden Gedankengang anzuführen: Man greife aus der beliebig gegebenen Menge ein beliebiges Element heraus, aus der übrigbleibenden Teilmenge ein zweites, aus der restlichen Teilmenge ein drittes usw. und setze dieses Verfahren so lange fort, bis die gegebene Menge erschöpft ist. Ordnet man dann die Elemente der gegebenen Menge in der Reihenfolge an, in der sie bei jenem Verfahren herausgegriffen wurden, so erhält man eine wohlgeordnete Menge.

In Rücksicht auf einen derartigen Gedankengang hat *Cantor* den Wohlordnungssatz als ein „grundlegendes und folgenreiches, durch seine Allgemeingültigkeit besonders merkwürdiges Denkgesetz“ bezeichnet; er hat an der festen Überzeugung von der Wohlordnungsfähigkeit jeder Menge selbst dann festgehalten, als (1904) die entgegengesetzte Behauptung vor der breitesten mathematischen Öffentlichkeit, dem internationalen Mathematikerkongreß, erwiesen schien (auf Grund eines sich späterhin als irrig erweisenden Hilfssatzes)[1]. Einen *Beweis* des Wohlordnungssatzes hat er dagegen nicht gegeben. Der obige Gedankengang ist nicht als ein eigentlicher — auch nur halbwegs strenger — Beweis anzusehen, vor allem deshalb, weil in keiner Weise gezeigt wird, daß durch das angegebene Verfahren mit seinem ominösen, begrifflich keineswegs einwandfreien Wörtchen „usw.“ (das natürlich nicht etwa eine Beschränkung auf abgezählt unendlich viele Schritte bedeuten darf) die gegebene Menge wirklich *erschöpft* werden kann. Die Unzulässigkeit des angegebenen Gedankengangs als Beweisverfahren erhellt besonders deutlich aus folgendem: er scheint nicht nur die *Möglichkeit* der Wohlordnung zu erweisen, sondern darüber hinaus zu jeder beliebigen Menge ein *wirkliches Verfahren* zur Ausführung der Wohlordnung anzugeben; dem steht die noch später (S. 208) hervorzuhebende Tatsache gegenüber, daß die wirkliche *Ausführung* der Wohlordnung

[1] Vgl. *Schoenflies* im Jahresber. d. D. Mathem.-Verein., **31** (1922), **100** f.

bis heute noch nicht einmal bei gewissen einfachsten nichtabzählbaren Mengen gelungen ist.

Im Jahre 1904 hat *Zermelo* in einer kurzen, aber von bewunderungswürdigem Scharfsinn erfüllten Note im 59. Band der Mathematischen Annalen einen wirklichen *Beweis* des Wohlordnungssatzes geliefert; vier Jahre später ließ er im 65. Band der nämlichen Zeitschrift einen weiteren Beweis folgen, der sich einer andersartigen Methode bedient und (im Gegensatz zum ersten Beweis) die Theorie der wohlgeordneten Mengen nicht voraussetzt, aber letzten Endes auf dem gleichen Grundgedanken wie der erste Beweis beruht. Das gründliche Durchdenken aller Schlüsse der *Zermelo*schen Beweise, vor allem des zweiten, stellt an den Leser ziemlich erhebliche Anforderungen, namentlich wegen der sehr abstrakten Natur der Gedankenfolge. Dennoch soll der historischen und grundsätzlichen Bedeutung halber (vgl. die beiden nächsten Paragraphen) wenigstens der erste dieser Beweise nachstehend dargestellt werden. Es wird jedoch das Verständnis des Beweises erleichtern, wenn wir vorher, ohne uns hierbei logische Lückenlosigkeit zum Ziel zu setzen, die Begründung des Wohlordnungssatzes mittels eines konkreteren und durchsichtigeren Gedankengangs versuchen, der an eine von *Schoenflies* (im Anschluß an *Zermelo*) gegebene Darstellung (Mengenlehre, S. 172 f.) anknüpft.

Es sei $M$ eine beliebig gegebene Menge, die nicht geordnet zu sein braucht. In jeder Teilmenge von $M$, abgesehen von der hier nicht in Betracht zu ziehenden Nullmenge, denken wir uns je ein einziges völlig beliebiges, aber von nun an festes Element ausgewählt und als das *ausgezeichnete Element* der betreffenden Teilmenge bezeichnet; dabei werden zu verschiedenen Teilmengen natürlich keineswegs stets verschiedene ausgezeichnete Elemente gehören, im Gegenteil können wir, wenn $m$ ein beliebiges Element von $M$ ist, die Auswahl z. B. mit der Festsetzung beginnen, daß $m$ das ausgezeichnete Element aller derjenigen Teilmengen von $M$ sein soll, in denen $m$ überhaupt vorkommt. Übrigens erfordert unser Beweis keineswegs, daß die Auswahl der ausgezeichneten Elemente für alle Teilmengen von $M$ durch bestimmte Regeln wirklich getroffen ist; es genügt vielmehr, wenn wir uns die Auswahl als möglich und irgendwie vollzogen vorstellen können (vgl. hierzu S. 200 ff.).

Der Vorteil dieses Ausgangspunkts einer „gleichzeitigen" Auswahl ausgezeichneter Elemente aus allen Teilmengen von $M$ gegenüber der „sukzessiven" Auswahl von Elementen aus gewissen Teilmengen, wie sie oben (S. 141, Absatz nach dem Wohlordnungssatz) verwendet wurde, liegt vor allem in dem folgenden, mehr psychologisch als mathematisch zu wertenden Umstand: Oben setzte jeder einzelne Auswahlakt die Gesamtheit aller vorangegangenen Auswahlakte schon voraus, da von ihnen die dem gegenwärtigen Akt zugrunde liegende

Teilmenge von $M$ abhängt; es gewinnt so den Anschein, als sei ein sukzessiv wachsender Zeitaufwand für die Auswahlakte erforderlich, womit freilich dem zeitlos zu denkenden Charakter aller mathematischen Schlußfolgen und Operationen nicht Rechnung getragen wird. Die Zugrundelegung einer gleichzeitigen Auswahl aus allen Teilmengen von $M$ ist jenem Verfahren zwar nicht in der praktischen Durchführbarkeit überlegen, wohl aber psychologisch faßbarer und anschaulicher.

Nun sei $a$ das ausgezeichnete Element der Menge $M$ selbst; wir bezeichnen die durch Entfernung von $a$ aus $M$ entstehende Teilmenge mit $A$. Weiter sei $b$ das ausgezeichnete Element von $A$, und $B$ die Menge, die aus $A$ durch Weglassung des Elementes $b$ entsteht; dann ist $B$ eine Teilmenge von $A$ wie auch von $M$ selbst; wir können $M$ als Vereinigungsmenge der (offenbar wohlgeordneten) Menge $B' = \{a, b\}$ und der Menge $B$ auffassen. Ferner soll $N$ die Bezeichnung einer vorläufig noch nicht bestimmten *geordneten* Menge sein, von der wir zunächst nur festsetzen, daß sie $a$ zum ersten Element und $b$ zum zweiten Element besitzen soll. In gleicher Weise fortfahrend bezeichnen wir das ausgezeichnete Element von $B$ mit $c$, die durch Entfernung von $c$ aus $B$ entstehende Menge — eine Teilmenge von $M$ — mit $C$ und bestimmen die geordnete Menge $N$ einen Schritt weiter durch: $N = \{a, b, c, \ldots\}$; dann ist $M$ die Vereinigungsmenge der Mengen $C' = \{a, b, c\}$ und $C$, von denen $C'$ übrigens wohlgeordnet ist. Dieses Verfahren denken wir uns beliebig fortgesetzt, etwa bis wir zu einer gewissen Teilmenge $R$ von $M$ gelangt sind, deren ausgezeichnetes Element $s$ ist. Wir bezeichnen dann die Teilmenge von $R$, die durch Entfernung von $s$ aus $R$ hervorgeht und die gleichzeitig eine Teilmenge der ursprünglichen Menge $M$ ist, mit $S$ (und ihr ausgezeichnetes Element mit $t$). Von der geordneten Menge $N$ kennen wir in diesem Augenblick die „ersten Elemente" bis $s$ einschließlich, d. h. das Element $s$ und alle ihm vorangehenden Elemente; bezeichnen wir die Teilmenge von $N$, die $s$ und alle vorangehenden Elemente enthält und die uns daher völlig bekannt ist, mit $S'$, so erkennen wir, daß $S' = \{a, b, c, \ldots s\}$ nicht nur eine geordnete, sondern sogar eine *wohlgeordnete* Menge ist. Zudem überzeugen wir uns durch nochmaliges Überdenken der Vorschrift unseres Verfahrens, daß die ursprünglich gegebene Menge $M$ sich als die Vereinigungsmenge der wohlgeordneten Menge $S'$ und der (nicht notwendig geordneten) Menge $S$ betrachten läßt, in Formel: $M = S' + S$; jedes Element von $M$ gehört nämlich entweder — wenn es ausgezeichnetes Element irgendeiner der bisher aufgetretenen Teilmengen $A, B, C, \ldots R$ ist — zu $S'$ oder (im anderen Fall) zu $S$. Jedem einzelnen Schritt unseres Verfahrens entspricht eindeutig eine Ordnungszahl, nämlich die Ordnungszahl der gerade ermittelten wohlgeordneten Teilmenge von $N$ (im gegenwärtigen Moment die Ordnungszahl von $S'$). Umgekehrt entsprechen auch den „ersten"

Ordnungszahlen je eindeutig bestimmte Schritte unseres Verfahrens; so entsprechen z. B. den Ordnungszahlen 1 bzw. 2 (als den Ordnungszahlen der wohlgeordneten Mengen $\{a\}$ bzw. $\{a, b\}$) der erste und zweite Schritt. Genau ebenso, wie wir die Reihe der Ordnungszahlen unbegrenzt fortsetzen konnten, wird dies bis zu einer gewissen Grenze auch für unser Verfahren und für die mit ihm verknüpfte Bestimmung einer wohlgeordneten Teilmenge von $N$ gelten[1]).

Diese Grenze aber, von der an wir den Ordnungszahlen keine Fortsetzung unseres Verfahrens mehr zuordnen können, kann nur dadurch erreicht werden, daß die gegebene Menge $M$ infolge der sukzessiven Entnahme ausgezeichneter Elemente erschöpft wird. Schärfer ausgedrückt: stellt sich bei einem bestimmten Schritt die gegebene Menge $M$ als Vereinigungsmenge einer wohlgeordneten und einer beliebigen Menge (entsprechend der obigen Beziehung $M = S' + S$) in folgender Form dar: $M = V' + V$ ($V'$ wohlgeordnet, $V$ beliebig), so kann die Nichtfortsetzbarkeit des Verfahrens nur daran liegen, daß $V$ *die Nullmenge ist*, also überhaupt kein Element enthält. In der Tat: enthält $V$ noch Elemente, und bezeichnen wir das ausgezeichnete Element von $V$ mit $w$, die durch Entfernung von $w$ aus $V$ entstehende Teilmenge mit $W$ und die wohlgeordnete Menge, die aus $V'$ durch Hinzufügung von $w$ *nach allen Elementen von* $V'$ hervorgeht, mit $W'$, so ist $M$ als Vereinigungsmenge von $W'$ und $W$ darstellbar; wir haben also entgegen der Annahme unser Verfahren um einen Schritt fortsetzen können und mit der Ordnungszahl von $W'$ eine größere Ordnungszahl als die bisherigen erreicht. (Diese beliebige Fortsetzbarkeit des Verfahrens entspricht dem nämlichen eindeutigen Bildungsgesetz, auf Grund dessen wir gemäß Satz 5 die Reihe der Ordnungszahlen schrittweise bilden und unbegrenzt fortsetzen konnten.) Die Behauptung, daß die an der Grenze unseres Verfahrens auftretende Menge $V$ überhaupt kein Element enthält, war also richtig, die Beziehung $M = V' + V$ lautet $M = V'$. Da endlich $V'$ eine wohlgeordnete Menge ist (mit der wir jetzt die bisher nicht völlig bestimmte Menge $N$ identifizieren können und wollen), so haben wir die beliebig gegebene Menge $M$ als eine wohlgeordnete Menge $N$ dargestellt, d. h. der Wohlordnungssatz ist bewiesen.

Nach dieser Betrachtung wird es auch dem weniger geübten Leser nicht mehr allzu schwer fallen, das volle Verständnis für den *ersten Zermeloschen Beweis* des Wohlordnungssatzes (Math. Annalen, **59** [1904], 514—516) zu finden, der jetzt in aller Ausführlichkeit dargestellt werden soll. Wir beginnen mit einigen Vorbereitungen. Zunächst zwei in der Mengenlehre vielfach übliche Bezeichnungen, die wir bisher ohne Umständlichkeit vermeiden konnten, die sich aber für den folgenden Beweis als sehr nützlich er-

[1]) Gegen diesen Schluß, der bei *Zermelo* vermieden wird, sind gewisse Einwände möglich; vgl. S. 133.

weisen: Ist $N$ eine Teilmenge der Menge $M$, so bezeichnen wir die Menge aller nicht in $N$ vorkommenden Elemente von $M$ durch

$$M - N,$$

in naturgemäßer Analogie zur Bedeutung des Minuszeichens in der Arithmetik. Es ist also z. B. stets $M - 0 = M$; ist $m$ Element von $M$, so bedeutet $M - \{m\}$ offenbar die Menge aller von $m$ verschiedenen Elemente von $M$. Die früher (S. 79) berührte Tatsache, daß eine vernünftige Subtraktion zwischen den Kardinalzahlen sich nicht allgemein erklären läßt, wird offenbar durch diese (auf den Fall einer *Teilmenge* $N$ beschränkte) Schreibweise nicht berührt. — Ferner kennzeichnen wir die Tatsache, daß $A$ ein Abschnitt einer wohlgeordneten Menge $M$ ist, durch

$$A \precsim M.$$

Wir verwenden also das sonst für die Anordnungsbeziehung in geordneten Mengen gültige Zeichen $\precsim$; ein Mißverständnis wird sich nicht ergeben, um so mehr als die hier eingeführte Bezeichnung ja nur für (wohlgeordnete) *Mengen* $M$ und $A$ in Betracht kommt (und übrigens, wenn man an die Ordnungszahlen von $A$ und $M$ denkt, ganz naheliegend erscheinen wird).

Nachstehend bezeichnet $M$ die durch den folgenden Beweis als wohlordnungsfähig zu erweisende Menge. Wir wollen, wie in der vorangegangenen Beweisskizze, für alle von 0 verschiedenen Teilmengen von $M$ ($M$ selbst eingeschlossen) *eine Auswahl je eines ausgezeichneten Elements jeder Teilmenge* getroffen denken. Der mit dem allgemeinen Funktionsbegriff der Mathematik (vgl. S. 81) vertraute Leser wird die Gesamtheit dieser Auswahlakte als eine Funktion auffassen, die jeder Teilmenge von $M$ (d. h. jedem Elemente von $\mathfrak{U}M$) außer 0 ein in ihr enthaltenes Element als Funktionswert eindeutig — übrigens keineswegs umkehrbar eindeutig — zuordnet; die unabhängige Veränderliche durchläuft die Teilmengen, die abhängige deren ausgezeichnete Elemente. Dieser Sachverhalt führt uns dazu, den Fall, daß $n$ das ausgezeichnete Element der Teilmenge $N$ von $M$ ist, zu bezeichnen durch die Schreibweise

$$n = f(N);$$

mit $f$ wird hier die Funktion oder Regel angedeutet, die jeder Teilmenge $N$ ein ausgezeichnetes Element $n$ von $N$ zuweist.

Als letzte Vorbereitung stellen wir dem zu führenden Beweis die folgende *Zermelo*sche Definition voran:

**Definition.** Ist $M$ eine beliebige, geordnete oder nicht geordnete Menge, so heißt eine *Teilmenge* $\Gamma$ von $M$ *eine Gammafolge* von* $M$, wenn

erstens $\Gamma$ geordnet und zwar wohlgeordnet ist (ohne Rücksicht auf die Nichtordnung oder eine etwaige Ordnung von $M$), und

zweitens für jeden Abschnitt $A \precsim \Gamma$, der durch das Element $a$ aus $\Gamma$ bestimmt sei, gilt:

$$f(M - A) = a.$$

Die erste dieser Bedingungen bedarf keiner Erläuterung. In der zweiten stellt der Abschnitt $A$ der wohlgeordneten Menge $\Gamma$, die selbst eine Teilmenge von $M$ ist, um so mehr eine Teilmenge von $M$ dar. Während $\Gamma$ eventuell *sämtliche* Elemente von $M$ umfassen kann, ist dies für $A$ natürlich unmöglich, der Natur eines Abschnitts wegen; z. B. kommt das den Abschnitt $A$ bestimmende Element $a$ von $\Gamma$ (und von $M$) in $A$ nicht vor. $M - A$ ist daher eine von 0 verschiedene Teilmenge von $M$; daß ihr ausgezeichnetes Element gerade das den Abschnitt $A$ bestimmende Element von $\Gamma$ sei, ist die charakteristische Bedingung, die die Gammafolgen unter allen wohlgeordneten Teilmengen von $M$ auszeichnet[1]).

Als Beispiel seien die einfachsten Gammafolgen angeführt. Setzen wir $A = 0$, d. h. betrachten wir den durch das erste Element $m_0$ einer Gammafolge $\Gamma$ bestimmten Abschnitt (vgl. Fußnote 1 zu Definition 2 auf S. 129), so folgt $m_0 = f(M - 0) = f(M)$; wir erhalten so das Ergebnis: *Das erste Element jeder Gammafolge von M ist das ausgezeichnete Element der Menge M selbst.* Daher ist z. B. die Menge $\{m_0\}$, die nur dieses ausgezeichnete Element von $M$ enthält, eine Gammafolge; ebenso die Menge $\{m_0, m_1\}$, die nach $m_0$ noch $m_1 = f(M - \{m_0\})$ enthält. Durch Fortsetzung dieses Verfahrens (gemäß der zweiten Definitionseigenschaft der Gammafolgen) erhält man, vorausgesetzt daß $M$ eine unendliche Menge ist, unendlich viele endliche Gammafolgen $\{m_0, m_1, \ldots, m_n\}$; hierbei bedeutet für jeden Index $k$ stets $m_k$ das ausgezeichnete Element der Menge $M - \{m_0, m_1, \ldots, m_{k-1}\}$. Man schließt aus der Definition unmittelbar, daß *jede* Gammafolge mit diesen Elementen $m_0$, $m_1$ usw. der Reihe nach beginnen muß, und erkennt danach leicht den Zusammenhang des Begriffs der Gammafolge mit der vorher gegebenen Begründung des Wohlordnungssatzes.

Wir gehen nun zum Beweis der Behauptung über, wonach die beliebig gegebene Menge $M$ sich wohlordnen läßt, und zerlegen ihn in vier Teile 1. bis 4., deren jeder dem Nachweis einer an die Spitze des Teils gestellten Behauptung gewidmet ist.

1. *Von zwei verschiedenen Gammafolgen $\Gamma_1$ und $\Gamma_2$ von $M$ ist eine ein Abschnitt der anderen.*

Beweis: Da jede Gammafolge eine wohlgeordnete Menge ist, muß nach Hauptsatz 1 (S. 139) jedenfalls eine der Mengen $\Gamma_1$ und $\Gamma_2$ einem Abschnitt der anderen *ähnlich* sein, wenn nicht gar beide einander ähnlich sind. Es sei also etwa

$$\Gamma_1 \simeq \Gamma_2' \leqq \Gamma_2 .$$

Fassen wir den zu $\Gamma_1$ ähnlichen Abschnitt $\Gamma_2'$ von $\Gamma_2$ (allenfalls mit $\Gamma_2$ zusammenfallend) näher ins Auge, so erkennen wir, daß er „im Anfang" sogar völlig mit $\Gamma_1$ übereinstimmt; denn beide Mengen haben, wie jede Gammafolge (siehe oben), $m_0 = f(M)$ zum ersten Element, ebenso $m_1 = f(M - \{m_0\})$ zum zweiten usw. Wenn bei der (nach Satz 6 von S. 135 übrigens eindeutig bestimmten) ähnlichen Abbildung zwischen $\Gamma_1$ und $\Gamma_2'$ überhaupt einmal zwei verschiedene Elemente einander zugeordnet sind, d. h. wenn beide Mengen nicht ganz und gar miteinander zusammenfallen, so muß es unter den Elementen von $\Gamma_1$ (als einer wohlgeordneten Menge) ein erstes $a_1$ geben, das bei jener ähnlichen Abbildung einem *anderen* Element $a_2$ von $\Gamma_2'$ zugeordnet ist. Da dann alle einander entsprechenden, *vor* $a_1$ bzw. $a_2$ in $\Gamma_1$ bzw. $\Gamma_2'$ stehenden Elemente paarweise übereinstimmen, ist der durch $a_1$ bestimmte Abschnitt $A_1 \prec \Gamma_1$ identisch mit dem durch $a_2$ bestimmten Abschnitt $A_2 \prec \Gamma_2' \leqq \Gamma_2$. Aus $A_1 = A_2$ folgt aber (nach der zweiten Eigenschaft der Gammafolgen) für die Gammafolgen $\Gamma_1$ und $\Gamma_2$:

$$a_1 = f(M - A_1) = f(M - A_2) = a_2 ;$$

---

[1]) Der Ausdruck „Folge" soll, wie dies vielfach geschieht, eine kurze Bezeichnung für „wohlgeordnete Menge" darstellen. Trotz der Bequemlichkeit dieses Ausdrucks wurde hier sonst von seiner Verwendung abgesehen, und zwar in Rücksicht auf seinen spezielleren Gebrauch außerhalb der Mengenlehre (im Sinn von „abgezählte Menge", nur ohne die Bedingung, daß die einzelnen Elemente alle verschieden sein sollen).

das widerspricht der Voraussetzung, wonach $a_1$ und $a_2$ voneinander verschieden sein sollten. Die Annahme, daß überhaupt Paare *verschiedener* einander zugeordneter Elemente aus $\Gamma_1$ und $\Gamma_2'$ existieren (und daher ein erstes solches Paar), muß also fallen gelassen werden; die wohlgeordneten Mengen $\Gamma_1$ und $\Gamma_2'$ sind somit nicht nur ähnlich, sondern miteinander identisch, d. h. $\Gamma_1$ ist wirklich, falls überhaupt von $\Gamma_2$ verschieden, ein Abschnitt von $\Gamma_2$.

Das Prinzip des vorstehenden Beweises ist offenbar folgendes: Gleich nach der Definition der Gammafolgen wurde oben unter Anführung von Beispielen gezeigt, daß alle Gammafolgen von $M$ mit den nämlichen Elementen $m_0, m_1, \ldots, m_n$ beginnen; dieser „im Anfang" vorhandene einheitliche Bau der Gammafolgen erweist sich auf Grund der seit S. 128 (vgl. Fußnote 2) wiederholt angewandten Beweismethode als nicht nur im Anfang, sondern *durchgehends* zutreffend, d. h. so weit, wie die betrachtete Gammafolge überhaupt reicht.

2. *Die Gesamtheit der Elemente aller Gammafolgen der Menge $M$ kann so geordnet werden, daß erstens die dadurch entstehende geordnete Menge $\Sigma$ wohlgeordnet ist und daß zweitens diese Menge $\Sigma$ je zwei ihrer Elemente $a_1$ und $a_2$ stets in der nämlichen Reihenfolge enthält, in der diese Elemente in irgendeiner Gammafolge von $M$, die $a_1$ und $a_2$ umfaßt, auftreten.* Etwas anders ausgedrückt: Bildet man, ohne Rücksicht auf die in den Gammafolgen herrschende Ordnung, die Vereinigungsmenge aller Gammafolgen (gemäß Definition 2 des § 7, S. 61f.), so kann diese Vereinigungsmenge so wohlgeordnet werden, daß die Ordnungsbeziehungen, wie sie in jeder beliebigen Gammafolge gelten, unverändert erhalten bleiben.

Durchführung und Beweis: Wir bilden zunächst die (ungeordnete) Vereinigungsmenge $S$ aller Gammafolgen. Um ihr eine Ordnung aufzuprägen, bedenken wir, daß von irgend zwei Elementen $a_1$ und $a_2$ von $S$ nach der Definition dieser Menge jedes (mindestens) einer Gammafolge angehören muß, etwa $a_1$ der Gammafolge $\Gamma_1$ und $a_2$ der Gammafolge $\Gamma_2$. Nach 1. sind diese beiden Gammafolgen entweder identisch, oder eine (etwa $\Gamma_1$) ist ein Abschnitt der anderen ($\Gamma_2$). Da $\Gamma_2$ auch alle Elemente jedes Abschnitts von sich enthält, gehören in jedem Falle $a_1$ und $a_2$ einer und derselben Gammafolge $\Gamma_2$ an. Wir setzen nun fest: Für die Elemente $a_1$ und $a_2$ von $S$ soll in dieser Menge $a_1 \prec a_2$ oder $a_2 \prec a_1$ gelten, je nachdem in der Gammafolge $\Gamma_2$ $a_1 \prec a_2$ oder $a_2 \prec a_1$ gilt. Die so aus $S$ entstehende geordnete Menge werde mit $\Sigma$ bezeichnet.

Diese Festsetzung erscheint zunächst weitgehend willkürlich und vieldeutig, insofern als die Gammafolge $\Gamma_2$, die für die Ordnung von $a_1$ und $a_2$ in $\Sigma$ maßgebend sein soll, in sehr willkürlicher Weise gewählt war. Wir haben uns also vor allem davon zu überzeugen, daß diese Willkür bedeutungslos ist, d. h. daß in jeder anderen Gammafolge $\Gamma_3$, in der $a_1$ und $a_2$ überhaupt vorkommen, beide Elemente in derselben Anordnung stehen wie in $\Gamma_2$. In der Tat ist nun nach 1. von den beiden Gammafolgen $\Gamma_2$ und $\Gamma_3$ wiederum eine ein Abschnitt der andern, und in einem Abschnitt (wie überhaupt in einer Teilmenge) einer wohlgeordneten Menge gelten ja für Elemente des Abschnitts stets die gleichen Ordnungsbeziehungen, wie in der Menge selbst. Bei der getroffenen Festsetzung werden also die Ordnungsbeziehungen *jeder* Gammafolge in $\Sigma$ unverändert aufrecht erhalten. — Hieraus ergibt sich: gilt für drei Elemente $a, b, c$ aus $\Sigma$ nach unserer Festsetzung etwa $a \prec b$, $b \prec c$, so folgt stets $a \prec c$, wie es (vgl. S. 92) für jede Ordnungsbeziehung erfüllt sein muß; denn $a \prec c$ gilt ja in jeder Gammafolge, die $a, b, c$ gleichzeitig enthält. Ferner können wir aus der Art der Ordnung in $\Sigma$ folgern, daß *die Menge aller Elemente von $\Sigma$, die einem beliebigen Element $a$ von $\Sigma$ vorangeht, zusammenfällt* *mit der Menge aller vor a stehenden Elemente einer beliebigen a enthaltenden Gammafolge* $\Gamma$ (d. h. mit dem durch $a$ bestimmten Abschnitt von $\Gamma$); denn alle $a$ vorangehenden Elemente von $\Sigma$ müssen nach der Definition von $S$ in irgendwelchen Gammafolgen vorkommen, und zwar (wegen 1. und der festgesetzten Ordnung in $\Sigma$) in jeder $a$ enthaltenden Gammafolge. Das letzte Ergebnis zeigt, daß die Menge $\Sigma$ wenigstens „im Anfang" wohlgeordnet ist, gleich jeder Gammafolge.

Schließlich bleibt noch zu zeigen, daß die getroffene Festsetzung $\Sigma$ zu einer *durchwegs wohlgeordneten* Menge stempelt. Zu diesem Zwecke weisen wir gemäß der Definition der Wohlordnung nach, daß eine beliebige (geordnete) Teilmenge $T$ von $\Sigma$ ein erstes Element besitzt. Ist $t$ ein beliebiges Element von $T$, so gehört $t$ (nach der Definition von $\Sigma$) mindestens einer Gammafolge $\Gamma$ an; dann ist nach dem Ende des vorigen Absatzes die Menge aller vor $t$ stehenden Elemente von $\Sigma$ ein Abschnitt von $\Gamma$, also die Menge $T_0$ aller vor $t$ stehenden Elemente der Teilmenge $T$ von $\Sigma$ gewiß eine Teilmenge von $\Gamma$. $T_0$ hat daher als Teilmenge der (wohlgeordneten) Gammafolge $\Gamma$ ein erstes Element $t_0$. Schließlich ist $t_0$ gleichzeitig das erste Element von $T$, wie aus der Definition von $T_0$ (als eines „Anfangsstückes" von $T$) hervorgeht; die (beliebig gewählte) Teilmenge $T$ von $\Sigma$ hat somit ein erstes Element, d. h. $\Sigma$ ist wohlgeordnet. — Damit ist der schwierigste Teil des gesamten Beweises überwunden.

3. *Die durch* 2. *definierte (wohlgeordnete) Menge $\Sigma$ ist selbst eine Gammafolge und daher die größte Gammafolge von $M$.*

Beweis: Die erste Eigenschaft der Gammafolgen, wohlgeordnet zu sein, ist für $\Sigma$ bereits als erfüllt nachgewiesen. Zur Prüfung hinsichtlich der zweiten Eigenschaft bezeichnen wir einen beliebigen Abschnitt von $\Sigma$ mit $A$; wird $A$ durch das Element $a$ von $\Sigma$ bestimmt, so gehört $a$ nach der Definition von $\Sigma$ einer Gammafolge $\Gamma$ an und bestimmt (vgl. 2.) auch in $\Gamma$ den nämlichen Abschnitt $A$. Da $\Gamma$ eine Gammafolge ist, gilt nach der zweiten Eigenschaft jeder solchen: $a = f(M - A)$. Diese für den beliebig gewählten Abschnitt $A$ von $\Sigma$ gültige Beziehung zeigt, daß $\Sigma$ in der Tat eine Gammafolge ist, und zwar die größte überhaupt vorkommende, da $\Sigma$ alle Elemente sämtlicher Gammafolgeu umfassen sollte.

Der Beweis von 3. wie auch des letzten Teiles von 2. beruht ersichtlich darauf, daß $\Sigma$ „soweit als man will" mit einer geeigneten Gammafolge identifiziert werden kann und von dieser dann ihre beiden Eigenschaften übernimmt.

4. *Die wohlgeordnete Menge $\Sigma$ umfaßt alle Elemente von $M$ und stellt daher eine Wohlordnung von $M$ dar.*

Beweis: Wir gehen genau wie am Ende des zuerst skizzierten Beweises des Wohlordnungssatzes vor, überzeugen uns nämlich davon, daß der im Resultat 3. zum Ausdruck kommende Abschluß der Bildung von Gammafolgen seinen Grund nur in der Erschöpfung der Menge $M$ durch $\Sigma$ haben kann; anderenfalls ließe sich eine noch umfassendere Gammafolge als $\Sigma$ herstellen. In der Tat: $\Gamma$ sei eine beliebige Gammafolge von $M$, die $M$ *nicht* erschöpft, d. h. nicht alle Elemente von $M$ umfaßt. Dann ist die Menge $M - \Gamma$ eine sich nicht auf die Nullmenge reduzierende Teilmenge von $M$, deren ausgezeichnetes Element wir mit $z = f(M - \Gamma)$ bezeichnen. Bilden wir nun im Sinne der Addition geordneter Mengen die geordnete Summe $\Gamma + \{z\}$, d. h. fügen wir den sämtlichen Elementen von $\Gamma$ ohne Änderung ihrer Reihenfolge noch $z$ als letztes Element hinzu, so ist auch die Menge $\Gamma + \{z\}$ eine Gammafolge, und zwar eine umfassendere als $\Gamma$. Denn $\Gamma + \{z\}$ ist als Summe zweier wohlgeordneter Mengen nach Satz 1 (S. 124f.) selbst wohlgeordnet, und die zweite Eigenschaft der Gammafolgen, die für alle zu $\Gamma$ gehörigen Elemente $a$

von $\Gamma + \{z\}$ schon wegen des Gammafolgencharakters von $\Gamma$ erfüllt ist, trifft auch für das letzte Element $z$ zu; der durch $z$ bestimmte Abschnitt von $\Gamma + \{z\}$ ist nämlich $\Gamma$, und wirklich ist ja $f(M - \Gamma) = z$, wie es die zweite Eigenschaft erfordert. Zu jeder *die Menge M nicht erschöpfenden* Gammafolge gibt es also noch umfassendere Gammafolgen; da $\Sigma$ nach 3. die umfassendste Gammafolge ist, muß sie alle Elemente von $M$ enthalten, also (als Teilmenge von $M$ nach Definition der Gammafolgen) eine Wohlordnung der gegebenen Menge $M$ darstellen.

Den hiermit zu Ende geführten Beweis des Wohlordnungssatzes veranschauliche man sich an einem Beispiel: man setze etwa $M$ gleich der Menge aller natürlichen Zahlen und bestimme für jede Menge $M_0$ von natürlichen Zahlen als ausgezeichnetes Element die Zahl mit der kleinsten Anzahl von Primfaktoren (jeden Primfaktor so oft gezählt, als er in der Zahl vorkommt) bzw., falls hiernach noch mehrere Zahlen als gleichberechtigt erscheinen, unter ihnen diejenige, die — bei Anordnung der Primfaktoren der Größe nach und bei Außerachtlassung der etwa übereinstimmenden Anfänge der Produktdarstellungen je zweier Zahlen — mit dem kleinsten Faktor beginnt. Man überzeugt sich leicht, daß die im vorstehenden Beweis durchgeführte Wohlordnung von $M$ hiernach die in der Fußnote von S. 132 gegebene Anordnung der natürlichen Zahlen (nach der Ordnungszahl $\omega^{\omega}$) darstellt.

Es sei noch hervorgehoben, daß in diesem Beweis nur Mengen benutzt werden, deren „Umfang" mit dem Umfang der zu ordnenden Menge zusammenhängt (Teilmengen von $M$, wie z. B. Gammafolgen, und Mengen von Teilmengen von $M$, d. h. Teilmengen der Potenzmenge $\mathfrak{U}M$). Unbestimmt weite Mengen wie die Gesamtheit aller Ordnungszahlen kommen dagegen nicht vor.

Unter den Folgen des Wohlordnungssatzes ist die wichtigste diejenige, die sich auf die Vergleichbarkeit beliebiger Mengen hinsichtlich ihrer Kardinalzahlen bezieht. Sind nämlich irgend zwei (nicht notwendig geordnete) Mengen gegeben, so können wir sie uns auf Grund des Wohlordnungssatzes in wohlgeordnete Mengen verwandelt denken. Nach Hauptsatz 2 sind dann beide Mengen nicht nur bezüglich ihrer Ordnungszahlen, sondern auch bezüglich ihrer Kardinalzahlen vergleichbar. Der vierte unter den vier Fällen, die wir auf S. 54 hinsichtlich des gegenseitigen Verhaltens zweier Mengen in bezug auf ihre Kardinalzahlen unterscheiden mußten, wird demnach durch den Wohlordnungssatz ausgeschlossen; vielmehr besteht der folgende einfachere Sachverhalt, der von vornherein zu vermuten war, aber ohne Heranziehung der Wohlordnung nicht bewiesen werden konnte (vgl. S. 59):

**Satz von der Vergleichbarkeit beliebiger Mengen.** *Zwei beliebige Mengen sind entweder äquivalent oder eine von ihnen besitzt eine kleinere Kardinalzahl als die andere. Von irgend zwei ungleichen Kardinalzahlen ist also (ganz ebenso wie von zwei verschiedenen gewöhnlichen Zahlen) stets eine kleiner als die andere.*

Hiermit wird das Bedenken hinfällig, aus dem heraus man sich scheute, die Mächtigkeiten als „Zahlen", nämlich als Kardinalzahlen, zu bezeichnen (vgl. S. 140). Jede Mächtigkeit ist ein Alef, und es besteht kein Grund mehr, zwischen den Ausdrücken Mächtigkeit, Kardinalzahl und Alef zu unterscheiden. Namentlich muß auch das Kontinuum einer Wohlordnung fähig sein und die Mächtigkeit $\mathfrak{c}$ des Kontinuums unter den Alefs $\aleph_0, \aleph_1, \ldots$ irgendwo vorkommen; *wo* unter ihnen, ist freilich noch völlig unbekannt (Kontinuumproblem; vgl. S. 50 und 207f.).

Auf die Einwendungen, die gegen den Wohlordnungssatz erhoben worden sind, soll im übernächsten Paragraphen (S. 209f.) eingegangen werden; dabei wird auch der Unterschied zwischen der *wirklichen Herstellung* einer Wohlordnung einer gegebenen Menge und der *bloßen Möglichkeit* der Wohlordnung, wie sie der Wohlordnungssatz behauptet, deutlich hervortreten. Hier sei in bezug auf die Bedeutung der Wohlordnung nur noch bemerkt, daß der Wohlordnungssatz keineswegs allein für das Gebiet der Mengenlehre von Wichtigkeit ist; in verschiedenen (arithmetischen wie analytischen) Gebieten der Mathematik gibt es wichtige und interessante Fragen, deren Beantwortung sich nur unter Benutzung des Wohlordnungssatzes ermöglichen läßt. Dieser Satz muß daher, auch abgesehen von dem besonderen Interesse und Reiz der Mengenlehre, in eine Reihe mit den wichtigsten und berühmtesten mathematischen Lehrsätzen gestellt werden.

Zum Abschluß dieses Überblicks über die Theorie der wohlgeordneten Mengen werde darauf hingewiesen, daß vom Boden dieser Theorie aus der Weg zu einer strengen Begründung der *Theorie der endlichen Mengen und der gewöhnlichen endlichen (natürlichen) Zahlen* einzuschlagen ist, sofern man überhaupt die Zurückführung dieser (uns als anschaulich einfach erscheinenden) Fragen auf die so viel abstrakteren der allgemeinen Mengenlehre als sachlich gerechtfertigt ansieht und ohne Zirkelschluß für möglich hält. In letzterer Richtung dürfte das letzte Wort noch nicht gesprochen sein; es ist da namentlich auch noch zu unterscheiden, ob man beim Aufbau der Mengenlehre nur die Benutzung der *allgemeinen* Theorie der natürlichen Zahlen zu vermeiden wünscht, um sie umgekehrt aus der Theorie der wohlgeordneten Mengen zu erhalten, oder ob man auch auf die Benutzung von Eigenschaften *spezieller natürlicher Zahlen* (namentlich der kleinsten: 1, 2, 3) zunächst verzichten zu können und zu müssen glaubt und solche Zahlen etwa nach Bedarf unabhängig zu definieren versucht. Für eine skeptische, vielfach aber in der Kritik wohl über das Ziel hinausschießende Beurteilung dieser und verwandter Fragen sei verwiesen auf das 2. und 3. Kapitel des zweiten Buchs von *H. Poincarés* „Wissenschaft und Methode" (deutsch von *F.* und *L. Lindemann*; „Wissenschaft und Hypothese" XVII, Leipzig und Berlin 1914)[1]).

---

[1]) Für eine philosophische Stellungnahme zu diesen Fragen (und auch schon zur Begründung der endlichen Zahlen mittels der endlichen Mengen) vergleiche man z. B. *E. Cassirer*, Substanzbegriff und Funktionsbegriff (Berlin 1910), S. 57ff., oder auch *Al. Müller*, Der Gegenstand der Mathematik usw. (Braunschweig 1922), S. 47ff. und 92, sowie die dort angeführte Literatur.

Für die in Frage stehende Begründung der Lehre von den endlichen Mengen bezeichnet man als *doppelt wohlgeordnet* eine geordnete Menge, deren Teilmengen sämtlich sowohl ein *erstes* wie ein *letztes* Element besitzen. Mittels des Wohlordnungssatzes zeigt man dann, daß jede im *Dedekind*schen Sinn (S. 18) endliche, d. h. keiner echten Teilmenge von sich selbst äquivalente Menge zu einer doppelt wohlgeordneten Menge angeordnet werden kann und daß umgekehrt jede doppelt wohlgeordnete Menge im angegebenen Sinn endlich ist. Auf Grund dessen läßt sich die Arithmetik der natürlichen Zahlen ohne Schwierigkeit ableiten, so namentlich die grundlegenden Sätze von der umkehrbar eindeutigen Beziehung zwischen endlichen Kardinalzahlen und endlichen Ordnungszahlen und von der *vollständigen Induktion* (wonach eine Menge, die die kleinste endliche Zahl [1 bzw. 0] enthält und der gleichzeitig mit irgendeiner Zahl auch die nächstgrößere angehört, *alle* endlichen Zahlen umfaßt). Man vergleiche für diese Theorie namentlich *E. Zermelo*s Aufsatz in den Acta Mathematica, **32** (1909), 185—193[1], und *K. Grelling*s Inauguraldissertation, Göttingen 1910 (Die Axiome der Arithmetik mit besonderer Berücksichtigung der Beziehungen zur Mengenlehre).

## § 12. Einwände gegen die Mengenlehre. Notwendigkeit einer veränderten Grundlegung und Wege hierzu.

### a) Die Paradoxien der Mengenlehre.

Als im drittletzten Absatz des vorigen Paragraphen von Einwänden die Rede war, die gegen den Wohlordnungssatz erhoben worden sind, mag mancher Leser den Kopf geschüttelt und sich gefragt haben: sind denn Einwände gegen mathematisch bewiesene Sätze möglich, handelt es sich denn in der Mengenlehre, die doch eine mathematische Disziplin ist, um Glaubenssachen und nicht vielmehr um ein durch logisch zwingende Schlüsse errichtetes Gebäude? In dieser Beziehung muß sich der Leser allerdings zunächst mit einer Enttäuschung abfinden: das Gebäude der Mengenlehre, wie wir es in seinen Umrissen bisher kennengelernt haben, ist in der Tat nicht vollständig sicher und unangreifbar zusammengefügt. Wir werden nämlich sehen, daß aus unserem bisherigen Mengenbegriff und seiner Verwendung logische Unstimmigkeiten, die sogenannten *Paradoxien* oder *Antinomien der Mengenlehre*, hergeleitet werden können, deren Vorhandensein an sich unsere Überlegungen als unsicher erscheinen läßt. Zwar war der Widerspruch der Mathematiker, der sich in den ersten Jahren (und selbst Jahrzehnten) des *Cantor*schen Schaffens aus — historisch

[1]) Vgl. auch *Zermelo*s Vortrag auf d. intern. Math.-Kongreß in Rom 1908 (Atti del IV Congr. Int. dei Matematici, II [Roma 1909], 8—11). Eine andere Methode benutzt *C. Kuratowski* in den Fundamenta Mathematicae **1** und **2** (1920).

verständlichem — Mißtrauen gegenüber dem Unendlichen erhoben hatte, angesichts der unbestreitbar großen Erfolge der jungen Mengenlehre und angesichts ihrer sich mehr und mehr systematisch gestaltenden Begründung allmählich beinahe verstummt. Inzwischen haben aber die logischen Paradoxien wie auch andere Erwägungen aufs neue einzelne, darunter auch ganz hervorragende Mathematiker veranlaßt, mehr oder minder große Teile der Mengenlehre abzulehnen; und auch wo ein prinzipiell abweisender Standpunkt nicht eingenommen wurde, hat begreiflicherweise das Vorhandensein einer mathematischen Disziplin, die sich logische Blößen gab und in der es vielmehr auf subjektive Überzeugung als auf zwingend begründete Erkenntnis anzukommen schien, großes Unbehagen hervorgerufen. Die wichtigsten der Versuche, die zur Rettung der Mengenlehre mit teils radikal-operativen, teils behutsam-konservativen Methoden angestellt worden sind, sollen nachstehend erwähnt und z. T. näher erörtert werden; dabei werden einige der *besonderen* Steine des Anstoßes, die den einzelnen Kritikern oder Kritikrichtungen eine Reinigung als nötig erscheinen lassen, noch hervorzuheben sein. Zunächst sei von den „*logischen Paradoxien*" die Rede, die für *jeden* mathematischen oder auch philosophischen Standpunkt einer Klärung oder Beseitigung bedürfen[1]).

---

[1]) Für die Paradoxien, die ursprünglich vereinzelt und zufällig aufgetreten waren, dann aber namentlich von *Russell* aus solcher Isolierung gelöst und mit einer gewissen Vollständigkeit behandelt wurden, vgl. man etwa die folgenden, auch sonst noch zu nennenden Schriften, die in diesem Paragraphen mit den beigefügten Stichworten abgekürzt zitiert werden (vgl. auch S. 155, Fußnote):

*B. Russell:* The principles of mathematics, I (bleibt ohne Fortsetzung), Cambridge 1903. (*Russell.*)

*G. Hessenbergs* auf S. 246 genanntes Buch.

*K. Grelling* und *A. Nelson:* Bemerkungen zu den Paradoxien von *Russell* und *Burali-Forti* (Abhandl. d. *Fries*schen Schule, Neue Folge, 2. Bd. [Göttingen 1908], 3. Heft, S. 301—334). (*Grelling-Nelson.*)

*B. Russell:* Mathematical logic as based on the theory of types (American Journal of Mathematics, **30** [1908], 222—262). (*Russell*, Types.)

*E. Borel*: Sur les principes de la théorie des ensembles (Atti del IV Congr. Intern. dei Matem., II [Roma 1909], 15—17).

*A. N. Whitehead* and *B. Russell:* Principia Mathematica, I—III, Cambridge 1910—1913. (*Russell-Whitehead.*)

*H. Poincarés* oben S. 150 genannte Schrift. (*Poincaré*, Methode.)

*H. Poincaré*: Dernières pensées (Paris 1913); in (nicht vollkommener) deutscher Übersetzung u. d. T. „Letzte Gedanken", Leipzig 1913. (*Poincaré*, Gedanken.)

*J. König:* Neue Grundlage der Logik, Arithmetik und Mengenlehre, Leipzig 1914 (posthum erschienen).

*D. Mirimanoff*: Les antinomies le *Russell* et de *Burali-Forti* ... (L'Enseignement Mathématique, **19** [1917], 37—52).

*L. Chwisteks* auf S. 178, Fußnote, genannter Aufsatz.

*H. Lipps:* Die Paradoxien der Mengenlehre (Jahrbuch f. Philosophie u. phänomenol. Forschung, **6** [1923], 561—571). (*Lipps.*)

sowie die in diesen Schriften angeführte weitere Literatur.

Bei der historisch und sachlich wichtigsten Klasse handelt es sich um Widersprüche, die daraus entstehen, daß „alle“ Dinge von einer gewissen Eigenschaft zu einer Menge vereinigt werden. Paradoxien dieser Art können unter Verwendung spezieller oder auch ganz allgemeiner Begriffe der Mengenlehre gebildet werden. Wir wollen mit einer Paradoxie allgemeiner Natur beginnen, mit dem *Russell*schen Paradoxon (1903).

Eine gegebene Menge enthält entweder sich selbst als Element oder sie enthält sich nicht als Element. Dieses logische (disjunktive) Urteil wird den meisten als unzweifelhaft richtig gelten (vgl. jedoch S. 169ff.), unabhängig von der Frage, ob es wirklich Mengen beider Art gibt; übrigens kann man sich z. B. die „Menge aller abstrakten Begriffe“ als Beispiel einer Menge der ersten Art, die Nullmenge als Beispiel für die zweite Art denken. Wir wollen mit $M$ diejenige Menge bezeichnen, welche all die Mengen umfaßt, die sich selbst nicht als Element enthalten. Ist also $m$ irgendeine Menge, die sich selbst nicht als Element enthält, so soll die Menge $m$ ein Element von $M$ sein, und umgekehrt soll die Menge $M$ zwar jede derartige Menge $m$ als Element enthalten, aber keine anderen Elemente. Wir wollen untersuchen, ob die Menge $M$ sich selbst als Element enthält oder nicht.

Es werde zunächst angenommen, $M$ enthalte sich selbst als Element; da dann $M$ ein Element der Menge $M$ ist und diese nach Voraussetzung nur solche Mengen enthält, die sich selbst *nicht* als Element enthalten, so muß $M$ eine Menge der letzteren Art sein; unsere Annahme, daß $M$ sich selbst enthalte, trifft also nicht zu, vielmehr ist aus dem erzielten Widerspruch gegenüber der Annahme zu schließen, daß $M$ sich selbst nicht als Element enthält. Aber auch dieses (anscheinend durch die vorangehende Überlegung streng bewiesene) Ergebnis führt uns zu einem Widerspruch; denn da $M$ eine Menge ist, die sich nicht als Element enthält, gehört $M$ zu der Klasse von Mengen, die nach der Definition von $M$ die Elemente von $M$ bilden, d. h. $M$ ist ein Element von $M$. Unser voriges Ergebnis hat also die ihm widersprechende Folge nach sich gezogen, daß $M$ sich selbst als Element enthalte. Wir sind so wirklich zu einem logischen Widerspruch gelangt[1]. Die Menge $M$ — d. i. *die Menge aller Mengen, die sich nicht enthalten* — weist demnach die Paradoxie auf, daß sowohl die Annahme, $M$ enthalte sich als Element, wie auch die kontradiktorisch entgegengesetzte Annahme, $M$ enthalte sich nicht

[1]) Diese abstrakte und zunächst vielleicht undurchsichtig erscheinende Schlußweise wird dem Leser sogleich verständlich werden, wenn er versucht, sie einmal *selbständig* durchzudenken; er braucht nur einen der Fälle zu setzen, daß die Menge $M$ entweder sich selbst als Element enthalte oder nicht, und wird daraus von selbst auf einen Widerspruch schließen.

als Element, auf einen Widerspruch führt. Die Menge $M$ ist demnach ein in sich widerspruchsvoller Begriff und daher logisch unzulässig, um so mehr mathematisch unzulässig. Da aber in die Definition von $M$ im wesentlichen nur der Begriff der Menge einging, so muß dieser Begriff, auf den sich ja unsere gesamten Überlegungen aufgebaut haben, mindestens in seiner bisherigen Abgrenzung einen Widerspruch in sich bergen.

Eine mit dieser *Russell*schen Antinomie nahe verwandte, nur sehr viel trivialere Paradoxie erhalten wir, wenn wir die Menge $L$ aller überhaupt denkbaren Mengen betrachten. Diese Menge scheint die umfassendste überhaupt denkbare Menge darzustellen. Dennoch können wir im Widerspruch zu diesem Wesen von $L$ leicht eine noch umfassendere Menge bilden, z. B. dadurch, daß wir die Menge aller Teilmengen von $L$ bilden, die nach S. 52 sogar eine größere Mächtigkeit besitzt als $L$; wir bilden so paradoxerweise zu der „denkbar umfassendsten" Menge eine „noch umfassendere". Die Menge aller Mengen — und ebenso das „All", d. i. die Menge „aller Dinge" — ist also gleichfalls ein in sich widerspruchsvoller Begriff.

Wesentlicheren Gebrauch von den Begriffen und Ergebnissen der Mengenlehre als die bisher angeführten Paradoxien macht die historisch älteste Antinomie, auf die in der Literatur zuerst *C. Burali-Forti* im Jahre 1897 hingewiesen hat. Es handelt sich dabei um das im vorigen Paragraphen (S. 132) betrachtete Schema der Ordnungszahlen (d. h. der Ordnungstypen der wohlgeordneten Mengen), die wir ihrer Größe nach angeordnet haben. Wir denken uns die Menge gebildet, die aus *allen* Ordnungszahlen besteht; ordnen wir die Ordnungszahlen ihrer Größe nach, so erhalten wir (vgl. S. 133) eine nicht nur geordnete, sondern sogar wohlgeordnete Menge, die mit $W$ bezeichnet werde. Die Ordnungszahl der Menge $W$ sei $\varphi$; aus Satz 5 von S. 131 schließt man dann, daß jede in $W$ vorkommende Ordnungszahl kleiner ist als $\varphi$. Die Ordnungszahl $\varphi$ ist demnach in der Menge $W$ nicht enthalten; dies widerspricht aber unserer Annahme, wonach $W$ *alle* Ordnungszahlen enthalten sollte. Auch die Menge *W, die wohlgeordnete Menge aller Ordnungszahlen,* ist also ein in sich widerspruchsvoller Begriff.

Das nämliche gilt von der *Menge K aller Kardinalzahlen;* dieses Beispiel ist insofern einfacher, als man dabei vom Wohlordnungssatz und von der Theorie der wohlgeordneten Mengen keinen Gebrauch zu machen hat. Nach dem Satz von S. 51 gibt es nämlich keine größte Kardinalzahl, sondern zu jeder beliebigen eine noch größere; die Menge aller Kardinalzahlen erfüllt also die Voraussetzung des Satzes von S. 74, nach dem daher die Summe aller Kardinalzahlen von $K$ größer ist als jede Kardinalzahl von $K$. Diese Summe wäre also größer als jede Kardinalzahl und doch gleichzeitig selbst eine Kardinalzahl!

Offenbar besteht eine nahe Verwandtschaft zwischen diesen Paradoxien und den Antinomien, die *Kant* in der „Kritik der reinen Vernunft" aufgestellt hat (z. B. denjenigen, die entstehen, wenn wir die Natur als ein abgeschlossenes Ganzes betrachten). Es lassen sich übrigens direkt aus Paradoxien der angeführten Art, z. B. aus der *Russell*schen, ähnliche ableiten, in denen der Mengenbegriff überhaupt nicht mehr vorkommt und die mit Mathematik gar nichts zu tun haben. Erwähnt sei z. B. die folgende (ebenfalls von *Russell* angegebene): Ein Begriff möge „prädikabel" heißen, wenn er von sich selbst ausgesagt werden kann; so ist der Begriff „abstrakt" sicherlich abstrakt, „abstrakt" ist also ein prädikabler Begriff. Im anderen Fall dagegen, wo ein Begriff nicht von sich selbst ausgesagt werden kann, soll der Begriff als „imprädikabel" bezeichnet werden; so ist z. B. der Begriff „konkret" imprädikabel, denn er ist wie jeder Begriff abstrakt, also nicht konkret. „Prädikabel" und „imprädikabel" sind demnach (kontradiktorische) Gegensätze; jeder Begriff ist entweder prädikabel oder imprädikabel. Wir wollen nun untersuchen, ob der Begriff „imprädikabel" prädikabel oder imprädikabel ist. Angenommen, er sei ein prädikabler Begriff, d. h. es gelte das Urteil: „imprädikabel" ist imprädikabel; dann ist damit gleichzeitig das Gegenteil der Annahme, wonach der Begriff prädikabel sein sollte, ausgesagt; diese Annahme muß also falsch sein. Damit ist anscheinend bewiesen, daß „imprädikabel" ein imprädikabler Begriff ist. Aber auch dieses Urteil enthält einen Widerspruch; denn es besagt ja gerade, daß der Begriff „imprädikabel" von sich selbst ausgesagt werden kann, also prädikabel ist. Der Begriff „imprädikabel" ist also in ganz ähnlicher Weise in sich widerspruchsvoll wie der Begriff der Menge aller Mengen, die sich nicht enthalten.

Es ist leicht, ähnliche in sich widerspruchsvolle Begriffe wie „imprädikabel" zu bilden (vgl. *Grelling-Nelson*) und damit den Anstoß, den die Menge aller sich nicht selbst enthaltenden Mengen gibt, gewissermaßen vom mathematischen aufs logische Geleise zu verschieben. Letzten Endes ist übrigens diese Sorte von Paradoxien schon einige Jahrtausende alt und ganz gewiß nicht der Mengenlehre zur Last zu legen; hängen sie doch offenbar aufs engste zusammen mit der Paradoxie des Kreters Epimenides, der erklärt: „Alle Kreter lügen" und der damit diese seine Behauptung einem endlosen Hin und Her zwischen Falsch und Nichtfalsch preisgibt[1]). Auf die bisher zum mindesten

[1]) Vgl. (namentlich für historische Nachweise) *A. Rüstows* Erlanger Dissertation: Der Lügner (Leipzig 1910); man findet dort (S. 130ff.) auch ein ausführliches Verzeichnis der älteren Literatur zu den Paradoxien der Mengenlehre.

nicht endgültig gelöste Frage, wie die *Logik* zur Ausmerzung solcher Antinomien und zum Ausschluß etwa künftig sich ergebender vorgehen kann und muß, ist hier nicht der Ort einzugehen; es genüge hierzu auf *Grelling-Nelson* und auf *Lipps* hinzuweisen.

Schließlich werde noch eine andere Art von Antinomien erwähnt, die an den Namen *J. Richards* geknüpft werden (vgl. namentlich Revue Générale des Sciences vom 30. März 1905 oder Acta Mathematica, **30** [1906], S. 295f. sowie ebenda, **32** [1909], 177—184 und 195—198). Eine besonders einfache Form dieser Antinomien ist die folgende: Für jede vorgelegte natürliche Zahl $n$ gibt es „Schriftnamen" in deutscher Sprache, d. h. schriftlich mit einer endlichen Anzahl von Zeichen (Buchstaben usw.) ausdrückbare Definitionen. Unter den Schriftnamen von $n$ sind solche, die eine möglichst geringe Anzahl von Zeichen umfassen; wir nennen jeden solchen Schriftnamen einen „kürzesten" Schriftnamen von $n$. Denken wir uns zu jeder natürlichen Zahl einen ihrer kürzesten Schriftnamen notiert, so können wir *die* Zahlen in eine besondere Liste eintragen, deren kürzeste Schriftnamen höchstens tausend Zeichen umfassen; es gibt natürlich nur endlich viele solche Zahlen, da ja überhaupt nur endlich viele verschiedene Komplexe von 1000 Zeichen existieren. Unendlich viele natürliche Zahlen bleiben also außerhalb jener Liste, und unter ihnen gibt es (wie in jeder Menge von natürlichen Zahlen) eine kleinste $N$. $N$ ist hiernach eindeutig bestimmt als *die kleinste natürliche Zahl, in deren sämtlichen Schriftnamen jeweils mehr als tausend Zeichen vorkommen.* Mit den soeben durch Kursivdruck hervorgehobenen Worten ist aber für $N$ ein Schriftname angegeben, der weniger als tausend Zeichen umfaßt, also ein Widerspruch für $N$ hergeleitet.

Eine andere Ausprägung des Gedankens, aus dem Begriff der „endlichen Bezeichnung oder Definition" Antinomien herzuleiten, steht in engem Zusammenhang mit der Anwendnng des Diagonalverfahrens zur Untersuchung der Mächtigkeit des Kontinuums (S. 34ff.). Die Menge aller mit je endlich vielen Zeichen in deutscher Sprache definierbaren Dezimalbrüche ist sicherlich abzählbar; zum Beweis bedenke man, daß mit einer festen Anzahl von Zeichen immer nur endlich viele Dezimalbrüche definiert werden können, und denke sich der Reihe nach alle mit 1, 2, 3, ... Zeichen definierbaren Dezimalbrüche hintereinander in einer Abzählung angeschrieben (vgl. die Abzählung der Menge der algebraischen Zahlen, S. 28ff.). Auf Grund dieser Abzählung läßt sich nach dem Diagonalverfahren gemäß dem Hilfssatz von S. 34 leicht ein in der Abzählung nicht vorkommender Dezimalbruch $D$ angeben, der also nicht endlich definierbar ist. Wir haben aber soeben eine Definition für $D$ angegeben, die sich nur endlich vieler Zeichen bedient!

Auch mit der Klärung derartiger Paradoxien hat man sich vielfach beschäftigt und hat dabei verschiedenartige Lösungen vorgeschlagen (so z. B. *Richard, Poincaré, Hessenberg, König*). Ein wesentlicher und bei der Aufstellung solcher Paradoxien meist nicht genügend beachteter Umstand liegt jedenfalls darin, daß der Begriff „endlich definierbar" oder „mit höchstens *n* Zeichen definierbar" nicht absolut, sondern wesentlich abhängig ist von den dabei erlaubten Bezeichnungsweisen, und daß die Unterscheidung erlaubter und unerlaubter Bezeichnungsweisen (wie überhaupt jede Klassifikation) bei *unendlichen* Gesamtheiten viel wesentlicheren Schwierigkeiten begegnet als bei *endlichen*. Im übrigen sei auf die angegebene Literatur verwiesen.

Gleichviel ob die Logik zu einer eindeutigen und unbestrittenen Lösung derartiger Schwierigkeiten gelangen mag oder nicht, der Mathematiker wird jedenfalls mit Recht fordern, daß innerhalb der Mathematik nur solche Hilfsmittel aus der Logik benutzt und nur solche Begriffsbildungen aufgestellt werden, die eine Gefährdung nach Art der Paradoxien nicht zu befürchten brauchen. Dieser Forderung wird durch den bisher dargestellten, auf *Cantor* zurückgehenden Aufbau der Mengenlehre nicht genügt, wie die der Mengenlehre angehörigen Paradoxien beweisen. Insbesondere zeigt die *Russell*sche Antinomie der Menge $M$ aller sich nicht enthaltenden Mengen, bei der keine methodischen Hilfsmittel der Mengenlehre herangezogen werden, daß die (oder mindestens eine) schwache Stelle schon ganz im Beginn des Aufbaus der Mengenlehre liegen muß: nämlich in der Definition des Mengenbegriffs (S. 3), die allein bei der Bildung der Menge $M$ benutzt wird. Obgleich es nicht endgültig gelungen ist, *Cantors* Definition der Menge durch eine bessere, die Paradoxien ausschließende zu ersetzen, sind doch mit Erfolg einige Wege beschritten worden, die eine einwandfreie Begründung der Mengenlehre ermöglichen. Von ihnen wird später ausführlich die Rede sein. Einstweilen sei nur hervorgehoben, daß in der vorangehenden Darstellung der Mengenlehre paradoxe Begriffsbildungen durchwegs vermieden wurden und namentlich der Mengenbegriff in praxi nicht so allgemein, wie es die Definition auf S. 3 gestattete, sondern erheblich vorsichtiger (eingeschränkter) zur Verwendung kam (vgl. namentlich in § 11).

Vor einer Erörterung methodischer Grundsätze nach dieser Richtung sollen neben den auf den Paradoxien beruhenden *allgemeinen* Bedenken gegen die *Cantor*sche Mengenlehre noch einige *besondere* von mathematischer oder philosophischer Seite vorgebrachte Einwände vermerkt und in ihrer Bedeutung kurz gewürdigt werden.

### b) Einige philosophische Standpunkte zur Mengenlehre[1]).

Seitens mancher Philosophen werden heute noch in bezug auf das Aktual-Unendliche und seine Begründung durch die Mengenlehre gewisse Auffassungen oder Bedenken geltend gemacht, die auf mathe-

[1]) *Die nächsten, der Auseinandersetzung mit philosophischen Standpunkten gewidmeten Ausführungen (bis S. 163) können überschlagen werden, ohne daß das Verständnis des Nachfolgenden dadurch berührt wird.*

matischer Seite nie geteilt oder im wesentlichen überwunden worden sind. Sie beruhen in erster Linie auf Mißverständnissen gegenüber dem Sinn der *Cantor*schen Begriffsbildungen und Methoden. Um dem Leser eine selbständige Beurteilung derartiger Einwendungen auf Grund der vorliegenden Schrift zu ermöglichen, wird es genügen, zu einer neuerdings von philosophischer Seite veröffentlichten Monographie Stellung zu nehmen, die in ausführlicher Betrachtung eine vorwiegend skeptische Stellung gegenüber dem Aktual-Unendlichen einnimmt, und daran einige Bemerkungen zu der gerade entgegengesetzten philosophischen Tendenz zu knüpfen, die dem Unendlichen einen allzu freien Spielraum lassen will, der der Beschränkung im Sinne des sorgsamen Aufbaus *Cantor*s entbehrt.

Zunächst wenden wir uns zu *Th. Ziehen*s Schrift: Das Verhältnis der Logik zur Mengenlehre (Philosophische Vorträge, veröffentlicht von der Kantgesellschaft, Nr. 16; Berlin 1917). Von den zahlreichen, sowohl die Grundlagen und Grundbegriffe der Mengenlehre wie auch viele Einzelheiten betreffenden Mißverständnissen und Irrtümern, wie sie sich in dieser Schrift und auch in der (neueren) Logik[1]) desselben Verfassers finden, soll hier nicht die Rede sein; der aufmerksame Leser des vorliegenden Buches wird sie leicht erkennen und berichtigen können. Es genüge auf die Hauptthesen einzugehen, mit denen dargetan werden soll, daß die „auf das aktuell Unendliche bezüglichen Lehrsätze der Mengenlehre keineswegs als bewiesen zu betrachten sind, sondern noch einigen sehr erheblichen Einwänden ausgesetzt sind“; eine Kritik der (anscheinend unwidersprochen gebliebenen) Behauptungen *Ziehen*s wird, so naheliegend sie ist, auch deshalb von Nutzen sein, weil sie nochmals scharf das Wesen der transfiniten Zahlen innerhalb der Mengenlehre kennzeichnet[2]). Die fraglichen Thesen *Ziehen*s wenden sich gegen folgende Behauptungen der Mengenlehre:

1. $\aleph_0 + n = \aleph_0 \cdot n = \aleph_0^n = \aleph_0$, wobei $n$ eine beliebige endliche Kardinalzahl, $\aleph_0$ diejenige der abzählbaren Mengen bedeutet.
2. Jede unendliche Menge hat Teilmengen, die ihr äquivalent sind, und *eine solche äquivalente Teilmenge hat dieselbe Mächtigkeit wie die zugehörige ganze Menge.*

Während der Behauptung 2 in ihrem (von *Ziehen*) hervorgehobenen Teil dessen Gegenteil als richtig gegenübergestellt wird, tritt an Stelle von 1 z. B. die Behauptung, ein Ansatz wie $\aleph_0 + n$ bedeute — je nach der Gleichartigkeit oder Ungleichartigkeit der gezählten Dinge — entweder einen Widerspruch oder eine neue Zahl, die von $\aleph_0$ (wie auch von jedem

---

[1]) *Th. Ziehen*, Lehrbuch der Logik (Bonn 1920), S. 414—416.

[2]) Auf die z. T. ähnlich lautenden, aber völlig anders begründeten (und auch anders gemeinten) Anschauungen *Brouwer*s und seiner Anhänger wird später (S. 166ff.) eingegangen.

$\aleph_0 + n$ mit anderem $n$) verschieden ist. Zur Begründung wird auf gewisse, höchst spezielle bzw. unscharfe Arten, den Begriff der unendlichen Menge zu „definieren", Bezug genommen (während *Dedekinds* Definition im Zusammenhang mit *Ziehens* Stellung zu 2 a limine abgelehnt wird); auf Grund dieser Definitionen und eines nicht klar präzisierten, offenbar z. T. gefühlsmäßigen Zahlbegriffs sollen zu den Elementen einer „exemtionsfreien" abzählbaren Menge „gleichartige" Elemente überhaupt nicht hinzugefügt werden können, während die Hinzufügung von Elementen einer anderen „Art" eine „neue Unendlichkeitsrichtung" und demgemäß „mehrfache Unendlichkeiten" involviere. Mit diesen Feststellungen sollen die höheren Alefs (über $\aleph_0$ hinaus) fallen; „der Begriff des Unendlichen behält dann den negativen und unbestimmten Charakter, welchen ihm die Philosophie und speziell die Logik und früher auch die Mathematik zugesprochen haben. Nicht-Vermehrbarkeit und Unbestimmtheit des Unendlichen gehen Hand in Hand. Die Argumente, welche die Mengenforscher zugunsten eines bestimmten, vermehrbaren Unendlichen anführen, sind sämtlich nicht einwandfrei." Im besonderen wird danach schon die Ordnungszahl $\omega$ abgelehnt und namentlich die „in vielen Beziehungen entscheidende" Relation $2^{\aleph_0} = 10^{\aleph_0} = \mathfrak{c}$ (vgl. oben S. 85) unter völliger Verkennung der zum Beweis verwendeten Methoden als „unbeweisbar" hingestellt.

Der Leser wird bereits die gemeinsame wesentliche Wurzel der Irrtümer *Ziehens* zu 1 und 2 erkannt haben; sie liegt in der mißverständlichen und unklaren Auffassung des *Begriffs der transfiniten Zahl* (Kardinalzahl oder Ordnungszahl). Es genügt dazu auf die Festsetzungen zu verweisen (siehe oben S. 43f. und 98), wonach definitorisch die Behauptung, „Die Kardinalzahl (Ordnungszahl) der Menge (wohlgeordneten Menge) $M$ ist gleich [bzw. verschieden von] der Kardinalzahl (Ordnungszahl) der Menge (wohlgeordneten Menge) $N$" *nichts anderes besagt* als der Satz „$M$ und $N$ sind einander äquivalent (ähnlich) [bzw. nicht äquivalent (nicht ähnlich)]"; hierbei sind die Begriffe „äquivalent" und „ähnlich" im Sinne unserer Definitionen (S. 12 und 93) zu verstehen, wonach z. B. die Äquivalenz zweier Mengen besagt, daß ihre Elemente einander umkehrbar eindeutig zugeordnet werden können. Freilich kann bei unendlichen Mengen eine solche Zuordnung nicht durch endlich viele willkürliche Vorschriften hergestellt werden, sondern eben nur durch ein Zuordnungs*gesetz*, das trotz seiner endlichen äußeren Form unendlich viele Einzelaussagen umfaßt. Gemäß dieser Zurückführung des Begriffs der Kardinalzahl auf den der Zuordnung ist zum Beweise oder zur Kritik eines Satzes wie $\aleph_0 + n = \aleph_0$ das „Wesen" der unendlichen Zahl überhaupt ohne Bedeutung, und die Heranziehung „neuer Unendlichkeitsrichtungen" (wie auch die Unterscheidung zwischen „exemtionsfreien" und „eingeschränkten" unendlichen Mengen) wird gegenstandslos. An einer Stelle allerdings (S. 64f.)

erwähnt *Ziehen* selbst in Beziehung auf 2 einen derartigen Standpunkt, doch nur um ihn sogleich zu verwerfen: „es frägt sich eben, ob die so definierten neuen Dinge ... mit den uns wohlbekannten Kardinalzahlen (im üblichen Sinn) identisch sind, wie sie sich durch Abstraktion von allem Qualitativen und von der Anordnung der Elemente (auch nach *Cantors* eigener Definition) ergeben". Hierbei wird übersehen, daß *Cantors* „Definition" nur eine (psychologische oder auch logische) Verdeutlichung der obigen abstrakten mathematischen Festsetzung sein will und bei den Mengentheoretikern ausnahmslos in diesem Sinn verstanden wird; die Kardinalzahlen (mindestens die transfiniten), die nach *Ziehen* „wohlbekannt" sind und doch gleichzeitig abgelehnt werden, halten sich in der Mengenlehre von jenem Anspruch des Gegebenseins bescheidentlich fern und begnügen sich mit der stilleren, aber auch legitimeren Existenz auf Grund der oben angeführten Festsetzung.

Als ein charakteristisches Gegenstück zu dieser skeptischen Stellungnahme gegenüber dem Unendlichen sei der (weit sorgfältiger begründete) Standpunkt erwähnt, der namentlich seitens der Neukantischen Philosophenschule vielfach eingenommen wird und eine bequem zugängliche Darstellung etwa in *P. Natorps* Logischen Grundlagen der exakten Wissenschaften („Wissenschaft und Hypothese" XII; Leipzig u. Berlin 1910, zweite unveränderte Auflage 1922) findet[1]. *Natorp*, der mit den einschlägigen mathematischen Auffassungen im wesentlichen wohlvertraut ist, bejaht den Bestand des *Cantor*schen Gebäudes rückhaltlos und unbedenklich, erkennt also namentlich auch den transfiniten Kardinalzahlen und Ordnungszahlen die volle mathematische und philosophische Berechtigung zu. Dagegen wird hier Anstoß genommen an der in der Mathematik schon seit dem 18. Jahrhundert herrschend gewordenen, von *Cantor* (gegenüber naheliegenden Mißverständnissen) besonders betonten Anschauung, wonach im Bereich des *Unendlichkleinen* nur von einem *potentiellen* Unendlich (vgl. S. 6) gesprochen werden kann, nämlich von veränderlichen, unbegrenzt der Null sich annähernden Zahlen oder Größen, die also unter jeden von Null verschiedenen positiven Betrag hinabsinken sollen; eine feste, von Null verschiedene und doch unterhalb *jeder* noch so kleinen positiven Schranke gelegene Zahl hingegen soll nach dieser Anschauung nicht oder doch nur in einem rein formalen, mit dem Aktual-Unendlichgroßen nicht vergleichbaren Sinn möglich sein. Demgegenüber vertreten *Natorp* und seine Gesinnungsgenossen von der „Marburger Schule",

[1]) Vgl. auch die dort angeführte Literatur. Die einschlägigen Schriften *H. Cohens*, die für die oben besprochene Auffassung richtunggebend waren, sind schwerer verständlich und z. T. unklar, unterliegen aber denselben Bedenken in mindestens gleichem Maß.

in mathematischer Beziehung sich namentlich auf *Veronese*[1]) berufend, die Ansicht, daß die Unterscheidung des Endlichen und Unendlichen „sich relativieren" müsse: die zunächst als Ausgangspunkt dienende Einheit (etwa die Ordnungszahl 1) könne gegenüber einer höheren (z. B. $\omega$) als unendlich klein angesehen und so eine endliche Zahl als durch „unendlich vielmalige Setzung" (etwa Addition) einer aktual unendlich kleinen Zahl entstehend gedacht werden; es sei also *„eine strenge Korrespondenz sogar unendlicher Ordnungen des Unendlichkleinen und Unendlichgroßen"* aufzurichten. „*Cantor* blieb eben, wie es genialen Entdeckern sehr oft ergangen ist, noch mit einem Fuß in der alten Auffassung stecken, indem er sich einen absoluten Abschluß wenigstens nach unten denken zu müssen glaubte, für den doch ein logischer Grund, nachdem einmal das Recht des Hinausschritts ins Unendliche überhaupt anerkannt ist, keineswegs besteht." Durch solche „Ausdehnung der Relativierung" und die damit verbundene prinzipielle Berichtigung der Aufstellungen *Cantors* soll nach dieser Auffassung schließlich, neben der damit für die Mathematik errungenen „durchsichtigen Klarheit und inneren Folgerichtigkeit", vor allem *eine gesicherte Grundlage für die Infinitesimalanalysis in ihrem ganzen Umfang* gewonnen werden.

Zur (mindestens vorläufigen) Ablehnung dieser Auffassung, die übrigens für einen erheblichen Teil der Neukantischen Erkenntnistheorie wesentlich ist, wird es genügen, den mathematischen Standpunkt[2]) kurz darzulegen; dabei wird mit der Abweisung des Unendlichkleinen gleichzeitig auf das Wesen der Begründung des Unendlichgroßen, wie sie die Mengenlehre bietet, neues Licht fallen. Bei der Einführung der transfiniten Zahlen (Kardinalzahlen, Ordnungstypen, Ordnungszahlen) geht die Mengenlehre nicht etwa rein formal derart vor, daß sie neue Symbole einführt als „Zahlen", die gegenüber den gewöhnlichen Zahlen als unendlich groß erklärt werden, und mehr oder weniger willkürlich das Rechnen mit solchen Zahlen widerspruchsfrei festsetzt; ein derartiges Vorgehen würde verhältnismäßig einfach sein und keines eigenen wissenschaftlichen Gebäudes bedürfen, aber mangels einer natürlichen Grundlage, die gleichzeitig eine entsprechende Anwendungsfähigkeit bedingt, wenig Interesse oder Nutzen bringen. In Wirklichkeit geht die Mengenlehre vielmehr von dem gewissermaßen anschaulichen Begriff der *Menge* aus und gelangt von da aus in konsequenter, durch das wissenschaftliche Bedürfnis geleiteter Begriffsbildung (vgl. die auf S. 2f. angeführte Stelle aus *Cantors* Grundlagen) zu den verschiedenen Arten „unendlicher Zahlen"; deren Größenanordnung und Rechengesetze werden dementsprechend nicht durch willkürliche De-

[1]) *G. Veronese*, Grundzüge der Geometrie von mehreren Dimensionen usw., deutsch von *A. Schepp*, Leipzig 1894.

[2]) Hier (wie schon zuweilen im Vorangehenden) bleibt natürlich die „intuitionistische" Auffassung (vgl. den nächsten Abschnitt) außer acht.

finitionsakte *vorgeschrieben* (erfunden), sondern gewissermaßen der Natur abgelauscht, d. h. (auf Grund anschaulich naheliegender Grunddefinitionen) in ihrer zwangsläufig gegebenen Struktur, wie sie jeweils der Sonderart der betreffenden Zahlengattung entspricht, *festgestellt* (entdeckt). So ergeben sich (vgl. die §§ 7—9 und 11) die untereinander sehr verschiedenartigen Gesetze der Rechenoperationen für die einzelnen Zahlenarten, die a priori so festzusetzen keinerlei Grund bestanden hätte und auf deren Festsetzung in dieser Art man von philosophischer, rein auf den Begriff des Unendlichgroßen gerichteter Betrachtung her ganz gewiß nicht verfallen wäre[1]). Ein derartiger „natürlicher“ Zugang, wie ihn zum Unendlichgroßen die Mengenlehre gibt, existiert nun zum *Unendlichkleinen* bisher überhaupt nicht; der Begriff der Menge, die entweder mindestens *ein* Element umfaßt (d. h. eine Kardinalzahl oder Ordnungszahl $\geqq 1$ besitzt) oder überhaupt ohne Elemente ist (auf die Nullmenge zusammenschrumpft), ist in dieser Beziehung nutzlos, und ein anderer brauchbarer Weg ist mindestens bis heute nicht aufgefunden worden, trotz mehrfacher Bemühungen auch von mathematischer Seite. Freilich besteht kein Hindernis, in mehr oder weniger „formaler“ Weise neue Symbole einzuführen, die als „Zahlen“ bezeichnet und für die dann Größenanordnung und Rechengesetze so erklärt werden, daß die neuen Symbole gegenüber den endlichen Zahlen als unendlichklein erscheinen und mit diesen ein widerspruchslos denkbares System von Zahlen darstellen; es ist auch durchaus möglich, dies auf eine vollkommen strenge Methode durchzuführen, ohne sich etwa auf die für den Mathematiker durchaus nicht beweiskräftige Korrelationsbetrachtung der Form „Unendlichgroßes : Endlichem = Endliches : $x$, also $x =$ Unendlichkleines“ zu berufen, bei der die Hauptsache, nämlich die Frage der (logischen) *Existenz* eines solchen $x$, vernachlässigt oder mit einer petitio principii vorausgesetzt wird. Allein eine derart formal eingeführte Zahlenart trägt, wie wenigstens bis zum

---

[1]) Man kann natürlich nunmehr, nach der Schöpfung der Mengenlehre, die durch sie eingeführten Systeme unendlicher Zahlen auch losgelöst vom Mengenbegriff betrachten und beim Aufbau der Theorien die Rechenregeln, Anordnungsgesetze usw. scheinbar willkürlich (axiomatisch oder definitorisch) zugrunde legten. Eine solche, a posteriori mögliche Behandlung ist sogar nach verschiedenen Richtungen hin wertvoll: einmal weil so die Schwierigkeit der begrifflichen Einführung der Kardinalzahlen und Ordnungstypen von den Mengen her (S. 44 und 98) vermieden wird, ferner um so die gegenseitigen Abhängigkeitsverhältnisse zwischen den einzelnen Gesetzen des Rechnens usw. leichter untersuchen zu können. Für eine derartige Begründung der Theorie der *Kardinalzahlen* ist auf das Zitat von S. 212 (*Fraenkel*) zu verweisen; vgl. auch (für *Ordnungszahlen*) die Untersuchungen *E. Jacobsthals* in den Math. Ann., **66** (1909), 145—194 und **67** (1909), 130—144. Daß es übrigens unmöglich ist, hierbei aktual *unendlichkleine* Zahlen in den Rahmen der Rechengesetze der unendlichgroßen (Kardinalzahlen) mit hineinzuspannen, zeigen die einschlägigen Untersuchungen in der genannten Arbeit *Fraenkels* (besonders S. 171, 180, 182f.).

Beweis des Gegenteils zu vermuten ist, von vornherein die Gefahr einer gewissen Unfruchtbarkeit in sich; daß neue mathematische Begriffe sich innerhalb der Mathematik als nützlich und anwendungsfähig erweisen, wird man nur bei einigermaßen natürlicher Begründung der Begriffe erwarten dürfen. Mit Recht stellt die Neukantische Schule daher mit in den Vordergrund den *Wert* der unendlichkleinen Zahlen, der sie nachträglich erst voll legimitieren soll, und mit Recht weist sie hierbei speziell auf die *Infinitesimalrechnung* (Differential- und Integralrechnung) als auf das Rhodus hin, auf dem das Unendlichkleine seine Leistungsfähigkeit zu erproben habe; scheinen doch die Methoden dieses grundlegenden Zweiges der Mathematik die Verwendung des Unendlichkleinen geradezu zu fordern, wie das schon der Name andeutet. *Bei dieser Probe hat aber das Unendlichkleine restlos versagt.* Die bisher in Betracht gezogenen und teilweise sorgfältig mathematisch begründeten Arten unendlichkleiner Größen haben sich zur Bewältigung auch nur der einfachsten und grundlegendsten Probleme der Infinitesimalrechnung (etwa zum Beweis des Mittelwertsatzes der Differentialrechnung oder zur Definition des bestimmten Integrals) als völlig unbrauchbar erwiesen. Sie mußten der bisherigen (verhältnismäßig umständlichen) Begründungsmethode mittels des Grenzwertbegriffs das Feld ungeschmälert belassen; es besteht auch kein Grund zu der Erwartung, daß sich hierin künftig etwas ändert. Gewiß wäre es durchaus denkbar (wenn auch beim heutigen Stand der Wissenschaft in ungreifbarer Ferne liegend), daß ein zweiter *Cantor* dereinst eine einwandfreie (und wohl mehr oder weniger „natürliche“) arithmetische Begründung neuer unendlichkleiner Zahlen gäbe, die sich als mathematisch brauchbar erwiesen und ihrerseits vielleicht einen einfachen Zugang zur Infinitesimalrechnung eröffneten. Solange das aber nicht der Fall ist, wird man weder die (in vieler Hinsicht interessanten) *Verones*eschen noch andere unendlichkleine Zahlen in Parallele zu den *Cantor*schen setzen dürfen, sondern sich auf den Standpunkt stellen müssen, daß zwar das *Unendlichgroße* in vollem Umfang für das Reich der Mathematik und damit auch der Logik erobert ist, daß aber von der mathematischen Existenz des *Unendlichkleinen* in einem gleichen oder ähnlichen Sinn vorläufig in keiner Weise gesprochen werden kann[1]).

---

[1]) Für die in diesem Absatz gemachte Unterscheidung zwischen „formaler“ und „natürlicher“ oder „anschaulicher“ Begründung neuer mathematischer Begriffe, auf die in scharfer Weise einzugehen nicht in der Absicht der obigen Zeilen lag, vergleiche man auch die etwas verwandte, von *Cantor* hervorgehobene Unterscheidung zwischen *immanenter* und *transienter* Realität von Begriffen (Grundlagen, § 8). Der z. B. mit der Theorie der höheren komplexen Zahlen vertraute Leser denke etwa einerseits an ein durch willkürliche (nur miteinander verträgliche) Additions- und Multiplikationsregeln definiertes System solcher Zahlen mit im allgemeinen für die übrige Mathematik bedeutungslosen Eigenschaften, anderseits an die durch das Bedürfnis der Algebra nahege-

### c) Die Intuitionisten, namentlich *Brouwer*[1]).

Nach diesem Exkurs auf philosophisches Gebiet soll zu einer anderen, rein mathematisch zusammengesetzten Gruppe von gefährlicheren Revolutionären übergegangen werden; gefährlicher zunächst deshalb, weil der Angriff mit viel schärferen, z. T. mathematisch fein geschliffenen Waffen vor sich geht, dann aber auch insofern, als es sich hier nicht bloß um eine kleine, auf die exponierte Provinz der Mengenlehre beschränkte Grenzberichtigung zuungunsten des mathematischen Reiches handelt, sondern der Angriff in die blühendsten und vor jeder Gefährdung sich sicher fühlenden Gefilde dieses Reichs getragen wird. Wenn er endgültig glückt, so bleibt, abgesehen von engumgrenzten unangreifbaren Gebieten (namentlich der Arithmetik im engeren Sinn), von der gegenwärtigen Mathematik nur ein ungeheurer Trümmerhaufen übrig, aus dem wohl erst durch die Arbeit von Generationen neue einigermaßen wohnliche (und den alten jedenfalls an Bequemlichkeit nicht gleichkommende) Behausungen aufgebaut werden können. Die Zusammensetzung dieser Gruppe, die vielfach sich selbst als *intuitionistisch*[2]) und die Gegenanschauung als *formalistisch* bezeichnet, wie auch die Geschichte ihrer Angriffe während des letzten halben Jahrhunderts ist reichlich wechselvoll. Von besonderem Interesse ist es, daß jeweils nur eine mäßige oder geringe Anzahl schöpferischer Mathematiker daran beteiligt war, aber darunter in vorderster Linie stets einige der hervorragendsten Forscher der Zeit aus sehr verschiedenen Ländern, wie z. B. die Namen *Kronecker, H. Poincaré, Borel, Brouwer, Weyl* zeigen; Beachtung verdient auch, daß diese Forscher zumeist *unabhängig voneinander* zu ihren Ideen gelangten und daß sie ungeachtet ihrer verhältnismäßigen wissenschaftlichen Isolierung des schließlichen Durchdringens ihrer Anschauungen sich überraschend sicher fühlen[3]). Bald rein intuitiv und dogmatisch, bald mit vorwiegend philosophisch fundierter Betrachtung arbeitend, bald scharfer mathematischer Hilfsmittel sich bedienend, demgemäß auch untereinander nur lose, durch eine gewisse Verwandtschaft der Grundgedanken verbunden und in deren Verfolgung weit auseinanderstrebend, erscheint diese Gruppe in der neueren Mathematik

---

legte, durch die Theorie der ebenen Vektoren (*Gauß*sche Zahlenebene) „transient" begründete Theorie der gemeinen komplexen Zahlen oder auch z. B. an die der *Hamilton*schen Quaternionen.

[1]) *Auch die folgenden Erörterungen (bis S.* 176) *bilden ein besonderes Ganzes und können allenfalls — aber nur bei der erstmaligen Lektüre! — zunächst überschlagen werden.*

[2]) So *Brouwer; Poincaré* gebraucht den Ausdruck „Pragmatiste".

[3]) Das gilt schon von *Kronecker;* vgl. z. B. *A. Gutzmer*s Bemerkung in der Naturwiss. Wochenschrift, 8 (1893), 592.

zum erstenmal etwa in den 70er Jahren des vorigen Jahrhunderts in Berlin mit *Kronecker* und einigen seiner Schüler auf dem Plan. Sie führt da einen trotz der Autorität dieses großen Arithmetikers im großen ganzen erfolglosen Kampf gegen die vor allem unter *Weierstraß'* Einfluß sich mächtig entwickelnden modernen Methoden in der Zahlen- und Funktionenlehre; immerhin spielt die damalige Bewegung eine nicht geringe Rolle bei der anfänglichen Bekämpfung der Ideen *Cantors*. Nach dem Sieg nicht nur der Funktionentheorie, sondern auch der Mengenlehre entsteht um die Jahrhundertwende aufs neue Beunruhigung durch die Paradoxien der Mengenlehre. Diese kann zunächst, gestützt auf ihre großen soeben der mathematischen Welt zum Bewußtsein gekommenen Erfolge, die neu beginnenden Angriffe auf ihre eigenen Grenzprovinzen beschränken; mit dem vielfach Anstoß erregenden Beweis des Wohlordnungssatzes durch *Zermelo* (1904) wachsen dann die Angriffe an Zahl und Heftigkeit (vgl. S. 209); aber erst *Poincaré* geht seit 1905 so weit, an das Gebäude der allgemeinen Mengenlehre als solches Hand anzulegen und darüber hinaus auch andere mathematische Gebiete zu bedrohen. Die Wirkung der (übrigens in späterer Zeit weniger radikal werdenden) Stellungnahme auch dieses überragenden Forschers nimmt unter dem Eindruck der (bald eingehend zu erörternden) für die bedrohte Mengenlehre aufgeführten Sicherungsbauten wiederum ab; die auch von anderer Seite gegen *spezielle* mengentheoretische Fragen (wie das Auswahlprinzip) sich vielfach erhebenden Bedenken stehen mit der hier besprochenen Gruppe in keinem unmittelbaren Zusammenhang, auf sie werden wir im nächsten Paragraphen noch zurückkommen. Da beginnt, allmählich schon seit 1907 zur entscheidenden Attacke in den Jahren 1918—1921 ausholend, der neue, ungestümste und gefährlichste Angriff dieser Gruppe unter der Fahne *Brouwers*, zeitweise fast die ganze mathematische Welt beunruhigend und erst in allerjüngster Zeit größeren Gegenangriffen vor allem von seiten *Hilberts* ausgesetzt. Einen vollständigen Überblick über diese Gruppe und ihre Argumente zu geben würde ein besonderes Buch füllen; wir wollen uns hier damit begnügen, wenigstens die Ausgangspunkte *Brouwers*[1]) und einzelne der Nutzanwendungen

[1]) Für die Arbeiten und Anschauungen von *L. E. J. Brouwer* und *H. Weyl* sei verwiesen auf die Literaturangaben in *Brouwers* Note „Intuitionistische Mengenlehre" (Jahresber. d. D. Math.-Verein., **28** [1920], 203—208; *zitiert als* „*Brouwer*") und in *Weyls* eingehend orientierenden Vorträgen „Über die neue Grundlagenkrise der Mathematik" (Math. Zeitschrift, **10** [1921], 39—79; *zitiert als* „*Weyl*"), ferner auf die bezüglichen Stellen in *O. Beckers* Habilitationsschrift „Beiträge zur phänomenologischen Begründung der Geometrie und ihrer physikalischen Anwendungen" (Jahrbuch f. Philosophie u. phänomenol. Forsch., **6** [1923], 385—560, besonders S. 403—419; *zitiert als* „*Becker*"). Während *Weyls* Schrift „Das Kontinuum" (gleich *Becker* auf dem Boden der *Husserl*schen Phänomenologie stehend) stark philosophisch gehalten und deshalb, namentlich in ihrem

für die Mengenlehre kennen zu lernen und danach noch eine spezielle, namentlich von *Poincaré* hervorgehobene Bemerkung zu würdigen.

Von der Mengenlehre zunächst absehend, wählen wir einen möglichst einfachen Ausgangspunkt zur Verdeutlichung der Anschauung *Brouwers*. Wir verstehen etwa unter $\mathfrak{E}$ irgendeine Eigenschaft, die *natürlichen Zahlen* zukommen kann. Beispielsweise kann die Behauptung „die natürliche Zahl $n$ besitzt die Eigenschaft $\mathfrak{E}$“ eine der folgenden Bedeutungen haben:

die Zahl $2^n + 1$ ist eine Primzahl (d. h. ohne Teiler, abgesehen von sich selbst und der Eins)

oder:

zu der Zahl $n + 2$ existiert mindestens ein „*Fermat*sches Zahlentripel“ $(x, y, z)$, d. h. ein System von drei natürlichen Zahlen $x, y, z$ von der Art, daß

$$x^{n+2} + y^{n+2} = z^{n+2} \text{ ist}$$

oder:

in der Dezimalbruchentwicklung der Kreiszahl $\pi$ (S. 10) steht an der $n^{\text{ten}}$ Stelle rechts vom Komma eine Drei[1]).

Wir stellen nun die Frage: *Gibt es Zahlen von der Eigenschaft* $\mathfrak{E}$?, und beschäftigen uns mit den überhaupt *möglichen* Antworten auf diese Frage. Da ist vor allem die ausdrückliche Angabe einer bestimmten Zahl $n$ denkbar, der die Eigenschaft $\mathfrak{E}$ zukommt, womit unsere Frage bejahend beantwortet ist *(erster Fall)*. Weiter kann es vorkommen, daß ein Beweis gelingt, wonach aus dem Wesen der natürlichen Zahl

ersten Teil, nicht für jeden mathematischen Leser leichtverdaulich ist, schreibt *Brouwer* vielfach, namentlich in seinem Hauptwerk „Begründung der Mengenlehre unabhängig vom logischen Satz vom ausgeschlossenen Dritten“, leider sehr schwer verständlich; zur näheren Information über seine kritischen wie auch neu aufbauenden Anschauungen ist daher, außer auf einige seiner älteren Aufsätze (besonders die Antrittsrede „Intuitionism and Formalism“), vor allem zu verweisen auf die Darstellungen des *Brouwer*schen Standpunkts im zweiten Teil der genannten Vorträge *Weyls* (die im weiteren Verlauf aber, namentlich in ihrem Verhältnis zu *Brouwer*, mit Vorsicht aufzunehmen sind) sowie in *Becker*. Übrigens kann die etwas dogmatisch gefärbte, in manchem an *Kants* Kategorienlehre erinnernde *Weyl*sche Theorie heute als erledigt gelten, nachdem ihr Urheber selbst sie zugunsten der *Brouwer*schen zurückgezogen hat.

[1]) Zwischen diesen Beispielen besteht der folgende hier nicht ausschlaggebende, aber doch erwähnenswerte Unterschied: Im ersten und dritten Beispiel ist prinzipiell für jede *einzelne* natürliche Zahl $n$ durch eine endliche (nur von $n$ abhängige) Anzahl von Versuchen (numerisches Rechnen!) zu entscheiden, ob $n$ die Eigenschaft $\mathfrak{E}$ besitzt oder nicht; praktisch ist eine derartige Entscheidung bei einigermaßen großen Zahlen $n$ freilich undurchführbar, weil die für die notwendigen Rechnungen erforderliche Zeit bald nach Jahrtausenden und noch größeren Zeiträumen zu bemessen wäre. Im zweiten Beispiel dagegen ist schon für eine einzelne Zahl $n$ die Lösung auf dem Weg des Probierens nicht prinzipiell möglich, weil man alle natürlichen Zahlen $x, y, z$ durchprobiert haben müßte, um die Unmöglichkeit einer Beziehung der Form $x^{n+2} + y^{n+2} = z^{n+2}$ behaupten zu können.

an sich folgt, daß keine Zahl $n$ die Eigenschaft $\mathfrak{E}$ besitzen kann, d. h. daß für jede Zahl das (kontradiktorische) Gegenteil von $\mathfrak{E}$ zutrifft; damit wäre unsere Frage verneint *(zweiter Fall)*. Liegt keiner dieser beiden Fälle vor — dies gilt derzeit z. B. für das oben an zweiter Stelle angeführte Beispiel[1]) — so stellt sich doch die „formalistische" Mathematik auf den Standpunkt: entweder gibt es irgendeine natürliche Zahl $n$ von der Eigenschaft $\mathfrak{E}$, oder es gibt überhaupt keine solche Zahl $n$; damit wird unsere Frage unter allen Umständen auf einen der angeführten Fälle zurückgeführt, nur daß im ersten Fall eventuell die ausdrückliche Angabe einer speziellen Zahl von der Eigenschaft $\mathfrak{E}$ mit den derzeitigen Mitteln der Wissenschaft nicht durchführbar sein mag. Der Intuitionist entgegnet jedoch hierauf: nein, es ist noch ein *dritter Fall* denkbar, in dem (mindestens zur Zeit) aus dem Wesen der Zahl nichts über die Existenz oder Nichtexistenz von Zahlen mit der Eigenschaft $\mathfrak{E}$ gefolgert werden kann und in dem, solange keine spezielle Zahl von der Eigenschaft $\mathfrak{E}$ nachweisbar ist, unsere Frage offen bleibt. Erst nach beendigter Durchlaufung und Prüfung der Gesamtheit *aller* natürlichen Zahlen könnte auf unsere Frage eine endgültige Antwort in einer der oben angeführten Richtungen gegeben werden. Eine solche Durchlaufung ist aber nur in der Weise möglich, daß mittels eines *Gesetzes* das unendliche Verfahren auf einen endlichen (nämlich mittels endlichvieler Schlüsse sich vollziehenden) Prozeß zurückgeführt wird (so im zweiten Fall); die Durchlaufung aller Zahlen als ein eigentlich unendlicher Prozeß ist hingegen weder praktisch durchführbar noch überhaupt als abgeschlossen denkbar, und es ist deshalb unsinnig, von einem Ergebnis dieses Prozesses zu reden. Ein reiner Existenzsatz der Art *„es gibt eine Zahl von der Eigenschaft* $\mathfrak{E}$" ist, ganz abgesehen von der Frage der Möglichkeit seines Zustandekommens, überhaupt kein echtes Urteil, solange nicht mindestens eine bestimmte derartige Zahl (oder doch ein Verfahren zur Konstruktion einer solchen) angegeben wird. Der logische *Satz vom ausgeschlossenen Dritten* (tertium non datur) versagt also hierbei, oder genauer: die stillschweigende Übertragung dieses Satzes aus der Logik, wo für gewöhnlich nur endliche Bereiche in Frage kommen und daher eine Argumentation der kritisierten Art

---

[1]) Die *Verneinung* der Frage, ob es Zahlen der Eigenschaft $\mathfrak{E}$ gibt, stellt für dieses Beispiel den Inhalt des „großen *Fermat*schen Satzes" dar, dessen Beweis (oder Widerlegung durch Angabe einer Zahl $n$ bzw. aller Zahlen $n$ von der Eigenschaft $\mathfrak{E}$) das Ziel der vergeblichen Bemühungen vieler der hervorragendsten Mathematiker seit mehr als zwei Jahrhunderten darstellt. Namentlich infolge des letzten auf seinen Beweis oder seine vollständige Widerlegung ausgesetzten Preises, der inzwischen freilich durch die Markentwertung illusorisch geworden sein dürfte, hat dieser Satz neuerdings auch das Interesse vieler Nichtmathematiker auf sich gezogen.

zulässig ist, auf das allgemeine mathematische Gebiet mit seinen unendlichen Mengen (z. B. in unserem Fall der Menge aller natürlichen Zahlen) ist unstatthaft und nur zur heuristischen Verwendung zulässig[1]); zwischen der Behauptung „es existieren, wie das Beispiel der speziellen Zahl *n* beweist, natürliche Zahlen von der Eigenschaft 𝔈“ und der anderen „eine natürliche Zahl kann, wie aus dem Wesen einer solchen zu folgern ist, niemals die Eigenschaft 𝔈 besitzen“ *gibt es ein Drittes,* weil die Menge aller natürlichen Zahlen etwas nie Vollendetes, sondern stets Werdendes und fortgesetzter Prüfung Unterliegendes ist. Man kann freilich ebensogut, statt von der Ungültigkeit des Satzes vom ausgeschlossenen Dritten zu sprechen, den Sachverhalt dahin deuten, daß die oben in Anführungszeichen hingesetzten Behauptungen sich gar nicht wie ein Urteil und sein kontradiktorisches Gegenteil verhalten, daß mithin der Satz vom ausgeschlossenen Dritten überhaupt nicht in Frage kommt.

Zur Verallgemeinerung dieser (in ihrer Beziehung auf *Eigenschaften natürlicher Zahlen* sehr speziellen) Betrachtung wollen wir zunächst einen Schritt weitergehen. Es gilt nämlich das, was vorstehend in bezug auf die Frage „gibt es eine natürliche Zahl von der Eigenschaft 𝔈?“ bemerkt wurde, um so mehr dann, wenn statt *natürlicher Zahlen* vielmehr *Folgen natürlicher Zahlen,* wie z. B. die Ziffernfolge eines unendlichen Dezimalbruchs, betrachtet werden und demgemäß 𝔈 eine Eigenschaft einer Zahlenfolge bedeutet (z. B. die, periodisch zu sein, oder die, unendlich viele Paare zweier aufeinanderfolgender Einsen aufzuweisen). Die sich so ergebende Frage: „gibt es Zahlenfolgen von der Eigenschaft 𝔈?“ muß sogar noch schärfer als die vorige unter die Lupe genommen werden. Der Intuitionist wiederholt nämlich hierbei nicht nur die obige, auf den Satz vom ausgeschlossenen Dritten bezügliche Bemerkung, sondern er kritisiert überhaupt die Legitimität des *Begriffs einer beliebigen Zahlenfolge,* d. h. etwa eines beliebigen Dezimalbruchs, dessen Ziffernfolge nicht durch ein angebbares Gesetz vorgeschrieben ist und der andererseits doch als etwas Fertiges, Abgeschlossenes gedacht werden soll; der Begriff einer derartigen willkürlichen Zahlenfolge existiert für den Intuitionisten nur als etwas (durch willkürliche Wahl der einzelnen Ziffern) ständig *Werdendes,* nicht aber als ein fertiger Begriff, von dem das Bestehen oder Nichtbestehen der Eigenschaft 𝔈 endgültig ausgesagt werden könnte. Die Schwierigkeit, die vorhin in der Regel erst beim Überblick der *Gesamtheit* aller natürlichen Zahlen in bezug auf das Erfülltsein einer Eigenschaft in die Erscheinung trat, stellt sich uns jetzt schon im Hinblick auf eine *einzelne* Zahlenfolge entgegen.

---

[1]) Man bemerke hierzu, daß nach *Brouwer* „die Logik auf der Mathematik beruht und nicht umgekehrt“ (*Brouwer,* S. 204).

Überdies verändert diese intuitionistische Auffassung von Grund auf unsere bisherige Anschauung vom *Kontinuum*, z. B. von der Gesamtheit aller unendlichen Dezimalbrüche (d. h. dem Linearkontinuum der Zahlengeraden, vgl. S. 105 und 118). Der konsequente Intuitionist lehnt mit *Brouwer* und *Weyl* die „Zusammensetzung" des Kontinuums aus einzelnen willkürlichen und abgeschlossen gedachten Zahlfolgen (d. h. Dezimalbrüchen oder Punkten), die in begrifflich faßbarer Ordnung zueinander stehen, grundsätzlich ab und setzt an die Stelle dieser, mit einem wenig passenden Namen als *atomistisch* bezeichneten Auffassung vielmehr ein Kontinuum als „Medium freien Werdens", in das die gesetzmäßig bestimmten wie auch die endlos *werdenden* Dezimalbrüche hineinfallen und das in seinem stets unvollendeten, in ewigem Fluß begriffenen Wesen den historisch älteren und anschaulich näherliegenden Vorstellungen vom Kontinuierlichen (der zeitlichen Veränderung, der räumlichen Bewegung) sich enger anzupassen scheint. Die namentlich in der zweiten Hälfte des 19. Jahrhunderts ausgebaute und systematisch begründete Betrachtungsweise, nach der das Kontinuum sich geradezu in eine Menge fertig vorhandener Zahlen oder Punkte auflöst, wird von den Intuitionisten als eine „in Chaos und Leersinn mündende" Verirrung abgelehnt[1]).

Die beiden soeben hervorgehobenen Bedenken, die den Satz vom ausgeschlossenen Dritten, angewandt auf die Frage der Existenz von Zahlen mit einer vorgeschriebenen Eigenschaft, und das Kontinuum als Menge aller willkürlichen Folgen natürlicher Zahlen betrafen, erlauben nun sehr wesentliche Ausdehnung. Vor allem wird allgemein das Axiom von der *Lösbarkeit (Entscheidbarkeit) jedes mathematischen Problems* abgelehnt. Bis vor kurzem schien dieses Axiom Gemeingut aller Mathematiker in dem Sinn, daß jedes mathematische Problem entweder mit den gegenwärtigen oder doch mit den künftigen Mitteln der Wissenschaft, die zu diesem Zweck nötigenfalls ihre Grundlage nach Bedarf zu verbreitern habe, durch eine endliche Kette von Schlüssen[2]) seiner

[1]) Für einen allgemeinen Überblick und eine philosophische Betrachtung der *Brouwer*schen Lehre von Kontinuum vgl. *Becker*, S. 416—419, 424—427, 431—435; hierbei erscheint allerdings *Brouwers* Theorie vielfach nicht unwesentlich modifiziert. In Verbindung mit der Entwicklung der Anschauungen vom Kontinuum verdient auch die Stellung der modernen Physik zum Prinzip „natura non facit saltus" vermerkt zu werden; ein Zusammenhang zwischen beiden Fragen — abgesehen vom historischen Moment freilich heute überholt — wird z. B. von *M. Simon* hervorgehoben (Atti del IV Congr. Internat. dei Mat., III [Roma 1909], 386).

[2]) Mit Recht hebt *Hessenberg* (S. 123) hervor, daß die *Endlichkeit* des zur Entscheidung führenden Verfahrens eigentlich selbstverständlich ist. Dazu ist freilich zu bemerken, daß in den axiomatischen Voraussetzungen (vgl. S. 193 und 209) unter Umständen unendliche Prozesse enthalten sein können, die, wenn nicht unter Benutzung eines „Gesetzes" auf endliche Prozesse zurückführbar, von dem Intuitionisten abgelehnt werden.

positiven oder negativen Entscheidung zugeführt werden könne; in der Tat ist mindestens bis heute für kein mathematisches Problem der Beweis geführt, daß es unentscheidbar wäre, und die Auffindung eines derartigen Problems würde zweifellos ein ungeheuerliches Novum für die Mathematik darstellen[1]). Nach der Anschauung des Intuitionisten ist jene Überzeugung von der allgemeinen Entscheidbarkeit, die sich schließlich, soweit überhaupt logisch fundiert, auf den Satz vom ausgeschlossenen Dritten gründet, durch nichts gerechtfertigt, sondern es bleibt, wie oben an speziellen Beispielen angeführt, neben der positiven Entscheidung einer Frage durch Angabe einer bestimmten Konstruktion (Rechenmethode usw.) und neben ihrer negativen Entscheidung durch einen legitimen, positiv gewendeten Unmöglichkeitsbeweis immer noch ein Drittes übrig, nämlich die Unlösbarkeit des Problems. Als leicht verständliche Beispiele von Fragen, die nach dem gegenwärtigen Stand der Wissenschaft in diesem Sinne bis auf weiteres zu den unlösbaren Problemen zu zählen wären, seien neben den in der letzten Fußnote angeführten Fragen noch die zwei folgenden genannt: gibt es endlich viele oder unendlich viele (bzw. nur fünf[2]) oder mehr als fünf) Primzahlen der Form $2^n + 1$, wo $n$ die natürlichen Zahlen durchläuft? ferner: gibt es in der Dezimalbruchentwicklung der Zahl $\pi$ eine unendliche oder nur eine endliche Anzahl von Dezimalziffern, die an einem Platz mit geradzahliger Stellenentfernung vom Komma stehen und mit der folgenden, in ungradzahliger Entfernung befindlichen Ziffer übereinstimmen?[3]) Infolge dieser negativen Stellung des Intuitionisten zur Lösbarkeitsfrage verlieren für ihn viele mathematische Probleme und

---

[1]) Man denke etwa, um sich die Frage an einem Beispiel klar zu machen, an das Problem, ob $2^\pi$ eine algebraische oder eine transzendente Zahl ist, oder an das oben berührte, ob es zu irgendeinem $n > 2$ ein *Fermat*sches Zahlentripel gibt oder nicht. — Über diese Frage der Lösbarkeit hinaus geht die Frage, ob nicht, soweit etwa mathematisch überhaupt nicht entscheidbar, doch „an sich" für jedes mathematische Problem eine bestimmte Antwort feststeht (etwa für die Transzendenz von $2^\pi$); diese Frage geht, insoferne man ihr überhaupt einen klaren Sinn beilegt, jedenfalls über die Grenzen der Mathematik hinaus.

[2]) Fünf solche Primzahlen gibt es jedenfalls, nämlich 3, 5, 17, 257, 65537 (für $n = 1, 2, 4, 8, 16$); weitere sind nicht bekannt.

[3]) Allgemein braucht im Sinne des Intuitionisten die Frage, ob eine „gegebene" Menge $M$ endlich (im naiven Sinn) oder mindestens abzählbar unendlich (d. h. eine abzählbare Teilmenge umfassend) ist, nicht stets eine Lösung zu haben; denn wenn $M$ nicht auf eine Menge der Form $\{1, 2, 3, \ldots, n\}$ abbildbar ist, so folgt daraus noch keineswegs die Angebbarkeit eines konkreten, durch ein Gesetz sich ausdrückenden Verfahrens, das eine Teilmenge von $M$ auf die Menge aller natürlichen Zahlen abbildete. — Übrigens kann solch ein einzelnes Beispiel eines unlösbaren Problems jederzeit mit der wissenschaftlichen Entwicklung fortfallen, nämlich entscheidbar werden; dann kann es aber stets durch andere Beispiele ersetzt werden (vgl. *Brouwer* in Math. Annalen, **83** [1921], 210).

Sätze, deren Beweise unlöslich mit dem Satz vom ausgeschlossenen Dritten verknüpft sind, überhaupt jeden Sinn; zu solchen Sätzen gehört aus dem Gebiet der Mengenlehre z. B. schon der Äquivalenzsatz[1]).

Von vornherein mehr auf die Mengenlehre und die an sie angrenzenden Gebiete beschränkt ist eine zweite intuitionistische These, die die oben erwähnte Ablehnung der Menge aller möglichen willkürlichen Dezimalbrüche (Zahlenfolgen) als speziellen Fall in sich enthält und übrigens mit der Stellungnahme zum Entscheidbarkeitsproblem in engem Zusammenhang steht[2]). Es handelt sich dabei um die *Definition der Menge* (vgl. S. 3 und 157): der Standpunkt, wonach alle diejenigen „Dinge" — oder auch nur (vgl. *Zermelo*s Aussonderungsaxiom, S. 195) all diejenigen Elemente einer *bereits als rechtmäßig zugelassenen* Menge —, die eine bestimmte Eigenschaft besitzen[3]), zu einer Menge vereinigt werden können, wird als unzulässig bzw. unbrauchbar abgelehnt, ebenso auch die Auffassung, wonach eine Menge bestimmt ist, wenn für jedes beliebige Ding „feststeht", ob es zur Menge gehört oder nicht. Statt dessen wird eine rein *konstruktive* Mengendefinition gegeben, bei der die *Menge aller natürlichen Zahlen* und der Begriff des *Gesetzes* (Funktion im Sinn der älteren Mathematik) als intuitiv gegeben zugrunde gelegt werden. Für die fragliche Definition, deren etwas langer Wortlaut ohne ausführliche Erörterung nicht verständlich sein würde, sei auf *Brouwers* Veröffentlichungen von 1918 und 1920 und deren Deutung durch *Weyl* und *Becker* verwiesen. Es genüge zu bemerken, daß hiernach Mengen wie die all der natürlichen Zahlen *n*, zu denen es *Fermat*sche Zahlentripel gibt, nicht zugelassen werden.

Die vorangehenden Bemerkungen wollten lediglich einen orientierenden Einblick in die Grundlagen des *Brouwer*schen Standpunkts geben. Auf ihre systematische Entwicklung und ihre revolutionären

---

[1]) Über das Entscheidbarkeitsproblem, dem schon *Kronecker* die größte Aufmerksamkeit zuwandte, hat sich namentlich seit 1900 eine umfangreiche Literatur entwickelt; es genüge hier auf *Hilbert* (Vortrag auf dem internation. Math.-Kongress 1900, abgedruckt z. B. im Archiv der Math. und Physik, (3) **1** [1902], 52; vgl. jedoch Math. Annalen, **78** [1918], 412 ff.), *Hessenberg* (S. 122—134), *Brouwer* (S. 203 f.) und *Becker* (S. 409 ff.) zu verweisen (neben der von *Becker* zitierten Äußerung *Pasch*s ist noch dessen neuerer Aufsatz im Jahresber. d. D. Math.-Verein, **27** [1918], 228—232, zu nennen, wo auch weitere Literaturangaben).

[2]) Wegen dieses Zusammenhangs vergleiche man namentlich die übersichtliche Darstellung bei *Becker*, S. 403—414, wo man auch über die Entwicklung des Mengenbegriffs von *Cantor* bis *Brouwer* einen (die Dinge wohl etwas zu einheitlich sehenden) Überblick findet.

[3]) Auch für den „*formalistischen*" Standpunkt (zumal im Sinne der *Zermelo*schen Präzision, die eine scharf begrenzte und möglichst rein mathematische Grundlegung anstrebt) ist allerdings die obige Kennzeichnung „die eine bestimmte Eigenschaft besitzen" unbefriedigend. Sie bedarf einer schärferen, mathematisch eindeutigen Bestimmung, die durchaus möglich ist; vgl. hierfür S. 197 f.

Konsequenzen für die meisten Gebiete der Mathematik kann hier nicht eingegangen werden[1]). Nur bezüglich der sich speziell für die *Mengenlehre* ergebenden Folgerungen sollen noch einige kurze, keineswegs Vollständigkeit anstrebende Bemerkungen gemacht werden; sie werden hinreichen, um eine Vorstellung von dem durchaus andersartigen Aussehen zu geben, das die Mengenlehre hiernach gewinnt. Vor allem wird der Begriff der Äquivalenz und der der Mächtigkeit (Kardinalzahl) von Grund auf geändert, derart, daß sich z. B. die herkömmlichen abzählbar unendlichen Mengen (wie auch andere Klassen äquivalenter Mengen im alten Sinn) in mehrere Unterarten von Mengen, die nicht mehr als „äquivalent" gelten, zerteilen, daß ferner der *Cantor*sche Satz von S. 51f. und damit die Kardinalzahl $\mathfrak{f}$ (S. 47) wie überhaupt die über die Mächtigkeit des Kontinuums hinausgehenden Kardinalzahlen fortfallen; auch die Charakterisierung von $\aleph_0$ als der kleinsten nicht endlichen Kardinalzahl (d. h. der Satz von S. 20) wird aufgegeben usw. Vom Äquivalenzsatz war bereits oben (S. 171) die Rede. Innerhalb der Theorie der geordneten Mengen erleidet neben den allgemeinen Teilen und ihrer Anwendung auf die Lehre von den Punktmengen namentlich die Theorie der Wohlordnung einen durchgreifenden Umsturz; in dem auch hier rein konstruktiv zu vollziehenden Aufbau hat schon die alte Definition der wohlgeordneten Menge (Definition 1 von S. 122) keinen Raum mehr, und alle wesentlichen

[1]) Um nur wenigstens eine Vorstellung vom Radikalismus dieser Konsequenzen zu geben, sei erwähnt, daß dabei z. B. *Dedekinds* Schnitttheorie (vgl. oben S. 106, Fußnote) wie auch der allgemeine Begriff der willkürlichen, unstetigen Funktion (und um so mehr die auf S. 46 betrachtete Menge *F)* als bedeutungslos abgelehnt werden und daß der für die moderne Analysis grundlegende Satz, wonach jede beschränkte Menge reeller Zahlen (Punktmenge) eine obere und eine untere Grenze (kleinste obere und größte untere Schranke) besitzt, verworfen wird. Eine selbständige, von der Übertragung der Analysis durch den Koordinatenbegriff unabhängige Geometrie wird (von *Weyl)* überhaupt verneint, ebenso eine allgemeine Funktionenlehre.

Hiernach werden die folgenden kennzeichnenden Sätze *Weyls* (*Weyl*, S. 70) nicht mehr überraschen: „Die neue Auffassung, sieht man, bringt sehr weitgehende Einschränkungen mit sich gegenüber der ins Vage hinausschwärmenden Allgemeinheit, an welche uns die bisherige Analysis in den letzten Jahrzehnten gewöhnt hat. Wir müssen von neuem Bescheidenheit lernen. Den Himmel wollten wir stürmen und haben nur Nebel auf Nebel getürmt, die niemanden tragen, der ernsthaft auf ihnen zu stehen versucht. Was haltbar bleibt, könnte auf den ersten Blick so geringfügig erscheinen, daß die Möglichkeit der Analysis überhaupt in Frage gestellt ist; dieser Pessimismus ist jedoch unbegründet. ... Aber daran muß man mit aller Energie festhalten: *die Mathematik ist ganz und gar, sogar den logischen Formen nach, in denen sie sich bewegt, abhängig vom Wesen der natürlichen Zahl.*"

Man vergleiche mit dem letzten Satz das bekannte Wort des ersten modernen Intuitionisten, *Kroneckers*: Die ganzen Zahlen hat der liebe Gott gemacht, alles andere ist Menschenwerk.

Folgerungen, insbesondere auch der Hauptsatz 1 von der Vergleichbarkeit (S. 139) mit seinen Konsequenzen für die Theorie der Äquivalenz, müssen als bedeutungslos oder unrichtig abdanken.

Wenn schließlich eine Stellungnahme zu der vorstehend flüchtig umrissenen Theorie erwartet werden sollte, so ist demgegenüber zu bemerken, daß die berührten Fragen heute noch im Fluß sind und ein endgültiges Urteil der Wissenschaft bisher nicht vorliegt. Für die Gegenargumente des bedeutendsten Kämpfers im Streite gegen jene Anschauungen, *D. Hilberts*, sei auf die S. 235, Fußnote 3, genannten Aufsätze verwiesen; sie gipfeln vor allem in der Behauptung, daß die von *Brouwer* und *Weyl* hervorgehobenen Schwierigkeiten und Bedenken innerhalb der bisherigen Mathematik großenteils einer willkürlichen und unzweckmäßigen Wahl der *Ausgangspunkte*, nicht aber der Natur der von diesen Ausgangspunkten her beanstandeten mathematischen Begriffe und Methoden selbst zur Last zu legen seien; andererseits könne eine völlig sichere Stützung der Grundlagen der bisherigen Mathematik (einschließlich der Mengenlehre), soweit nicht schon früher geleistet, durch neue Methoden bewirkt werden, mit deren Verfolgung *Hilbert* bereits begonnen hat. (Es handelt sich vor allem um den Beweis der Widerspruchslosigkeit der mathematischen Axiome, wovon nachstehend in § 13b) noch ausführlich die Rede sein wird.) Die weitaus überwiegende Mehrheit der heutigen Mathematiker lehnt denn auch bisher den intuitionistischen Standpunkt ab, der praktisch überhaupt kaum je innegehalten worden ist, außer (und auch dies nur teilweise) von seinen genannten Verfechtern[1]).

Der Verfasser dieses Buches möchte seine derzeitige Meinung dahin ausdrücken, daß er allerdings gefühlsmäßig und in Rücksicht auf die tatsächlichen Erfolge der Wissenschaft von der Solidität der alten Analysis und Mengenlehre und von der Unnötigkeit der weitgehenden intuitionistischen Amputationen überzeugt ist, daß er ferner den simultanen, einfachen Akt der Zusammenfassung unendlich vieler Einzeldinge zu einem neuen Begriff als einen durchaus möglichen und endlichen logischen Prozeß bejaht; gleichzeitig erkennt er aber die *derzeitige Berechtigung* eines Teiles der intuitionistischen Bedenken an und erblickt angesichts der noch in mancher Richtung unbefriedigenden Grundlegung der bisherigen Mathematik in der weiteren Arbeit an der Grundlagenforschung eine unabweisbare Forderung. Die Aus-

---

[1]) Vgl. auch *F. Bernsteins* Aufsatz „Die Mengenlehre Georg Cantors und der Finitismus" (Jahresb. d. D. Mathem.-Verein., 28 [1919], 63—78). Hier wird auch namentlich der (ältere) extreme Finitismus kritisiert, der den Begriff einer Gesamtheit von unendlich vielen Elementen überhaupt ablehnt. Dem Standpunkt derer, die (etwa mit dem Argument der nichtprädikativen Definition, vgl. S. 174ff.) nur die *nichtabzählbaren* unendlichen Mengen ablehnen, dürfte *Bernstein* nicht ganz gerecht werden.

füllung der vorhandenen Lücken, auf die besonders eindringlich hingewiesen zu haben ein wesentliches Verdienst der Intuitionisten darstellt, darf vielleicht zu einem erheblichen Teil in der von *Hilbert* eingeschlagenen Richtung gesucht werden; ob diese Untersuchungen entscheidend sein werden, muß die Zukunft lehren (vgl. S. 239f.). Freilich erscheint es unsicher, ob zwischen den hier einander entgegenstehenden Auffassungen eine endgültige Klärung und Entscheidung in naher Zukunft oder überhaupt in absehbarer Zeit herbeizuführen sein wird; hier (wie vielfach im Grenzgebiet zwischen Mathematik und Philosophie) gilt *Poincarés* Wort, wonach sich die Menschen nicht verstehen, weil sie nicht die nämliche Sprache sprechen und weil es Sprachen gibt, die sich nicht erlernen lassen[1]).

Die Erörterung der intuitionistischen Anschauungen werde abgeschlossen durch den Hinweis auf einen namentlich von *Poincaré* betonten und u. a. von *Russell* aufgenommenen speziellen Gedanken, der heute nicht mehr im Vordergrund des Interesses steht, aber noch einige Aufmerksamkeit verdienen dürfte. In vielen der Fälle, wo in der Mengenlehre und der Logik Widersprüche auftreten, wird ein *spezieller* Vertreter $m$ eines gewissen Allgemeinbegriffs unter Zuhilfenahme der Gesamtheit $M$ *aller möglichen* Vertreter jenes Allgemeinbegriffs definiert; man spricht dann von einer *nicht-prädikativen* Definition. Einige Beispiele werden diese Erscheinung leicht veranschaulichen.

1. $f(x)$ sei für $0 \leqq x \leqq 1$ eine stetige reelle Funktion einer reellen Veränderlichen $x$, $M$ die Gesamtheit aller zugehörigen Funktionswerte $f(x)$, $m$ der *kleinste* unter all diesen Funktionswerten, d. h. die kleinste Zahl der Zahlenmenge $M$. (Daß in $M$ eine kleinste Zahl *existiert*, oder, was auf dasselbe hinauskommt, daß $M$ eine abgeschlossene Menge ist [vgl. S. 112, Fußnote 2], ist nicht selbstverständlich, sondern bedarf eines Beweises.)

2. In *Zermelos* erstem Beweis des Wohlordnungssatzes wurde der Begriff einer Gammafolge einer beliebig gegebenen Menge $N$ eingeführt und dann eine besondere, nämlich die umfassendste aller Gammafolgen (ihre geordnete Vereinigungsmenge), betrachtet (S. 145ff.). Bezeichnen wir diese besondere (damals $\Sigma$ genannte) Gammafolge mit $m$ und die Menge aller Gammafolgen von $N$ mit $M$, so geht $M$ in die Definition von $m$ ersichtlich ein.

3. $N$ sei eine beliebige Menge (z. B. die Menge aller natürlichen Zahlen); $\mathfrak{U}N = M$ bedeute die Menge aller Teilmengen von $N$ (Potenzmenge von $N$, etwa „das Kontinuum"), und zu den Teilmengen von $M$ sei eine beliebige, aber feste Auswahl je eines ausgezeichneten Elements

[1]) Für die *psychologischen* Verschiedenheiten der Auffassung, die den fraglichen Diskussionen zugrunde liegen, vergleiche man die anschauliche und anregende Betrachtung bei *Poincaré*, Gedanken, V. Kapitel.

aus jeder Teilmenge gegeben, womit nach *Zermelos* Beweis des Wohlordnungssatzes eine Wohlordnung von $M$ eindeutig bestimmt ist (S. 145ff.). Das erste Element der erhaltenen Wohlordnung von $M$ werde mit $m$ bezeichnet. Dann ist $m$ (als Element von $M$) eine spezielle Teilmenge von $N$, in deren Definition die Gesamtheit $M$ *aller* Teilmengen von $N$ eingeht.

4. In der *Burali-Forti*schen Antinomie (S. 154) wurde die Gesamtheit $M$ aller Ordnungszahlen, geordnet nach der Größe der einzelnen Ordnungszahlen, betrachtet. Da sich $M$ als wohlgeordnet erweist, schien es möglich, eine besondere Ordnungszahl $m$ als Ordnungszahl der Menge $M$ aller Ordnungszahlen zu definieren.

5. (Vgl. *Weyl*, S. 41 f.) Wir denken uns auf eine bestimmte, nicht überflüssig enge Weise den Begriff „Eigenschaft einer natürlichen Zahl" (vgl. S. 166) logisch umgrenzt und bezeichnen die „Gesamtheit aller Eigenschaften natürlicher Zahlen" mit $M$. Ferner sei $E$ eine Eigenschaft *von* Eigenschaften natürlicher Zahlen (z. B. die Eigenschaft $E$, daß die Zahl 100 die Eigenschaft $\mathfrak{E}$ besitzt, wobei $\mathfrak{E}$ eine Eigenschaft aus $M$ bedeutet; weniger triviale Beispiele für $E$ wird man hiernach leicht bilden). Wir definieren nun eine Eigenschaft $m$ natürlicher Zahlen folgendermaßen: die Eigenschaft $m$ kommt der natürlichen Zahl $a$ dann und nur dann zu, wenn $a$ mindestens eine Eigenschaft $\mathfrak{E}$ aus $M$ besitzt, die ihrerseits von der Eigenschaft $E$ ist (d. h. in unserem Beispiel: $a$ hat die Eigenschaft $m$, wenn $a = 100$ ist oder wenn $a$ mindestens eine Eigenschaft aus $M$ mit der Zahl 100 gemeinsam hat). Danach ist die spezielle Eigenschaft $m$ auf Grund der Gesamtheit $M$ *aller* Eigenschaften natürlicher Zahlen definiert. (Man überzeugt sich übrigens leicht, daß die Eigenschaft $m$ nicht in der Gesamtheit $M$ vorkommen kann, daß also die Voraussetzung, wonach $M$ alle einwandfrei festlegbaren Eigenschaften umfassen soll, einen Widerspruch hervorruft.)

Der mit mathematischen Überlegungen vertraute Leser wird den Wert dieser Definitionen unzweifelhaft *verschieden* einschätzen. So ist etwa die Definition des ersten Beispiels stets benutzt und (der Sache nach) niemals in Frage gezogen worden, und auch heute wird dies kaum ernsthaft der Fall sein können. Dagegen haben sich gegen Definitionen wie in den Beispielen 2 und 3 die Intuitionisten unter *Poincarés* Führung heftig gewandt; ihre Angriffe werden bezüglich des zweiten Beispiels auf gegnerischer „formalistischer" Seite zweifellos nach wie vor entschiedenen Widerspruch finden, im allgemeinen vermutlich auch bezüglich des (in der Literatur bisher wohl nicht erörterten) dritten. Die Definitionen der beiden letzten Beispiele schließlich bergen, für jedermann offensichtlich, unmittelbare Widersprüche bzw. Unklarheiten in sich.

Wenn es auch danach den Anschein hat, als ob nicht gerade die allen fünf Beispielen gemeinsame nicht-prädikative Natur der Definitionen für etwaige logisch verhängnisvolle Folgen verantwortlich zu machen ist, so hat man doch vielfach derartige Definitionen grundsätzlich verwerfen zu sollen geglaubt, weil man ihnen einen circulus vitiosus zuschrieb. Dieser sehr radikal und temperamentvoll von

*Poincaré* eingenommene Standpunkt ist von *Russell* und *Whitehead* in behutsamerer Form wieder aufgenommen und zu einem Prinzip („vicious circle principle") folgender Art verdichtet worden: Keine Gesamtheit kann Glieder enthalten, die nur mittels jener Gesamtheit definierbar sind; oder: Was alle Elemente einer Menge in sich schließt, darf nicht selbst Element der Menge sein[1]). Freilich mußte dieses Prinzip seinen Schöpfern im Verlauf des weiteren Aufbaus ihres wissenschaftlichen Gebäudes schließlich unerträgliche Fesseln anlegen, die von ihnen dann zwar nicht gelöst, wohl aber durchhauen wurden (Reduzibilitätsaxiom, vgl. unten S. 181). Der ernsteste und zum großen Teil wohl unwiderlegliche Angriff gegen dieses Prinzip (in seiner radikalen Form bei *Poincaré*) ist von *Zermelo* geführt worden (Math. Annalen **65** [1908], **116—118**; vgl. indes *Poincaré* in den Acta Mathematica, **32** [1909], **198**ff.); *Zermelo* hebt namentlich hervor, daß verschiedene Bestimmungen zwar nicht „identische", wohl aber „umfangsgleiche" Begriffe und somit dieselben „Gegenstände" liefern können, und folgert daraus (wie man a. a. O. nachlese), daß mit einer nichtprädikativen Definition durchaus kein Zirkelschluß verbunden zu sein braucht. Dennoch sind die Akten über diese Frage wohl noch keineswegs geschlossen; in Fällen, wo ein konstruktiv sich vollziehendes mathematisches Verfahren benötigt wird, dürfte die Verwendung von Begriffen wie z. B. des unter 3. definierten noch zu mancherlei kritischen Überlegungen Anlaß bieten.

### d) Andere Methoden zur Überwindung der Paradoxien.

Wir sind zu Anfang dieses Paragraphen von den Paradoxien ausgegangen, die den Bestand der Mengenlehre oder sogar den der Mathematik (und Logik) überhaupt zu gefährden schienen, und haben in dem letzten Abschnitt Einblick gewonnen in eine Anschauung, die — mindestens in jüngerer Zeit wesentlich durch jene Paradoxien mitveranlaßt — einen großen Teil der modernen Mathematik für erschüttert hält und das mathematische Gebäude in sehr beschränkten Ausmaßen und mit ebenso komplizierten wie vorsichtigen Aufbaumethoden wieder leidlich herzustellen sucht. Demgegenüber liegt die Frage nahe, ob man dabei nicht das Kind mit dem Bade auszuschütten sich angeschickt hat; ob es nicht möglich ist und auch genügt, die Teile in den Grenzmauern und an den Fundamenten, wo sich Risse gezeigt haben, durch solidere Konstruktionen zu ersetzen, aber den wesentlichen Bestand des Gebäudes unversehrt zu erhalten. In der Tat liegt ja vor allem die folgende Erwägung nahe. Wo sonst in einem Wissenszweig, etwa in der Philo-

---

[1]) *Russell*, Types, S. 225f.; *Russell-Whitehead* I, 40. Die Formulierung des Originals lautet: „Whatever involves *all* of a collection must not be one of the collection."

sophie oder in der Nationalökonomie, die Grundlagen unsicher und umstritten sind, da macht sich die Wirkung alsbald aufs deutlichste geltend: auf dem schwankenden Fundament werden die verschiedensten, teilweise einander widersprechenden Theorien aufgebaut und bei den Versuchen zur Lösung eines und desselben Problems (etwa des Erkenntnisproblems oder der Frage der Willensfreiheit) reden vielfach die wissenschaftlichen Schulen und Einzelforscher geradezu aneinander vorbei. In scharfem Gegensatz hierzu haben an vielen der mathematischen Aufgaben und Theorien, deren Lösbarkeit oder sogar deren Sinn überhaupt von den Intuitionisten bestritten wird, die verschiedensten Forscher mit ganz und gar abweichenden Methoden gearbeitet, um schließlich in den einzelnen Fragen zu durchwegs übereinstimmenden Ergebnissen zu gelangen. Man wird daher geneigt sein, auf Grund der Paradoxien zwar anzuerkennen, daß die Grundlegung der klassischen (*Cantor*schen) Mengenlehre unbefriedigend ist und eine Umgestaltung erfordert, aber gleichzeitig die diesbezüglichen Bestrebungen der Intuitionisten für eine allzu radikale Kur zu halten[1]); sie erreichen allerdings das gewünschte Ziel, die aufgetauchten Schwierigkeiten auszuschließen, sind aber in der Art, wie sie dieses Ziel durchsetzen, vielleicht nicht unähnlich der Polizeibehörde, die den Gefahren eines aussichtsreichen Klettersteiges durch ein Verbot des Begehens vorbeugen will. Soweit namentlich die intuitionistischen Einwände das Feld der Mathematik selbst (und nicht der Logik) einengen, wie das vorwiegend der Fall ist, wird derjenige, der die Logik als von der Mathematik unabhängig ansieht, darauf verweisen können, daß die Paradoxien einer vielmehr logischen als mathematischen Quelle zu entspringen scheinen; zu dieser Meinung bringt uns nicht nur die sehr allgemeine Natur einiger Paradoxien der Mengenlehre, sondern auch die Art der verwandten logischen Antinomien, in denen weder der Begriff der Menge noch der des Unendlichen vorkommt.

Es bleiben so zwei einigermaßen verschiedene, miteinander allerdings eng verwachsene Aufgaben zu erledigen. Die eine, vorwiegend *mathematische,* fordert, das Operationsgebiet der Mengenlehre so weit — aber auch *nur* so weit — zu beschränken, daß aus ihm die bisher aufgetauchten Schwierigkeiten herausfallen und daß neue Widersprüche ausgeschlossen bleiben; was vor einer Gefährdung sicher erscheint, vor allem also was sich als mathematisch wertvoll erwiesen hat, soll im mengentheoretischen Gebiet belassen werden. Faßt man etwa das *Russell*sche Paradoxon (vgl. S. 153 und 157) ins Auge, so liegt der Schluß nahe, daß die erforderliche Berichtigung vorzugsweise oder sogar ausschließlich den *Begriff der Menge* betreffen, nämlich seine bisherige

[1]) Von den andersartigen Beweggründen der Intuitionisten ist hier nicht die Rede; auf sie wurde im vorangehenden Abschnitt teils eingegangen, teils wenigstens verwiesen.

Allgemeinheit einschränken muß. Die andere, in erster Linie *allgemein-logische* Aufgabe, die, obgleich mit der Grundlagenforschung der Mathematik aufs engste verknüpft, für unsere Betrachtung naturgemäß zurücktritt, läßt sich etwa dahin kennzeichnen, daß sie die innere Begründung für die Notwendigkeit und das Ausmaß der der Mengenlehre aufzuerlegenden Gebietseinschränkung liefern und allenfalls darüber hinaus die Fragen klären soll, die der allgemeinen Logik aus den erwähnten logischen Antinomien erwachsen. Soweit diese zweite Aufgabe für uns im folgenden in Betracht kommt, wird sie nicht gesondert, sondern im Zusammenhang mit der ersten erörtert werden.

Ein vollständiges und endgültiges Gelingen der in diesem Sinn notwendigen Einschränkung des Gebiets der Mengenlehre wird man nun freilich nicht erwarten dürfen, sondern sich mit einer in mancherlei Richtung *vorläufigen* Lösung begnügen müssen. Insbesondere ist das der Fall — und auch verhältnismäßig erträglich — in dem Sinn, daß die zu ziehende Grenzlinie zwar keinesfalls *zu weit* verlaufen darf, so daß für gewisse Schwierigkeiten noch Raum verbliebe, aber allenfalls *unnötig eng* sein mag, nämlich enger, als das Ziel der Vermeidung von Widersprüchen an sich erfordern würde; eine solche Grenzlinie liefert eine vielleicht übermäßig eingeengte, aber jedenfalls einwandfreie Wissenschaft, und sie muß hingenommen werden, so lange die scharfe Grenze zwischen Zulässigem und Unzulässigem unauffindbar erscheint. *In solchem Sinne und mit einigen wesentlichen, noch hervorzuhebenden Einschränkungen ist es nun tatsächlich gelungen, die erwähnte Aufgabe zu lösen.* Bei dem Mangel an Bestimmtheit, der unserer Aufgabe im Sinne der soeben gemachten Bemerkung anhaftet, kann es nicht wunder nehmen, daß verschiedene Bearbeitungen hierbei nicht, wie sonst in der Mathematik, das nämliche Ergebnis hatten, sondern je nach der eingeschlagenen Methode zu verschiedenartigen und wohl auch verschiedenwertigen Lösungen führten. Von den drei wichtigsten dieser Lösungen[1]) soll eine, an die Namen *Zermelo* und *Hilbert* sich knüpfende, im nächsten Paragraphen in ihren Grundzügen ausführlich erörtert werden. Über die beiden anderen, von *Russell* und *Whitehead* bzw. von *Julius König* stammenden werde nachstehend, unter Verzicht auf

[1]) Erwähnt sei noch der Lösungsversuch *L. Chwisteks*, dessen (bisher ungedrucktes) Werk „The theory of constructive types" in den Abhandlungen der Krakauer Mathematischen Gesellschaft erscheinen soll (briefliche Mitteilung des Verfassers); es stellt eine wesentliche Modifikation der *Russell*schen Lösung (ohne Reduzibilitätsaxiom, s. u.) dar. Vgl. *Chwisteks* Aufsatz „Über die Antinomien der Prinzipien der Mathematik", Math. Zeitschr., **14** (1922), 236—243, und die dortigen Literaturangaben. — Einen anderen (nicht weiter ausgeführten) Ansatz für eine in bestimmter Weise auf geeignete Axiomensysteme sich stützende Fassung des Mengenbegriffs hat *J. Mollerup* angegeben (Math. Annalen, **64** [1907], 231—238); die Durchführung dieses Ansatzes dürfte wesentlichen Schwierigkeiten begegnen.

eine vollständige Charakterisierung, nur so viel gesagt, daß die Tendenzen dieser Bearbeitungen im Verhältnis zur erstgenannten und zueinander erkennbar werden; für nähere Orientierung, die dem an diesen Fragen Interessierten warm empfohlen sei, ist auf die Originalarbeiten zu verweisen[1]).

*Zermelo* verfährt (1908) nach der sogenannten *axiomatischen Methode,* die vom historischen Bestand einer Wissenschaft (hier der Mengenlehre) ausgeht, um die zu ihrer Begründung erforderlichen Prinzipien — die *Axiome* — aufzusuchen und aus ihnen die Wissenschaft deduktiv herzuleiten[2]). Gemäß der Art dieser Methode sieht *Zermelo* ganz davon ab, den Mengenbegriff zu definieren oder näher zu zergliedern, geht vielmehr lediglich von gewissen Axiomen aus, in denen der Mengenbegriff wie auch die Relation „als Element enthaltensein" auftritt und die Existenz gewisser Mengen gefordert wird; durch die Gesamtheit der Axiome wird so der Begriff der Menge gewissermaßen unausgesprochen festgelegt. Es ist dann zu zeigen, daß aus den Axiomen durch deduktives Schließen der Bestand der *Cantor*schen Mengenlehre folgt, daß dagegen für die Paradoxien in diesem System kein Raum bleibt. Diese Aufgabe ist im wesentlichen gelöst. Demgegenüber ist bisher zurückgetreten die weitere Frage, wie etwa die (mehr oder weniger einleuchtend erscheinenden) Axiome zu begründen sind oder wenigstens ihre logische Widerspruchslosigkeit nachzuweisen ist; nach dieser Richtung ergeben sich gewisse Ausblicke auf Grund der neuesten Arbeiten *Hilberts*. Die nähere Ausführung dieser kurzen Bemerkungen bildet den Gegenstand des folgenden Paragraphen.

Gegenüber dieser zunächst rein mathematisch vorgehenden Methode ist das (ebenfalls auf 1908 zurückgehende) Verfahren *Russells*[3])

---

[1]) *Der Rest dieses Paragraphen kann, da späterhin nicht mehr benutzt, wiederum überschlagen werden.*

[2]) Eine andere axiomatische Behandlung der Mengenlehre, die ein sehr umfangreiches Axiomensystem benutzt und vorerst sich auf eine Teilaufgabe beschränkt, stammt von *A. Schoenflies:* Kon. Akad. v. Wetensch. te Amsterdam, Proceedings **22** (1920), 784—810 (mit einigen Zusätzen auch Math. Ann., **83** [1921], 173—200; vgl. dazu Math. Ann., **85** [1922], 60—64).

[3]) Diese Theorie ist ihrer wesentlichen Tendenz nach charakterisiert in dem auf S. 152, Fußnote, genannten, nachstehend vornehmlich zugrunde gelegten Aufsatz: *Russell,* Types, später zu einem weit ausholenden, umfassenden System ausgestaltet in dem ebenda angeführten Werke *Russell-Whitehead*; dessen vorliegende drei Bände behandeln wesentlich Logik, Mengenlehre und Arithmetik, während (nach dem Plane von 1913) die Geometrie einem weiteren Schlußband vorbehalten ist. Das Werk war ursprünglich als die Fortsetzung des a. a. O. angeführten Buches *Russell* geplant, ist jedoch von diesem ganz unabhängig geworden, vor allem auf Grund der Entwicklung, die sich in den Anschauungen der Verfasser in den Jahren 1903 bis 1908 vollzogen hat. *Russell* ist übrigens der in der Kriegs- und Nachkriegszeit auch weiteren Kreisen als mutiger Pazifist und Politiker bekannt gewordene englische Forscher.

mehr auf philosophischer Grundlage aufgebaut. Für die Richtung dieses Verfahrens ist ausschlaggebend *Russells* Systematisierung und Typisierung der Paradoxien und die aus ihr folgende Bemerkung, daß in die Definition der die Paradoxien hervorrufenden Begriffe ausdrücklich oder stillschweigend je die Gesamtheit aller Elemente einer gewissen Art eingeht, eine Gesamtheit, der wiederum der neu eingeführte Begriff seinerseits angehören soll. Es liegt in diesen Fällen also stets eine Art nichtprädikativer Begriffsbildung vor (S. 174). Solche Begriffe wie überhaupt Aussagen, die sich auf *alle* Dinge von gewisser Art schlechthin beziehen, werden verworfen (vgl. S. 176). Zwecks einer reinlichen Zergliederung des Begriffs „alle" in diesem Sinn entwickeln *Russell* und *Whitehead* (nach mehreren während der Jahre 1903 bis 1908 vorangegangenen, nicht recht geglückten Versuchen) die „theory of types" (*Russell*, Types, S. 227—241; *Russell-Whitehead* I, S. 39—58 und 168—173), die den Bereich der Gegenstände, auf die sich eine Aussage beziehen kann, methodisch beschränkt. Bedeutet nämlich $x$ eine die Individuen einer gewissen Gesamtheit durchlaufende Veränderliche, so spricht *Russell*, falls die Verbindung „für alle $x$" oder „für irgendwelche $x$" in einer Aussage (Satz) oder einem Prädikat (logischen Funktion, d. h. Aussage mit einer vorkommenden Veränderlichen $x$) auftritt, vom Vorkommen einer „scheinbaren Veränderlichen $x$" (apparent variable); jeder mittels der scheinbaren Veränderlichen $x$ gebildete Satz (Prädikat) gilt dann als von „höherem Typus" als die möglichen Werte, die $x$ in dem Satz (Prädikat) annehmen kann (und die ihrerseits Sätze bzw. Prädikate sein können). Verstehen wir z. B. unter „Sätzen des ersten Typus" solche Sätze, in die überhaupt keine scheinbaren Veränderlichen eingehen oder doch bloß derartige, die nur „individueller" Werte fähig sind, so wird man einen Satz, in dem auch Sätze des ersten Typus als scheinbare Veränderliche auftreten können, als einen Satz des zweiten Typus bezeichnen usw. So entsteht eine „Hierarchie von Typen", beginnend mit einem niedrigsten Typus, bei dem keine scheinbaren Veränderlichen oder nur solche mit Individualwerten benutzt werden, und dann von Stufe zu Stufe aufsteigend; auf gewisse feinere Unterscheidungen für diese Hierarchie kann hier nicht eingegangen werden. Statt von *allen* Sätzen gewisser Art darf dann nur von allen solchen Sätzen *eines gewissen Typus* (oder bis zu einem gewissen Typus) gesprochen werden. Die paradoxen Begriffsbildungen sind hiernach alle von höherem Typus als die in ihre Definition eingehenden Begriffe, womit die Widersprüche wegfallen. Allerdings würde die konsequente Durchführung dieses Standpunkts einen großen Teil der Mathematik (schon mit der Lehre von den natürlichen Zahlen beginnend), ganz besonders aber die Mengenlehre, aufs schwerste beeinträchtigen und beschneiden. Durch diese Erwägung sieht sich *Russell* veranlaßt, ein neues, keineswegs selbstverständlich oder auch nur sehr plausibel erscheinendes Axiom einzuführen, das *Axiom der Reduzibilität* (axiom of reducibility). Man kann es unscharf, aber zur Veranschaulichung seines Zweckes wohl hinreichend deutlich etwa so ausdrücken: Eine beliebige Aussage ist stets gleichwertig einer in unserer Hierarchie an niedrigerer Stelle stehenden Aussage, schließlich also einer Aussage, in der als scheinbare Veränderliche höchstens solche des niedrigsten Typus eingehen. (Für schärfere Formulierung des Axioms vergleiche man *Russell*, Types, S. 241—244, oder *Russell-Whitehead* I, S. 58—62 und 173 bis 175.) Wo sich also in der Mathematik die Verschiedenheit der Typen störend bemerkbar macht, kann sie immer ausgeschaltet und so der Begriff „alle" in einem für die wissenschaftlichen Zwecke genügenden Maß wiederum legitimiert werden. Andererseits hebt *Russell* hervor, daß bei den paradoxen Begriffsbildungen durch das Axiom der Reduzibilität die vorher erwähnte Lösung nicht mehr beeinträchtigt wird.

Diese in wenigen Worten nur roh anzudeutende, an den angeführten Stellen ausführlich entwickelte Typentheorie ist kennzeichnend für *Russells* und *Whiteheads* groß angelegte Systematik, die Logik und Mathematik (insbesondere auch die Mengenlehre) in enger Verbindung aufzubauen unternimmt[1]). Sie bedient sich hierbei — vornehmlich um den aus den Mängeln der *Sprache* quellenden Irrtümern und Mißverständnissen auszuweichen — der *logischen Begriffsschrift* (Pasigraphie), die durch Formalisierung und symbolische Bezeichnung der logischen Grundbegriffe und Grundbeziehungen es gestattet, die Definitionen, Lehrsätze und Beweise in bloßer Formelsprache auszudrücken. Diese Methode, bei der vor allem die einschlägigen Arbeiten von *G. Peano, E. Schröder* und *G. Frege*[2]) benutzt werden, gestaltet

[1]) Einen ganz allgemeinen Überblick über seine Auffassung von der mathematischen Logik („Logistik") gibt *Russell* in dem Aufsatz: „L'Importance philosophique de la logistique" in der Revue de Métaphysique et de Morale, **19** (1911), 281—291 (in englischer Übersetzung in The Monist, **23** [1913], 481 bis 493). Vgl. dazu ferner *Ph. E. B. Jourdain*, The philosophy of Mr. *B. Russell* . . . (London 1918) und *B. Russell*, Introduction to mathematical philosophy (London and New York 1919). — Vgl. auch *Russells* Werk von 1903 (Zitat von S. 152), in dessen Anschauungen *L. Couturats* Schrift „Les principes des mathématiques" (Paris 1905; deutsch v. *C. Siegel*, Leipzig 1908) bequem einführt.

[2]) Vgl. z. B. *Peano*, Formulaire de mathématiques (seit 1891 in mehreren Ausgaben erschienen); *Schröder*, Vorlesungen über die Algebra der Logik, I—III, Leipzig 1890—1895; *Frege*, Grundgesetze der Arithmetik, Jena 1893 und 1903. Auch im materiellen Teil ihrer Entwicklung machen *Whitehead* und *Russell* z. T. wesentlichen Gebrauch von *Freges* wichtigen Vorarbeiten. Für weitere logistische Literatur vgl. z. B. *R. Carnap*, Der Raum (Kant-Studien, Ergänzungshefte, Nr. 56), Berlin 1922; auf die dortigen reichhaltigen literarischen

freilich die vollständige Durcharbeitung des Hauptwerks zu einem überaus mühsamen Unternehmen; doch ermöglichen die ausführliche Einleitung und die den einzelnen Paragraphen vorangehenden Inhaltsübersichten auch dem Leser, der sich durch die Begriffsschrift abgeschreckt fühlt, ein weitgehendes Eindringen in das Werk. Was speziell die beiden für die Mengenlehre besonders wichtigen Axiome „der Auswahl" und „des Unendlichen" betrifft, die im nächsten Paragraphen hervorzuheben sein werden, so stellen sich *Russell* und *Whitehead* auf den Standpunkt, daß diese Axiome nicht logisch beweisbar sind und (letzten Endes nach subjektivem Ermessen) angenommen oder abgelehnt werden können. Je nachdem man sich für das eine oder das andere entscheidet, gestaltet sich der Bereich der Mathematik enger oder weiter in einem Maß, das vermöge der Anlage des Werks überall sichtbar wird. Man wird so in den Stand gesetzt, den Wert und die Notwendigkeit der Voraussetzungen auf Grund der aus ihnen herleitbaren *Folgerungen* zu beurteilen, ein bei der Grundlegung der Mathematik vielfach durchaus angemessenes und fast unentbehrliches Verfahren.

Den schwachen Punkt des vorstehend angedeuteten Aufbaus wird man in der Willkürlichkeit der Typentheorie und vor allem in dem dogmatischen Charakter des Reduzibilitätsaxioms erblicken dürfen. Auch wenn man aus solchen Erwägungen diesem Aufbau die (von den Verfassern übrigens gar nicht beanspruchte) absolute Gültigkeit und vielleicht überhaupt eine „natürliche" Grundlage absprechen will, bleibt der Wert eines in sich geschlossenen und allem Anschein nach widerspruchsfreien Systems groß genug. Seine Wirkung auf die gegenwärtige Beurteilung der einschlägigen Fragen ist denn auch unverkennbar.

Im Gegensatz zu diesem System ist der Aufbau der Logik und Mathematik, wie er von *Julius König* in seinem auf S. 152, Fußnote, genannten Werke (1914) entwickelt ist, bisher verhältnismäßig wenig beachtet worden; so ist es zu erklären, daß eine positive oder kritische Stellungnahme der an der Grundlagenforschung interessierten Mathematiker gegenüber *König*s Werk kaum vorliegt, von wenigen Ausnahmen abgesehen[1]). Dazu hat u. a. wohl auch der Umstand beigetragen, daß *König* seinem Buch, an dem er (nach Aufgabe früherer andersartiger Anschauungen) während der letzten acht Jahre seines Lebens gearbeitet hatte[2]), nicht mehr die letzte Abrundung geben konnte (und auch den Schluß unvollständig lassen mußte, was freilich unwesentlich ist).

Für *König*s Ideen zur Begründung der Mathematik (genauer nur

---

Nachweise ist auch sonst für diesen Paragraphen und den Schluß des folgenden aufmerksam zu machen.

[1]) Vgl. *F. Bernstein*, an dem S. 173, Fußnote, angeführten Ort, S. 74f.

[2]) Vgl. schon Math. Annalen, **63** (1907), 217.

der Arithmetik und der Mengenlehre) und zu ihrer Befreiung von den Paradoxien sind namentlich zwei Momente charakteristisch: der Nachweis der *Widerspruchslosigkeit* von Logik und Mathematik und die Modifikation der *Cantor*schen *Mengendefinition*. Was zunächst den letztgenannten, spezielleren Punkt betrifft, so glaubt *König* auf eine *Beschränkung* des Mengenbegriffs, wie sie durch die Paradoxien nahegelegt erscheint, verzichten zu können, gleichwohl aber in der Lage zu sein, überhaupt eine *Definition* jenes Begriffs (im Gegensatz zu *Zermelo*s axiomatischem Verfahren) auf Grund seiner logischen Vorbereitungen zu geben. Es handelt sich um eine „Präzisierung und damit verbundene Verallgemeinerung" des Mengenbegriffs; deren wesentlicher Zug liegt darin, daß eine Menge nicht schon allein durch die Gesamtheit ihrer Elemente bestimmt wird, wie es nach *Cantor* (S. 11) und nach *Zermelo* (S. 190) der Fall ist, sondern daß auch ein gewisses „Wie" des Enthaltenseins der Elemente in der Menge, m. a. W. die Art der Zusammenfassung der Elemente, von Bedeutung ist. Die Unterscheidung zwischen den Mengen, die sich selbst als Element enthalten, und den anderen Mengen spielt hierbei eine gewisse Rolle. Zu einer wenn auch rohen Veranschaulichung der Idee, daß eine Menge durch die Gesamtheit ihrer Elemente nicht völlig bestimmt zu sein braucht, diene etwa das von *König* angegebene Beispiel einer Urne, in der sich rote Kugeln und schwarze Würfel befinden; die Sammelbegriffe der in der Urne liegenden *roten* Körper und der in der Urne liegenden *kugelförmigen* Körper gelten dann als voneinander verschieden, weil sie durch verschiedene Eigenschaften charakterisiert sind, obgleich doch beide Gesamtheiten die nämlichen Körper umfassen. *König* baut mit seinem Mengenbegriff die *Cantor*sche Mengenlehre in ihrem ganzen Umfange auf, während er die Paradoxien teils als überhaupt mißverständlich, teils als mit dem neuen Mengenbegriff wegfallend darzutun sucht.

Die umfassendere, in enger Verknüpfung von Logik und Mathematik zu lösende Aufgabe geht dahin, die Widerspruchslosigkeit dieser beiden Wissenschaften (und dabei vornehmlich auch der Mengenlehre) zu zeigen; sie greift *König* in eigenartiger Weise an, dabei wohl mehr oder weniger von *Hilbert* beeinflußt[1]). Der Beweis der Widerspruchslosigkeit, der an sich (vgl. S. 234) einen unendlichen Regreß erfordert, wird durch die „Berufung auf unmittelbare Anschauung" zu einem lösbaren Problem umgestaltet. Mittels einer ausführlichen logischen Grundlegung, bei der eine Beschreibung der Denkvorgänge einen wesentlichen Platz einnimmt, strebt *König* eine Formalisierung

---

[1]) Vgl. *Hilbert*s nachstehend S. 235, Fußnote 2, angeführten Vortrag von 1904 und die Darstellung auf S. 234ff., aus der die weitgehende Übereinstimmung der neuen Arbeiten *Hilbert*s mit *König* nach Problemstellung und methodischem Ansatz hervorgeht.

der logischen Grundbegriffe an. Speziell wird hierbei ein Gebiet logischer Sätze umgrenzt und beschrieben, in dem unmittelbare, intuitive Gewißheit herrsche; es wird genügen, als Beispiel den Satz anzuführen: Zwei „Dinge“ können nicht zugleich als identisch und als verschieden gedacht werden. Der Umgrenzung dieses Gebiets, dem auch gewisse Schlußmethoden[1]) angehören, wird man naturgemäß mehr oder minder skeptisch gegenüberstehen können, und zwar nach zweierlei Richtungen: einmal in dem Sinn, daß man auf den subjektiven Charakter des Begriffs „unmittelbare Gewißheit“ hinweist, mit dem in der Geschichte der Wissenschaft schon manches Mal nur vermeintliche Wahrheiten gestützt wurden, und daß man daher die Sätze des ausgezeichneten Gebietes bezweifelt oder doch als eines Beweises bedürftig erklärt; zweitens, indem man, zwar die Richtigkeit der fraglichen Sätze zugebend, doch die Notwendigkeit der gerade getroffenen Gebietsumgrenzung bestreitet und ein anderes Gebiet logischer Sätze als mindestens ebensogut brauchbar in Vorschlag bringt.

Gestützt auf dieses Gebiet der unmittelbaren Gewißheit unternimmt es nun *König*, auf ihm und mittels seiner das Gesamtgebiet der Logik (soweit erforderlich), der Arithmetik und der Mengenlehre deduktiv aufzubauen: derart also, daß jeder denkbare Widerspruch innerhalb der Arithmetik oder Mengenlehre notwendig einen Widerspruch in dem ausgezeichneten logischen Gebiet zur Ursache haben muß. So wird die Frage der Widerspruchslosigkeit des mathematischen Systems auf die entsprechende Frage für gewisse unmittelbar anschauliche und demnach widerspruchsfreie logische Sätze zurückgeführt, und in diesem Sinn erweisen sich Arithmetik und Mengenlehre als widerspruchsfrei. Ohne im übrigen auf Einzelheiten einzugehen, werde nur noch hervorgehoben, daß *König* auch die *Zermelo*schen Axiome der Auswahl[2]) (S. 196) und des Unendlichen (S. 216) mittels seiner Methoden begründet und so der Mengenlehre einen außerordentlich weiten Spielraum läßt, der nicht nur den von *Whitehead* und *Russell*, sondern in gewisser Beziehung sogar den von *Zermelo* noch übertrifft.

## § 13. Der axiomatische Aufbau der Mengenlehre. Die axiomatische Methode.

Wir gehen nun zur ausführlichen Darstellung einer der modernen Begründungen der Mengenlehre über, nämlich der, die von *E. Zermelo*

[1]) Als die unter ihnen wohl am weitesten gehende sei die „vollständige Induktion“ innerhalb *endlicher* Mengen genannt (vgl. S. 238).

[2]) Auf einen nicht wesentlichen etwaigen Unterschied in der Fassung dieses Axioms braucht hier nicht eingegangen zu werden. Übrigens dürfte *König* (S. 169 ff.) die Auffassung *Zermelo*s wesentlich mißverstanden haben (vgl. S. 200 ff.).

stammt. Sie hat neben manchem anderen auch *den* wesentlichen Vorzug gegenüber den beiden soeben erwähnten Systemen, daß bei ihr der rein mathematische Teil, nämlich die Zurückführung der Mengenlehre auf einige wenige scharf ausdrückbare Voraussetzungen (Grundsätze, Axiome), reinlich geschieden ist von der anderen (erst neuerdings ernstlich von *Hilbert* in Angriff genommenen) Aufgabe, diese Voraussetzungen ihrerseits zu begründen bzw. als widerspruchsfrei zu erweisen.

Die *axiomatische Methode*[1]), deren sich die jetzt zu behandelnde Begründung bedient, wird eingehender erst später besprochen werden, wenn im Gerüst des *Zermelo*schen Aufbaues eine Illustration für diese sehr abstrakten Gedankengänge vorliegen wird. An dieser Stelle genügen einige Vorbemerkungen. Von einer *Definition* des Begriffs „Menge" und der Beziehung „$m$ ist ein Element der Menge $M$" wird überhaupt abgesehen; die durch die Paradoxien als unhaltbar erwiesene Definition *Cantors* (S. 3 und 10f.) — d. h. letzten Endes das Verfahren, einem beliebigen logischen Begriff eine Menge, die den „Umfang des Begriffs" bezeichnet, zuzuordnen — wird also aufgegeben und keine andere Mengendefinition an ihre Stelle gesetzt. Statt dessen erhalten der Begriff der Menge und der der angeführten Beziehung, die (ebenso wie die Identität) als *Grundbeziehung der Axiomatik* bezeichnet wird, ihren Sinn[2]) ausschließlich durch die Grundsätze oder *Axiome* der Axiomatik. In den Axiomen ist nämlich von Mengen und vom Enthaltensein gewisser Elemente in einer Menge die Rede; die Axiome sind Aussagen, die entweder gewisse Beziehungen zwischen einer „Menge" und den „in ihr enthaltenen Elementen" ausdrücken oder die Existenz bestimmter „Mengen" fordern oder endlich gestatten, aus der Existenz gewisser Mengen allgemein auf die Existenz gewisser anderer Mengen zu schließen. Danach dürfen der Grundbeziehung „$m$ ist Element der Menge $M$" keine anderen Eigenschaften zugeschrieben werden als die, die in den Axiomen ausgedrückt sind oder sich aus den Axiomen deduktiv ergeben. Ebenso ist unter „Menge" nicht etwa jede „Zusammenfassung von Elementen" zu verstehen, sondern es kommen nur diejenigen Mengen in Betracht, die auf Grund der Axiome existieren. Diese ganz formale, jedes sachlichen Inhalts entkleidete Auffassung, die auf eine erschöpfende Charakterisierung der Begriffe durch *Definition* bewußt verzichtet und sich mit einer Festlegung der Beziehungen zwischen den uns interessierenden Begriffen begnügt, wird vielleicht deutlicher durch den Hinweis, daß

---

[1]) Für Literatur zur axiomatischen Methode im allgemeinen vgl. die Fußnote auf S. 222; dem Anfänger sei vor allem die dort genannte Schrift *K. Boehms* empfohlen.

[2]) Daß „Sinn" hier nur ganz formal zu verstehen ist, wird später zur Sprache kommen.

jede *mit den Axiomen verträgliche* Interpretation von „Menge" und „als Element enthalten sein" zulässig und mit jeder anderen solchen Interpretation gleichberechtigt ist. Wären beispielsweise die Axiome so beschaffen, daß neben unserer gewöhnlichen Auffassung von jenen Begriffen etwa auch die Interpretation von „Menge" als „Vorfahre", von „Element einer Menge sein" als „Nachkomme eines Vorfahren sein" mit den Axiomen im Einklang steht, so würden alle Folgerungen aus den Axiomen (d. h. etwa die ganze Mengenlehre) für die Theorie der Vorfahren einer gewissen Gesamtheit von Nachkommen gelten[1]). Andererseits kann man hiernach naturgemäß niemals entscheiden, was eine Menge „an sich" ist, oder ob z. B. ein Pferd eine Menge darstellt; eine ausdrückliche, explizite Definition der Grundbegriffe entspricht eben gar nicht dem Wesen der axiomatischen Methode. Vielmehr handelt es sich sozusagen um eine implizite, unausgesprochene (und gar nicht in explizite Form übertragbare) Definition der Begriffe „Menge" und „Enthaltensein"; für die Definitionen dieser beiden Begriffe tritt die Gesamtheit der in den Axiomen vorkommenden Aussagen ein. Der Sachverhalt kann bis zu einem gewissen Grad auch durch Vergleich mit anderen Wissenschaften, z. B. der Physik, verdeutlicht werden. Der Begriff der Wärme oder der Elektrizität, auch etwa der des Äthers, sind in der Naturbetrachtung zunächst implizit gegeben, durch ihre Wirkungen und Verknüpfungen bei den experimentell feststellbaren Tatsachen; das Wesen dieser physikalischen Begriffe wird anschaulicher (und auch unabhängiger von dem Wechsel der wissenschaftlichen Theorien) durch die Beschreibung der Wirkungen gekennzeichnet als etwa durch eine rein begriffliche Definition dessen, was beim augenblicklichen Stand der Forschung unter dem „Wesen" der Wärme, der Elektrizität, des Äthers verstanden wird. Einer der Haupterfolge dieser axiomatischen Methode wird sich im Falle der Mengenlehre in folgendem Umstand zeigen: faßt man die Grundbeziehung „als Element enthaltensein" im üblichen Sinn und versteht man unter einer „Menge" die Gesamtheit der Dinge, die jeweils in einem Ding „als Elemente enthalten sind", so wird durch die nachstehende Axiomatik ganz von selbst eine erhebliche *Beschränkung des Mengenbegriffs* erzielt; eine Beschränkung, die radikal genug ist, um die Paradoxien zu beseitigen, aber doch nicht so weit geht, um etwa brauchbare Mengen der *Cantor*schen Mengenlehre auszuschließen.

Wie schon erwähnt, bedarf der nachfolgende Aufbau (wie jede

[1]) In diesem Sinn dient die axiomatische Methode in hervorragendem Maß der *Ökonomie des Denkens*, wie sie *E. Mach* als Ziel aller Wissenschaft betrachtet hat. Freilich ist von der Möglichkeit, verschiedene Wissensgebiete der nämlichen Axiomatik unterzuordnen, bisher nur beschränkter Gebrauch gemacht worden (der wichtigste wohl im Fall der *Gruppe*).

mathematische Theorie) auch des Begriffs der *Identität,* d. h. der Beziehungen der Form „*a* ist mit *b* identisch", was ausdrücken soll, daß die Zeichen *a* und *b* „dasselbe Ding" bezeichnen. Statt etwa diese Beziehung aus der Logik vorauszusetzen, wollen wir auch sie als eine „Grundbeziehung der Axiomatik" einführen. Um aber das System der Axiome nicht umständlicher als nötig zu gestalten, sollen die uns als selbstverständlich geläufigen Eigenschaften der Identität nicht in die Axiome eingefügt, sondern im voraus für sich in Erinnerung gebracht werden[1]).

Nach diesen Vorbemerkungen, die für den mit der axiomatischen Methode noch nicht vertrauten Leser ihren vollen Sinn erst durch das nachfolgende System und die daran zu knüpfenden allgemeinen Bemerkungen gewinnen werden, gehen wir zur Konstruktion der Axiomatik über[2]).

---

[1]) Das Wesen unserer „Identität" wird durch Axiom I näher bestimmt. Auf die mehr philosophische Frage, ob an Stelle von „identisch" besser „gleich" zu setzen wäre, ist hier nicht der Ort einzugehen.

[2]) Die nachfolgende Darstellung stützt sich auf folgende Arbeiten, von denen *Zermelo III* die wesentliche Grundlage darstellt, während die danach genannten Aufsätze Fortbildungen und Modifikationen dieser Grundlage oder Besprechungen einzelner Teile (so *Sierpiński*) enthalten:

*Zermelo, E.*: Beweis, daß jede Menge wohlgeordnet werden kann; Math. Annalen, **59** (1904), 514. — (*Als Zermelo I zitiert.*)

*Zermelo, E.*: Neuer Beweis für die Möglichkeit einer Wohlordnung. Math. Annalen, **65** (1908), 107—128. (*Zermelo II.*)

*Zermelo, E.*: Untersuchungen über die Grundlagen der Mengenlehre. I (ohne Fortsetzung geblieben); ebenda, S. 261—281. (*Zermelo III.*)

*Hartogs, F.*: Über das Problem der Wohlordnung (mit einem z. T. auf *G. Hessenberg* zurückgehenden Anhang); Math. Annalen, **76** (1915), 438—443. (*Hartogs.*)

*Sierpiński, W.*: L'axiome de M. *Zermelo* et son rôle dans la théorie des ensembles et l'analyse; Bull. de l'Académie des Sc. de Cracovie, Cl. des Sc. Math. et Natur., Série A, 1918 (Cracovie 1919), S. 97—152. (*Sierpiński.*)

*Fraenkel, A.*: Zu den Grundlagen der *Cantor-Zermelo*schen Mengenlehre (wesentlich Wiedergabe eines Vortrags a. d. deutschen Mathematikertag, Jena 921, vgl. Jahresb. d. D. Math.-Ver., **30** [1921], 97 f.); Math. Annalen, **86** (1922), 230—237. (*Fraenkel I.*)

*Fraenkel, A.*: Über den Begriff „definit" und die Unabhängigkeit des Auswahlaxioms; Sitzungsber. d. Preuß. Akademie d. Wissensch. Berlin, Physik.-Math. Klasse, 1922, S. 253—257. (*Fraenkel II.*)

*Skolem, Th.*: Einige Bemerkungen zur axiomatischen Begründung der Mengenlehre; Matematikerkongressen i Helsingfors 1922 (Helsingfors 1923), S. 217—232.

Die folgende Darstellung weicht in gewissen Punkten von *Zermelo III* ab, z. T. noch über die angeführten Fortbildungen hinaus; die Abweichungen werden aber nachstehend (vgl. namentlich S. 219 f.) vermerkt und, soweit nicht schon hier geschehend, in einer demnächst erscheinenden Arbeit begründet werden.

Der inhaltsreiche Vortrag *Skolems* wurde dem Verfasser erst während des Druckes zugänglich. Die Punkte 4, 6 und 8 dieses Vortrags stimmen im

### a) Die Axiome und ihre Tragweite.

Den Gegenstand unserer axiomatischen Betrachtung (kurz: Axiomatik) bilden gewisse „Dinge“, die wir Mengen nennen und mit (in der Regel kleinen) lateinischen Buchstaben wie $a$, $b$, $m$, $n$ usw. bezeichnen. Es ist für die Ausdrucksweise zuweilen bequem, von den in unserer Betrachtung vorkommenden Mengen zu sagen, daß sie „existieren“; die Behauptung „$m$ existiert“ will also nichts anderes ausdrücken, als daß $m$ eine der für uns in Betracht kommenden Mengen bezeichnet. Welche Mengen existieren, ist lediglich aus den Axiomen zu erschließen (vgl. die vorangehenden Bemerkungen über die axiomatische Methode). Andere „Dinge“ als Mengen existieren für uns überhaupt nicht. Es kann vorkommen, daß dieselbe Menge unter zwei verschiedenen Bezeichnungen, etwa $m$ und $n$, erscheint; dann sagen wir, die Menge $m$ sei mit der Menge $n$ identisch, in Zeichen: $m = n$. Wie es auch sonst für die Identität der Fall ist, gilt stets $m = m$ und folgt aus $m = n$ stets $n = m$, ferner aus $m = n$ und $n = p$ stets $m = p$, wobei $m$, $n$, $p$ Mengen bedeuten (reflexiver, symmetrischer und transitiver Charakter der Identität; vgl. S. 15). Sind $m$ und $n$ *nicht* identisch, so nennen wir sie kurz verschieden und schreiben $m \neq n$. Die Identität stellt ebenso wie die Verschiedenheit eine *Beziehung* zwischen Mengen dar; beide Beziehungen werden Grundbeziehungen der Axiomatik genannt.

---

wesentlichen mit den betreffenden Bemerkungen in *Fraenkel I* überein und kommen nachstehend mehr oder weniger zur Besprechung; Punkt 1 dürfte durch die folgende Darstellung erschüttert werden; gegenüber Punkt 2 (Axiom der Aussonderung) wird man der nachstehend gegebenen, an *Fraenkel II* sich anschließenden Lösung zum mindesten den Vorzug der scharfen, rein mathematischen Definition ohne Heranziehung des Logikkalküls zuerkennen; bezüglich Punkt 7, worin der Verfasser derzeit in der Hauptsache mit *Skolem* übereinstimmt, hat man noch den Fortgang der *Hilbert*schen Untersuchungen abzuwarten (vgl. die Bemerkungen über die Frage der Widerspruchslosigkeit auf S. 237 ff.). Die eng miteinander zusammenhängenden Punkte 3 und 5 berühren eine bisher wohl nicht überwundene Schwierigkeit, die dem Begriff des nichtabzählbar Unendlichen (namentlich schon dem Diagonalverfahren) überhaupt anzuhaften scheint und von der im vorigen Paragraphen bei Besprechung der Intuitionisten und *Russells* (S. 174 und 180) kurz die Rede war; die merkwürdige Tatsache, daß innerhalb eines abzählbar scheinenden Bereiches durch den Prozeß der Bildung der Potenzmenge vom Abzählbaren zum Überabzählbaren geschritten werden kann, hat ihren Grund in dem nichtprädikativen Charakter jenes Prozesses; dieser Charakter kann wohl nur entweder anerkannt oder *unter Annahme des intuitionistischen Standpunktes* abgelehnt werden. Im ganzen dürfte die skeptische Haltung *Skolem*s gegenüber *Zermelo*s Axiomatik nicht gerechtfertigt sein, worüber sich der Leser auf Grund der nachfolgenden Darstellung selbst ein Urteil bilden mag.

Die Kritik der Axiomatik *Zermelo*s bei *Poincaré*, Gedanken (IV, § 5) ist — abgesehen von den Bemerkungen zum Axiom der Aussonderung — *nicht* berechtigt, da sie das Wesen der axiomatischen Methode teilweise mißversteht (vgl. nachstehend unter b).

Außer Identität und Verschiedenheit kommen in unserer Axiomatik noch andere nicht definierte Beziehungen zwischen Mengen vor, für die wir, wie vorhin $=$, ein neues Zeichen einführen, nämlich $\varepsilon$ (als Anfangsbuchstabe von ἐστί). Steht die Menge $m$ zur Menge $n$ in dieser Beziehung, gilt also $m \varepsilon n$, so sagen wir: $m$ ist ein Element von $n$, $n$ enthält oder besitzt das Element $m$, $m$ kommt in $n$ (als Element) vor usw. Besteht diese Beziehung zwischen $m$ und $n$ *nicht*, ist also $m$ nicht Element von $n$, so schreiben wir entsprechend wie vorhin $m \not\varepsilon n$. Auch die Beziehungen $m \varepsilon n$ und $m \not\varepsilon n$ gelten als Grundbeziehungen der Axiomatik. Zu den Eigenschaften der Identität, die von anderen Gebieten her geläufig sind, gehört auch die, daß in einer gültigen Beziehung stets „ein beliebiges Ding durch ein identisches ersetzt werden darf"; auf unsere Mengen und auf die Grundbeziehung $\varepsilon$ bezogen heißt das: in einer Beziehung der Form $m \varepsilon n$ können die Mengen $m$ und $n$ durch bezüglich identische ersetzt werden, m. a. W. es folgt aus $m \varepsilon n$, $m = a$, $n = b$ stets $a \varepsilon b$.

Es wird die Ausdrucksweise vereinfachen, wenn wir noch die folgenden zwei Bezeichnungen einführen, die uns an die früher benutzten gleichlautenden erinnern:

**Definition 1.** Sind $m$ und $n$ Mengen von der Art, daß jedes Element der Menge $m$ auch in $n$ als Element vorkommt (daß also aus $a \varepsilon m$ stets folgt $a \varepsilon n$), so wird $m$ eine Teilmenge der Menge $n$ genannt.

Hiernach ist im besonderen jede Menge eine Teilmenge von sich selbst. Weiter folgt aus dieser Definition, daß *jede Teilmenge einer Teilmenge von $n$ wiederum eine Teilmenge von $n$ ist.* Denn sind $m$, $p$, $n$ Mengen, von denen $m$ eine Teilmenge von $p$, $p$ eine Teilmenge von $n$ ist, so folgt aus $a \varepsilon m$ stets $a \varepsilon p$, hieraus stets $a \varepsilon n$, also aus $a \varepsilon m$ stets $a \varepsilon n$.

Der Unterschied zwischen dieser Definition und der entsprechenden in der *Cantor*schen Mengenlehre (Def. 2 auf S. 15) liegt darin, daß hier von wesentlicher Bedeutung die Voraussetzung ist, wonach nicht nur $n$, sondern auch $m$ eine *Menge* sein muß. Die Menge $m$ muß also von vorneherein als existierend vorliegen, um Teilmenge von $n$ sein zu können; sie kann nicht wie a. a. O. einfach als „Zusammenfassung gewisser Elemente von $n$" gebildet werden und auf Grund dessen den Charakter als Teilmenge von $n$ erhalten. Das entspricht unserem Grundsatz, keine Mengen außer den durch die Axiome geforderten zuzulassen.

**Definition 2.** Sind $m$ und $n$ Mengen ohne gemeinsame Elemente, d. h. kommt kein Element von $m$ auch in $n$ als Element vor, so werden $m$ und $n$ elementefremd genannt. Sind allgemeiner je zwei beliebige Elemente einer Menge $M$ stets elementefremde Mengen, so heißen die Elemente von $M$ paarweise elementefremd.

Diesen Vorbereitungen sollen jetzt die Axiome folgen, durch die ja der Begriff „Menge" und die Grundbeziehung $m \varepsilon n$ erst bestimmt werden. Es sind im ganzen acht Axiome, von denen die sechs zunächst anzuführenden die wesentlichen sind, während die zwei letzten zusätzliche Bestimmungen enthalten. Die den Axiomen jeweils vorangeschickten oder angefügten Bemerkungen sollen namentlich darauf hinweisen, *weshalb* das betreffende Axiom erforderlich ist oder weshalb noch weitere Axiome benötigt werden. Diese Überlegungen wie überhaupt den Inhalt der Axiome wird man sich naturgemäß immer an der gewöhnlichen Mengenlehre, d. h. am *Cantor*schen Begriff von „Menge" und an der üblichen Bedeutung der Beziehung „Element sein" zu veranschaulichen suchen.

**Axiom I.** Eine Menge ist durch ihre Elemente völlig bestimmt, d. h. *ist jedes Element der Menge $m$ gleichzeitig Element der Menge $n$ und umgekehrt, so ist $m = n$.* Anders ausgedrückt: Ist $m$ Teilmenge von $n$ und auch $n$ Teilmenge von $m$, so sind die Mengen $m$ und $n$ identisch. **(Axiom der Bestimmtheit.)**

Dieses Axiom besagt, daß eine Menge $m$ als vollständig festgelegt gilt, sobald bestimmt ist, welche Elemente in ihr enthalten sind, d. h. für welche Mengen $x$ die Grundbeziehung $x \varepsilon m$ gilt. Andere Eigenschaften der Menge, etwa eine bestimmte *Art* des Enthaltenseins der Elemente oder eine gewisse „Anordnung" der in ihr vorkommenden Elemente, sind hiernach für den Begriff der Menge bedeutungslos. Das A. d. Bestimmtheit präzisiert also in einem gewissen Maße den Begriff der Menge und der Beziehung $\varepsilon$, übrigens auch den der Identität (d. h. der Beziehung $=$); es besagt nämlich, daß auch zwei verschiedenartig definierte Mengen als identisch gelten können, dann nämlich, wenn jede von beiden die nämlichen Elemente enthält.

Da eine Menge durch ihre Elemente bestimmt ist, kann die Menge $m$ außer durch Angabe ihres Namens $m$ auch durch Angabe sämtlicher in ihr vorkommenden Elemente eindeutig bezeichnet werden. Will oder kann man diese Elemente nicht alle aussprechen bzw. anschreiben, so wird man sich oft unmißverständlich mit „usw." oder mit Punkten behelfen können. Man gelangt so wiederum zu unserer schon auf S. 11 eingeführten Schreibweise $M = \{a, b, c, ..\}$, wo $a, b, c, \ldots$ die sämtlichen Elemente der Menge $M$ bezeichnen; im Gegensatz zu dort stellen hier die Elemente selbst Mengen dar, da in unserer Axiomatik ja überhaupt nur Mengen auftreten.

Während Axiom I nur über die *Art* des Mengenbegriffs und der Grundbeziehungen $\varepsilon$ und $=$, nicht aber über die *Existenz* von Mengen etwas aussagt, sind die Axiome II bis VI Existenzaxiome der folgenden logischen Form: Wenn eine gewisse Menge existiert, so existiert auch eine gewisse andere Menge, die durch jene in einem anzugebenden Sinn bestimmt ist.

**Axiom II.** *Sind $a$ und $b$ verschiedene Mengen, so existiert eine Menge, die die Elemente $a$ und $b$, aber kein von ihnen verschiedenes*

*Element enthält.* Diese Menge wird nach dem Vorangehenden mit $\{a, b\}$ bezeichnet und die Paarmenge von $a$ und $b$ genannt. **(Axiom der Paarung.)**

Dieses Axiom erlaubt, aus zwei verschiedenen gegebenen Mengen $a$ und $b$ eine neue $\{a, b\}$ „zu bilden", was hier und nachstehend nichts anderes bedeuten soll, als „aus der vorausgesetzten Existenz der Mengen $a$ und $b$ auf die Existenz der neuen Menge $\{a, b\}$ zu schließen". Wenn man sich des (vom abstrakt axiomatischen Standpunkte aus allzu gegenständlichen) Ausdrucks der „Zusammenfassung" bedienen will, so kann man sagen: das Axiom der Paarung gestattet, je zwei verschiedene Mengen zu einer neuen Menge zusammenzufassen. Es sei noch bemerkt, daß nur *eine einzige* Paarmenge von $a$ und $b$ existieren kann; denn zwei solche Paarmengen müssen, da sie die nämlichen Elemente enthalten, nach dem Axiom der Bestimmtheit miteinander identisch sein. Die nämliche Bemerkung über die eindeutige Bestimmtheit der durch das Axiom geforderten neuen Menge gilt auch für die folgenden Axiome III, IV und V, und zwar aus demselben Grunde (wegen des Axioms der Bestimmtheit).

Das Axiom der Paarung erlaubt die denkbar einfachste Art der Verknüpfung von Mengen, nämlich die Zusammenfassung zweier Mengen zu einer neuen Menge. Die nächsteinfache Verknüpfung von Mengen, die uns in der Mengenlehre entgegengetreten ist, war die Bildung der Summe oder Vereinigungsmenge von Mengen (S. 54f. und 61f.), d. h. die Zusammenfassung der *Elemente* gewisser Mengen $m$, $n$, $p$, ... zu einer neuen Menge. Die Existenz einer solchen Vereinigungsmenge muß auch durch unsere Axiome gesichert werden. Sie kann aber, entsprechend unserem Standpunkt, natürlich nicht für jede beliebige „Gesamtheit" von Mengen $m, n, p, \ldots$ in Betracht kommen, sondern nur dann, wenn diese Mengen $m, n, p, \ldots$ sämtlich in legitimer Form gegeben sind: nämlich als die Elemente einer und derselben schon als existierend vorausgesetzten Menge $M$[1]). Also:

**Axiom III.** *Ist $M$ eine Menge, die mindestens ein Element enthält, so existiert eine Menge, die die Elemente der Elemente von $M$ als Elemente enthält, aber keine anderen Elemente besitzt.* Oder ausführlicher: Ist $M$ eine Menge mit den Elementen $m, n, p, \ldots$, so existiert eine Menge, deren Elemente die sämtlichen Elemente der Mengen $m, n, p, \ldots$ sind, während keine anderen Elemente in ihr vorkommen. Die neue Menge wird die Vereinigungsmenge der Menge $M$ genannt und mit $\mathfrak{S}M$ bezeichnet. **(Axiom der Vereinigung.)**

Hiernach existiert z. B., wenn $a$ und $b$ zwei verschiedene Mengen sind, stets die Menge, die wir früher mit $a + b$ bezeichnet und die

---

[1]) So sind wir formal schon früher (a. a. O.) verfahren.

„Vereinigungsmenge von $a$ und $b$" genannt haben; denn nach dem Axiom der Paarung existiert die (nur die Elemente $a$ und $b$ enthaltende) Paarmenge $N = \{a, b\}$, und deren Vereinigungsmenge $\mathfrak{S} N$ ist die gewünschte Menge. Wir werden nachstehend zuweilen wie früher das Zeichen $+$ verwenden. Die Elemente $m, n, p, \ldots$ der in Axiom III vorkommenden Menge $M$ sollen gelegentlich die *Summanden* der Vereinigungsmenge $\mathfrak{S} M$ genannt werden.

Daß die Vereinigungsmenge unabhängig ist von einer etwaigen Reihenfolge der Summanden, folgt unmittelbar aus den Axiomen der Bestimmtheit und der Vereinigung.

Die Axiome der Paarung und der Vereinigung lassen zusammengenommen schon eine gewisse Freiheit in der „Bildung von Mengen", d. h. sie gestatten auf Grund gewisser Voraussetzungen schon auf die Existenz zahlreicher Mengen zu schließen. Sind z. B. drei verschiedene Mengen $a, b, c$ gegeben, so ermöglicht das Axiom der Paarung zunächst die Bildung der Mengen $\{a, b\} = m$ und $\{b, c\} = n$, dann auch die der Mengen[1]) $\{m, c\} = \{\{a, b\}, c\}$ und $\{a, n\} = \{a, \{b, c\}\}$. Nach dem Axiom der Vereinigung existieren weiter z. B. die Mengen $\mathfrak{S} m = a + b$ und $\mathfrak{S} n = b + c$, nach dem Axiom der Paarung ferner die Mengen $\{\mathfrak{S} m, c\} = C$ und $\{a, \mathfrak{S} n\} = A$, schließlich nach dem Axiom der Vereinigung die Mengen

$$\mathfrak{S} C = \mathfrak{S} m + c = (a + b) + c, \quad \mathfrak{S} A = a + \mathfrak{S} n = a + (b + c)^{2)}.$$

Man erkennt leicht, wie man so allmählich zu umfassenderen Mengen gelangen kann; $\mathfrak{S} A$ und $\mathfrak{S} C$ enthalten ja schon sämtliche Elemente der drei Mengen $a, b, c$ zusammen, und auf dem gleichen oder einem ähnlichen Weg kann man weiterschreiten.

Dennoch gewähren die bisherigen Axiome uns sicher nicht diejenige Freiheit in der Mengenbildung, die erforderlich ist, um Mengenlehre in einem mit *Cantor*s Werk irgendwie vergleichbaren Umfang zu treiben. Um dies einzusehen, braucht man sich nur an die Tatsache zu erinnern, daß in der *Cantor*schen Mengenlehre die Vereinigung endlichvieler endlicher Mengen stets eine endliche, die Vereinigung abzählbar vieler endlicher oder abzählbarer Mengen stets eine höchstens abzählbar unendliche Menge liefert. Selbst wenn also unsere Axiomatik über endliche und abzählbare Mengen ausreichend verfügte,

---

[1]) Hier und im nächstfolgenden wäre eigentlich (im Sinn des Axioms der Paarung) noch die Bedingung zu stellen, daß die zu paarenden Mengen voneinander verschieden sind; von dieser Bedingung werden wir uns jedoch bald losmachen (S. 199 und 211).

[2]) Ganz wie in § 7 (S. 66) ist (auf Grund des Axioms der Bestimmtheit) leicht zu sehen, daß die Vereinigungsmengen $\mathfrak{S} A$ und $\mathfrak{S} C$ identisch sind. Es gilt also für die Vereinigung (zunächst dreier Summanden, aber auch im allgemeinen Fall des Axioms III) das assoziative Gesetz. Die Gültigkeit des kommutativen Gesetzes ist schon im vorigen Absatz festgestellt worden.

wären die Mittel der Paarung und der Vereinigung nicht kräftig genug, um noch umfassenderen, also nicht abzählbaren unendlichen Mengen die Existenz zu sichern.

Auf das zu diesem Zweck erforderliche Hilfsmittel werden wir geführt, wenn wir auf die Methode zurückblicken, die uns in der *Cantor*schen Mengenlehre erlaubte, zu jeder Menge $M$ eine Menge von höherer Mächtigkeit nachzuweisen. Es war das die Bildung der Potenzmenge von $M$, also der Menge, deren Elemente die sämtlichen Teilmengen von $M$ sind (S. 52). Obgleich für unseren jetzigen Standpunkt der Begriff der Teilmenge weit enger gefaßt ist als damals (vgl. Definition 1 und Axiom V), erweist sich doch auch hier die entsprechende Methode als ausreichend, um von einer beliebigen Menge auf eine Menge von höherer Mächtigkeit zu schließen. Das diesem Zweck dienende nachfolgende Axiom enthält demgemäß eine sehr weitgehende Forderung, was von den Kritikern der *Zermelo*schen Auffassung nicht immer beachtet worden ist; wer die Forderungen unseres Axiomensystems für zu weitgehend hält, wird Axiom IV mindestens ebenso scharf mustern müssen[1]) wie das (freilich neuartigere) Axiom VI, das viel weniger fordert und viel mehr umstritten worden ist.

**Axiom IV.** *Ist $m$ eine Menge, so existiert eine Menge, die sämtliche Teilmengen von $m$ als Elemente enthält, aber keine anderen Elemente besitzt.* Die neue Menge wird die Menge aller Teilmengen von $m$ oder kürzer (wie auf S. 83) die Potenzmenge der Menge $m$ genannt und mit $\mathfrak{U}m$ bezeichnet. **(Axiom der Potenzmenge.)**

Es werde hier nochmals hervorgehoben, daß die Elemente von $\mathfrak{U}m$ von vornherein als Mengen existieren müssen, daß also nicht einfach jede „Zusammenfassung" gewisser Elemente von $m$ schon eine Teilmenge von $m$ und daher ein Element von $\mathfrak{U}m$ definiert.

Die nächsten beiden Axiome haben einen wesentlich anderen Charakter als die drei vorangehenden. Diese bezweckten vor allem, dem Begriff der Menge eine gewisse Expansion zu geben, derart, daß aus der Existenz gegebener Mengen auf das Vorhandensein anderer, in gewissem Sinne umfassenderer Mengen geschlossen werden könne; das wurde erreicht durch Paarung, durch Vereinigung, durch Potenzmengenbildung. Dagegen fehlt uns in der Hauptsache noch ein entgegengesetztes Verfahren: eine Methode der Mengenbildung durch Einschränkung oder, schärfer ausgedrückt, eine Forderung, wonach die Existenz einer gewissen Menge die Existenz gewisser Teilmengen von ihr zur Folge hat. Dieser Mangel bewirkt, daß der Begriff der Teilmenge und daher auch der der Potenzmenge vorerst fast trivial erscheint. Denn ist eine Menge $m$ gegeben, so können wir mit den bisherigen Mitteln über die Teilmengen von $m$ zunächst nur das eine

[1]) Vgl. den Schluß der Fußnote auf S. 188.

aussagen: sind $a$ und $b$ irgend zwei verschiedene Elemente von $m$, so existiert nach dem Axiom der Paarung die Paarmenge $\{a, b\}$, die nach Definition 1 eine Teilmenge von $m$ ist; daher ist jede solche Paarmenge $\{a, b\}$ ein Element der Potenzmenge $\mathfrak{U}m$. Wir bekommen so alle möglichen Teilmengen mit zwei Elementen, aber auch *nur* solche Teilmengen. Durch wiederholte Anwendung des Axioms der Paarung und gleichzeitig auch des Axioms der Vereinigung kann man noch zu allgemeineren Teilmengen von $m$ gelangen[1]), aber nur zu Teilmengen, die (im naiven Sinn) *endlichviele* Elemente umfassen. Dagegen ist es nicht möglich, aus der Existenz einer im gewöhnlichen Sinn unendlichen Menge $m$ allgemeinhin das Vorhandensein irgendeiner unendlichen Teilmenge von $m$ (außer $m$ selbst) zu folgern, also etwa aus der Existenz der Menge aller natürlichen Zahlen auf die Existenz der Menge aller geraden Zahlen oder auch nur auf die Existenz der Menge aller natürlichen Zahlen außer 1 zu schließen. (Wie eine solche negative Behauptung sich beweisen läßt, davon wird S. 224f. die Rede sein.)

Andererseits zeigt uns schon ein flüchtiger Rückblick auf *Cantor*s Aufbau der Mengenlehre, daß die Bildung von Teilmengen — und keineswegs etwa nur endlicher — eine der wichtigsten Methoden unserer Wissenschaft ist. Es genügt, z. B. an die Menge der transzendenten Zahlen (Teilmenge der Menge der reellen Zahlen, vgl. S. 9f. und 40f.) oder an die Menge $u'$ zu erinnern, die in dem Beweis des grundlegenden *Cantor*schen Satzes über die Mächtigkeit der Potenzmenge (S. 51f.) die entscheidende Rolle spielt.

Demgemäß verfolgen die Axiome V und VI den Zweck, die Existenz von Teilmengen einer gegebenen Menge in ausreichendem Maße zu sichern. Axiom V läßt Teilmengen sehr allgemeiner Art zu. Dagegen bezieht sich Axiom VI nur auf die Existenz von Teilmengen einer ganz speziellen Beschaffenheit, und zwar werden diese Teilmengen (im Gegensatz zu den durch die Axiome II—V bezeichneten Mengen) durch Axiom VI *nicht* eindeutig bestimmt; es wird hier nicht eine Menge gefordert, die gewisse Elemente enthalten soll und daher nach dem Axiom der Bestimmtheit eindeutig festgelegt ist, sondern irgendeine Vertreterin eines Mengentyps, der durch weniger weitgehende Eigenschaften charakterisiert ist. Daß die speziellere Forderung VI nicht etwa in der allgemeinen V miteingeschlossen ist, daß es also wirklich der Aufstellung der *beiden* Axiome bedarf, wird auf S. 225f. zur Sprache kommen.

[1]) Sind z. B. $a, b, c$ drei verschiedene Elemente von $m$, so existieren nach dem A. d. Paarung die Paarmengen $\{a, b\} = n$ und $\{a, c\} = p$, also auch die Paarmenge $M = \{n, p\} = \{\{a, b\}, \{a, c\}\}$; deren Vereinigungsmenge ist $\mathfrak{S}M = \{a, b, c\}$, d. i. (nach Def. 1) eine Teilmenge von $m$. Entsprechend kann man umfassendere Teilmengen bilden.

**Axiom V.** *Ist m eine Menge und* $\mathfrak{E}$ *eine Eigenschaft, die jedem einzelnen Element von m entweder zukommt oder nicht zukommt, so existiert eine Menge, die alle diejenigen Elemente von m, denen die Eigenschaft* $\mathfrak{E}$ *zukommt, als Elemente enthält, aber keine anderen Elemente besitzt.* Diese Menge ist demnach eine Teilmenge von $m$, die aus $m$ durch „Aussonderung" der Elemente von der Eigenschaft $\mathfrak{E}$ entsteht und mit $m_{\mathfrak{E}}$ bezeichnet wird. **(Axiom der Aussonderung oder der Teilmengen.)**

Beispielsweise sei $m$ die Menge aller reellen Zahlen, $\mathfrak{E}$ die Eigenschaft „transzendent zu sein", die nach S. 9f. einer gegebenen reellen Zahl entweder zukommt oder (wenn die Zahl nämlich algebraisch ist) nicht zukommt. Dann ist $m_{\mathfrak{E}}$ die Menge aller reellen transzendenten Zahlen. Diese Menge existiert also auf Grund des A. d. Aussonderung, falls die Menge aller reellen Zahlen existiert.

Um zu Axiom VI zu gelangen, stellen wir die folgende, auch nach anderer Richtung bemerkenswerte Betrachtung an, die zum Verständnis des Nachfolgenden nützlich, wenn auch nicht unbedingt erforderlich ist. Es sei eine Menge $M$ gegeben, deren Elemente $m, n, p, \ldots$ *paarweise elementefremd* seien; ferner wollen wir voraussetzen, daß jede dieser Mengen $m, n, p, \ldots$ auch ihrerseits *überhaupt Elemente enthält,* was nicht selbstverständlich ist (vgl. die Nullmenge, S. 198 und 211), m. a. W. daß es zu jedem Element $m$ von $M$ mindestens eine Menge $x$ gibt, so daß $x \varepsilon m$. Dann existiert nach dem A. d. Vereinigung die Vereinigungsmenge $\mathfrak{S}M$, die alle Elemente der Mengen $m, n, p, \ldots$ enthält. Jede Teilmenge von $\mathfrak{S}M$ enthält also *gewisse* Elemente der Mengen $m, n, p, \ldots$ Möglicherweise gibt es insbesondere Teilmengen $S$ der Menge $\mathfrak{S}M$ von der Eigenschaft, daß $S$ aus jeder der Mengen $m, n, p, \ldots$ gerade *ein* Element enthält (m. a. W.: daß $S$ mit jedem Element von $M$ gerade *ein* Element gemein hat). Hierin liegt eine Eigenschaft $\mathfrak{E}$, die einer jeden Teilmenge $S$ von $\mathfrak{S}M$ entweder zukommt oder nicht zukommt[1]). Das Axiom VI soll nun fordern, daß *derartige Mengen S überhaupt existieren,* daß es also mindestens eine Teilmenge $S$ von jener Eigenschaft $\mathfrak{E}$ gibt. Wir können dies umständlicher, aber systematischer auch so ausdrücken: die Potenzmenge der Menge $\mathfrak{S}M$ existiert nach dem A. d. Potenzmenge und enthält

[1]) Man kann diese Eigenschaft noch schärfer folgendermaßen zergliedern: Ist $S$ irgendeine Teilmenge von $\mathfrak{S}M$, so kommt einem beliebigen Element von $M$ (d. h. einer der Mengen $m, n, p, \ldots$) die Eigenschaft $\mathfrak{E}_1$, gerade *ein einziges* Element von $S$ zu enthalten, entweder zu oder nicht zu. Die Teilmenge der diese Eigenschaft besitzenden Elemente von $M$ ist demnach mit $M_{\mathfrak{E}_1}$ zu bezeichnen (A. d. Aussonderung). Ist $M_{\mathfrak{E}_1} = M$, d. h. besitzt *jede* der Mengen $m$, $n, p, \ldots$ die Eigenschaft $\mathfrak{E}_1$, so heißt das im Sinn der obigen Bezeichnung: Die Menge $S$ besitzt die Eigenschaft $\mathfrak{E}$ (nämlich mit jedem Element von $M$ ein einziges Element gemein zu haben).

als Elemente *alle* Teilmengen von $\mathfrak{S}M$; außer mit $\mathfrak{U}\mathfrak{S}M$ bezeichnen wir diese Potenzmenge auch kürzer mit $U$. Die gewünschten Mengen $S$ sind dann diejenigen Elemente von $U$ (d. h. diejenigen Teilmengen von $\mathfrak{S}M$), denen die Eigenschaft $\mathfrak{E}$ zukommt. Nach dem A. d. Aussonderung existiert die Teilmenge $U_{\mathfrak{E}}$ von $U$, deren Elemente die Mengen $S$ sind. Unsere Forderung läßt sich demnach auch so aussprechen: Die Menge $U_{\mathfrak{E}}$, d. i. die Teilmenge der die angeführte Eigenschaft $\mathfrak{E}$ besitzenden Elemente $S$ von $U$, soll überhaupt mindestens ein Element $S$ enthalten. Also:

**Axiom VI.** *M sei eine Menge, deren Elemente sämtlich mindestens je ein Element enthalten und überdies paarweise elementefremd sind. Dann existiert mindestens eine Menge S — nämlich eine Teilmenge der Vereinigungsmenge $\mathfrak{S}M$ —, die mit jedem Element von M gerade ein einziges Element gemein hat, aber keine anderen Elemente besitzt.* Jede derartige Menge $S$ wird eine Auswahlmenge von $M$ genannt. **(Axiom der Auswahl.)**

Man kann (mit *Zermelo*) anschaulich, wenn auch weniger scharf, die Aussage dieses Axioms so formulieren: Ist $M = \{m, n, p, \ldots\}$ eine Menge von den angeführten Eigenschaften, so läßt sich aus jeder der Mengen $m, n, p, \ldots$ je ein einziges Element $m_0, n_0, p_0, \ldots$ „auswählen" und eine Menge $S$ bilden, die all die ausgewählten Elemente und nur sie enthält. Die ausgewählten Elemente sind untereinander verschieden, da die Mengen $m, n, p, \ldots$ paarweise elementefremd sein sollten. Natürlich ist die „Auswahl" im allgemeinen auf mehrere Arten möglich, und so entstehen verschiedene Auswahlmengen von $M$. Hiermit ist auch die Bezeichnung „Axiom der Auswahl" erklärt; sie ist freilich nicht sehr glücklich und hat, ebenso wie die angegebene Verdeutlichung des Axioms, mancherlei Mißverständnissen Raum gegeben, die bei der ursprünglichen Fassung *Zermelo*s und bei der (mit jener sachlich übereinstimmenden) Formulierung im vorigen Absatz nicht möglich sind (vgl. S. 200).

Die beiden noch übrigen Axiome VII und VIII, die grundsätzlich weniger bedeutsam sind als die sechs vorstehenden, sollen erst später angeführt werden (S. 215ff.). Zuvor wollen wir von der Tragweite der bisherigen Axiome eine Vorstellung zu gewinnen suchen und namentlich die nach mancher Richtung besonders interessanten Axiome der Aussonderung und der Auswahl näher erörtern.

Während *Zermelo*s Axiomatik sonst die allgemeinen logischen Begriffe sorgfältig zu vermeiden sucht (und so verfahren *muß*, dem allgemeinen Charakter der axiomatischen Methode entsprechend und im besonderen zur Vermeidung der in den Paradoxien liegenden Gefahren), tritt im A. d. Aussonderung ein Begriff auf, der mathematisch nicht scharf umgrenzt ist und eine neue Quelle der Beunruhigung werden könnte: der Begriff einer Eigenschaft, die jedem einzelnen Element einer Menge $m$ entweder zukommt oder nicht zukommt. So einfach und unzweideutig dieser Begriff, der übrigens noch von der Menge $m$ abhängen kann, zunächst auch scheint, so bedarf er doch, wie der aufmerksame Leser des vorigen Paragraphen erkennt, einer schärferen Bestimmung, um derentwillen auch eine abstrakte Sonderbetrachtung nicht gescheut werden darf. Mit dieser Forderung größerer Schärfe ist übrigens nicht etwa an die intuitionistische Anschauung gedacht, die den Satz vom ausgeschlossenen Dritten allgemein ablehnt; auch für den gewöhnlichen, gegenteiligen Standpunkt ist der Begriff einer solchen Eigenschaft schlechthin bedenklich; man erinnere sich etwa an die Eigenschaft „imprädikabel" (S. 155) oder „mit endlich vielen Zeichen definierbar" (S. 156)! *Eine scharfe Umgrenzung jenes Eigenschaftsbegriffs muß als ein entscheidender Punkt der Axiomatik angesehen werden*[1]). (Immerhin empfiehlt es sich, bei der erstmaligen Lektüre die folgenden kleingedruckten Absätze zu überschlagen.)

*Zermelo* hat den in Frage stehenden Begriff folgendermaßen gekennzeichnet (*Zermelo III*, S. 263): Eine Frage oder Aussage $\mathfrak{E}$ heißt *definit* für die Elemente der Menge $m$, wenn für jedes einzelne Element $x$ von $m$ die Grundbeziehungen der Axiomatik vermöge der Axiome und der allgemeingültigen logischen Gesetze ohne Willkür entscheiden, ob $\mathfrak{E}$ für $x$ gilt oder nicht. Er fügt hinzu: „So ist die Frage, ob $a \varepsilon b$ ist oder nicht, immer definit, ebenso die Frage, ob $m$ Teilmenge von $n$ ist oder nicht." Das Axiom der Aussonderung fordert hiernach, wenn $\mathfrak{E}$ eine für alle Elemente der Menge $m$ *definite Aussage* ist, die Existenz einer Teilmenge $m_{\mathfrak{E}}$ von $m$, die alle Elemente von $m$ enthält, für die $\mathfrak{E}$ zutrifft.

Diese Umgrenzung, ebenso wie auch die nachstehend anzuführende, stellt sich zunächst der intuitionistischen Auffassung entgegen. Das entspricht dem Ziel der *Zermelo*schen Axiomatik, die ja *Cantor*s Gebäude in seinen wesentlichen Teilen erhalten und nur fester begründen will. Dagegen wird man die Art, wie die Entscheidung über die Gültigkeit einer Aussage den Grundbeziehungen „vermöge der Axiome und der allgemeingültigen logischen Gesetze" überantwortet wird, noch nicht als hinreichend scharf und von den Unsicherheiten der Logik unabhängig ansehen können. *Cantor*s Kriterium des „internen Bestimmtseins" (S. 11) ist hier merklich verschärft, bedarf aber doch einer weiteren, *rein mathematischen* Bestimmung, um unseren Ansprüchen auf Strenge und Sicherheit voll zu genügen.

Eine solche Bestimmung scheint in jüngster Zeit gegeben zu sein[2]). Sie stützt sich auf einen durch *Definition* (also nicht etwa als neuer Grundbegriff der Axiomatik) eingeführten „Funktionsbegriff". Es wird nämlich folgende Erklärung gegeben, in der die „Veränderliche" $x$ oder $y$ die Elemente einer beliebig gegebenen Menge durchläuft (d. h. mit jedem dieser Elemente zusammenfallen kann):

---

[1]) Das Unbefriedigende der *Zermelo*schen Umgrenzung jenes Eigenschaftsbegriffs hat z. B. auch für *Weyl* den Anstoß zu seiner (im vorigen Paragraphen besprochenen) Revolutionierung der Mathematik gegeben (vgl. *Weyl*, Das Kontinuum, S. 36).

[2]) *Fraenkel II*, S. 253 f.

a) bedeutet $\varphi(x)$ die Vereinigungsmenge von $x$ oder die Potenzmenge von $x$ oder die Menge $x$ selbst oder eine konstante (d. h. gegebene, von $x$ nicht abhängige) Menge, so heißt $\varphi(x)$ eine *Funktion* von $x$;

b) bedeuten $\varphi(x)$ und $\psi(x)$ Funktionen von $x$, so heißt die Paarmenge $\{\varphi(x), \psi(x)\}$ eine *Funktion* von $x$[1]);

c) bedeutet $\varphi(x)$ eine Funktion von $x$, so heißt auch jede Funktion von $\varphi(x)$ eine Funktion von $x$;

d) siehe nachstehend.

Hiernach wird das Axiom der Aussonderung folgendermaßen formuliert:

**Axiom V.** *Gegeben sei eine Menge $m$, zwei Funktionen $\varphi(y)$ und $\psi(y)$ einer die Elemente von $m$ durchlaufenden Veränderlichen $y$, endlich eine der vier Grundbeziehungen unserer Axiomatik: $\varepsilon$, $\not\varepsilon$, $=$, $\neq$, z. B. $\varepsilon$; dann existiert eine Teilmenge $m_{\mathfrak{E}}$ von $m$, die alle und nur diejenigen Elemente $y$ von $m$ als Elemente enthält, für die $\varphi(y)\,\varepsilon\,\psi(y)$ ist, d. h. für die die Menge $\varphi(y)$ Element der Menge $\psi(y)$ ist.* Die Menge $m_{\mathfrak{E}}$ wird gemäß ihrer Definition auch als $m_{\varphi\varepsilon\psi}$ bezeichnet. (*Ist eine andere Grundbeziehung als $\varepsilon$ gewählt, so ist diese stets an Stelle von $\varepsilon$ einzusetzen.*)

Erst jetzt werde, um eine umständliche Wiederholung zu vermeiden, die Erklärung des Funktionsbegriffs vervollständigt:

d) ist bei der eben gegebenen Fassung des Axioms V die Menge $m = x$ veränderlich oder geht in die Funktionen $\varphi(y)$ und $\psi(y)$ eine (die Elemente einer Menge $n$ durchlaufende) Veränderliche $x$ ein (an Stelle einer konstanten Menge) — so daß auch die Teilmenge $m_{\mathfrak{E}}$ von $x$ abhängen kann —, so heißt die Teilmenge $m_{\mathfrak{E}}$ eine *Funktion* von $x$.

Diese abstrakte Erörterung wird durch einige einfache Beispiele verständlicher werden:

*Beispiel 1.* $m$ und $n$ seien gegebene Mengen. Dann existiert nach A. V die Menge der Elemente, die sowohl in $m$ wie in $n$ vorkommen. Das ist nämlich die Menge derjenigen Elemente $y$ von $m$, für die $y\,\varepsilon\,n$ — oder ausführlicher, wenn $\varphi(y) = y$, $\psi(y) = n$ gesetzt wird: derjenigen Elemente $y$ von $m$, für die $\varphi(y)\,\varepsilon\,\psi(y)$ ist. Man nennt diese Menge, die nach Axiom V mit $m_{y\varepsilon n}$ zu bezeichnen ist, bekanntlich den *Durchschnitt* $\mathfrak{D}(m, n)$ der Mengen $m$ und $n$ (vgl. S. 54 f.).

*Beispiel 2.* $m$ sei eine gegebene Menge, deren Elemente die Veränderliche $y$ durchläuft. Setzen wir $\varphi(y) = y$, $\psi(y) = m$ und wählen wir von unseren vier Grundbeziehungen jetzt $\not\varepsilon$ statt $\varepsilon$, so erhalten wir nach A. V die Teilmenge $m_{y\not\varepsilon m}$, d. h. die Menge derjenigen Elemente $y$ von $m$, die *nicht* Elemente von $m$ sind. Da kein solches Element $y$ von $m$ existieren kann, so enthält die Menge $m_{y\not\varepsilon m}$ überhaupt kein Element. Hierdurch ist die Menge nach dem A. d. Bestimmtheit völlig festgelegt; sie wird wie gewöhnlich die *Nullmenge* genannt und mit 0 bezeichnet. Nach Def. 1 ist (wie früher S. 16) die Nullmenge *Teilmenge jeder Menge.* — Man erhält übrigens die Nullmenge auch auf dem Weg des vorigen Beispiels, falls die dortigen Mengen $m$ und $n$ elementefremd sind.

Wir sprechen das Hauptergebnis dieses Beispiels so aus:

**Satz:** *Wenn überhaupt eine Menge existiert, so existiert sicher eine Menge ohne Elemente, die Nullmenge 0.*

*Beispiel 3.* $a$ und $b$ seien gegebene verschiedene Mengen. Nach dem A. d. Paarung existiert die Paarmenge $m = \{a, b\}$; setzen wir $\varphi(y) = y$, $\psi(y) = a$ und wählen wir die Grundbeziehung $=$ (statt $\varepsilon$), so existiert nach A. V

[1]) Genau genommen ist noch die Verschiedenheit von $\varphi(x)$ und $\psi(x)$ vorauszusetzen, von der aber alsbald (auf Grund des nachfolgenden Beispiels 3) abgesehen werden kann.

die Menge *der* Elemente $y$ von $m$, für die $\varphi(y) = \psi(y)$, d. h. für die $y = a$ ist. Diese Menge $m_{y=a}$ enthält nur das Element $a$ und ist daher mit $\{a\}$ zu bezeichnen.

Es existiert also zu jeder gegebenen Menge $a$ die Menge $\{a\}$, vorausgesetzt, daß es überhaupt eine von $a$ verschiedene Menge $b$ gibt. (Sonst ist ja die Bildung der Paarmenge unmöglich.) Die letzte Bedingung läßt sich noch beseitigen. Ist nämlich die gegebene Menge $a$ von der Nullmenge verschieden, so gibt es jedenfalls noch eine von $a$ verschiedene Menge, nämlich 0 (nach dem letzten Satz). Ist aber $a = 0$, so ist die nach dem A. d. Potenzmenge existierende Menge $\mathfrak{U}0$ von 0 verschieden, weil nach Definition der Potenzmenge $0 \varepsilon \mathfrak{U}0$ gilt, während 0 überhaupt kein Element (auch nicht 0 selbst) enthält. Wir finden also:

**Satz:** *Zu jeder Menge $a$ existiert eine Menge $\{a\}$, die $a$ und kein anderes Element enthält.*

Es sei zur besseren Beleuchtung des A. V noch bemerkt, daß abgesehen von dem vorstehenden Beispiel die Grundbeziehungen $=$ und $\neq$ in Axiom V niemals benötigt werden (die Beziehung $\neq$ also überhaupt nicht), sondern nur die Grundbeziehungen $\varepsilon$ und $\not\varepsilon$. Denn nach dem letzten Satz kann statt $\varphi(y) = \psi(y)$ geschrieben werden $\varphi(y)\,\varepsilon\,\{\psi(y)\}$, statt $\varphi(y) \neq \psi(y)$ ebenso $\varphi(y) \not\varepsilon \{\psi(y)\}$, und wenn $\psi(y)$ eine Funktion von $y$ ist, so gilt dasselbe ja von $\{\psi(y)\}$. Hiermit sind die Grundbeziehungen $=$ und $\neq$ allgemein auf die beiden anderen $\varepsilon$ und $\not\varepsilon$ zurückgeführt.

*Beispiel 4.* Es werde auch noch die Bildung und Benutzung von Funktionen der Art d) (S. 198) durch ein möglichst einfaches Beispiel illustriert, das freilich schärfere Aufmerksamkeit erfordert. Gegeben sei eine Menge $M = \{m, n, p, \ldots\}$; es soll gezeigt werden, daß der Durchschnitt $\mathfrak{D}M$ existiert, d. h. die Menge, die die *allen Elementen von $M$ gemeinsamen* Elemente umfaßt (vgl. S. 54f.). Die Veränderliche $x$ durchlaufe die Elemente eines beliebigen Elements von $M$, etwa die von $m$. Wir bilden gemäß A. V und d) die Teilmenge $X$ von $M$, die diejenigen Elemente $y$ von $M$ (d. h. diejenigen der Mengen $m, n, p, \ldots$) umfaßt, in denen $x$ vorkommt; es ist also $X = M_{x\varepsilon y}$. $X$ ist, sobald für $x$ ein bestimmtes Element von $m$ gewählt wird, eine feste Menge; solange $x$ veränderlich bleibt, hängt $X$ von $x$ ab und ist eine Funktion von $x$. Wir betrachten weiter die Teilmenge $m_{\mathfrak{E}}$ von $m$, die diejenigen Elemente $x$ von $m$ enthält, für die $X = M$ ist, d. h. die Menge $m_{X=M}$, wo $x$ die die Menge $m$ durchlaufende Veränderliche bezeichnet. Diese Menge läßt sich ausführlicher so charakterisieren: sie umfaßt die Elemente $x$ von $m$, für die die Menge $X$ der das Element $x$ enthaltenden Mengen unter den Mengen $m$, $n, p, \ldots$ zusammenfällt mit der Menge $M$ *aller* Mengen $m, n, p, \ldots$; oder kürzer: sie umfaßt die Elemente $x$ von $m$, die gleichzeitig in allen Elementen $m, n, p, \ldots$ von $M$ vorkommen. Das ist aber gerade der Durchschnitt $\mathfrak{D}M$.

Wir gehen nunmehr zur Besprechung des Axioms der Auswahl (S. 196), auch kurz *Auswahlprinzip* genannt, in sachlicher und historischer Beziehung über (bis S. 211). Vor allem sei bemerkt, daß wir für den Fall einer *endlichen* Menge $M$ des Axioms gar nicht bedürfen, um die Existenz einer Auswahlmenge von $M$ zu sichern. Enthält $M$ z. B. nur zwei Elemente $a$ und $b$, die nach der Voraussetzung des Axioms je mindestens ein Element, aber kein gemeinsames Element enthalten, und ist $a_0$ irgendein Element von $a$, $b_0$ irgendein Element von $b$, so existiert (wegen $a_0 \neq b_0$) nach dem A. d. Paarung die Paarmenge $\{a_0, b_0\}$, die schon eine Auswahlmenge von $M$ darstellt. Entsprechend kann im Fall irgendeiner gegebenen endlichen Menge $M$

geschlossen werden. Die Bedeutung des Axioms liegt also in der Forderung, die es für den Fall einer *unendlichen* Menge $M$ aufstellt.

Was die *Voraussetzungen des Axioms* betrifft, so ist die erste — daß in jedem Element von $M$ wirklich Elemente vorkommen sollen — von Natur aus notwendig. Denn ist die Nullmenge (Beispiel 2 auf S. 198) ein Element von $M$, so kann es unmöglich eine Auswahlmenge $S$ von $M$ geben, da $S$ mit der Nullmenge, die doch überhaupt kein Element enthält, ein Element gemein haben müßte. Dagegen ist die zweite Voraussetzung des Auswahlaxioms, wonach die Elemente von $M$ paarweise elementefremd (Def. 2 auf S. 189) sein sollen, keineswegs erforderlich. Läßt man diese Voraussetzung weg, so fordert das Axiom wesentlich mehr, nämlich die Existenz einer Auswahlmenge auch in den Fällen, wo $M$ der zweiten Voraussetzung *nicht* genügt. In einer so weiten Fassung würde das Axiom weniger anschaulich sein. Denn so wie wir es ausgesprochen haben, verlangt es offenbar: wenn eine Menge (in unserem Fall $\mathfrak{S}M$) in paarweise elementefremde Teilmengen $m, n, p, \ldots$ „zerlegt ist", so daß $\mathfrak{S}M = m + n + p + \cdots$, so gibt es eine Menge, die aus jedem Summanden je ein einziges Element enthält, die also „durch Zusammenfassung je eines beliebigen Elements aus jedem Summanden entsteht". Das ist eine wohl anschaulich näherliegende und jedenfalls engere Behauptung, als wenn man dasselbe auch noch fordern wollte für den Fall, wo manche Summanden miteinander gewisse Elemente gemeinsam haben. Dagegen kann die letztere, allgemeinere Tatsache aus der engeren Aussage des Axioms (unter Benutzung der übrigen Axiome) nachträglich gefolgert werden (*Zermelo III*).

Von besonderer Wichtigkeit ist es, sich den Charakter des Auswahlaxioms als eines reinen *Existenzaxioms* klarzumachen[1]), da in dieser Richtung mancherlei Mißverständnisse vorgekommen sind (vgl. z. B. *König*, Zitat von S. 152, S. 170f.). Das Axiom behauptet nämlich keineswegs, es sei stets möglich, mit den (derzeitigen oder auch künftigen) Mitteln der Wissenschaft eine Auswahlmenge von $M$ herzustellen, d. h. etwa eine *Vorschrift* anzugeben, vermittels deren aus jedem der Elemente von $M$ ein *bestimmtes* Element ausgewählt wird, und dann die ausgewählten Elemente zu einer Menge zu vereinigen. Das Axiom behauptet nichts über die *Konstruktion* einer Auswahlmenge, sondern lediglich die *Existenz* einer solchen; es besagt somit nur, daß die auf S. 196 definierte, jedenfalls vorhandene Teilmenge $U_{\mathfrak{S}}$ der Menge $U = \mathfrak{U}\mathfrak{S}M$ mindestens ein Element enthält, also nicht gerade auf die Nullmenge zusammenschrumpft; oder ausführlicher: *daß unter den verschiedenen Teilmengen von $\mathfrak{S}M$ sich auch solche befinden, die mit jedem Elemente von $M$ je ein einziges Element gemein haben, gleichviel, ob man derartige Teilmengen durch irgendwelche Methoden auffinden kann oder nicht.* Der grundlegende Unterschied zwischen diesen beiden Auffassungen, dessen ungenügende Beachtung manche neuere Diskussionen unfruchtbar gestaltet hat, wird am deut-

---

[1]) Vgl. *Sierpiński* (Zitat vom Beginn dieses Paragraphen). Die nachfolgende Interpretation ist im Einklang mit *Zermelo*s eigener Auffassung. — Für den Intuitionisten sind solche bloße Existenzaussagen natürlich bedeutungslos.

lichsten an Hand einiger Beispiele hervortreten, die der Einfachheit halber nicht auf das Gebiet unseres Axiomensystems beschränkt werden.

*Beispiel 1.* $M = \{m\}$ enthalte nur ein einziges Element $m$. In diesem Fall bedarf es nach S. 199 des Auswahlaxioms überhaupt nicht. Man mag es vielleicht in diesem Fall für selbstverständlich halten, daß eine Menge, die ein einziges Element von $m$ und kein weiteres Element enthält, nicht nur existiert, sondern auch in jedem Fall angebbar ist. Nehmen wir, um uns den Sachverhalt anschaulicher zu machen, für $m$ die Menge aller transzendenten Zahlen (die nicht nur in der *Cantor*schen Mengenlehre, sondern auch in unserer Axiomatik existiert)! Wir kennen heute gewisse transzendente Zahlen und können also eine Menge bilden, die eine einzige transzendente Zahl enthält. Lebten wir aber um ein Jahrhundert früher und befänden wir uns im Besitz der Elemente der Mengenlehre, so könnten wir mittels der Betrachtung von S. 40f. die Menge der transzendenten Zahlen als existierend und sogar als unendlich (und zwar die Mächtigkeit $\mathfrak{c}$ besitzend) nachweisen, ohne auch nur eine einzige transzendente Zahl angeben zu können[1]). Die tatsächliche Bildung einer Auswahlmenge wäre also unmöglich gewesen. Dennoch hätten wir (und zwar ohne Auswahlaxiom) so schließen können: $m$ ist von 0 verschieden, enthält also mindestens ein Element; ist $m_0$ ein beliebiges (wenn auch unbekanntes) Element von $m$, so existiert (vgl. Beispiel 3 auf S. 199) die Menge $\{m_0\}$, und sie ist offenbar eine Auswahlmenge von $M = \{m\}$. Die Existenz einer Auswahlmenge ist in diesem Fall (und ebenso überhaupt für eine endliche Menge $M$) ohne das Auswahlaxiom beweisbar; die Leugnung ihrer Existenz würde besagen: es gibt keine Teilmenge von $m$, die mit $m$ ein einziges Element gemein hat — und das wäre, da $m$ jedenfalls Elemente enthalten sollte, offenbar im Widerspruch mit dem Satz von S. 199.

*Beispiel 2.* Die Menge $M$ in Axiom VI sei eine abzählbare Menge von Mengen *natürlicher Zahlen,* d. h. jedes ihrer abzählbar unendlich vielen Elemente $m_1, m_2, m_3, \ldots$ enthalte (endlich viele oder unendlich viele) natürliche Zahlen, und zwar der Voraussetzung gemäß derart, daß niemals die gleiche Zahl in mehreren der Mengen $m_1, m_2, \ldots$ vorkommt. (Es mag z. B. $m_1$ alle Primzahlen umfassen, $m_2$ alle als Produkte zweier, $m_3$ alle als Produkte dreier Primzahlen darstellbaren Zahlen usw.) Dann läßt sich wiederum ohne das Auswahlaxiom eine Auswahlmenge von $M$ nicht nur als existierend

[1]) Hier ist allerdings von der Bestimmbarkeit transzendenter Zahlen gerade mittels des Diagonalverfahrens selbst (S. 41f.) abgesehen. Dennoch wird der Zweck einer gewissen Klärung der Sachlage erreicht sein. Auf die grundsätzliche Frage, ob sich ohne das Auswahlaxiom Mengen bilden lassen, die nachweislich von 0 verschieden sind und in denen es dennoch unmöglich ist, ein einzelnes Element anzugeben, kann hier nicht eingegangen werden.

nachweisen, sondern sogar ausdrücklich angeben. Es genüge einen Weg hierzu zu skizzieren, ohne den Prozeß mittels der Axiome I—V im einzelnen durchzuführen: Zunächst läßt sich in jeder der Mengen $m_1, m_2, \ldots$ je ein Element eindeutig auszeichnen; z. B. gibt es ja in jeder Menge von natürlichen Zahlen eine *kleinste* natürliche Zahl, die als das ausgezeichnete Element definiert werden kann. Hat man so abzählbar unendlich viele natürliche Zahlen ausgezeichnet, so ist — wesentlich unter Verwendung des A. d. Aussonderung — leicht zu sehen, daß unter den Teilmengen von $\mathfrak{S}M$ eine Menge vorkommt, die all die ausgezeichneten natürlichen Zahlen und nur sie zu Elementen besitzt. Diese Menge ist eine der gesuchten Auswahlmengen von $M$.

*Beispiel 3.* Ganz anders gestaltet sich die Sachlage, wenn wir unter $M$ eine unendliche Menge von Mengen *reeller Zahlen* verstehen, wenn also in den Elementen von $M$ beliebige reelle Zahlen auftreten können. Dann wird die Angabe eine Regel, die jedem Element von $M$ eine darin vorkommende reelle Zahl zuordnet, im allgemeinen mit den derzeitigen Mitteln der Wissenschaft unmöglich sein; „im allgemeinen“, das heißt nämlich, wenn nicht zufällig die Menge $M$ und ihre Elemente so gebaut sind, daß ausnahmsweise eine derartige Regel angebbar ist. Das steht in scharfem Gegensatz zum vorigen Beispiel, wo eine solche Regel für die Elemente von $M$ leicht aufzustellen war, die Regel nämlich: jedem Element von $M$ — d. i. stets eine Menge von natürlichen Zahlen — wird *die kleinste* der in ihm vorkommenden natürlichen Zahlen zugeordnet. Der Leser wird sich die ungeheure, bisher nicht überwundene Schwierigkeit der Angabe einer solchen Regel in unserem Fall einigermaßen anschaulich machen können, wenn von der (nicht wesentlichen, vgl. S. 200) Bedingung der Elementefremdheit der Elemente von $M$ abgesehen wird, wenn also die Elemente von $M$ *beliebige* Mengen reeller Zahlen sein dürfen. Dann kann und soll für $M$ die *Menge aller Mengen von reellen Zahlen* genommen werden, d. h. die Potenzmenge $\mathfrak{U}N$, wo $N$ die Menge aller reellen Zahlen (oder aller Punkte einer gegebenen Geraden) bedeutet. Um dann wie im vorigen Beispiel ein Gesetz für die Auswahl je eines Elementes aus den Elementen von $M$ angeben zu können, hätte man eine Regel aufzustellen, durch die *in jeder Menge von reellen Zahlen eine dieser Zahlen eindeutig hervorgehoben wird.* Das scheint vielleicht auf den ersten Blick gar nicht so schwierig, um so mehr aber bei näherem Zusehen. In jeder solchen Menge etwa wieder die *kleinste* Zahl hervorzuheben, geht nicht an; denn in einer Menge reeller Zahlen braucht eine kleinste Zahl gar nicht vorzukommen, wie etwa die Menge *aller* reellen Zahlen zeigt oder auch die Menge *aller positiven* reellen Zahlen, in der doch gleichzeitig mit jeder in ihr enthaltenen Zahl z. B. auch die halb so große Zahl auftritt. Es nützt auch nichts, wenn man etwa mit einer gewissen reellen Zahl *a* beginnt und festsetzt: in jeder Menge, in der *a* vorkommt, soll *a* das ausgezeichnete Element sein. Von diesem Gedanken aus fortschreitend, könnte man etwa zu folgender Idee kommen: Man legt die auf S. 28ff. angegebene Abzählung aller algebraischen Zahlen zugrunde. In jeder Menge *m* reeller Zahlen, in der überhaupt algebraische Zahlen vorkommen, zeichnet man dann unter allen in *m* auftretenden algebraischen Zahlen diejenige aus, die in der erwähnten Abzählung am frühesten vorkommt; damit ist in jeder solchen Menge *m* ein bestimmtes Element eindeutig ausgewählt. Aber für die Mengen, die *ausschließlich transzendente Zahlen* enthalten, ist mit einer solchen Festsetzung gar nichts genützt, und für sie kommt man auch auf einem derartigen Weg nicht weiter. Es sei bemerkt, daß für unsere Menge $M = \mathfrak{U}N$ und ähnliche Mengen sich „gesetzmäßige" Regeln (im Sinn der Funktionen der „normalen" Mathematik) für die Auswahl ausgezeichneter Elemente überhaupt nicht angeben lassen; für die nähere Kennzeichnung und den Beweis dieser von *H. Lebesgue* bemerkten Tatsache werde der mit der Theorie der Punktmengen vertraute Leser auf *Hausdorff*, S. 429f. (Literaturangabe S. 473) verwiesen.

In diesem Fall ist es also auf dem Wege des vorigen Beispiels sicher nicht möglich, die Existenz einer Teilmenge von $\mathfrak{S}M$, die den Charakter einer Auswahlmenge von $M$ besäße, auf Grund des A. d. Aussonderung nachzuweisen. Ein anderer Weg zu diesem Ziel ist bis jetzt jedenfalls nicht gefunden und allgemeinhin in einem ganz bestimmten Sinn sogar *ausgeschlossen* (vgl. S. 225f.). *Nur das Axiom der Auswahl gestattet uns also, zwar nicht eine solche Auswahlmenge zu konstruieren, wohl aber die Existenz einer solchen zu behaupten.* Der Charakter des Auswahlaxioms als eines reinen Existenzaxioms wird besonders deutlich in negativer Fassung, wenn man es etwa so ausspricht: Die Annahme, daß unter den Teilmengen von $\mathfrak{S}M$ gerade solche Teilmengen *fehlen*, die mit jedem Element von $M$ ein einziges Element gemeinsam haben, wird ausgeschlossen — auch dann, wenn dieser Ausschluß nicht schon so möglich ist, daß derartige Teilmengen von $\mathfrak{S}M$ direkt nach dem A. d. Aussonderung gebildet werden.

Vielleicht dient der Klärung auch noch die folgende handgreiflichere Bemerkung, die wesentlich auf *Poincaré*, Methode (S. 177) zurückgeht: Es sei eine Menge von abzählbar unendlich vielen verschieden gearbeiteten *Stiefelpaaren* gegeben, so daß deren Unterscheidung durch „definite" Eigenschaften möglich ist. Ist auch in jedem Paar der linke Stiefel verschieden vom rechten angefertigt, so existiert die Menge aller *linken* Stiefel als Teilmenge der Menge *aller* Stiefel nach dem A. d. Aussonderung, da diese Stiefel charakterisiert sind durch die Eigenschaft $\mathfrak{E}$, als linke Stiefel gearbeitet zu sein. Sind dagegen die beiden Stiefel jedes Paares untereinander gleich, d. h. nicht durch eine definite Eigenschaft unterscheidbar, so bedarf man des Axioms der Auswahl, um die Existenz einer Menge von Stiefeln zu sichern, die von jedem Paar nur einen einzigen Stiefel enthält. Man kann dann ohne das Auswahlprinzip auch z. B. nicht beweisen, daß die Menge aller *Stiefel* der Menge aller *Paare* von Stiefeln äquivalent ist.

Der Leser, der diesen etwas langen und der Natur der Sache nach einigermaßen blutleeren Ausführungen über das Auswahlaxiom geduldig gefolgt ist, wird nun je nach Veranlagung eine der folgenden Fragen zu stellen geneigt sein: Ist denn die Behauptung des Auswahlaxioms nicht allzu selbstverständlich, um so eingehender Erörterung zu bedürfen, ist nicht die Annahme des *Nichtexistenz* einer Teilmenge vom Charakter einer Auswahlmenge absurd? Oder aber: Ist das Auswahlaxiom wirklich wichtig genug, um so breiten Raum zu beanspruchen; enthält es nicht eine nur sehr spezielle Aussage, deren wir in unseren Betrachtungen über Mengenlehre (mindestens in den ersten 11 Paragraphen) gar nicht bedurften und deren Diskussion bloß eine Detailfrage der Axiomatik der Mengenlehre ist, die in eine wissenschaftliche Forschungszeitschrift und nicht in ein Lehrbuch gehört? Die Antworten auf diese Fragen sollen den Abschluß der Besprechung unseres Axioms bilden und uns bis S. 211 beschäftigen.

Zunächst zur zweiten Frage, die anscheinend noch mehr Berechtigung erhält durch die Tatsache, daß die wesentliche Behauptung des Auswahlaxioms zum erstenmal zu Beginn dieses Jahrhunderts ausgesprochen wurde (vgl. S. 208), zu einer Zeit also, da die Mengenlehre als eine umfangreiche und anerkannte Disziplin längst existierte! Die Antwort lautet: Lange vor seiner Formulierung ist das Auswahlaxiom stillschweigend vorausgesetzt worden, als eine selbstverständliche Tatsache, von deren Benutzung man sich gar keine Rechenschaft gab; an vielen Stellen auch schon der einfachsten und grundlegenden Gedankengänge der Mengenlehre, übrigens auch in anderen Zweigen der Mathematik[1]), ist das Auswahlaxiom ein, wie es scheint, unentbehrliches Beweishilfsmittel. Es ist also, wenn es nicht mittels anderer Axiome beweisbar ist (vgl. S. 225), und wenn man nicht die Mengenlehre durch Amputation vieler wichtigster Teile radikal einengen will, den Prinzipien der Mathematik hinzuzurechnen, die die Grundlage für die aus ihnen deduktiv herzuleitenden mathematischen Wissensgebiete bilden, und es beruht nach *Hilbert*[2]) auf „einem allgemein logischen Prinzip, das schon für die ersten Anfangsgründe des mathematischen Schließens notwendig und unentbehrlich ist".

---

[1]) Vgl. als charakteristisch etwa *G. Hamel* in d. Math. Annalen, **60** (1905), 459—462; *E. Steinitz* im Journ. f. Math., **137** (1909), 170 und 286 f.; *W. Sierpiński* in den Comptes Rendus ... de l'Acad. des Sc. Paris, **163** (1916), 688; *W. Krull* in den Math. Annalen, **88** (1923), 118—121.

[2]) Im letzten der auf S. 235 angeführten Aufsätze, S. 152.

Um die Sachlage selbständig übersehen zu können, wollen wir uns fragen, wo im Verlauf unserer früheren Überlegungen wir das Auswahlaxiom stillschweigend oder ausdrücklich verwendet haben. Es mag genügen, auf drei charakteristische Stellen hierfür hinzuweisen[1]).

Zunächst sei an das Rechnen mit Kardinalzahlen erinnert, z. B. an ihre Addition (S. 64f.). Um die Summe aller Kardinalzahlen einer gegebenen Menge $M$ von Kardinalzahlen zu bilden, dachten wir uns zu jeder Kardinalzahl $\mathfrak{m}$ von $M$ je eine Menge $m$ von dieser Kardinalzahl (und zwar so, daß die Mengen paarweise elementefremd waren) und bildeten die Vereinigungsmenge all dieser Mengen; die Kardinalzahl der Vereinigungsmenge wurde als die Summe der Kardinalzahlen von $M$ definiert. Diese Summe ist aber von der Wahl der einzelnen Mengen $m$ (als Vertreterinnen der Kardinalzahlen) nur deshalb unabhängig, weil nach S. 63 bei verschiedenen Arten der Wahl jener Mengen stets die Vereinigungsmengen äquivalent, also von gleicher Kardinalzahl sind; dieser Satz macht also die Addition von Kardinalzahlen erst möglich (und Entsprechendes gilt für ihre Multiplikation). Beim Beweis dieses Satzes schließlich war wesentlich der Inbegriff von (im allgemeinen Fall unendlich vielen) einzelnen Abbildungen, nämlich je einer beliebigen Abbildung $\Phi_1$, $\Phi_2$ usw. zwischen je zwei äquivalenten Mengen $M_1$ und $N_1$, $M_2$ und $N_2$ usw. Wir haben also gleichzeitig jeweils aus der Menge[2]) aller möglichen Abbildungen zwischen je zwei äquivalenten Mengen $M_1$ und $N_1$, $M_2$ und $N_2$ usw. je eine einzige Abbildung „auszuwählen" und den Inbegriff der gewählten Abbildungen zu bilden; dieser Inbegiff ist, genauer gesagt, eine Auswahlmenge der Menge, deren Elemente die Mengen aller Abbildungen zwischen den Paaren gegebener äquivalenter Mengen sind. Existierte keine solche Auswahlmenge, so wäre schon die Addition von Kardinalzahlen im allgemeinen unmöglich; *das Rechnen mit Kardinalzahlen stützt sich also auf das Auswahlaxiom als wesentliche Grundlage.*

Ein zweites Beispiel betrifft einen Satz über die Multiplikation von Mengen. Wie in dem vor dem Auswahlaxiom stehenden Absatz (S. 195) sei $M$ eine Menge, deren Elemente $m, n, p, \ldots$ alle auch ihrerseits Elemente enthalten und paarweise elementefremd sind. Um das

[1]) Für eine umfassende Übersicht über solche Stellen innerhalb und außerhalb der Mengenlehre sowie für eine Besprechung der Frage, ob das Auswahlaxiom an diesen Stellen unvermeidlich ist, vergleiche man *Sierpiński* (Zitat von S. 187); ferner auch die in der vorigen Fußnote erwähnten (dort nur zum Teil genannten) Aufsätze. Hervorgehoben sei außer den oben im Text anzuführenden Stellen noch der Beweis der Gleichwertigkeit der naiven und der *Dedekind*schen Definitionen für endliche und unendliche Mengen (vgl. S. 18f.).

[2]) Die Menge aller möglichen Abbildungen zwischen zwei gegebenen äquivalenten Mengen erweist sich auf Grund unseres Axiomensystems als existierend; vgl. S. 213.

Produkt der Mengen $m, n, p, \ldots$ zu bilden, haben wir nach S. 69 alle Komplexe (oder, was in diesem Fall dasselbe besagt, alle Mengen) aufzusuchen, die aus jeder der Mengen $m, n, p, \ldots$ je ein einziges Element enthalten, ohne aber sonstige Elemente zu umfassen. Die Menge all dieser Komplexe existiert nach der auf S. 195 f. angestellten Betrachtung; sie ist eine Teilmenge von $U = \mathfrak{U}\mathfrak{S}M$ und stellt nach Def. 5 auf S. 69 die Verbindungsmenge der Mengen $m, n, p, \ldots$ dar. Damit ist aber noch nichts darüber entschieden, ob diese Verbindungsmenge überhaupt Elemente enthält oder sich etwa auf die Nullmenge reduziert, m. a. W. *ob es überhaupt Komplexe der angegebenen Art gibt.* Wir haben zwar auf S. 70 den Satz ausgesprochen, daß die Verbindungsmenge von der Nullmenge verschieden ist, sobald von jedem der Faktoren $m, n, p, \ldots$ das nämliche gilt; zur Begründung diente aber lediglich der Schluß: wenn in jeder der Mengen $m, n, p, \ldots$ Elemente vorkommen, so muß ein Komplex (eine Menge) existieren, die aus jeder dieser Mengen je ein einziges Element enthält. Das ist nun gerade das (uns damals selbstverständlich erscheinende) Auswahlaxiom. Dessen Ablehnung würde also besagen: Das Produkt von Mengen, die sämtlich Elemente enthalten, kann unter Umständen die Nullmenge sein, wenn nämlich kein Komplex existiert, der aus jedem Faktor je ein einziges Element enthält. Umgekehrt *läßt sich hiernach das Auswahlaxiom geradezu aussprechen als der Satz von S. 70: Das Produkt einer Menge von Mengen reduziert sich nur dann auf die Nullmenge, wenn unter den Faktoren die Nullmenge vorkommt.*

Das letzte Beispiel behandle den Platz, wo das A. d. Auswahl am deutlichsten in Erscheinung trat und auch historisch zum erstenmal ausdrücklich formuliert wurde: den *Beweis des Wohlordnungssatzes* (vgl. *Zermelo I* und *II*). Der Nerv des Beweises für die Wohlordnungsfähigkeit einer beliebigen Menge $M$ ist in beiden Beweisen (vgl. S. 142—149) die Zugrundelegung einer Auswahl ausgezeichneter Elemente in sämtlichen (von 0 verschiedenen) Teilmengen von $M$; d. h. die Zugrundelegung einer Auswahlmenge von $\mathfrak{U}M$, wenn dieser Ausdruck wie im Auswahlaxiom, nur ohne die beschränkende Annahme der Elementefremdheit der Elemente verstanden wird. Ohne diese Grundlage erscheint ein Beweis des Wohlordnungssatzes gar nicht denkbar, und auch der Satz von der Vergleichbarkeit beliebiger Mengen oder Kardinalzahlen (S. 149) ruht demnach ganz und gar auf dem Fundament des Auswahlaxioms. Ja, noch mehr: *Auswahlaxiom und Wohlordnungssatz sind geradezu gleichwertig* in dem Sinn, daß nicht nur dieser aus jenem, sondern auch umgekehrt jenes aus diesem folgt.[1]) In der Tat: soll — um einen einfachen Fall zu betrachten — eine

[1]) Andere mit dem Auswahlaxiom gleichwertige Aussagen bei *A. Tajtelbaum-Tarski*, Fundamenta Mathematicae, **5** (1923), 147—154.

Auswahlmenge für die Potenzmenge $\mathfrak{U}M$ einer beliebigen Menge $M$ angegeben werden und wird eine beliebige Wohlordnung von $M$ zugrunde gelegt und festgehalten, so kann man (wie in Beispiel 2 auf S. 201 f.) eine einfache Regel angeben, durch die in jedem Element von $\mathfrak{U}M$, d. h. in jeder Teilmenge von $M$, ein bestimmtes Element eindeutig ausgezeichnet wird. Durch die zugrunde gelegte Wohlordnung wird nämlich gleichzeitig mit $M$ auch jede Teilmenge von $M$ wohlgeordnet, so daß jede Teilmenge ein erstes Element besitzt. Man kann daher festsetzen: in jeder (wohlgeordneten) Teilmenge von $M$ soll das erste Element als ausgezeichnetes ausgewählt werden. Die Menge aller derjenigen Elemente von $M$, die in irgendeiner Teilmenge von $M$ als erstes Element auftreten, ist daher durch diese Eigenschaft eindeutig charakterisiert und existiert nach dem A. d. Aussonderung. Das Auswahlprinzip ist also auf Grund des Wohlordnungssatzes in diesem Fall — und ähnlich in jedem anderen — *beweisbar*, wie wir das nämliche auf S. 149 für die Vergleichbarkeit der Mengen feststellten. Schließlich ist, wenn man die Vergleichbarkeit der Mengen, d. h. den Satz von S. 149 voraussetzt, auch auf dieser Grundlage sowohl das Auswahlprinzip wie der Wohlordnungssatz beweisbar, wie *Hartogs* gezeigt hat (Zitat von S. 187, Fußnote 2). *Auswahlaxiom, Wohlordnungssatz und Vergleichbarkeit der Mengen (oder Kardinalzahlen) sind also gleichwertige Prinzipien,* insofern als aus jedem von ihnen die beiden anderen (mittels der übrigen Axiome) deduktiv gefolgert werden können; es ist gleichgültig, welches von ihnen zu den Axiomen gerechnet wird, die beiden anderen erscheinen dann als beweisbare Sätze. Man wird naturgemäß unter jenen drei Prinzipien das Auswahlaxiom bevorzugen als das allgemeinste und einleuchtendste von jenen Prinzipien, das überdies nicht bloß der Mengenlehre, sondern der Mathematik bzw. Logik überhaupt angehört.

Bei der Anwendung des Auswahlaxioms zur Begründung von Wohlordnungssatz und Mengenvergleichbarkeit zeigt sich freilich auch besonders scharf und unbequem der rein existentiale, nicht konstruktive Charakter des Axioms. Es wird genügen, dies an dem wichtigsten und am meisten besprochenen Beispiel auseinanderzusetzen, an der Frage der *Wohlordnung des Kontinuums* und dem *Kontinuumproblem.* Nimmt man nämlich für die im vorigen Absatz genannte Menge $M$ das Kontinuum, also etwa die Menge aller reellen Zahlen, so folgt auf der Grundlage des Auswahlaxioms, daß das Kontinuum wohlgeordnet werden kann und seine Mächtigkeit $\mathfrak{c}$ unter den Alefs, den Kardinalzahlen wohlgeordneter Mengen, vorkommt (vgl. S. 150); es ist also $\mathfrak{c} = \aleph_n$, wo $n$ eine (endliche oder unendliche) Ordnungszahl bezeichnet. Die Frage, *welche* Ordnungszahl hier für $n$ zu setzen ist, *wo* unter den Alefs also die Mächtigkeit des Kontinuums vorkommt, stellt das schon auf S. 50 erwähnte Kontinuumproblem dar. *Cantor* hat vermutet, daß $n = 1$, d. h. $\mathfrak{c} = \aleph_1$ sei, daß also $\mathfrak{c}$ die zweitkleinste unendliche Kardinalzahl darstelle und somit unmittelbar auf die Kardinalzahl $\mathfrak{a} = \aleph_0$ der abzählbaren Mengen nachfolge. Versuche, diese Behauptung zu beweisen oder zu widerlegen, sind indes gescheitert, und auch heute haben wir noch gar keine begründete Vermutung selbst nur über die Richtung, in der ein gangbarer Weg zur Lösung des Kontinuumproblems gefunden werden könnte. Das liegt daran, daß zwar die *Existenz* einer Wohlordnung des Kontinuums aus dem A. d. Auswahl folgt, aber nicht das geringste über die Möglichkeit einer wirklichen *Herstellung* einer bestimmten Wohlordnung. Eine solche würde, wenn man dem Beweis des Wohlordnungssatzes folgen will, eine bestimmte Auswahl ausgezeichneter Elemente aus allen Teilmengen des Kontinuums voraussetzen; eine derartige Auswahl herzustellen, ist aber, wie in Beispiel 3 auf S. 202f. betont wurde, bisher nicht gelungen und mit den üblichen gesetzmäßigen Funktionen überhaupt nicht möglich, obgleich die *Existenz* einer solchen Auswahl durch das Auswahlaxiom gefordert wird und gewiß auch dem Leser plausibel erscheint. Unsere Axiomatik sichert also die Wohlordnungsfähigkeit des Kontinuums und das Vorkommen seiner Kardinalzahl unter den Alefs, ohne jedoch zunächst eine nähere Bestimmung über beides zu gestatten.

Es ist endlich noch die erste der auf S. 204 aufgeworfenen Fragen zu beantworten, ob nicht das Auswahlaxiom ein sehr naheliegendes Prinzip von durchaus einleuchtendem und logisch zwingendem Charakter sei. Dieser Eindruck wird sich vielleicht sogar verstärkt haben angesichts der vorstehend aufgewiesenen Unentbehrlichkeit des Axioms für viele einfache Betrachtungen. Der Leser wird zu dieser Frage selbständig Stellung nehmen können, wenn er von der *Geschichte des Auswahlprinzips* und von den früher und heute gegen es erhobenen Einwänden Kenntnis nimmt. Hierbei können Auswahlprinzip und Wohlordnungssatz auf Grund ihrer soeben nachgewiesenen Gleichwertigkeit offenbar gleichzeitig und wechselweise behandelt werden.

Wie das erste und zweite der vorangehenden Beispiele zeigen, ist das Auswahlprinzip stillschweigend seit dem Anfangsstadium der Mengenlehre benutzt worden, übrigens außer von *Cantor* auch von vielen anderen Forschern. An der Verwendung des Prinzips, wie es etwa bei *Cantor* in den angeführten (und anderen) Fällen auftrat, hat niemand speziellen Anstoß genommen. Daß in derartigen Beweisen überhaupt ein besonderes Prinzip zur Verwendung kommt, dürfte zuerst *Beppo Levi* 1902 ausgesprochen haben[1]). Aber erst durch den weittragenden Gebrauch, den *Zermelo* (z. T. auf Anregung von *Erhard Schmidt*) bei seinem ersten Beweis des Wohlordnungs-

[1]) R. Istituto Lombardo di Scienze e Lett., Rendiconti, (2) **35**, 863.

satzes 1904 vom Auswahlprinzip gemacht hat (*Zermelo I*), ist die Aufmerksamkeit weiterer Kreise auf es gezogen worden, und die Folge war in den nächsten Jahren eine wahre Flut kritischer Noten zu jenem Beweis, von denen einige eine mehr oder weniger ablehnende Haltung zum Auswahlprinzip einnahmen[1]). Die skeptische Haltung vieler Mathematiker gegenüber unserem Prinzip hat auch nach dem zweiten *Zermelo*schen Beweis und nach der vielfachen Anwendung des Wohlordnungssatzes innerhalb und außerhalb der Mengenlehre zwar abgenommen, aber keineswegs aufgehört. Soweit diese Bedenken sich auf einen mehr oder weniger intuitionistischen Standpunkt stützen, sind sie nur folgerichtig; namentlich hat für den Intuitionisten die Behauptung der *Existenz* einer Auswahlmenge ohne die Angabe eines Verfahrens zu ihrer *Konstruktion* keinen Sinn, und er wird demgemäß alle vom A. d. Auswahl abhängigen Teile der Mathematik grundsätzlich ablehnen, so insbesondere das allgemeine Rechnen mit Mächtigkeiten. Für die nicht intuitionistisch gesinnten, großenteils selbst mengentheoretisch (im Sinne *Cantors*) arbeitenden Gegner des Auswahlprinzips hingegen ist es im Grunde weniger dieses Prinzip selbst als seine *Konsequenzen*, was sie zum Mißtrauen oder zur Ablehnung des Prinzips veranlaßte und veranlaßt. Die großen, heute noch unabsehbar scheinenden Schwierigkeiten, die sich der Wohlordnung des Kontinuums und der Lösung des Kontinuumproblems entgegenstellen, haben es nämlich vielen Mathematikern wahrscheinlich gemacht, daß das Kontinuum und um so mehr allgemeinere Mengen überhaupt nicht wohlordnungsfähig, die Mächtigkeiten $\mathfrak{c}$, $\mathfrak{f}$ usw. also keine Alefs seien; *Cantors* entgegengesetzte Überzeugung, die auch durch das Ausbleiben eines Beweises nicht erschüttert worden war, hat bei manchen mengentheoretisch arbeitenden Forschern und noch mehr bei vielen der Mengenlehre nur aus der Ferne gegenüberstehenden Mathematikern keineswegs suggestiv gewirkt. Als nun dennoch *Zermelo* in seinen scharfsinnigen, aber kurzen Noten die Wohlordnungsfähigkeit jeder Menge, also auch des Kontinuums, beweisen konnte, ohne jedoch ein Verfahren zur Durchführung der Wohlordnung und damit zur Bestimmung der zugehörigen Kardinalzahl anzugeben, da glaubte man vielfach, jene Beweise lieferten zu viel und müßten einen Fehlschluß enthalten. Da aber die Deduktion der Beweise mindestens für den nicht intuitionistischen Mathematiker unangreifbar ist, blieb nichts übrig, als *die Grundlage der Beweise, nämlich das Auswahl-*

---

[1]) Die anderen Argumente gegen den Wohlordnungssatz gründen sich z. T., in ihrer Art folgerichtig, auf die intuitionistische oder eine ihr nahestehende Anschauung, z. T. aber auf ungerechtfertigte, namentlich mit der Antinomie *Burali-Fortis* zusammenhängende Bedenken. Vgl. die scharfe und witzige Zurückweisung in *Zermelo II*, worauf auch wegen der Literaturangaben verwiesen werde.

*prinzip, seiner allzu weittragenden Konsequenzen halber mißtrauisch zu betrachten;* dazu schien man um so eher berechtigt zu sein, als ja das Auswahlprinzip unter den bekannten und ausdrücklich formulierten Prinzipien der klassischen Mathematik nicht vorkam.

Demgegenüber ist zu betonen, daß die angeführten Bedenken bei klarer Betonung des Unterschieds zwischen Existenz (einer Auswahlmenge) und Angabe eines konstruktiven Verfahrens (zur Bestimmung der auszuwählenden Elemente) nicht haltbar sein dürften. Konkreter gesprochen: daß ein Produkt von Mengen, die sämtlich wirklich Elemente enthalten, mindestens einen Komplex aufweist und sich nicht auf die Nullmenge reduziert, dürfte logisch und anschauungsmäßig unzweifelhaft auch dann erscheinen, wenn die Angabe eines solchen Komplexes unauflösbare Schwierigkeiten bereiten sollte. Dieses logische Prinzip hat wohl mindestens die gleiche Evidenz und Denknotwendigkeit, wie man sie manchen anderen, für die Grundlegung der Arithmetik, Mengenlehre oder Geometrie unentbehrlichen Axiomen zuzuerkennen pflegt. Mit dem gleichen Recht also, mit dem man das Auswahlaxiom wegen der aus ihm ableitbaren Folgerungen verwirft, könnte man willkürlich andere wesentliche Grundsätze ablehnen und so wichtige Teile der Mathematik künftig aus ihr verbannen; schließlich ist jedes andere, noch so fruchtbare und unentbehrliche mathematische Prinzip auch irgendwann *zum erstenmal* formuliert worden, und zwar in der Regel *nach* seiner stillschweigenden Verwendung. Man ist denn auch zum Auswahlprinzip in der gleichen Weise wie zu den anderen mathematischen Axiomen gelangt: indem man die Begriffe, Methoden und Beweise, die in der Mathematik sich vorfanden und deren ursprüngliche Entstehung auf vielfach intuitivem Weg nur psychologisch oder historisch, aber nicht logisch zu werten ist, nachträglich logisch analysierte und dabei eben jene Axiome und Prinzipien herausschälte. Ein Hinweis auf die anschauliche oder logische Evidenz der Prinzipien mochte dann hinzutreten, war aber nicht entscheidend, um so mehr, als gar manche Axiome so recht erst durch die Evidenz der von ihnen abhängigen *Folgerungen* ihr Gewicht bekommen[1]). Wie man neben dieser nachträglichen und relativen Rechtfertigung mathematischer Prinzipien neuerdings auch den Weg deduktiver Begründung und absoluter Entscheidung über ihre Zulässigkeit oder Unzulässigkeit zu beschreiten versucht und was in dieser Richtung zum Auswahlprinzip zu bemerken ist, wird später (S. 235 ff.) noch kurz gestreift werden.

Wenn man hiernach, soferne man nicht den intuitionistischen Standpunkt einnehmen will, dem Auswahlaxiom die Gleichberechti-

---

[1]) Z. B. werden die meisten Geometer die Existenz ungleicher ähnlicher Figuren als weit einleuchtender betrachten als das Parallelenaxiom, auf das sich die Möglichkeit ähnlicher Figuren im üblichen Sinn gründet.

gung mit anderen Prinzipien zuerkennen wird, so ist es doch von Interesse, seine Verwendung einzuschränken, d. h. möglichst viele Tatsachen ohne Benutzung des Axioms zu beweisen. Man lernt so unterscheiden, welche Teile der Mengenlehre und der Mathematik überhaupt von den reinen Existenzprinzipien des Auswahlaxioms und des Wohlordnungssatzes abhängig sind und welche nicht.

Hiermit schließen wir die Besprechung der Axiome der Aussonderung und der Auswahl ab. Bevor wir die noch übrigen Axiome VII und VIII kennen lernen, werde jetzt ein kurzer Überblick über die *Tragweite* der Axiome I bis VI gegeben, der lehren soll, wieviel von der *Cantor*schen Mengenlehre mit ihnen beherrscht werden kann und wieviel nicht. Es wird sich zeigen, daß im wesentlichen die rechtmäßigen und wertvollen Teile der Mengenlehre, nicht aber die Paradoxien in unserer Axiomatik Platz finden; damit werden unsere Axiome als weder zu eng noch zu weit gefaßt erwiesen sein. Übrigens werden wir im folgenden einstweilen die Existenz *irgendeiner* Menge, und zwar auch einer unendlichen, stets voraussetzen, um erst später (S. 215) näher hierauf zurückzukommen.

Zunächst kann man aus den Axiomen die Existenz der *Nullmenge* und, wenn eine Menge $m$ gegeben ist, die Existenz *der Menge* $\{m\}$ mit dem einzigen Element $m$ folgern. Wie das bei einer scharfen Fassung des A. d. Aussonderung zu geschehen hat, wurde auf S. 198f. angegeben. Bei der ursprünglichen Fassung jenes Axioms gestalten sich die Schlüsse noch einfacher: ist $\mathfrak{E}$ eine Eigenschaft, die *keinem* Element von $m$ zukommt, so ist $m_{\mathfrak{E}}$ die Nullmenge; ist $m$ eine Menge von zwei verschiedenen Elementen $a$ und $b$ (vgl. A. d. Paarung) und ist $\mathfrak{E}$ die Eigenschaft, mit $a$ identisch (oder von $b$ verschieden) zu sein, so ist $m_{\mathfrak{E}}$ die Menge $\{a\}$. Die Nullmenge ist nach dem A. d. Bestimmtheit eindeutig bestimmt und nach Def. 1 Teilmenge jeder Menge. Weiter gestattet das A. d. Aussonderung die Bildung des *Durchschnitts* (vgl. die Beispiele 1 und 4, S. 198f.), das A. d. Vereinigung die Bildung der *Summe* oder Vereinigungsmenge von Mengen. Die Definition der Vereinigungsmenge (Def. 2 des § 7, S. 61f.; ebenso übrigens Def. 5, S. 69) war von vorneherein im Einklang mit dem A. d. Vereinigung formuliert, nämlich so, daß die zu vereinigenden Mengen als Elemente einer und derselben *Menge* vorliegen mußten.

Auch die Existenz des *Produkts* oder der Verbindungsmenge einer beliebigen Menge $M$ von Mengen (Def. 5 des § 7, S. 69) wird durch unsere Axiome gesichert, zunächst wenigstens für den Fall, daß die Elemente $m, n, p, \ldots$ von $M$ paarweise elementefremd sind. Wie in der dem A. d. Auswahl vorangeschickten Betrachtung (S. 195; vgl. auch S. 206) gezeigt wurde, enthält die Potenzmenge $U = \mathfrak{U}\mathfrak{S}M$ von $\mathfrak{S}M$ eine Teilmenge $U_{\mathfrak{E}}$, deren Elemente mit jeder der Mengen $m, n, p, \ldots$ je ein einziges Element gemeinsam haben; umgekehrt kommen alle derartigen Teilmengen von $\mathfrak{S}M$ in $U_{\mathfrak{E}}$ als Elemente vor. Die Elemente von $U_{\mathfrak{C}}$ sind also die in Def. 5 von § 7 eingeführten Komplexe[1]), und $U_{\mathfrak{C}}$ stellt somit das Produkt oder die Verbindungsmenge $\mathfrak{P} M$ der Mengen $m, n, p, \ldots$ dar. Auch die Belegungsmenge einer Menge mit einer anderen existiert daher, wie die Betrachtungen des § 8 über die Gleichwertigkeit der zwei dort gegebenen Definitionen der Potenzierung unschwer erkennen lassen (S. 82); damit — oder auch direkt durch Ausnutzen des A. d. Potenzmenge — läßt sich der *Cantor*sche Satz von S. 51 nachweisen, also die Existenz umfassenderer Mengen als jede vorgelegte sichern (vgl. *Zermelo III*).

Sind hiermit die Rechenoperationen mit Mengen ermöglicht, so bleibt vor allem noch übrig, die Theorie der *Äquivalenz* und die der *Ordnung* und *Wohlordnung* aus unserer Axiomatik heraus zu begründen. Dabei sollen nicht etwa neue undefinierte logische oder mathematische Grundbegriffe (wie die einer Funktion, einer umkehrbar eindeutigen Zuordnung, einer Ordnungsbeziehung von den auf S. 92 angeführten Eigenschaften) eingeführt, sondern die notwendigen Begriffe aus unserer Axiomatik heraus mit deren Grundbegriffen ($\varepsilon$ und $=$) entwickelt werden. Die erste Aufgabe ist vollständig (in *Zermelo III*), die zweite wenigstens in den Grundzügen[2]) gelöst; die Richtungen, in denen sich diese Überlegungen vollziehen, sollen noch angedeutet werden. Die Einführung der Kardinalzahlen, Ordnungstypen und Ordnungszahlen wird hierbei wegen der damit verbundenen grundsätzlichen Schwierigkeiten vollständig vermieden (vgl. S. 44 und 98f.). Übrigens liegt auch eine eigene, von der allgemeinen Begründung der Mengenlehre unabhängige *Axiomatik der endlichen und unendlichen Kardinalzahlen* neuerdings vor[3]).

Zu einer Definition der *Äquivalenz* gelangt man durch folgende Überlegung: Sind $M$ und $N$ zwei äquivalente elementefremde[4]) Mengen, so läßt sich eine umkehrbar eindeutige Zuordnung zwischen ihren Elementen offenbar deuten als die Bildung einer Menge von Elementepaaren $\{m, n\}$, deren einer Bestandteil $m$ je ein Element von $M$ darstellt, während der andere Bestandteil $n$ stets zur Menge $N$ gehört; dabei ist es ausgeschlossen, daß in zwei verschiedenen Elementepaaren das nämliche Element $m$ oder das nämliche

[1]) Die Existenz der einzelnen Komplexe, die wir jetzt einfach als Mengen auffassen, muß freilich unserem jetzigen Standpunkt gemäß erst festgestellt werden. So bedurften wir noch des A. d. Auswahl, um die Existenz mindestens eines Komplexes überhaupt zu sichern für den Fall, daß die Nullmenge kein Element von $M$ ist.

[2]) Von *E. Zermelo* und *G. Hessenberg*; vgl. *Hessenberg*, Kap. 28, *Zermelo II*, *Hessenberg*, Taschenbuch, S. 74, und namentlich *Hartogs* (Zitat vom Beginn dieses Paragraphen), S. 443. Eine andere, gleichwertige Einführung der Ordnung auf derselben axiomatischen Grundlage hat *C. Kuratowski* in den Fundamenta Mathematicae, 2 (1920), gegeben.

[3]) *Fraenkel, A.*: Axiomatische Begründung der transfiniten Kardinalzahlen. I; Math. Zeitschr., **13** (1922), 153—188. Die Fortsetzung dieses Aufsatzes wird einige darin noch offen gebliebene Fragen von geringerer Bedeutung behandeln.

[4]) Die Beschränkung auf elementefremde Mengen (hier wie auch bei der Bildung der Verbindungsmenge, siehe oben) läßt sich nachträglich beseitigen; bei *Hausdorff*, S. 32f., wird sie von vorneherein vermieden.

Element $n$ vorkommt, ein Umstand, in dem sich der *umkehrbar eindeutige* Charakter der Zuordnung ausdrückt. Man kann nun diesen Gedankengang umkehren und, wenn zwei elementefremde Mengen $M$ und $N$ gegeben sind, die Aufgabe stellen, eine Menge von Elementepaaren $\{m, n\}$ von folgenden Eigenschaften zu bilden: 1. $m$ durchläuft alle Elemente von $M$, $n$ alle Elemente von $N$; 2. in zwei verschiedenen Elementepaaren kommt niemals das nämliche Element aus $M$ oder aus $N$ vor. Ist diese Aufgabe lösbar, so liefert uns jede Lösung eine Abbildung zwischen $M$ und $N$, diese beiden Mengen sind dann jedenfalls äquivalent; gibt es dagegen keine solche Menge von Elementepaaren, so existiert keine umkehrbar eindeutige Zuordnung zwischen den Elementen von $M$ und $N$, diese Mengen sind also nicht äquivalent. Die Bildung einer derartigen Menge von Elementepaaren gestaltet sich auf Grund unserer Axiome folgendermaßen: Zunächst existiert nach dem vorletzten Absatz die Verbindungsmenge $P = M \cdot N$, die alle Paare $\{m, n\}$ von der ersten Eigenschaft enthält. Es handelt sich also um die Bestimmung einer Teilmenge von $P$, die noch die zweite der angeführten Eigenschaften besitzt; die Menge *aller* derartigen Teilmengen von $P$ — d. h. aller derartigen Elemente von $\mathfrak{U}P$ — ist eine durch jene Eigenschaft völlig charakterisierte Teilmenge $U_0$ von $\mathfrak{U}P$, sie existiert also nach dem A. d. Aussonderung. Es sind nun zwei Fälle denkbar. Entweder ist $U_0 = 0$; dann gibt es keine Teilmenge von $P$ mit der gewünschten Eigenschaft, eine Abbildung zwischen $M$ und $N$ ist also nicht herstellbar, und diese Mengen sind nicht äquivalent. Oder $U_0$ enthält gewisse Elemente, nämlich lauter Mengen von Paaren mit den beiden oben hervorgehobenen Eigenschaften; dann stellt jedes Element von $U_0$ eine bestimmte Abbildung zwischen $M$ und $N$ her, wie auch umgekehrt $U_0$ alle möglichen Abbildungen zwischen $M$ und $N$ umfaßt. In diesem Fall nennt man die Mengen $M$ und $N$ äquivalent und jedes Element von $U_0$ eine Abbildungsmenge zwischen den äquivalenten Mengen.

Zum Begriff der *geordneten Menge* kann man durch eine Erwägung folgender Art gelangen: Ist $M$ eine geordnete Menge und $m$ irgendein Element von $M$, so mag die (nicht geordnet gedachte) Menge aller auf $m$ nachfolgenden Elemente von $M$ als ein *Rest* von $M$ bezeichnet werden, genauer: als der zu $m$ gehörige Rest von $M$. Jeder Rest von $M$ ist also eine Teilmenge von $M$, und die Menge $R$ *aller* Reste von $M$ ist demnach eine Teilmenge der Menge $\mathfrak{U}M$, die nach dem A. d. Potenzmenge existiert. Die Menge $R$ besitzt nun nachstehende, für sie charakteristische Eigenschaften:

1. sind $m_1$ und $m_2$ zwei verschiedene Elemente von $M$, $R_1$ und $R_2$ die zu ihnen gehörigen Reste von $M$, so ist entweder $R_2$ Teilmenge von $R_1$ oder $R_1$ Teilmenge von $R_2$ (je nachdem nämlich $m_1$ vor $m_2$ oder $m_2$ vor $m_1$ in $M$ vorkommt);

2. sind $m_1$ und $m_2$ zwei verschiedene Elemente von $M$, so kommt in $R$ mindestens ein Rest $R_0$ vor, der ein einziges der beiden Elemente $m_1$ und $m_2$ enthält (nämlich das Element, das in $M$ an späterer Stelle auftritt; steht $m_1$ vor $m_2$, so enthält z. B. der zu $m_1$ gehörige Rest $R_0$ zwar $m_2$, nicht aber $m_1$);

3. die Vereinigungsmenge jeder Menge von Resten von $M$ (d. h. jeder Teilmenge von $R$) ist wiederum ein Rest von $M$, also ein Element von $R$.

Umgekehrt läßt sich zeigen, daß für eine gegebene, nicht geordnete Menge $M$ jede Teilmenge $R$ von $\mathfrak{U}M$, die diese drei Eigenschaften besitzt, eine Ordnung von $M$ definiert; zu diesem Zweck hat man für zwei gegebene Elemente $m_1$ und $m_2$ von $M$ die Ordnungsbeziehung $m_1 \prec m_2$ festzusetzen, falls es in $R$ ein Element gibt, in dem $m_2$, aber nicht $m_1$ vorkommt. Wiederum existiert nach dem A. d. Aussonderung die Menge aller Teilmengen $R$ von $\mathfrak{U}M$ mit jenen drei Eigenschaften; jede solche Teilmenge $R$ definiert eine Ordnung der gegebenen Menge $M$. Man wird dann festsetzen: eine Menge $M$ heißt *ordnungsfähig*, wenn es überhaupt zu ihr eine Menge $R$ der fraglichen Art gibt, und zwar wird $M$ durch jede solche Menge $R$ in bestimmter Weise geordnet; existiert überhaupt keine derartige Menge $R$, reduziert sich also die Menge aller Mengen $R$ auf die Nullmenge, so heißt die Menge $M$ *nicht ordnungsfähig*. Auf Grund dieser Definition der Ordnung, die von der Benutzung einer undefinierten Ordnungsbeziehung absieht und sich lediglich der Grundbeziehungen unserer Axiomatik bedient, läßt sich dann leicht auch der Begriff der Wohlordnung einführen. Übrigens ist jede Menge $M$ ordnungsfähig; denn jede Menge läßt sich nach dem Wohlordnungssatz sogar wohlordnen, um so mehr also überhaupt ordnen.

Ein anderer Weg zur Einführung des Ordnungsbegriffs (vgl. *Hausdorff*, S. 70f.) ist der, vom Begriff des *geordneten Paares* (vgl. S. 67f.) auszugehen, auf ihn definitorisch den der eindeutigen Funktion zu gründen und mit dessen Hilfe dann die Ordnungsbeziehung einzuführen. Letzten Endes tritt übrigens der Begriff des geordneten Paares schon in der (nicht symmetrischen) Grundbeziehung $a \varepsilon b$ auf.

Die Tragweite unserer Axiome und der Weg von ihnen zur *Cantor*schen Mengenlehre wird mit den vorangehenden Bemerkungen hinlänglich angedeutet sein. Es bleibt noch übrig darauf hinzuweisen, daß andererseits *die paradoxen Mengen, von denen im vorigen Paragraphen die Rede war, durch unser Axiomensystem nicht gestattet werden.* Die Anführung zweier charakteristischer Beispiele nach dieser Richtung mag genügen.

Vor allem ist die Bildung der wichtigsten Klasse paradoxer Mengen, nämlich der allzu umfassenden Mengen (Antinomien von *Burali-Forti*, *Russell* usw.), durch unsere Axiome ausgeschlossen. Denn diese gestatten, eine oder mehrere gegebene Mengen als Ausgangspunkt nehmend, nur entweder die Bildung beschränkterer Mengen durch Aussonderung bzw. Auswahl, oder die Bildung von Mengen, die in eng umschriebenem Maß sozusagen umfassender sind, durch Paarung, Vereinigung, Potenzierung usw. Sind also Mengen wie die *aller* Mengen, *aller* Ordnungszahlen, *aller* Dinge gewisser Art nicht von vorneherein gegeben, so kann auch nicht vermöge der Axiome auf ihre Existenz geschlossen werden. Umgekehrt lassen sich daher die bei gewissen Paradoxien auftretenden Gedankengänge benutzen, um positiv die Nichtexistenz der betreffenden paradoxen Mengen nachzuweisen. So kann man z. B. zu jeder Menge $m$ auf ähnlichem Weg wie auf S. 52 eine Teilmenge $m_0$ nachweisen, die nicht Element von $m$ ist (z. B. die Menge $m_0$ aller *der* Elemente von $m$, die sich selbst nicht als Element enthalten); eine Menge, die alle existierenden Mengen als Elemente enthält, kann es also nicht geben.

Aus einem anderen Grund sind paradoxe Mengen von der an den Namen *Richard*s sich knüpfenden Art in unserer Axiomatik ausgeschlossen, also z. B. die Menge aller mit höchstens tausend Zeichen definierbaren natürlichen Zahlen. Hier ist die Menge aller natürlichen Zahlen (oder eine ihr gleichwertige Menge) jedenfalls rechtmäßig, die fragliche paradoxe Menge aber eine Teilmenge von jener, also anscheinend durch das A. d. Aussonderung gesichert. In Wirklichkeit ist indes die unsere Teilmenge charakterisierende Eigenschaft, nämlich die Definierbarkeit durch höchstens tausend Zeichen, nicht von der präzisen Art, wie sie für das A. d. Aussonderung erforderlich ist (vgl. S. 197ff.): die Eigenschaft natürlicher Zahlen, durch eine bestimmte Anzahl von Zeichen sich definieren zu lassen, ist nicht „definit", und damit entfällt die Möglichkeit, mittels des A. d. Aussonderung der betrachteten paradoxen Menge oder einer ähnlichen die Existenz zu sichern. Unsere Axiomatik erreicht also wirklich ihr Ziel: alle rechtmäßigen, nicht aber die anstößigen Mengen der *Cantor*schen Mengenlehre zuzulassen.

Schließlich haben wir noch zwei weitere, grundsätzlich minder wichtige Axiome den bisherigen anzufügen. Vor allem *wissen wir bisher noch gar nicht, ob überhaupt Mengen existieren.* Alle Axiome (mit Ausnahme des A. d. Bestimmtheit, das bloß den Begriff der Menge näher umreißen sollte) stellten nämlich nur *bedingte* Existenzforderungen dar von der Form: falls gewisse Mengen existieren, so existieren auch gewisse andere Mengen. Wenn es überhaupt keine Mengen gibt, so bleiben formal alle Axiome befriedigt. Es wird also in erster Linie noch durch ein weiteres Axiom zu fordern sein, daß überhaupt *mindestens eine Menge existiert.* Daraus läßt sich dann gemäß den Sätzen von S. 198f. die Existenz der Nullmenge 0, ferner der Mengen $\{0\}$, $\{\{0\}\}$ usw.[1]) folgern; durch die Axiome der Paarung, der Vereinigung und der Potenzmenge gelangt man weiterhin zu Mengen von beliebig vielen, aber immer nur *endlich* vielen Elementen, da namentlich auch die Potenzmenge einer endlichen Menge stets endlich ist.

Dagegen geben diese Axiome offenbar keine Handhabe, um von einer gegebenen endlichen Menge aus auf das Vorhandensein von Mengen mit unendlich vielen Elementen zu schließen. Daran wird auch nichts geändert durch Hinzunahme der Axiome der Aussonderung und der Auswahl, die zu gegebenen Mengen bloß in gewissem Sinn beschränktere sichern. Auch der Weg, auf dem *Dedekind* die Existenz einer unendlichen Menge zu sichern versucht hat[2]), ist von unserem Standpunkt aus nicht brauchbar. *Dedekind* betrachtet die Menge $S$ aller Gegenstände unseres Denkens und beweist, daß sie unendlich

---

[1]) Übrigens sind diese Mengen nach dem A. d. Bestimmtheit untereinander verschieden; denn es enthält z. B. 0 überhaupt kein Element, $\{0\}$ dagegen das Element 0; usw.

[2]) *Dedekind, R.*: Was sind und was sollen die Zahlen? (ursprünglich 1887 erschienen; 4. Aufl., Braunschweig 1918), § 5. Vgl. auch schon *B. Bolzano*s Paradoxien des Unendlichen (Zitat von S. 241/2), § 13.

ist (im Sinne der Definition 3 von S. 18), auf folgende Weise: Ist $s$ ein Element von $S$, so ist der Gedanke „$s$ kann gedacht werden" ebenfalls ein (von $s$ verschiedenes) Element von $S$. Alle Gedanken der Form „$s$ kann gedacht werden", wobei $s$ ein beliebiges Element von $S$ bedeutet, bilden daher eine Teilmenge $S_0$ von $S$, und zwar eine echte Teilmenge; denn nicht jedes Element von $S$ ist gerade ein Gedanke der besonderen Art: ein gewisser Gedanke kann gedacht werden. Endlich ist die echte Teilmenge $S_0$ äquivalent der Menge $S$ selbst, wie durch Abbildung beider Mengen aufeinander leicht zu sehen ist; man braucht hierzu nur jedem Element $s$ von $S$ den Gedanken „$s$ kann gedacht werden", der ein Element von $S_0$ ist, zuzuordnen und umgekehrt. $S$ ist also einer echten Teilmenge von sich selbst äquivalent und somit nach der erwähnten Definition eine unendliche Menge. Es gibt demnach unendliche Mengen.

Dieser Beweis kann uns deshalb nicht befriedigen, weil die Menge $S$ aller Gegenstände unseres Denkens auf Grund unserer Axiome gar nicht existiert (vgl. S. 214); ja noch mehr: die Menge $S$ stellt offenbar ein paradoxe Menge von der auf S. 153f. betrachteten Art dar. *Dedekind* selbst hat diesen Mangel nach dem Aufkommen der Paradoxien der Mengenlehre anerkannt. Die Existenz unendlicher Mengen muß also, da ein Beweis für sie mittels unserer Axiome nicht möglich ist, durch ein (nicht mehr bedingtes, sondern absolutes) Existenzaxiom gefordert werden. Darin ist dann auch von selbst die Forderung eingeschlossen, daß überhaupt mindestens eine Menge existiert (vgl. den vorletzten Absatz). *Zermelo* hat (im Anschluß an die genannte Schrift *Dedekind*s) das Axiom etwa folgendermaßen formuliert:

**Axiom VII.** *Es gibt mindestens eine Menge $Z$ von folgenden beiden Eigenschaften:*

1. *falls die Nullmenge (d. h. eine Menge ohne Elemente) existiert, so ist die Nullmenge Element von $Z$;*

2. *ist $m$ irgendein Element von $Z$, so ist auch $\{m\}$ (d. h. die Menge, die $m$ und kein anderes Element enthält) ein Element von $Z$.* **(Axiom des Unendlichen.)**

Jede Menge $Z$ von diesen Eigenschaften ist eine unendliche Menge (im naiven wie im *Dedekind*schen Sinn). Denn sie enthält als Elemente zunächst die Nullmenge 0, dann (wegen der zweiten Eigenschaft) die davon verschiedene Menge $\{0\}$, weiter die Menge $\{\{0\}\}$, deren einziges Element die Menge $\{0\}$ ist, usw. Es läßt sich zeigen (*Zermelo III*, S. 267), daß jede solche Menge $Z$ eine *kleinste* Teilmenge $Z_0$ mit den nämlichen beiden Eigenschaften enthält, nämlich die Menge

$$Z_0 = \{0, \{0\}, \{\{0\}\}, \{\{\{0\}\}\}, \ldots\}.$$

Das ist bis auf die Bezeichnungsweise die Menge aller natürlichen

Zahlen; denn man kann ja die Nullmenge durch das Zeichen 1 bezeichnen, die Menge $\{0\}$ durch 2, $\{\{0\}\}$ durch 3 usw., und da hierbei nie wieder dieselbe Menge auftritt, werden immer neue Zeichen erforderlich. Das obige Axiom kommt also im wesentlichen hinaus auf die Forderung, daß eine abzählbar unendliche Menge existieren soll; seine im ersten Moment überraschende Formulierung ist dadurch bedingt, daß die Begriffe „endlich" und „unendlich" in den Axiomen nicht vorausgesetzt, sondern erst mit ihrer Hilfe definiert werden sollen (im Sinne der Def. 3 von S. 18).

Ausgehend von einer hiermit gesicherten, zum mindesten abzählbar unendlichen Menge kann man nunmehr auch unendliche Mengen von höherer Mächtigkeit bilden, wesentlich auf Grund des A. d. Potenzmenge; dieses Axiom erlaubt die Benutzung des Diagonalverfahrens und läßt also Mengen von der Mächtigkeit des Kontinuums und von größeren Mächtigkeiten zu. Indes reicht *Zermelo*s Axiom des Unendlichen in Verbindung mit den übrigen sechs Axiomen noch nicht aus, um *alle* unendlichen Mengen der rechtmäßigen Mengenlehre zu sichern (vgl. *Fraenkel I*, S. 230f.); zur Bildung sehr umfassender Mengen sind A. d. Potenzmenge und Diagonalverfahren noch nicht genügende Hilfsmittel. Bezeichnet man etwa die Potenzmenge $\mathfrak{U} Z_0$ der eben eingeführten Menge $Z_0$ mit $Z_1$, ebenso $\mathfrak{U} Z_1$ mit $Z_2$, $\mathfrak{U} Z_2$ mit $Z_3$ usw., so läßt sich mittels unserer sieben Axiome z. B. die Existenz der abzählbaren Menge

$$M = \{Z_0, Z_1, Z_2, Z_3, \ldots\}$$

nicht beweisen, also auch nicht die Existenz der Vereinigungsmenge $\mathfrak{S} M$ usw. Damit bleiben, wie man leicht erkennt, Mengen von sehr großer Kardinalzahl aus unserer Axiomatik ausgeschlossen, nämlich Mengen, deren Kardinalzahl ein Alef mit transfinitem Index, also $\geqq \aleph_\omega$ ist (wenn man wenigstens das Kontinuumproblem dahin beantwortet annimmt, daß $2^{\aleph_0} = \mathfrak{c}$ ein Alef mit endlichem Index darstellt).

Um den Bereich der Mengenlehre nicht unnötig einzuengen, wird man also das Axiom des Unendlichen weiter auszudehnen haben. Hierauf soll nicht näher eingegangen werden. Es werde nur bemerkt, daß man zweckmäßigerweise in der ersten Eigenschaft von Axiom VII statt der Nullmenge eine beliebige existierende Menge zulassen und in der zweiten Eigenschaft an Stelle der speziellen Operation, die in der Bildung von $\{m\}$ aus $m$ besteht, eine beliebige Funktion von $m$ setzen wird; dabei ist der Funktionsbegriff im Sinne von S. 198 zu nehmen, nur noch erweitert durch entsprechende Hinzunahme des Axioms VII selbst zu den Axiomen II bis V. So wird z. B. die obige Menge $M$ gesichert, wenn man in Axiom VII statt 0 die Menge $Z_0$, statt $\{m\}$ die Menge $\mathfrak{U} m$ einsetzt.

Es werde noch hervorgehoben, daß bei Beschränkung auf nur *endliche* Mengen die Mehrzahl unserer Axiome überhaupt überflüssig wäre. Das Axiom der Potenzmenge z. B. bekommt seine Bedeutung erst, wenn die Ausgangsmenge *unendlich* ist, während man sonst wesentlich mit dem A. d. Paarung auskommt.

Bei *Zermelo* ist mit diesen sieben Axiomen die Grundlegung der Mengenlehre abgeschlossen. Es empfiehlt sich aber, noch ein letztes Axiom hinzuzufügen, das den Begriff der Menge nicht wie die Axiome II bis VII erweitert, sondern im Gegenteil ihnen gegenüber einschränkt. Unsere Axiome enthalten nämlich keine Verfügung über die ursprünglichen Bausteine unserer Mengen, d. h. über die Natur (oder, was dasselbe bedeutet, über die Elemente) der Mengen, die nicht schon durch die Axiome völlig bestimmt sind. Unsere Axiome gewährleisten ja nur, daß gewisse Mengen jedenfalls existieren, schließen aber nicht von vorneherein die Existenz anderer Mengen aus, wenn sich auch solche unter Umständen nachträglich als unmöglich erweisen können (wie die paradoxen Mengen). Am einfachsten wäre es, wenn neben den durch das A. d. Unendlichen geforderten Mengen nur noch die ohnehin existierende Nullmenge als ursprünglicher Baustein von Mengen aufträte, wenn also außer diesen Mengen lediglich die aus ihnen nach den Axiomen II bis VI herleitbaren Mengen existierten. Das ist aber durch unsere Axiome keineswegs verfügt. Z. B. könnte, um ein bestimmtes und verhältnismäßig einfaches Beispiel zu wählen, eine Menge $m_0$ existieren, die ein einziges Element $m_1$ enthält, in dem wiederum ein einziges Element $m_2$ vorkommt und so endlos weiter; es wäre also

$$\ldots m_4 \varepsilon m_3 \varepsilon m_2 \varepsilon m_1 \varepsilon m_0, \quad \text{d. h. allgemein} \quad m_{k+1} \varepsilon m_k \quad (k = 0, 1, 2, \ldots).$$

Man kann diesen Sachverhalt etwa so bezeichnen, daß in $m_0$ kein innerster Kern (letzter Baustein) vorkommt[1]).

Solche und weitere Möglichkeiten bezüglich der überhaupt existierenden Mengen zu beseitigen und den innersten Kern aller vorkommenden Mengen auf die Nullmenge zu beschränken, ist aus mehreren Gründen wünschenswert. Vor allem bedeutet eine solche Beschränkung eine Vereinfachung des mengentheoretischen Gebäudes, ohne daß dieses dadurch an Bedeutung und Anwendbarkeit verliert; denn alle mathematisch bedeutsamen Mengen können, nötigenfalls unter Änderung der Bezeichnung, mit einer so eingeschränkten Axiomatik gesichert werden. Weiter ist ohne eine solche Einschränkung nicht zu erreichen, daß unser Axiomensystem die Gesamtheit der durch es gestatteten Mengen *eindeutig* bestimmt, wie dies beim Aufbau jeder Axiomatik wünschenswert ist (vgl. S. 227); auf Grund der bisherigen Axiome können z. B. Mengen von der Art, wie zu Ende des vorigen Absatzes angegeben, entweder existieren oder nicht existieren. Endlich

---

[1]) Solche und allgemeinere Mengen sind von *D. Mirimanoff* (Zitat von S. 152, S. 42) betrachtet und als „ensembles extraordinaires" bezeichnet worden.

stehen Mengen der geschilderten Art, die nach den bisherigen Axiomen zulässig sind, mit gewissen paradoxen Mengen in zu engem Zusammenhang (vgl. *Mirimanoff* a. a. O.), als daß die Zulassung solcher Mengen gleichgültig erscheinen könnte. Es empfiehlt sich daher, den Mengenbegriff gegenüber den bisherigen Axiomen einzuschränken durch ein letztes Axiom, das unscharf, aber anschaulich etwa so ausgesprochen werden kann:

**Axiom VIII.** *Außer den durch die Axiome II bis VII geforderten Mengen existieren keine weiteren Mengen.* **(Beschränktheitsaxiom.)**

Man kann das Axiom auch dahin ausdrücken, daß der Begriff der Menge so eng sein soll, als es mit den bisherigen Axiomen überhaupt vereinbar ist. Für eine schärfere Fassung des Axioms vergleiche man *Fraenkel I*, S. 233f., sowie den auf S. 212, Fußnote 3, angeführten Aufsatz (S. 163). Gewisse hiermit und mit dem A. d. Unendlichen zusammenhängende Fragen, die sich auf die Existenz sehr umfassender Mengen (in der *Cantor*schen Mengenlehre wie innerhalb der Axiomatik) beziehen, harren allerdings noch ihrer endgültigen Erledigung[1]; vorher wird man das angeführte Axiom VIII nicht als endgültig ansehen dürfen.

Nach dem Abschluß dieser axiomatischen Grundlegung der Mengenlehre mag vergleichshalber noch kurz auf die Punkte hingewiesen werden, in denen sie von der (bisher allein in zusammenhängender Darstellung vorliegenden) Fassung *Zermelo*s (*Zermelo III*) abweicht Was zunächst den allgemeinen Aufbau der Axiomatik betrifft, so hat sich der „Bereich $\mathfrak{B}$", dem die Mengen angehören sollen und dem selbst keine Menge entspricht, als entbehrlich erwiesen[2]; daher wurde von ihm angesichts der vielen Bedenken und Mißverständnisse, die er erregt hat, völlig abgesehen. Ferner wurde zu der einen *Zermelo*schen Grundbeziehung $\varepsilon$ aus allgemein logischen wie besonderen Gründen noch die weitere Grundbeziehung der Identität (=) hinzugenommen[3]; von ihr braucht übrigens nur ein einziges Mal (Beispiel 3 auf S. 198f.) Gebrauch gemacht zu werden, während man sie im übrigen auf die Beziehung $\varepsilon$ zurückführen kann. Wesentlicher als diese beiden nur formalen Abweichungen ist die Beschränkung der Betrachtung auf *Mengen*, d. h. der Ausschluß von „Dingen", in denen keine Elemente enthalten sind (bis auf die Nullmenge); Nicht-Mengen können also auch als Elemente von Mengen nicht auftreten, eine Einschränkung, die eine ähnliche Vereinfachung der Betrachtung bezweckt, wie sie oben bei der Einführung des Beschränktheitsaxioms als wünschenswert dargelegt wurde.

Von den einzelnen Axiomen gewinnt das (äußerlich unverändert erscheinende) A. d. Bestimmtheit einen wesentlich veränderten Sinn durch die soeben hervorgehobene Einschränkung der Betrachtung auf Mengen. Es besagt näm-

---

[1]) So ist, wie ich einem Hinweis *C. Kuratowski*s verdanke, in diesem Zusammenhang von Bedeutung das noch ungelöste Problem, ob es „reguläre Anfangszahlen mit Limesindex" gibt (vgl. *Hausdorff*, S. 131).

[2]) Vgl. *A. Schoenflies* im Jahresber. d. D. Mathematikerverein., **20** (1911), 242f.

[3]) So verfährt schon *G. Hessenberg* im Journ. f. Math., **135** (1909), 83, wo dann allerdings auch ein (vorstehend vermiedener) *Funktionsbegriff* als ursprünglicher Grundbegriff eingeführt wird.

lich im besonderen, daß alle „Dinge", die keine Elemente umfassen, miteinander (d. h. mit der Nullmenge) identisch sind, während nach *Zermelo III* bereits die Gesamtheit aller Nicht-Mengen ohne scharfe Grenzen und von paradoxem Charakter sein kann. Das A. d. Paarung beschränkt sich auf die Forderung der Paarmengen im Gegensatz zu dem entsprechenden *Zermelo*schen A. d. Elementarmengen, das außerdem noch die Existenz der Nullmenge und der Menge $\{m\}$ bei gegebenem $m$ verlangt; diese Forderungen werden vermöge der Beweise der Beispiele 2 und 3 auf S. 198f. entbehrlich. Während die Axiome der Vereinigung, der Potenzmenge und der Auswahl mit den nämlichen Axiomen in *Zermelo III* übereinstimmen, stellt die veränderte Auffassung des A. d. Aussonderung wohl die wichtigste Abweichung dar, da hier noch ein wesentlicher Rest aus der intuitiv-philosophischen, durch die Paradoxien erschütterten Auffassung *Cantors* zurückgeblieben war; von dieser Abweichung war bereits oben (S. 197 f.) die Rede. Endlich ist auch die Notwendigkeit, das A. d. Unendlichen zu erweitern, und das Bedürfnis nach der Hinzufügung des Beschränktheitsaxioms schon hinreichend erörtert worden.

## b) Über Unabhängigkeit, Vollständigkeit und Widerspruchslosigkeit des Axiomensystems.

Nach vorstehender Entwicklung einer axiomatischen Begründung der Mengenlehre bleibt es noch übrig, einige *allgemeine Bemerkungen über die axiomatische Methode überhaupt* anzufügen; sie sollen uns ein tieferes Verständnis dieser Methode im allgemeinen und damit auch ihrer Verwendung zur Grundlegung der Mengenlehre vermitteln und überdies einige an jede Axiomatik sich anknüpfende grundsätzliche Fragen hervorheben. Deren Klärung ist gerade im Fall der Mengenlehre von entscheidender Bedeutung dafür, ob wir die vorangehenden Überlegungen als eine stichhaltige und womöglich endgültige Lösung des durch die Paradoxien verschlungenen Knotens ansehen dürfen oder nicht.

Die Entstehung und erste Entwicklung der axiomatischen Methode liegt auf dem Gebiet der Geometrie. Letzten Endes auf *Euclid*s „Elemente", dann auf die Erfindung und Begründung der Nichteuklidischen Geometrie durch *Gauß* und seine Zeitgenossen *N. J. Lobatschefskij* und *Johann Bolyai* (Anfang des 19. Jahrhunderts) zurückgehend, hat die allgemeinere axiomatische Betrachtung mit *M. Pasch*s „Vorlesungen über neuere Geometrie" (1882), dann in einem wesentlich weiteren und abstrakteren Sinn mit verschiedenen Arbeiten italienischer Forscher (namentlich *G. Veronese*s und *G. Peano*s) sowie mit *D. Hilbert*s „Grundlagen der Geometrie"[1]) begonnen. Seitdem hat die Axiomatik geradezu einen Siegeslauf durch die Mathematik und auch in manche benachbarte Wissenschaften (Physik, Logik) angetreten und ist zur Begründung sowohl der großen Teilgebiete der Mathematik wie vieler allgemeiner oder auch spezieller Einzelbegriffe (vom Begriff der Gruppe bis zu dem des arithmetischen Mittels) verwendet worden. Während die wichtigsten Leistungen etwa durch

[1]) Ursprünglich 1899 erschienen; 5. Auflage, Leipzig und Berlin 1922.

die Namen *G. Peano* (natürliche Zahlen), *D. Hilbert* (reelle Zahlen), *E. Zermelo* (Mengenlehre) bezeichnet werden können, ist die intensivste Pflege dieser Methode zahlreichen amerikanischen Forschern unter der Führung *E. H. Moore*s zu verdanken.

Für die Einschätzung des Wertes der axiomatischen Methode hat man zwei Fälle zu unterscheiden. Zunächst kann sie eine nur *mögliche* Begründungsmethode darstellen, die zur Beurteilung des Aufbaues einer Theorie und zur Wertung ihrer einzelnen Bestandteile und Voraussetzungen besonders geeignet ist; neben ihr bleibt grundsätzlich gleichberechtigt die (früher allein übliche) *genetische Methode* bestehen, die die Begriffe der zu entwickelnden Theorie durch Definition, d. h. durch Zurückführung auf schon bekannte Begriffe festlegt und aus den neuen Begriffen deduktiv die Sätze der Theorie (darunter auch die ‚Axiome“) ableitet. Diese nur gleichberechtigte Rolle spielt die Axiomatik meist bei der Begründung spezieller Begriffe und Sonderfragen innerhalb größerer, wohlfundierter Disziplinen; aber auch für allgemeine Wissenschaftsgebiete kann in diesem Sinn die axiomatische Methode neben der genetischen stehen, so beispielsweise bei der Begründung der Theorie der reellen Zahlen, zu der man vom Begriff der ganzen und weiterhin der rationalen Zahl durch definitorisches Fortschreiten und Verallgemeinerung des Zahlbegriffs gelangen kann (vgl. S. 106, Fußnote), oder bei der Begründung der analytischen Geometrie, die sich auf der Zahlenlehre mittels der die geometrischen Gebilde definierenden „Koordinaten“ aufbauen läßt. Für gewisse grundlegende Theorien dagegen ist die axiomatische Methode nicht nur eine wertvolle gleichberechtigte, sondern letzten Endes die allein mögliche Art der Begründung: wenn nämlich die genetische Methode insofern versagt, als es sich um die (wirklich oder anscheinend) einfachsten Grundbegriffe der Wissenschaft überhaupt handelt, die nicht durch Definition auf noch einfachere zurückgeführt werden können, oder wenn die genetische, definitorische Entwicklung unvermeidlich zu logischen Widersprüchen zu führen scheint. Jenes gilt z. B. für die Lehre von den ganzen Zahlen oder für die Begründung der Geometrie „nach rein geometrischer Methode“, dieses zum mindesten für die Mengenlehre. Als charakteristisch für eine heute vielfach verbreitete Auffassung mögen folgende Sätze *Hilbert*s angeführt werden: „Die axiomatische Methode ist tatsächlich und bleibt das unserem Geiste angemessene unentbehrliche Hilfsmittel einer jeden exakten Forschung, auf welchem Gebiete es auch sei: sie ist logisch unanfechtbar und zugleich fruchtbar; sie gewährleistet dabei der Forschung die vollste Bewegungsfreiheit. Axiomatisch verfahren heißt in diesem Sinne nichts anderes, als mit Bewußtsein denken: während es früher ohne die axiomatische Methode naiv geschah, daß man an gewisse Zusammenhänge wie an Dogmen glaubte, so hebt die Axiomenlehre diese Naivität auf, läßt uns jedoch die Vorteile des Glaubens."[1]) Und an anderer Stelle (zu Ende seines in der nächsten Fußnote angeführten Aufsatzes): „Ich glaube: Alles, was Gegenstand des wissenschaftlichen Denkens überhaupt sein kann, verfällt, sobald es zur Bildung einer Theorie reif ist, der axiomatischen Methode und damit mittelbar der Mathematik. In dem Zeichen der axiomatischen Methode erscheint die Mathematik berufen zu einer führenden Rolle in der Wissenschaft überhaupt."[2])

Die wichtigsten der allgemeinen Fragen, die bei der axiomatischen Begründung irgendeiner Wissenschaft oder eines Einzelbegriffs untersucht werden müssen, sind die Frage der *Unabhängigkeit* der Axiome, die der *Vollständigkeit* des Axiomensystems und schließlich die der *Widerspruchslosigkeit* des Systems, mit der das Problem *des Ursprungs und der Begründung der Axiome* eng verknüpft ist. Diese Fragen sollen mit besonderer Rücksicht auf unsere vorstehende Axiomatik der Mengenlehre kurz berührt werden, wobei das Problem der Widerspruchslosigkeit, das wichtigste und schwierigste unter ihnen, als letztes an die Reihe komme.

---

[1]) In dem ersten der auf S. 235, Fußnote 3, genannten Aufsätze, S. 161.

[2]) Zur näheren Orientierung über das Wesen der axiomatischen Methode im allgemeinen werde verwiesen auf:

*Hessenberg, G.:* Über die kritische Mathematik; Sitzungsber. d. Berliner Math. Gesellschaft **3** (1904), 21—28.

*Enriques, Fr.:* Probleme der Wissenschaft, 1. Teil (übers. v. *K. Grelling*, Leipzig und Berlin 1910), Kapitel III.

*Perron, O.:* Jahresber. d. D. Mathematikerver., **20** (1911), 208—211.

*Zaremba, S.:* Théorie de la démonstration dans les sciences mathématiques; L'Enseignement Mathématique, **18** (1916), 4—44.

*Hilbert, D.:* Axiomatisches Denken; Math. Annalen, **78** (1918), 405—419.

*Pasch, M.:* Mathematik und Logik (Leipzig 1919).

*Bernays, P.:* Die Bedeutung *Hilberts* f. d. Philosophie der Mathematik; „Die Naturwissenschaften", **10** (1922), 93—99.

*Boehm, K.:* Begriffsbildung („Wissen und Wirken", Bd. 2; Karlsruhe 1922). Für eine Würdigung der axiomatischen Methode vom *philosophischen* Standpunkt aus vergleiche man (neben *Enriques*) z. B. *E. Husserl:* Logische Untersuchungen, Bd. 1 (2. Aufl., Halle 1913), 248ff.; *E. Cassirer:* Substanzbegriff und Funktionsbegriff (Berlin 1910), 122ff.; *M. Schlick:* Allgemeine Erkenntnislehre (Berlin 1918), 30ff.; *A Höfler:* Logik (2. Aufl., Wien 1922); vor allem aber das 2. und 3. Kapitel von *Fr. Londons* Aufsatz „Über die Bedingungen der Möglichkeit einer deduktiven Theorie", Jahrb. f. Philos. und phänomen. Forschung, **6** (1923), 335—384; siehe auch die dort (S. 383) angeführten Aufsätze von *A. Padoa* und *G. Peano*. Ablehnend gegenüber der Axiomatik (oder vielmehr vorzugsweise gegenüber ihrer Überschätzung und Übertreibung) verhält sich *E. Study* im Schlußabschnitt seiner Schrift „Die realistische Weltansicht und die Lehre vom Raum" („Die Wissenschaft" **54**; Braunschweig 1914, z. Zt. in Neuauflage [1. Teil 1923] erscheinend); die dortige Polemik dürfte jedoch gegen die Axiomatik gerade der *Mengenlehre* um so weniger gemeint sein, als ja die Mengenlehre weder auf die Arithmetik noch auf Erfahrung gegründet werden kann und ihr intuitiv-genetischer Aufbau durch *Cantor* sich als unzureichend erwiesen hat.

Wir beginnen mit der Forderung und Untersuchung der **Unabhängigkeit der Axiome.** Der eine oder andere Leser hat vielleicht schon zu Beginn dieses Paragraphen Anstoß genommen an der Unbestimmtheit der Aufgabe, geeignete Voraussetzungen oder Axiome für ein Wissenschaftsgebiet (hier für die Mengenlehre) auszuwählen, um aus ihnen dann deduktiv alle übrigen Sätze des Gebiets abzuleiten. Willkürlich bleibt dabei zunächst nicht nur, *welche* Sätze wir als Axiome wählen (und welche Begriffe als Grundbegriffe), sondern auch *wie vielen* wir den Charakter als Axiom geben. Man könnte darauf verfallen, *alle* Sätze der Mengenlehre oder wenigstens z. B. alle in diesem Buch vorkommenden als Axiome zu charakterisieren und sich so die schwierige Arbeit zu ersparen, die in der Ableitung tieferliegender Sätze und Begriffe aus den Axiomen besteht. Wenn man freilich ein solches Unternehmen nicht ernsthaft als axiomatische Begründung vorschlagen wird, so bleibt doch auch ohne solche Übertreibung die Frage bestehen: Welche Einschränkung ist über Anzahl und Umfang der Axiome erforderlich oder wünschenswert und wie kann das offenbar erstrebenswerte Ziel, „möglichst wenig Aussagen" in die Axiome aufzunehmen, schärfer umrissen werden? Daß es nicht auf die Anzahl der Axiome allein ankommen kann, ist schon deshalb klar, weil ja stets durch Zusammenschmelzen zweier Axiome (oder selbst durch ihr bloßes Aneinanderreihen mit „und" an Stelle des Schlußpunktes) aus zwei Axiomen ein einziges hergestellt werden kann; das uns vorschwebende Einfachheitsprinzip für ein Axiomensystem kann aber doch sicherlich nicht von der Interpunktion abhängen!

Das gesuchte Prinzip soll nun kurz in der Forderung bestehen,, daß *keines der Axiome entbehrlich sein darf,* d. h. daß es *nicht möglich sein soll, unter Zugrundelegung aller Axiome bis auf ein einziges dieses eine Axiom zu* *b e w e i s e n* und so in seinem Charakter als Axiom überflüssig zu machen. Wird für jedes einzelne Axiom des Axiomensystems gezeigt, daß es nicht aus den übrigen Axiomen abgeleitet werden kann, sodaß es unmöglich ist, mittels eines *Teiles* der Axiome die in Frage stehende Theorie zu begründen, dann ist das Axiomensystem in einem ganz bestimmten Sinn als nicht mehr reduzierbar, als möglichst einfach erkannt. Zunächst scheint es wohl, daß der Nachweis einer solchen Unmöglichkeit eine ganz besonders schwierige Aufgabe darstellt; gilt es doch zu zeigen, daß unter allen denkbaren Versuchen, ein Axiom aus der Gesamtheit der übrigen zu folgern, keiner zum Ziel führen kann, also einen Unmöglichkeitsbeweis von der auf S. 9/10 geschilderten Art zu führen. Man überwindet indes diese Schwierigkeit verhältnismäßig einfach auf einem Weg, der jenen negativen Nachweis positiv wendet und den grundsätzlich schon die Erfinder der Nichteuklidischen Geometrie eingeschlagen haben; seit seiner systematischen Beschreitung durch die italienische

Schule und *Hilbert* ist er zu einem klassischen Verfahren geworden. Die durch zwei Jahrtausende fortgesetzten Versuche, das Euklidische Parallelenaxiom (d. h. die Aussage, daß durch einen gegebenen Punkt zu einer gegebenen Geraden höchstens *eine einzige* Parallele gezogen werden kann) zu beweisen, waren nämlich naturgemäß vor allem auf indirektem Weg unternommen worden; man entwickelte aus der Annahme des Gegenteils eine Reihe von Folgerungen in der Hoffnung, diese als unsinnig (d. h. als mit den übrigen Axiomen der Geometrie im Widerspruch stehend) nachweisen zu können. Da zeigte sich zur Überraschung der mathematischen Welt, daß die Folgerungen in ihrer Gesamtheit ein keineswegs widerspruchsvolles, sondern im Gegenteil ein widerspruchsloses System darstellen von gleicher Legitimität wie die gewöhnliche Geometrie, auf die das neue System übrigens in gewissem Sinn zurückgeführt werden kann. Das Gegenteil des Parallelenaxioms erwies sich also als vereinbar mit den übrigen geometrischen Axiomen; es konnte somit unmöglich ein Versuch gelingen, aus diesen das Parallelenaxiom herzuleiten. Der Beweis der Unabhängigkeit des Parallelenaxioms von den übrigen Axiomen der Geometrie war damit erbracht. Genau ebenso verläuft nun allgemein der Beweis der Unabhängigkeit der Axiome eines Systems, d. h. der Nachweis der Unmöglichkeit, irgendein Axiom aus der Gesamtheit der übrigen zu folgern. Man konstruiert zu jedem einzelnen Axiom ein (als widerspruchsfrei geltendes oder beweisbares) Pseudosystem (Pseudowissenschaft), in dem das *Gegenteil* des zu untersuchenden Axioms gilt, während gleichzeitig alle übrigen Axiome erfüllt sind; das Pseudosystem zeigt dann die logische Unabhängigkeit des betreffenden Axioms von der Gesamtheit der übrigen Axiome.

Im Fall der Mengenlehre wird der Pseudocharakter der für den Unabhängigkeitsbeweis erforderlichen „Quasi-Mengenlehren" darin liegen, daß der Mengenbegriff anders, in der Regel enger, gefaßt wird als in der aus unserer Axiomatik sich ergebenden „echten" Mengenlehre[1]); diese Quasi-Mengenlehren werden also nicht umfassend oder nicht allgemein genug sein, um allen Tatsachen der rechtmäßigen Mengenlehre Raum zu geben, müssen aber andererseits in sich geschlossen und widerspruchslos sein, wenn sie für die jeweilige Unabhängigkeitsbehauptung beweiskräftig sein sollen. In welcher Weise für jedes Axiom eine speziellere Bedeutung des Mengenbegriffs zu wählen ist, wird der Leser in den meisten Fällen selbst zu finden in der Lage sein auf Grund der Bemerkungen, die bei den einzelnen Axiomen oben gemacht wurden, um die *Notwendigkeit* der Einführung der

---

[1]) Auch eine von der üblichen Auffassung abweichende Deutung der Grundbeziehung $a \varepsilon b$ könnte dem nämlichen Zwecke dienen, würde aber schwierigere Überlegungen erforderlich machen.

Axiome plausibel zu machen: wenn dort das eine oder andere Axiom als erforderlich hingestellt wurde, um gewisse durch die anderen Axiome nicht ermöglichte Betrachtungen der Mengenlehre zu gestatten, so zeigt eben das bei Ausschluß dieser Betrachtungen übrigbleibende Torso der Mengenlehre — vorausgesetzt, daß es in sich geschlossen ist — die Unabhängigkeit des betrachteten Axioms. So kann man z. B., um für das A. d. Bestimmtheit den Unabhängigkeitsbeweis zu führen, unter „Menge" etwa „geordnete Menge" verstehen, also eine Menge nicht schon allein durch die Gesamtheit ihrer Elemente, sondern erst noch durch deren Reihenfolge sich festgelegt denken[1]); zum Beweis der Unabhängigkeit des A. d. Potenzmenge lasse man nur endliche und abzählbare Mengen zu, zum Unabhängigkeitsbeweis für das A. d. Unendlichen überhaupt nur endliche Mengen, innerhalb deren Gesamtheit die übrigen Axiome sämtlich erfüllt sind; die Unabhängigkeit des A. d. Aussonderung kann man derart zeigen, daß man den Begriff der Teilmenge gegenüber dem üblichen sehr einschränkt, daß man z. B. für die Menge der natürlichen Zahlen (d. h. für die Menge $Z_0$, S. 216) nur *endliche* Teilmengen, aber keine unendlichen zuläßt[2]) usw.

Besondere Schwierigkeit und besonderes Interesse hat sich von Anfang an mit der Frage der *Unabhängigkeit des Auswahlaxioms* verknüpft; es blieb offen, ob dieses viel umstrittene Axiom nicht vielleicht überhaupt entbehrlich, d. h. auf Grund der übrigen Axiome beweisbar sei. Die Schwierigkeit dieser Untersuchung lag besonders an folgendem Umstand: Es muß nachgewiesen werden, daß Teilmengen der Vereinigungsmenge $\mathfrak{S}M$ von solchen Eigenschaften, wie sie für die Auswahlmengen einer vorgelegten Menge $M$ charakteristisch sind, nicht schon auf Grund des A. d. Aussonderung gebildet werden können; soweit nämlich dieses Axiom die Existenz derartiger Teilmengen gewährleistet, soweit also die Charakterisierung der Elemente einer Auswahlmenge hinreichend „definit" (vgl. S. 197) möglich ist, um sich dem A. d. Aussonderung unterzuordnen, bedarf man ja des A. d. Auswahl überhaupt nicht, kommt vielmehr mit der Bildung von Teilmengen in *dem* Umfang aus, wie er schon durch das A. d. Aussonderung gesichert wird. Man hat daher zum Beweis der Unabhängigkeit des Auswahlaxioms den Mengenbegriff so einzuschränken, daß für eine gewisse Menge *M keine Auswahlmenge existieren kann*, während u. a. das A. d. Aussonderung bestehen bleibt; dann liegt die Unmöglichkeit zutage, eine Auswahlmenge von $M$ auf

---

[1]) Wie danach die übrigen Axiome aufzufassen sind, kann hier nicht einzeln erörtert werden.

[2]) Eine nähere Ausführung, die gleichzeitig ein Beispiel einer mit lückenlosen Beweisen durchgeführten Unabhängigkeitsuntersuchung darstellt, findet man in *Fraenkel I*. Auf das A. d. Beschränktheit ist in den vorangehenden Bemerkungen keine Rücksicht genommen worden.

Grund des A. d. Aussonderung zu bilden. Es wird begreiflich erscheinen, daß die ursprüngliche Fassung des A. d. Aussonderung (mit Einführung des Begriffes „definit", S. 197) nicht scharf genug war, um einen derartigen Unmöglichkeitsbeweis zu führen; erst mittels der auf S. 198 erwähnten Verschärfung jenes Axioms ist kürzlich der Unabhängigkeitsbeweis für das Auswahlaxiom gelungen (*Fraenkel II*). Dieser Beweis bezieht sich übrigens auf das ursprüngliche Axiomensystem *Zermelo*s, in dem neben Mengen auch noch andere „Dinge" (als Elemente von Mengen) zugelassen sind (vgl. S. 219); ein (wohl nur in beschränktem Maße entsprechend zu führender) Unabhängigkeitsbeweis in bezug auf das vorstehend angegebene Axiomensystem, in dem nur Mengen betrachtet werden, steht zur Zeit noch aus.

Auf feinere Arten der Unabhängigkeitsbetrachtung ist hier nicht der Ort einzugehen. Es genüge die Bemerkung, daß man eine über das vorstehend Angeführte hinausgehende Art der Unabhängigkeit von Axiomen untersucht und als *vollständige Unabhängigkeit* bezeichnet hat[1]), daß man ferner auch Untersuchungen über die *Unabhängigkeit der undefinierten Grundbegriffe* (*Grundbeziehungen*) eines Axiomensystems (in bezug auf dieses System) angestellt hat, um zu zeigen, daß von den eingeführten Grundbegriffen keiner entbehrt werden kann[2]). Für unser Axiomensystem mit den beiden Grundbegriffen $=$ und $\varepsilon$ samt ihren Negationen genügen in dieser Richtung die Bemerkungen von S. 219. Übrigens ist offenbar der Wert eines Unabhängigkeitsbeweises für ein Axiomensystem um so größer, je einfachere Aussagen die einzelnen Axiome enthalten; die Spaltung eines Axioms in mehrere einfachere Axiome bedeutet also trotz der damit wachsenden Anzahl der Axiome eine Verbesserung des Axiomensystems. In unserem Axiomensystem läßt, wie leicht ersichtlich, die Einfachheit der einzelnen Aussagen nichts zu wünschen übrig.

Neben der Unabhängigkeit ist eine zweite, noch wichtigere Eigenschaft, die man von einem Axiomensystem wenigstens nach Möglichkeit zu erwarten pflegt, die **Vollständigkeit des Systems.** Diese Eigenschaft ist bisher viel weniger behandelt und, soweit dies geschah, nicht immer im gleichen Sinn verstanden worden. Am nächsten liegt wohl die Auffassung, wonach die Vollständigkeit eines Axiomensystems erfordert, daß dieses die gesamte durch das System zu begründende Theorie umfasse und beherrsche, derart, daß jede in die Theorie einschlägige Frage durch Schlüsse aus den Axiomen im einen oder anderen Sinn zu beantworten sein müsse. Offenbar steht die Beurteilung der Vollständigkeit in diesem Sinn im engsten Zusammenhang mit dem im vorigen Paragraphen (S. 169f.) erörterten Problem der Entscheidbarkeit mathematischer Fragen; seitdem die ältere Überzeugung, daß jede mathematische Aufgabe positiv oder negativ entschieden werden könne,

---

[1]) *Moore, E. H.:* Introduction to a form of general analysis (New Haven 1910), S. 82; vgl. auch z. B. *R. D. Beetle:* Math. Annalen, **76** (1915), 444.

[2]) Vgl. *A. Padoa:* C. R. du 2ᵉ congrès internat. des mathématiciens 1900 (Paris 1902), S. 250.

ins Wanken geraten ist oder zum mindesten nicht mehr allseits als selbstverständlich betrachtet wird, stehen der Prüfung der so verstandenen Vollständigkeit eines Axiomensystems sehr erhebliche Schwierigkeiten im Wege. Die Vieldeutigkeit der hier möglichen Auffassungen wird am besten ein einfaches Beispiel verdeutlichen. Die Frage, ob es zu einer oberhalb 2 gelegenen Zahl ein *Fermat*sches Zahlentripel gibt oder nicht, wird gefühlsmäßig von der überwältigenden Mehrzahl der Mathematiker sicher zu den entscheidbaren Fragen gerechnet. Sollte aber jemals nachzuweisen sein, daß diese Frage mit den Mitteln der Zahlentheorie nicht entschieden werden kann, so dürften grundsätzlich immer noch zwei Wege zur Erklärung dieser Tatsache offenstehen: entweder kann man der Ansicht sein, daß eine Entscheidung jener Frage ihrer Natur nach über die Möglichkeiten der menschlichen Vernunft hinausgehe, oder die Meinung vertreten, daß unser Begriff von der natürlichen Zahl nicht hinreiche, d. h. daß das Axiomensystem der Theorie der natürlichen Zahlen nicht vollständig genug sei, um die Entscheidung jeder auf natürliche Zahlen bezüglichen Frage zu ermöglichen; in diesem Falle wäre die Hinzufügung weiterer (uns freilich heute kaum vorstellbarer) Axiome erforderlich[1]). Am Beispiel des Kontinuumproblems und anderer Fragen leuchtet ein, daß für die Mengenlehre eine Prüfung der Vollständigkeit unseres Axiomensystems in diesem Sinn noch weit größeren Schwierigkeiten begegnen würde.

Schärfer umrissen und einfacher zu prüfen ist ein anderer Sinn der Vollständigkeit eines Axiomensystems, wie er in aller Ausführlichkeit wohl zuerst von *O. Veblen* gekennzeichnet worden ist[2]). Danach heißt ein Axiomensystem vollständig, wenn es die ihm unterworfenen mathematischen Objekte samt den Grundbeziehungen in eindeutiger Weise festlegt, derart nämlich, daß zwischen zwei verschiedenen Deutungen der Grundbegriffe und Grundbeziehungen der Übergang durch eine umkehrbar eindeutige und isomorphe[3]) Zuordnung hergestellt werden kann. Schärfer ausgedrückt und auf unseren Fall der Mengenlehre bezogen: Ist das Axiomensystem vollständig und hat man auf zwei verschiedene Arten, jeweils im Einklang mit den Axiomen, eine Deutung des Begriffs Menge — insbesondere auch seinem Umfange nach — und der Grundbeziehung $a \varepsilon b$ gewählt, so muß es möglich sein, zwischen den Mengen der einen Deutung und denen der anderen

[1]) Zum Entscheidbarkeitsproblem vgl. noch *H. Behmann*, Math. Annalen, **86** (1922), 163—229.

[2]) Transact. of the American Math. Society, **5** (1904), 346; vgl. auch *E. V. Huntington*, ebenda **3** (1902), 264 und *A. Fraenkel*, Journ. f. d. r. u. angew. Math., **141** (1911), 76. *Veblen* nennt ein derartiges Axiomensystem „*categorical*".

[3]) Der Ausdruck „isomorph" hat hier einen erheblich allgemeineren Sinn, als sonst (in der Gruppen- und Körpertheorie) üblich; näher darauf einzugehen ist hier überflüssig.

eine Zuordnung derart herzustellen, daß erstens jeder Menge der einen Deutung eine und (bis auf die identischen Mengen) nur eine einzige Menge der anderen Deutung entspricht und umgekehrt, und daß zweitens, wenn $a \varepsilon b$ eine richtige Beziehung der einen Deutung ist (d. h. wenn für sie $a$ Element der Menge $b$ ist), auch für die zu $a$ bzw. $b$ in der anderen Deutung zugeordneten Mengen $a'$ bzw. $b'$ die Beziehung $a' \varepsilon b'$ zutrifft und umgekehrt. Es wurde oben (S. 218) darauf hingewiesen, daß die sieben Axiome *Zermelo*s nicht ein in diesem Sinn vollständiges Axiomensystem formen; es bleibt nämlich bei diesem System noch die Wahl, gewisse (mit den Axiomen verträgliche, aber durch sie nicht geradezu geforderte) Mengen mannigfacher Art entweder als existierend oder als nicht existierend zu betrachten. Das Bestreben, jenes System zu einem im angeführten Sinn vollständigen zu ergänzen, leitete uns dort zu dem A. d. Beschränktheit (S. 219).

An Bedeutung, aber auch an grundsätzlicher Schwierigkeit treten die behandelten Fragen der Unabhängigkeit und der Vollständigkeit weit zurück hinter dem letzten Problem, das uns hier hinsichtlich der axiomatischen Methode beschäftigen soll, dem *des Ursprungs und der Begründung der Axiome und der* ***Widerspruchslosigkeit des Axiomensystems.*** Als die griechische Mathematik, wie sie uns in *Euclid*s Elementen entgegentritt, die Geometrie auf Axiome zu gründen versuchte, da mochte das Problem der Widerspruchslosigkeit als bedeutungslos erscheinen; die Grundbegriffe, über die die Axiome Aussagen machten, waren in einer mehr oder weniger befriedigenden Weise definiert, also *inhaltlich* gekennzeichnet, und die Aussagen der Axiome wurden, mindestens in ihrer großen Mehrzahl, teils als analytische Urteile, teils als unmittelbare Tatsachen der Erfahrung oder der inneren Anschauung betrachtet; so angesehen bedurften sie keiner Begründung und konnten, da evident, keinesfalls zu Widersprüchen Anlaß geben. Ein derartiger Gedankengang erscheint uns heute nicht nur deshalb als unbefriedigend, weil unser Vertrauen auf die Zuverlässigkeit der Erfahrung oder Anschauung durch mancherlei unbezweifelbare mathematische Tatsachen[1]) erschüttert ist; vielmehr können wir uns von vornherein mit viel weniger Recht auf unmittelbare Anschauung berufen angesichts der Entwicklung, die sich — übrigens schon lange vor *Euclid* beginnend — bezüglich der Auswahl der Axiome vollzogen hat, und auf die hinzuweisen nicht überflüssig sein wird.

Wenn man unter den Sätzen eines mathematischen Gebietes, z. B. der Geometrie oder der Algebra oder der Mengenlehre, eine

---

[1]) Z. B. die Existenz der Nichteuklidischen Geometrien, der stetigen nicht differentiierbaren Funktionen, der ein Quadrat vollkommen erfüllenden Kurven usw.

Anzahl auswählen und als Axiome hervorheben will, so hat man nach dem Vorangehenden darauf zu achten, daß das Axiomensystem möglichst unabhängig und vollständig ist, also keine überflüssigen Axiome aufweist und kein zur Begründung des Gebietes erforderliches Axiom vermissen läßt. Damit ist natürlich der Entscheidung darüber, welche Sätze des Gebietes als Axiome bezeichnet und welche aus diesen deduktiv erschlossen werden sollen, noch ein freier, allzufreier Spielraum gelassen[1]). In Wirklichkeit verfährt man bei der Auswahl der Axiome etwa so: man untersucht die einfacheren Sätze des Gebietes, aus denen man erwarten darf, die übrigen herleiten zu können, auf ihnen zugrunde liegende wesentliche Voraussetzungen von möglichst allgemeiner und einfacher Natur und möglichst geringer Gesamtanzahl, schließlich auch von möglichst einleuchtendem, mit Erfahrung oder Anschauung übereinstimmendem Charakter; falls die aufgefundenen Voraussetzungen genügen, um aus ihnen die als Ausgangspunkt benutzten Sätze herleiten zu lassen, so bezeichnet man die Voraussetzungen als Axiome. Die so bei der Auswahl der Axiome herangezogenen Kriterien der „Allgemeinheit", der „Einfachheit" und der „wesentlichen" Bedeutung sind offenbar von durchaus relativer Art; es kann also nicht wundernehmen, wenn die Zurückführung einer Wissenschaft auf Axiome, ihre „Axiomatisierung", eine relative und wohl nie endgültig und ideal vollendbare Aufgabe darstellt. Wer etwa die Sätze der elementaren Planimetrie oder der Algebra (d. h. der Lehre von den Gleichungen) im angegebenen Sinn durchmustert, wird in jener Disziplin vielleicht den Pythagoreischen Lehrsatz, in dieser den „Fundamentalsatz der Algebra"[2]) als eine wesentliche, allgemeine und verhältnismäßig einfache gemeinsame Voraussetzung vieler planimetrischer bzw. algebraischer Sätze erkennen; er wird daher mit Recht diese Sätze als Axiome der betreffenden Disziplin zugrunde legen. Nähere Betrachtung und der Vergleich mit benachbarten geometrischen bzw. arithmetischen Gebieten haben indes gezeigt, daß man jeden der beiden Sätze auf *noch allgemeinere* Voraussetzungen zurückführen kann; allgemeiner vor allem in dem Sinn, daß die neuen Voraussetzungen es gestatten, gleichzeitig mit dem Pythagoreischen Lehrsatz bzw. dem Fundamentalsatz der Algebra auch zahlreiche andere, ähnlich allgemeine Sätze aus den Nachbargebieten herzuleiten. In diesem Sinn wird man es als einen — wiederum nicht etwa endgültigen — Fortschritt ansehen dürfen, wenn man die *neuen* Voraussetzungen als Axiome kennzeichnet und

[1]) Ob neuere Untersuchungen von *P. Hertz* (Math. Annalen, **87** [1922], 246—269 und **89** [1923], 76—102) eine Einengung dieses Spielraums durch objektive Kriterien auch für nicht ganz einfache Fälle anbahnen, läßt sich heute noch kaum entscheiden.

[2]) D. i. der Satz, daß jede algebraische Gleichung mindestens eine (reelle oder komplexe) Wurzel besitzt.

die alten Axiome, mindestens teilweise, dieses Charakters entkleidet und zu beweisbaren Sätzen stempelt. Für dieses fortschreitende Verfahren hat *Hilbert* den bezeichnenden Ausdruck von der *Tieferlegung der Fundamente der einzelnen Wissensgebiete* geprägt; die Tieferlegung hat seit den Anfängen der mathematischen Forschung begonnen, lange bevor an Axiomatisierung gedacht wurde, und hat von jeher eine der wichtigsten Aufgaben jener Forschung dargestellt. Was im besonderen die Mengenlehre betrifft, so mag es genügen, auf das Beispiel des Auswahlaxioms zu verweisen; auf S. 204ff. wurde geschildert, wie dieses nicht etwa eines schönen Tages erfunden wurde und dann dazu diente, neue Sätze zu beweisen, sondern wie es umgekehrt auf dem Wege des Rückwärtsschreitens, nämlich durch Analyse bekannter oder vermuteter Sätze in bezug auf die ihnen zugrunde liegenden Voraussetzungen, als Axiom „entdeckt" wurde.

Bei dieser Sachlage wird die Frage brennend, ob denn die Axiome einzeln widerspruchsfrei und in ihrer Gesamtheit miteinander verträglich sind. Man kann nach dem Gesagten offenbar nicht mehr auf die unmittelbare Anschaulichkeit der einzelnen Axiome oder gar auf ihren Ursprung aus der Erfahrung pochen, sofern man überhaupt eine solche Begründung als logisch und erkenntniskritisch zureichend betrachten wollte; denn die Axiome sind ja nicht aus der Erfahrung, sondern aus den Sätzen unseres Wissensgebietes entnommen und nur allenfalls im Sinn eines möglichst engen *Anschlusses* an Erfahrung oder Anschauung ausgewählt; überdies sind oft gar manche Sätze des Wissensgebietes, also Folgerungen aus den Axiomen, weit anschaulicher und unmittelbarer einleuchtend als die Axiome selbst, die sich also ihrerseits zu ihrer Rechtfertigung auf jene Folgerungen berufen müßten (vgl. S. 210). Selbst wenn aber ein Verfahren vorläge, um ein einzelnes Axiom, wennschon nicht als zwingend, so doch als in sich widerspruchsfrei und deshalb für mathematische Benutzung brauchbar zu erweisen, so wären wir immer noch nicht am Ziel. Denn wir gebrauchen ja ein ganzes *System* von Axiomen, deren Gesamtheit durch gegenseitige Verkoppelung der undefinierten Grundbegriffe und Grundbeziehungen diesen erst ihren Sinn beilegt; in einem solchen System kann sehr wohl jedes einzelne Axiom *in sich* widerspruchsfrei sein, während die Axiome *miteinander* nicht verträglich sind und daher in ihrer Gesamtheit zu Widersprüchen führen. Das wird am deutlichsten an Hand einiger Beispiele erkennbar werden.

Zwei einfache geometrische Sätze, von denen jeder als für sich widerspruchslos, d. h. in gewissem Sinn als „richtig" nachgewiesen werden kann, besagen: „Ein Außenwinkel eines ebenen Dreiecks ist größer als jeder der zwei ihm nicht anliegenden Innenwinkel" und „Je zwei in der nämlichen Ebene verlaufende Gerade haben mindestens einen Schnittpunkt“. Wollte man diese beiden Sätze[1]) als Axiome einem Axiomensystem der Geometrie einfügen, das im übrigen den Begriffen „Punkt“, „Gerade“ usw. einen Sinn der üblichen Art beilegen mag, so würde man bald auf Widersprüche stoßen; diese beruhen darauf, daß man auf Grund des erstgenannten Satzes leicht zwei Gerade angeben kann, die *keinen* gemeinsamen Punkt aufweisen[2]). So lange ein solcher Widerspruch zwischen den Axiomen nicht bemerkt ist, könnte man, auf die Widerspruchslosigkeit der einzelnen Axiome gestützt, Schlüsse aus ihnen zu ziehen versucht sein; die sich dabei ergebenden geometrischen Sätze würden z. T. falsch, sogar unsinnig sein, weil sich aus untereinander widerspruchsvollen Prämissen stets Folgerungen ziehen lassen, die mit dem Satz des Widerspruchs in Konflikt stehen.

In dem vorstehenden Beispiel ist uns der Widerspruch bekannt, und dieses Wissen behütet uns davor, zwei derartige Axiome gleichzeitig der Geometrie zugrunde zu legen. Wie steht es aber mit einer grundsätzlichen Sicherung gegen solche Widersprüche in einem Axiomensystem, das uns mangels Kenntnis derartiger Mängel einstweilen als widerspruchsfrei gilt und auf dem wir daher unbedenklich mancherlei Schlußfolgerungen, ja ganze Wissenschaften aufbauen? Welche Überlegungen behüten uns vor solchen Fallstricken selbst bei den scheinbar einfachsten logischen und mathematischen Gegenständen, etwa bei der Lehre von den natürlichen Zahlen? *Peano* hat ein einfaches Axiomensystem für diese Lehre angegeben[3]), an dessen Widerspruchslosigkeit kein Mensch ernstlich zweifelt, so wenig wie an der Gültigkeit der aus ihm sich ergebenden Folgerungen (also etwa daran, daß sich durch fortgesetztes Addieren und Subtrahieren natürlicher Zahlen niemals die Gleichung $4 = 5$ ergibt). Wenn aber diese Überzeugung *bewiesen* werden soll, so ist dazu offenbar ein Nachweis der Widerspruchslosigkeit jenes Axiomensystems (oder eine gleichwertige Überlegung) erforderlich. Stellen wir uns etwa vor, es bestehe ein uns bisher unbekanntes logisches Gesetz des Inhalts: Wie immer mehr als eine Billion verschiedener Begriffe miteinander logisch verknüpft werden, immer wird sich dabei notwendig schließlich ein Widerspruch

[1]) Wenn der erste Satz noch als zu kompliziert erscheint, um als Axiom zu dienen, können an seine Stelle einfachere Axiome gesetzt werden, deren Folge er ist.

[2]) In Wirklichkeit bestimmen beide Sätze, wenn man jeden mit anderen Axiomen der üblichen Art verbindet, zwei durchaus verschiedene Geometrien, so daß z. B. der Begriff „Gerade“ in der ersten einen wesentlich anderen Sinn hat als in der zweiten. Jede dieser Geometrien ist für sich widerspruchslos, sie sind logisch gleichmöglich.

[3]) Siehe z. B. *A. Loewy* (Zitat von S. 16), S. 1 ff. und die dort angeführte Literatur; vgl. dazu *J. A. Gmeiner* und *H. Hahn* im Jahresber. d. D. Mathematikerver., **30** (1921), 82—91 und 170—179.

ergeben. Dann ist der uns vertraute Begriff der natürlichen Zahl unzulässig; es kann höchstens eine Billion verschiedener Zahlen geben, über eine Billion hinaus darf man nicht zählen; tut man es dennoch, so muß sich im Verlauf des Rechnens früher oder später ein Widerspruch ergeben, z. B. eine Gleichung der Art $4 = 5$. Das würde zur Voraussetzung haben, daß die Axiome *Peanos*, die eine Gesamtheit von *unendlich vielen* verschiedenen Zahlen sichern, entweder einzeln oder in ihrer Gesamtheit einen Widerspruch enthalten. Umgekehrt schlösse der Nachweis, daß *Peanos* Axiomensystem widerspruchsfrei ist, jedes logische Gesetz solch fataler Art aus. Nun kann man ja hierzu allgemein den Standpunkt einnehmen, daß eben alle Wissenschaft sich auf ein subjektives, nicht weiter begründbares Vertrauen zur Gültigkeit bestimmter Wahrheiten gründe, auf gewisse Glaubens- oder Erfahrungssätze zurückgehe. Wer sich aber mit dieser allgemeinen Formel nicht beruhigen will oder die Lehre von den ganzen Zahlen (erst recht etwa die Grundlagen der Mengenlehre) nicht einfach zu jenen letzten Wahrheiten rechnen will, für den wird die Frage brennend und geradezu zum Grundproblem der axiomatischen Methode: Wie ist es möglich, die Widerspruchslosigkeit eines gegebenen Axiomensystems, d. h. die Widerspruchsfreiheit der einzelnen Axiome und deren Verträglichkeit miteinander, positiv nachzuweisen?

Doppelt ernst tritt diese Frage im Fall der Mengenlehre an uns heran, wo wir als gebrannte Kinder das Feuer um so mehr scheuen werden. Hier sind es ja nicht hypothetische und durchaus unplausibel erscheinende logische Gesetze, wovor wir uns zu fürchten haben, sondern die Paradoxien haben bereits gezeigt, daß in den Grundlagen der *Cantor*schen Mengenlehre ein schwacher Punkt verborgen ist — so sehr verborgen, daß seit zwei Jahrzehnten in einer der Mathematik sonst glücklicherweise ganz fremden Art der Kampf darüber hin und her wogt, *wo* jener Punkt zu suchen sei. Der sorglich abgegrenzte Zaun der Axiomatik *Zermelos* hat dem Übel freilich insoweit Abhilfe geschaffen, als innerhalb dieses Zaunes, wie sich beweisen läßt (vgl. S. 214f.), die bekannten Widersprüche nicht vorkommen können[1]). Aber wird man nicht vielleicht künftig *neue* Paradoxien entdecken, die auch durch *Zermelos* Axiome nicht ausgeschlossen werden und also in gewissen, uns unsichtbaren Widersprüchen zwischen diesen Axiomen ihren letzten Grund haben müßten? Hat *Zermelo*, um eine Ausdrucksweise *Poincarés* in anderem Sinn wieder aufzunehmen, beim Bau seines festen Zaunes zum Schutze der Schafe der legitimen Mengenlehre vor den paradoxen Wölfen nicht möglicherweise innerhalb des Zaunes ein paar Wölfe zurückgelassen, die unbeschadet des Zaunes Schaden stiften können?

[1]) Von Bedenken im Sinn der Intuitionisten wird hier natürlich abgesehen.

Es ist schließlich nicht etwa möglich — auch nicht im Fall einfacherer Verhältnisse, wie z. B. bei der Lehre von den ganzen Zahlen — sich zur Lösung unserer Frage auf die Art zu berufen, wie wir zu den Axiomen gelangt sind, und zu schließen: da wir die Axiome als Voraussetzungen sicherer, wissenschaftlich anerkannter Lehrsätze erkannt haben, so können wir durch ein geeignetes Umkehrverfahren jenen die nämliche Sicherheit und Widerspruchslosigkeit garantieren wie diesen. Eine solche Überlegung käme auf einen Zirkelschluß hinaus. Einer der Hauptzwecke, zu denen man eine Disziplin mittels der axiomatischen Methode begründet, ist ja gerade der Wunsch, die Sätze der Disziplin als widerspruchsfrei nachzuweisen, und dieser Nachweis setzt, wie wir gesehen haben, die Widerspruchslosigkeit der Axiome schon voraus[1]).

Wenn durch die bisherige Erörterung die hervorragende Bedeutung des Problems der Widerspruchslosigkeit betont wurde, so läßt sich bezüglich seiner Bewältigung zunächst sagen, daß in vielen, sogar den meisten Fällen eine befriedigende Lösung gelungen ist, die wiederum *Hilbert* in den „Grundlagen der Geometrie" vorgezeichnet hat. Sie besteht darin, daß man die Begriffe und Beziehungen der in Frage stehenden Disziplin (etwa der Geometrie) den Begriffen und Beziehungen einer vor Widersprüchen gesicherten Disziplin (z. B. der Arithmetik) in umkehrbar eindeutiger Weise zuordnet, derart also, daß jeder Satz der Geometrie durch die Zuordnung in einen bestimmten Satz der Arithmetik übergeht und umgekehrt; die Zuordnung spielt hierbei die gleiche Rolle wie ein ideales Wörterbuch bei der Übersetzung von Sätzen einer Sprache in eine andere. Enthielten nun die Axiome der Geometrie einen Widerspruch, gäben sie also Anlaß zur Herleitung eines widerspruchsvollen geometrischen Satzes, so lieferte die Übersetzung in die Sprache der Arithmetik einen widerspruchsvollen arithmetischen Satz, was wir als ausgeschlossen angenommen haben. Die Geometrie oder ein geeignetes geometrisches Axiomensystem ist also ebenso widerspruchsfrei und sicher wie die Arithmetik. Die Herstellung der erforderlichen umkehrbar eindeutigen Zuordnung wird mittels der Koordinaten, d. h. der analytischen Geometrie bewerkstelligt, die sich so in einem neuen Sinn als wertvoll erweist. Ähnliche Methoden, die Widerspruchslosigkeit einer Disziplin auf die einer anderen zurückzuführen, lassen sich für weitere Fälle angeben; es genüge die Bemerkung, daß z. B. die Theorie der rationalen Zahlen sich durch Einführung von *Paaren* ganzer Zahlen auf

[1]) Als charakteristische Beispiele *anderer* Auffassung des Problems der Widerspruchslosigkeit seien z. B. die (einander selbst scharf entgegengesetzten) Standtpunkte *Couturats* und *Poincarés* genannt; vgl. *Poincaré*, Methode (Zitat von S. 152), S. 164ff. und 276.

die Theorie der ganzen Zahlen, die Theorie der geordneten Mengen durch die auf S. 213f. angedeutete Betrachtung auf die Theorie der ungeordneten Mengen (d. h. auf *Zermelo*s Axiomensystem) zurückführen läßt.

Für zwei Gebiete der Mathematik aber versagt diese Methode des Widerspruchslosigkeitsbeweises sicherlich; für die *Lehre von den natürlichen Zahlen*[1]) und für die *Mengenlehre.* Beide Gebiete können nicht auf noch „einfachere", schon als widerspruchslos erkannte mathematische Disziplinen zurückgeführt werden, weil umgekehrt alle diese sich auf Zahlenlehre und Mengenlehre stützen[2]). Die Widerspruchslosigkeit der Axiomensysteme, auf die diese beiden Disziplinen aufgebaut werden können, läßt sich also auf die angegebene Art nicht erweisen und bleibt offen. Damit ist aber nicht allein die Sicherheit von Zahlen- und Mengenlehre, sondern die der ganzen Mathematik, dieser anscheinend sichersten aller Wissenschaften, in Frage gestellt; denn unsere Methode, den Bestand der übrigen mathematischen Disziplinen zu gewährleisten, bestand ja gerade darin, sie als „ebenso sicher" nachzuweisen wie Zahlen- und Mengenlehre. Umgekehrt wird mit dem Gelingen eines endgültigen Nachweises für die Widerspruchslosigkeit der Axiome jener beiden Grunddisziplinen die Feststellung erreicht sein, daß die Sätze der Mathematik unanfechtbare, in sich geschlossene Wahrheiten darstellen.

Man wird zunächst daran denken, zur Sicherung der beiden mathematischen Grunddisziplinen sich im entsprechenden Sinn auf die *Logik* zu berufen; also die Konstruktion eines Axiomensystems für die Logik und den Nachweis von dessen Widerspruchslosigkeit zu fordern und dann Zahlen- und Mengenlehre durch ein geeignetes Zuordnungsverfahren auf die Logik zurückzuführen. Es kann dahingestellt bleiben, ob die Philosophen sich des ehrenvollen Auftrags zu entledigen in der Lage wären, den ihnen so die Mathematiker zuschöben durch Überweisung einer Aufgabe, die ihre eigenen Kräfte übersteigt: nämlich der Aufgabe, ein Verfahren zu einem *absoluten* Widerspruchslosigkeitsbeweis aufzufinden. Dieser Ausweg ist schon an sich deshalb ungangbar, weil auch die Logik bereits in ihren Anfängen nicht ohne Zahl- und Mengenbegriff auskommt, das Verfahren sich also zirkelhaft gestalten müßte. Logik, Zahlenlehre und Mengenlehre erweisen sich gegenseitig aufs engste miteinander verknüpft und nicht etwa in

---

[1]) Die Methoden, die einerseits von *G. Frege* (Zitat von S. 181), andererseits von *R. Dedekind* (Zitat von S. 215) zu einer selbständigen Begründung der Lehre von den ganzen Zahlen herangezogen wurden, sind namentlich Einwänden ausgesetzt, die mit den Paradoxien der Mengenlehre zusammenhängen.

[2]) Ob eine völlige Zurückführung der Zahlenlehre auf die Mengenlehre möglich ist, kann man mindestens bezweifeln; das Umgekehrte ist (für die nicht-intutionistische Mengenlehre) sicher unmöglich.

dem Verhältnis des Allgemeinen (Logik) zum Besonderen (Zahlen- und Mengenlehre) stehend; ihre endgültige Begründung durch Nachweis der Widerspruchslosigkeit eines oder einiger geeigneter Axiomensysteme, die alle drei Gebiete umfassen, muß als eine einheitliche Aufgabe angepackt werden.

Nachdem *Hilbert* schon 1900 die Frage der Widerspruchslosigkeit der arithmetischen Axiome als im Vordergrund der mathematischen Probleme stehend hervorgehoben hatte[1]), entwickelte er 1904 einen ersten, sein Ziel nicht endgültig erreichenden Versuch zum gleichzeitigen Aufbau der Logik und der Arithmetik[2]). Die weiteren Untersuchungen, die *Hilbert* mit wesentlicher Unterstützung von *P. Bernays* zur Lösung der nämlichen Aufgabe angestellt hat[3]), stammen aus jüngster Zeit und sind bisher nicht abgeschlossen; indes glaubt *Hilbert* mit diesen (größtenteils noch unveröffentlichten) Forschungen so weit vorgedrungen zu sein, daß „durch sie die einwandfreie Begründung der Analysis und Mengenlehre gelingt" und daß man nunmehr „auch an die großen klassischen Probleme der Mengenlehre von der Art des Kontinuumproblems und an die nicht minder wichtigen noch offenen Probleme der mathematischen Logik erfolgreich wird herantreten können". Bei der außerordentlichen grundsätzlichen Bedeutung, die diesen fundamentalsten Problemen der Mathematik — insofern sie überhaupt lösbar sind — zukommt, werde die Richtung jener jüngsten Arbeiten trotz ihres nicht abgeschlossenen Charakters in aller Kürze angedeutet

Der Mathematik, die von den Axiomen und ihren nichtdefinierten Grundbegriffen und Grundbeziehungen ausgeht und auf dieser rein *formalen*, jeder „Bedeutung" entkleideten Grundlage mittels deduktiver Schlüsse ein ebenso formales Gebäude von Lehrsätzen errichtet, stellt *Hilbert* die „Metamathematik" gegenüber, die nicht formale, sondern gewisse *inhaltliche* Überlegungen anzustellen hat. Den Gegenstand der inhaltlichen Überlegungen bilden die Axiome, Lehrsätze und Beweise der formalen Mathematik; mit diesen Urteilen und Schlüssen der gewöhnlichen Mathematik operiert die Metamathematik in ähnlicher Weise, wie die Arithmetik mit den Zahlen, die Geometrie mit den Punkten,

[1]) In einem (mehrfach abgedruckten) Vortrag „Mathematische Probleme" vom 2. internat. Mathematikerkongreß zu Paris 1900, zweites Problem; siehe z. B. Archiv d. Math. u. Physik, (3) **1** (1901), 54—56.

[2]) In einem Vortrag „Über die Grundlagen der Logik und Arithmetik" vom 3. internat. Mathematikerkongreß zu Heidelberg 1904; abgedruckt z. B. in den neueren Auflagen von *Hilberts* „Grundlagen der Geometrie" als Anhang VII. — Man vergleiche andererseits auch die Bemerkungen *Perrons* (Zitat von S. 222), S. 210 Fußnote.

[3]) *Hilbert, D.:* Neubegründung der Mathematik (1. Mitteilung). Abh. a. d. Math. Seminar d. Hamburgischen Universität, **1** (1922), 157—177. — *Bernays, P.:* Über Hilberts Gedanken zur Grundlegung der Arithmetik. Jahresb. d. D. Mathematikerver., **31** (1922), 10—19. — *Hilbert, D.:* Die logischen Grundlagen der Mathematik. Math. Annalen, **88** (1923), 151—165.

Geraden usw. Der Zahlenlehre entspricht so eine Beweistheorie. Die naturgemäße Forderung, daß bei aller Bedeutung des Formalisierens in der Mathematik die Wissenschaft doch letzten Endes gewisse inhaltliche Erkenntnisse zutage zu fördern habe und nicht in ein bloßes Spiel mit willkürlichen Spielregeln ausarten dürfe, wird also in dem Sinne befriedigt, daß die inhaltlichen Überlegungen auf ein „höheres" Niveau verlegt werden, nämlich von der Mathematik in die Metamathematik. „Wie der Physiker seinen Apparat, der Astronom seinen Standort untersucht, wie der Philosoph Vernunftkritik übt, so hat ... der Mathematiker seine Sätze [eigentlich gemeint: seine Beweisprinzipien] erst durch eine Beweiskritik sicherzustellen ..."

Daß hierbei die Metamathematik nicht etwa mit der Logik identifiziert werden darf, wurde schon oben sachlich begründet und findet praktisch seine Bestätigung in dem mangelnden Erfolg der Logistiker, vor allem *Russells*. Vielmehr sollen die Wurzeln des neuen Verfahrens ausschließlich in primitiven, unmittelbar anschaulichen Erkenntnissen liegen, ohne daß tieferliegende Hilfsmittel der Logik benutzt werden (vgl. S. 183f.). Diese Beschränkung stellt freilich kein scharfes Programm dar, kann aber durch Aufzählung der zulässigen anschaulichen Betrachtungen bis zu einem gewissen Grad näher bestimmt werden; jedenfalls soll die „reine Anschauung" im feineren Sinn ausgeschlossen sein, so etwa die von *Poincaré* an die Spitze der Mathematik gestellte Anschauung der Gesamtheit der natürlichen Zahlen wie überhaupt jede Anschauung unendlicher Mengen.

Der zunächst vorhandene Widerstreit zwischen der Mannigfaltigkeit des Untersuchungsmaterials, wie es in den mathematischen Axiomen, Sätzen und Schlüssen vorliegt, und der Forderung der unmittelbaren Anschaulichkeit der inhaltlichen Untersuchung zwingt vor allem dazu, das Formalisieren soweit als möglich durchzuführen. Es gilt, nicht nur die Sätze, sondern auch die Beweise und deren Urzellen, die einzelnen Schlüsse, auf eine formale und zwar typische Form zu bringen. Die nach dieser Richtung geleisteten Vorarbeiten auf dem Gebiet des Logikkalküls (vgl. S. 181), namentlich der italienischen Schule, werden benutzt und ausgebaut. Es gelingt so, jeden Satz als eine Formel, jeden Schluß als eine auf typische Form gebrachte Aufeinanderfolge von Formeln und jeden Beweis als eine typische Aufeinanderfolge von Schlüssen darzustellen, also die ganze Mathematik zu einem bloßen Bestand von Formeln zu gestalten. Zu den üblichen Individualzeichen, Veränderlichen, Beziehungszeichen und Verknüpfungszeichen der Mathematik treten demgemäß noch weitere Zeichen, wie etwa das der logischen Folge ($\rightarrow$), das „Allzeichen" und (in der letzten Arbeit *Hilberts*) auch das Zeichen der logischen Negation. Z. B. wird unter einem Schluß eine anschauliche Figur des folgenden Schemas verstanden, in dem $\mathfrak{A}$ und $\mathfrak{B}$ Formeln bedeuten:

$$\frac{\begin{array}{c}\mathfrak{A}\\ \mathfrak{A} \to \mathfrak{B}\end{array}}{\mathfrak{B}}$$

Aus Figuren dieser Art setzen sich die formalisierten Beweise zusammen; das mathematische Schließen und Beweisen wird also ersetzt durch ein rein formales Operieren nach bestimmten Regeln, unabhängig von jedem inhaltlichen Denken.

Der wesentliche Zweck der Metamathematik, die durch diese Formalisierung ermöglicht werden soll, besteht nun in dem *Nachweis der Widerspruchslosigkeit der Axiome der gewöhnlichen Mathematik;* insofern sich für die Mathematik „Wahrheit" und „Existenz" auf die Widerspruchsfreiheit reduzieren, hat also die Metamathematik die letzte Begründung aller mathematischen Aussagen zu liefern (vgl. jedoch nachstehend S. 239, Fußnote). Hierbei ist übrigens die Mathematik keineswegs als ein abgeschlossenes Gebäude zu denken; wie sich vielmehr der „gewöhnliche" mathematische Fortschritt durch Ableitung neuer Formeln aus den Axiomen auf dem Weg *formaler* Schlüsse vollzieht, so erfolgt unabhängig hiervon eine andersartige Entwicklung der Wissenschaft durch Aufstellung neuer Axiome (man denke an das Auswahlaxiom!) und den Nachweis ihrer Widerspruchsfreiheit und Verträglichkeit mittels *inhaltlicher* Schlüsse. Die für den Nachweis der Widerspruchslosigkeit hiermit gestellte Aufgabe zerfällt in zwei grundsätzlich gleich bedeutsame Teile: erstens ist für die Behauptung von der Widerspruchslosigkeit eines Axiomensystems eine geeignete *Fassung* zu finden und zweitens sind *Methoden* zu entwickeln, die jene Behauptung zurückführen auf die unmittelbar anschaulichen Überlegungen, die die Wurzeln unserer Betrachtung bilden sollen.

Der erste Teil wird erledigt durch eine Formalisierung auch der Begriffe des Widerspruchs und der Widerspruchslosigkeit. Falls nämlich $\mathfrak{A}$ eine beliebige Formel (Aussage) bezeichnen kann und $\overline{\mathfrak{A}}$ ihre formale Negation, so soll die Widerspruchslosigkeit eines Axiomensystems besagen, daß aus ihm nicht zwei Formeln $\mathfrak{A}$ und $\overline{\mathfrak{A}}$ gleichzeitig gefolgert werden können. Führt man neben dem Zeichen der Gleichheit ($=$) zur Bezeichnung ihrer Negation das Ungleichheitszeichen ($\neq$) ein, so kann man gleichbedeutend die Widerspruchslosigkeit eines Axiomensystems in der Behauptung ausdrücken: durch Beweise, deren einzelne Formeln aus dem Axiomensystem hervorgehen, kann nicht sowohl die Formel $a = b$ wie die Formel $a \neq b$ erhalten werden. (Seine ursprüngliche Art, das Zeichen $\neq$ zu diesem Zweck als zunächst von der Gleichheitsbeziehung ganz *unabhängig* einzuführen, hat *Hilbert* neuerdings aufgegeben.) Der erste große Schritt der Metamathematik wird namentlich darin bestehen müssen, den Nachweis jener Behauptung der Widerspruchslosigkeit zu führen für ein Axiomensystem, das die Gesamtheit der natürlichen Zahlen begründet.

Der Beweis einer solchen Behauptung soll sich nun derart vollziehen, daß alle aus dem Axiomensystem fließenden Schlüsse und Sätze auf einfache typische Normalformen gebracht und dann ihrer Struktur noch näher untersucht werden. Das Ziel ist zu zeigen, daß nicht beide Formeln $a = b$ und $a \neq b$ gleichzeitig eine mit dem Axiomensystem verträgliche Struktur besitzen können; man kann es auch so ausdrücken: die Formel $a \neq a$ soll nach dem Axiomensystem nicht zulässig sein. Das entscheidende Moment hierbei wird in der Wahl der logischen und mathematischen Hilfsmittel liegen, die bei der Durchführung dieser Untersuchung gebraucht werden dürfen; sie sollen sich, wie bemerkt, auf den Bereich des unmittelbar Anschaulichen beschränken und insbesondere natürlich nicht von der Schwierigkeitsordnung der zu *beweisenden* Tatsache sein. So wird z. B. bei der Untersuchung der Axiome der Zahlenlehre das Zählen bis zu einer gegebenen Zahl und die Induktion bzw. Rekursion in dem engsten Sinn zugelassen: in dem Sinn, daß in einer anschaulich vorliegenden endlichen Gesamtheit von Zeichen ein bestimmtes Zeichen, wenn überhaupt, so an einer angebbaren Stelle *zum erstenmal* auftritt und daß gewisse Prozesse von endlich vielen Schritten dann völlig durchgeführt werden können, wenn sich je ein einzelner Schritt des Prozesses stets vornehmen läßt. Auf diese Weise wird von *Hilbert* in der ersten Arbeit ein wesentlicher Ausschnitt aus der axiomatischen Theorie der natürlichen Zahlen als widerspruchsfrei nachgewiesen. In dem zweiten Aufsatz wird nach Einführung eines allgemeinen „transfiniten Axioms"[1]) wenigstens andeutungsweise und unter Vornahme gewisser Vereinfachungen angegeben, wie sich dieses Axiom als mit den übrigen Axiomen verträglich erweist und wie sich damit die Anwendbarkeit des Satzes vom ausgeschlossenen Dritten auch innerhalb unendlicher Gesamtheiten sichern läßt; auf Grund dessen wird die Bildung von Zahlenfolgen (z. B. reellen Zahlen) der den Intuitionisten unzulässig erscheinenden Art und ferner die Möglichkeit reiner Existenzbeweise von „transfinitem", nicht konstruktivem Charakter ermöglicht und gerechtfertigt. Der Aufsatz schließt mit einer Anwendung dieser Erkenntnisse zur Begründung des Auswahlprinzips in dem Fall, wo es sich um eine Menge von Mengen reeller Zahlen handelt (vgl. Beispiel 3 auf S. 202f.). Zu der dem Betrachter naheliegenden Frage, wie sich denn solche, *unendliche* Gesamtheiten be-

---

[1]) Dieses Axiom, das einerseits eine Art verschärfte Form des Satzes vom ausgeschlossenen Dritten darbieten will, während es andererseits das Auswahlprinzip der Mengenlehre als spezielle Anwendung in sich schließt, läßt sich in *Hilberts* Terminologie etwa so ausdrücken: Es gibt eine universelle Funktion, die jedem Prädikat (Aussage) $P$ ein Ding $\varepsilon_P$ derart zuordnet, daß, falls ein gegebenes Prädikat $P$ überhaupt für irgend ein Ding zutrifft, es jedenfalls für $\varepsilon_P$ zutrifft. (Beispiel: $P =$ unbestechlich sein, $\varepsilon_P =$ Aristides.)

treffende inhaltliche Erkenntnisse auf eine unmittelbar anschauliche, also um so mehr überhaupt *endliche* Grundlage zurückführen lassen, mögen *Hilberts* eigene Worte angeführt werden: „Unser Denken ist finit; indem wir denken, geschieht ein finiter Prozeß. Diese sich von selbst betätigende Wahrheit wird in meiner Beweistheorie gewissermaßen mit benutzt in der Weise, daß, wenn irgendwo sich ein Widerspruch herausstellen würde, mit der Erkenntnis dieses Widerspruchs auch zugleich die betreffende Auswahl aus den unendlich vielen Dingen verwirklicht sein müßte. In meiner Beweistheorie wird demnach nicht behauptet, daß die Auffindung eines Gegenstandes unter den unendlich vielen Gegenständen stets bewirkt werden kann, wohl aber, daß man ohne Risiko eines Irrtums stets so tun kann, als wäre die Auswahl getroffen. Wir können *Weyl* wohl das Vorhandensein eines circulus zugeben, aber dieser circulus ist nicht vitiosus. Vielmehr ist die Anwendung des tertium non datur stets ohne Gefahr.“ [Math. Annalen, a. a. O., S. 160.][1])

Eine kritische Beurteilung dieser Theorie, die bisher sowohl ihrem Umfange wie der Einzelausführung nach nur bruchstücksweise und skizzenhaft vorliegt, wäre naturgemäß heute noch verfrüht. Es genüge, auf die allem Anschein nach am meisten zur Prüfung herausfordernden Punkte hinzuweisen. Das ist einmal die sachliche Umgrenzung und tatsächliche Beschreibung des Gebiets des unmittelbar Anschaulichen, das als Ausgangspunkt und letzte Rechtfertigung der Metamathematik dient. *Daß überhaupt* ein solcher Ausgangspunkt als gegeben zugrunde gelegt werden muß, liegt in der Natur des menschlichen Denkens, da die Begründung nicht zu endlos neuen Wurzeln zurückschreiten kann; die *Wahl* des Ausgangspunktes kann indes sehr wohl Meinungsverschiedenheiten unterliegen. Ein zweites, ernsteres Bedenken, das erst bei einer endgültigen Darstellung von Grund auf behoben werden kann, bezieht sich darauf, ob überall bei den inhaltlichen Schlüssen die Benutzung solcher logischer Prinzipien streng vermieden wird und sich vermeiden läßt, deren Begründung eben das Ziel jener Schlüsse ist; also ob z. B. in bezug auf das logische Schließen, das sich in zwar

[1]) Der Kern dieser Bemerkungen berührt sich mit dem letzten Teil eines älteren Aufsatzes *Brouwers* (De onbetrouwbaarheid der logische principes; Tijdschrift voor Wijsbegeerte, 2 [1908]). Für den Intuitionisten ist indes „Widerspruchslosigkeit“ keineswegs gleichbedeutend mit „Existenz“, so wenig „wie ein mit vorgegebenen Untersuchungsmitteln unentdeckbares Verbrechen aufhört ein Verbrechen zu sein“ (*Brouwer*). Er erkennt sogar an, daß die Anwendung des Prinzips vom ausgeschlossenen Dritten nie zu einem Widerspruch führen kann; das bedeutet für ihn aber keine Ehrenrettung jenes Prinzips und keine Befreiung von der Pflicht, die wirkliche Berechtigung des Prinzips zu prüfen (und innerhalb unendlicher Mengen im allgemeinen zu verneinen). Für den konsequenten Intuitionisten sind daher *Hilberts* Untersuchungen im entscheidenden Punkte bedeutungslos.

endlichen, aber nicht beschränkten Prozessen vollzieht, Gesetze wie die von der vollständigen Induktion oder vom ausgeschlossenen Dritten niemals verwendet zu werden brauchen, bevor sie durch die neue Methode endgültig gerechtfertigt sind. Es werden demgemäß Anschauungen wie die von *Poincaré*, daß jede Begründung der vollständigen Induktion selbst schon eine vollständige Induktion voraussetze, oder die von *Brouwer*, daß die Gültigkeit des Satzes vom ausgeschlossenen Dritten zwar in einzeln zu bewältigenden Fällen, nicht aber allgemein ohne einen Zirkelschluß zu begründen sei, bis zum vollständigen Vorliegen der neuen Theorie noch nicht als endgültig widerlegt angesehen werden können. Schließlich wird das Bedenken der nicht-prädikativen Definition (vgl. S. 174ff. und 188), das letzten Endes das Scheitern der Theorien *Russells* verursacht hat, in seinem Verhältnis zu den Erkenntnissen *Hilberts* noch einer gewissen Klärung bedürfen (so namentlich bezüglich der Begriffe der Potenzmenge einer unendlichen Menge [vgl. S. 193] und der damit eng verknüpften Definition der allgemeinsten Teilmengen). Immerhin wird für jeden nicht grundsätzlich intuitionistisch gerichteten Standpunkt schon jetzt kein Zweifel darüber bestehen, daß in *Hilberts* Untersuchungen einer der kühnsten, neuartigsten und grundsätzlich wichtigsten Schritte vorliegt, von denen die Geschichte der Mathematik und des Erkenntnisproblems überhaupt zu berichten weiß.

Die Ergebnisse dieses Paragraphen seien schließlich kurz zusammengefaßt. Wir haben eine Begründung der Mengenlehre nach der axiomatischen Methode kennen gelernt, bei der der Begriff der Menge nicht definiert, sondern als Grundbegriff eingeführt wird und seine Umgrenzung dem Umfange nach durch die Axiome erhält, während von einer inhaltlichen Begriffsbestimmung überhaupt nicht die Rede ist. Die Ausdehnung dieses Mengenbegriffs erweist sich von solcher Art, daß die rechtmäßigen Mengen der *Cantor*schen Mengenlehre, soweit dies zu übersehen ist, unter den neuen Begriff gebracht werden können; dagegen werden die Mengen, die bisher zu Paradoxien Anlaß gegeben haben, ausgeschlossen, und zwar in so allgemeinem Sinn, daß auch das Auftreten weiterer Widersprüche innerhalb des neuen Aufbaus unserer Wissenschaft schwerlich zu befürchten ist. Da weiter die Unabhängigkeit und wohl auch die Vollständigkeit des Axiomensystems gesichert ist, darf diese wesentlich *Zermelo* zu verdankende Neubegründung der Mengenlehre als eine im großen ganzen durchgreifende Überwindung der Krise betrachtet werden, die von den Paradoxien ausging. Zur endgültigen Sicherung des neuen Aufbaus ist noch der Nachweis erforderlich, daß widerspruchsvolle Mengen niemals auf Grund der Axiome gewonnen werden können; dazu bedarf es eines Beweises der Widerspruchslosigkeit des Axiomensystems, der seinerseits nicht zu trennen ist von einem Nachweis für die Widerspruchslosigkeit der modernen Mathematik überhaupt. Einem derartigen Nachweis steuern die neuen Forschungen *Hilberts* zu, die freilich heute noch nicht als abgeschlossen und völlig geklärt betrachtet werden können.

## § 14. Schluß.

Wir haben das von *Cantor* in kühner Intuition errichtete, von *Zermelo* und anderen mit bedachtsamem Scharfsinn ausgebaute und befestigte Gebäude der Mengenlehre nunmehr in seinen Grundlinien kennengelernt. Gewisse Aufgaben und Fragen wurden hierbei genauer erörtert, unter Bevorzugung namentlich der *grundsätzlich* bedeutsamen Punkte, während entsprechend dem Umfang und Ziel dieser Schrift andere ausgedehnte und wichtige Teile der heute schon sehr umfassenden und weitverzweigten mengentheoretischen Wissenschaft — darunter vor allem die Theorie der Punktmengen — entweder nur flüchtig gestreift oder überhaupt nicht berührt werden konnten. Der Leser, der tiefer in den Gegenstand eindringen will, sei auf die am Ende aufgeführten und kurz charakterisierten Schriften verwiesen.

Nach der Natur der Fragen, mit denen wir uns vornehmlich beschäftigt haben und die in der Tat den Kern unserer Disziplin darstellen, könnte es den Anschein haben, als wäre die Mengenlehre vornehmlich aus *philosophischem* Interesse erwachsen, insbesondere aus der Frage nach der logischen Berechtigung des Begriffs des Unendlichgroßen und nach seiner arithmetischen Verwendbarkeit. Gewiß haben Gedankengänge dieser Art ihren Anteil an dem Lebenswerk *Cantors* gehabt. Sie hatten sogar schon lange vor ihm den Ausgangspunkt *B. Bolzanos* gebildet, des auf mathematischem wie philosophischem Gebiete seiner Zeit so weit vorausgeeilten und erst in neuerer Zeit allmählich voll gewürdigten böhmischen Geistlichen[1]). *Bolzano* hat in seinen letzten beiden Lebensjahren (1847—1848) die „Paradoxien

[1]) In philosophischer Beziehung ist an erster Stelle seine „Wissenschaftslehre" (1837) zu nennen. In der Mathematik ist es namentlich die Lehre von den reellen Zahlen und Funktionen, die *Bolzano* bedeutsame Fortschritte verdankt in Punkten, wo nicht nur seine *Lösung*, sondern schon die *Problemstellung* seiner Zeit — den überragenden *Gauß* nicht ausgenommen — weit vorauseilte; erst die Wiederentdeckung mancher von seinen Erkenntnissen durch *Weierstraß* hat sie wirklich bekannt werden lassen, und noch die allerjüngste Zeit hat das Ergebnis zutage gefördert, daß eine der merkwürdigsten Konstruktionen von *Weierstraß* — die einer stetigen, nirgends differentiierbaren Funktion — im Grunde schon im Besitz von *Bolzano* war. (Vgl. *M. Jašeks* Vortrag auf der Leipziger Mathematikertagung 1922 [Jahresb. d. D. Mathematikerver., **31** (1922), 109 f.] und die dort angeführten Arbeiten von *K. Rychlík* und *G. Kowalewski*.)

des Unendlichen"[1]) geschrieben und damit — bewundernswert selbständig — den ersten und einzigen ernstlichen Vorstoß vor *Cantor* in der Richtung gemacht, die später zur Mengenlehre führte. Die das Unendlichgroße auszeichnenden „paradoxen" Eigenschaften, unter denen die Äquivalenz einer Menge mit einer echten Teilmenge (vgl. S. 17) an erster Stelle steht, hat *Bolzano* zwar klar erkannt, aber sie vorzugsweise als auffallende und interessante Sondererscheinungen gewürdigt, die der üblichen mathematischen Behandlung mehr oder weniger im Wege zu stehen schienen; insbesondere drang er noch nicht zur Prägung der Begriffe der unendlichen Kardinalzahl und Ordnungszahl durch. Erst *Cantor* stellte konsequent den Gesichtspunkt voran, das Unendlichgroße aus seinen eigenen Eigenschaften und Gesetzen heraus systematisch zu ergründen und zu begründen, und baute so *Bolzanos* Paradoxiensammlung, die er kannte und würdigte (vgl. *Cantor*, Grundlagen, S. 17), zu einer Wissenschaft aus.

Indes hat für *Cantor* neben und selbst vor diesen an die Logik anstoßenden Fragen namentlich ein anderes, rein mathematisches Interesse den Anstoß zu den Untersuchungen gegeben, die die Anfänge der Mengenlehre darstellen. In vielen Teilen der Analysis (z. B. in der Theorie der trigonometrischen Reihen, bei der Integration unstetiger Funktionen) war man zu Fragestellungen gekommen, die eine Heraushebung gewisser unendlicher Mengen von reellen Zahlen (oder Punkten) aus der *Gesamtheit* aller reellen Zahlen zwischen zwei festen Zahlen (oder aller Punkte einer Strecke) erforderlich machten, also zu Fragen, die wir heute zur Theorie der linearen Punktmengen rechnen. Schon vor *Cantor* hatten sich namentlich *H. Hankel* und *Paul du Bois-Reymond* mit derartigen Fragen beschäftigt, sie konnten aber mangels eines methodischen Werkzeugs keine wesentlichen Erfolge erzielen; der letztgenannte ist auch mit seinem Versuch, unendliche Mengen zur Erreichung des Zieles heranzuziehen (in seiner Allgemeinen Funktionentheorie I, Tübingen 1882), im wesentlichen gescheitert. *Cantor* nahm (*C.-St.*; vgl. auch Journ. f. Math., **72** [1870], 130) auf Anregung von *E. Heine* seit 1869 derartige Untersuchungen auf, speziell über trigonometrische Reihen und ihre Ausnahmestellen, wobei ihm 1871 der wichtige Beweis der *Eindeutigkeit* der Entwicklung in eine trigonometrische Reihe gelang. Aus diesen Arbeiten erwuchs ihm zunächst

---

[1]) Aus dem Nachlaß herausgegeben von *Fr. Přihonsky* 1850 und seither mehrfach erschienen; neu herausgegeben durch *A. Höfler*, mit Anmerkungen von *H. Hahn*, Leipzig 1921 (Philos. Bibliothek, Bd. 99). Auch der Ausdruck „Menge" wird schon von *Bolzano* benutzt. Neuerdings stellt sich heraus (vgl. den Verweis der vorstehenden Fußnote), daß der erste Herausgeber die „Paradoxien" stellenweise auf eigene Faust verschlimmbessert hat und somit manche darin enthaltene Irrtümer wohl gar nicht auf *Bolzanos* Rechnung zu setzen sind; Untersuchungen hierüber sind im Gange.

der Begriff des Grenzpunktes, der in engem Zusammenhang mit den zu Beginn von § 10 eingeführten Begriffsbildungen steht; bei der Fortführung und Verallgemeinerung seiner Untersuchungen erkannte er — nicht mit einem Mal, sondern mit allmählich immer kühner und kühner werdendem Schwung —, daß neuartige Hilfsmittel zur Bewältigung jener Aufgaben erforderlich seien, und schuf wesentlich zu diesem Zweck seine Mengenlehre, die er freilich dann mehr und mehr um ihrer selbst willen ausbaute und durch systematische Darstellung zum Rang einer selbständigen mathematischen Disziplin erhob.

Der Bereich derartiger Fragen der Analysis muß nicht nur bezüglich der *Entstehung* der Mengenlehre, sondern noch mehr bezüglich ihrer *Anwendungen* auf andere mathematische Gebiete an erster Stelle genannt werden. Die Verknüpfung zwischen Mengenlehre und Funktionentheorie ist so eng geworden, daß diese ohne jene kaum mehr zu denken ist und daß die meisten Lehrbücher der Funktionentheorie Eingangsabschnitte mengentheoretischen Inhalts aufweisen; ja es wird bezüglich vieler Überlegungen aus der Theorie der Punktmengen und der der reellen Funktionen vom subjektiven Geschmack abhängen, ob man sie zur einen oder anderen Disziplin rechnen will. Unter den vielen glänzenden Erfolgen, zu denen die Mengenlehre der Funktionentheorie verholfen hat und über die die nachstehend angeführten Bücher ausführlich berichten, sei hier nur einer erwähnt, dessen Bedeutung dem mit der Infinitesimalrechnung vertrauten Leser sofort einleuchten wird. Der seit mehr als zwei Jahrhunderten in der Analysis (und ihren Anwendungen auf Naturwissenschaft und Technik) unentbehrliche, durch *A. L. Cauchy* (1823) und namentlich *B. Riemann* (1851) streng und allgemein begründete Begriff des *bestimmten Integrals* einer Funktion versagt in gewissen Fällen; dann nämlich, wenn die zu integrierende Funktion so stark unstetig ist, daß der als Integral definierte Grenzwert nicht existiert. Mittels mengentheoretischer Betrachtungen, nämlich durch geeignete Definition und Begründung des *Inhalts von Punktmengen*, ist es indes seit 1902 *H. Lebesgue* gelungen, auch für ausgedehnte Klassen von im obigen Sinn nicht integrierbaren Funktionen einen naturgemäßen Integralbegriff einzuführen; der neue Begriff ist übrigens von solcher Art, daß das *Riemann*sche und das *Lebesgue*sche Integral, soweit beide existieren, miteinander übereinstimmen. So haben die Methoden der Mengenlehre für einen der wichtigsten Begriffe der Analysis eine wesentliche Erweiterung ermöglicht.

Die Fragestellungen der Funktionenlehre, die *Cantor* zu seinen Entdeckungen führten, sind gleichzeitig enge mit der *Geometrie* verknüpft; es genügt, an die Theorie der Punktmengen zu erinnern, wo die mengentheoretischen Methoden Unterscheidungen und Zergliederungen gestatten, die vorher der Geometrie unmöglich waren, und z. B.

zum erstenmal eine scharfe Definition des Kontinuums ermöglichten. *Cantor* betrachtete in diesem Sinn seine Ideen als das Mittel, um die „wahre Fusion von Arithmetik und Geometrie" zu erreichen[1]). Jene Methoden gewannen weiterhin u. a. Anwendung auf die Untersuchung stetiger Abbildungen zwischen geometrischen Mannigfaltigkeiten (Dimensionsbegriff, vgl. S. 78f.) und überhaupt auf die modernen Fragen der *Analysis Situs*, die sich ganz allgemein mit der Anordnung räumlicher Gebilde beschäftigt. Auch die Fragen der *synthetischen Geometrie*, in der die Gerade als „Träger" aller auf ihr gelegenen Punkte, der Punkt als Träger aller durch ihn gehenden Geraden betrachtet wird, haben zur Zeit der Entstehung der Mengenlehre anregend gewirkt; auf dem Boden der synthetischen Geometrie ist wohl zuerst der Ausdruck „Mächtigkeit" erwachsen.

Schließlich ist unter den Fragen, die für die Entwicklung der Mengenlehre von Bedeutung gewesen sind, noch die Lehre von den *natürlichen Zahlen* zu nennen, um die sich *R. Dedekind* mit seiner 1887 erschienenen Schrift „Was sind und was sollen die Zahlen?" (vgl. S. 215) die größten Verdienste erworben hat. Aus dieser Schrift stammt u. a. eine ausgedehnte Verwendung des Begriffs der *Abbildung*, namentlich die (in der vorliegenden Schrift nicht behandelte) Theorie der *Ketten*, die seit ihrer Verwendung und Ausdehnung durch *Zermelo* (*Zermelo II*, Zitat von S. 187) und *Hessenberg* (Journ. f. Math., **135** [1909], 81—133) zu allgemeiner und grundsätzlicher Bedeutung in der Mengenlehre gelangt ist. Ob es überhaupt ohne Zirkel möglich ist, die Lehre von den ganzen Zahlen oder auch von den endlichen Mengen auf die allgemeine Mengenlehre zu gründen, ob diese also ohne Voraussetzung der endlichen Zahlen aufzubauen ist, wurde schon zu Ende des § 11 als eine noch nicht abschließend geklärte Frage bezeichnet. In der vorstehenden Darstellung der Mengenlehre sind der Begriff und die Grundeigenschaften der natürlichen Zahl durchgehends vorausgesetzt worden, wenigstens in den §§ 2—11, die auf intuitivem und in gewissem Maß naivem Weg, unbekümmert um methodische Forderungen nach der formal-logischen Seite, *Cantor*s Gebäude aufrichten sollten.

Abgesehen von den besonderen Anwendungen auf Analysis, Geometrie und Zahlenlehre, übrigens sogar auch auf Gebiete der angewandten Mathematik, fällt schließlich der Mengenlehre als dem allgemeinsten Zweig der Mathematik noch die bedeutsame Aufgabe zu, eine Reihe der wichtigsten Grundbegriffe der Mathematik — so z. B. die Begriffe der Anzahl (S. 42ff.), der Anordnung (S. 88ff. und 213f.), der Funktion (vgl. S. 45 und 198) — methodisch zu untersuchen und zu einem möglichst reinen und gesicherten Aufbau der Grundlagen aller mathe-

[1]) Vgl. *F. Klein* (Zitat von S. 79), S. 585.

matischen Wissenschaften wertvolle Hilfsmittel beizutragen. Die Mengenlehre stellt hiernach nicht nur einen wesentlichen Teil, sondern geradezu das Fundament der mathematischen Wissenschaft dar, ein Anspruch, der ihr nur vom Standpunkt der Intuitionisten (§ 12) begreiflicherweise bestritten wird.

Die großen Erfolge, die die Mengenlehre in all den genannten Beziehungen schon gegenwärtig aufzuweisen hat, haben bewirkt, daß diese Disziplin trotz ihrer Jugend heute einen wichtigen, ja einen bevorzugten Platz innerhalb des Gebietes der Mathematik einnimmt; ein innerhalb der Gesamtwissenschaft so führender Forscher wie *Hilbert* bezeichnet sie als „einen der fruchtreichsten und kräftigsten Wissenszweige der Mathematik überhaupt"[1]. Wenn bis in das letzte Jahrzehnt des vorigen Jahrhunderts hinein *Cantor* und seine Ideen nur bei einem beschränkten Kreise seiner mathematischen Zeitgenossen Anerkennung und Würdigung gefunden haben, so hat sich dies seither ziemlich rasch völlig verändert; die Mengenlehre wird nunmehr innerhalb der Mathematik allgemein benutzt und weit über die Grenzen der Fachmathematiker hinaus studiert. Diese ihre heutige Wertschätzung aber liegt zu einem wesentlichen Teil an dem nämlichen Umstand, der ihr zunächst die allgemeine Anerkennung vorenthielt: sie stellt einen der größten und kühnsten Schritte dar, die die mathematische Entwicklung jemals getan hat, einen Schritt, der eine wissenschaftliche Revolution von nicht geringerer Tragweite bedeutet als das *Kopernikanische* Weltsystem in der Astronomie, als die *Einstein*sche Relativitätstheorie oder die *Planck*sche Quantenlehre in der Physik.

## Literatur.

Es sollen hier (in historischer Reihenfolge) nur einige wenige, vollständig der Mengenlehre gewidmete Schriften angeführt werden. Die meisten ausführlicheren modernen Lehrbücher der Funktionentheorie, unter denen aus historischen Gründen *E. Borels* auf S. 58 angeführte Schrift hervorzuheben ist, enthalten übrigens eine mehr oder minder weitgehende Einführung in die Mengenlehre.

1. *G. Cantor* hat seine zahlreichen, die allmähliche Entwicklung der Ideen deutlich zeigenden einschlägigen Aufsätze von 1874 bis 1897 in verschiedenen Bänden des Journ. f. d. reine u. angew. Math. (**77** und **84**), der Math. Annalen, der Acta Mathematica (**2**, **4**, **7**), der Ztschr. f. Philosophie u. philos. Kritik (Neue Folge, **88**, **91**, **92**) und in anderen Zeitschriften veröffentlicht; viele davon sind in fremde Sprachen übertragen worden (vgl. namentlich die französischen Übersetzungen im 2. Band der Acta Mathematica). Besonders hervor-

---

[1] *Hilbert* (Zitat von S. 222), S. 411.

zuheben sind die Abhandlungen „Über unendliche, lineare Punktmannichfaltigkeiten“, I—VI in den Math. Ann. **15**, **17**, **20**, **21**, **23** (1879—1884), von denen die fünfte (vorletzte) und wichtigste auch als selbständige Schrift u. d. T. „Grundlagen einer allgemeinen Mannichfaltigkeitslehre“ (Leipzig 1883) erschienen ist, sowie die beiden *Cantors* Lebenswerk abschließenden „Beiträge zur Begründung der transfiniten Mengenlehre“, I und II, im 46. u. 49. Bd. der Math. Annalen (1895 u. 1897); die drei letztgenannten Arbeiten werden in diesem Buch angeführt als „*Cantor*, Grundlagen“ bzw. „*Cantor*, Beiträge I bzw. II“. Die Aufsätze aus der Z. f. Phil. u. phil. Kritik sind gleichfalls als selbständige Schrift erschienen: Zur Lehre vom Transfiniten, 1. Abt., Halle 1890. Neben einer (von *A. Wangerin* stammenden) Biographie *Cantors* in der Zeitschrift „Leopoldina“ (der Leop. Carol. Deutschen Akademie der Naturforscher in Halle), Jahrg. 1918, S. 10—13, ist vor allem auf die auf S. 1 angeführten *Cantor*-Erinnerungen von *A. Schoenflies* zu verweisen; an beiden Stellen auch Verzeichnisse seiner Schriften.

Fast alle in den §§ 2—11 des vorliegenden Buches entwickelten Ergebnisse und Beweise, soweit nichts anderes bei ihnen vermerkt ist, gehen auf die genannten Arbeiten *Cantors* zurück. Da diese auch leicht verständlich sind, kann ihre Lektüre warm empfohlen werden.

2. *Schoenflies, A.*: Die Entwickelung der Lehre von den Punktmannigfaltigkeiten. 1. Teil (Leipzig 1900), 2. Teil (Leipzig 1908); Jahresber. d. Deutsch. Mathematiker-Vereinigung, 8. Bd. und 2. Ergänzungsband. Eine moderne Umarbeitung der ersten Hälfte des 1. Teils ist erschienen u. d. T.: Entwickelung der Mengenlehre und ihrer Anwendungen, 1. Hälfte (Leipzig u. Berlin 1913); in diesem Buch angeführt als „*Schoenflies*, Mengenlehre“.

Dieses ursprünglich auf Veranlassung der Deutschen Mathematikervereinigung entstandene Werk ist weniger zur *Einführung* in die Mengenlehre bestimmt, als es vielmehr den vorliegenden Stoff in seiner gewaltigen Fülle zu sammeln und seinem historischen und sachlichen Zusammenhang nach darzustellen versucht. Demgemäß sind die Beweise nicht immer vollständig ausgeführt, so daß das Werk nicht eigentlich als Lehrbuch in Betracht kommt, vielmehr als — erstaunlich inhaltsreiches — Nachschlagewerk und als Ausgangspunkt für den Forscher.

3. *Hessenberg, G.*: Grundbegriffe der Mengenlehre (Göttingen 1906). („*Hessenberg*“) Diese als Sonderdruck aus der Neuen Folge der „Abhandlungen der *Fries*schen Schule“ (I. Bd., 4. Heft) erschienene Schrift sei namentlich demjenigen empfohlen, dem es weniger um eine Fülle mathematischer Ergebnisse zu tun ist als um eine leicht lesbare und zusammenhängende Darstellung der Gedankengänge,

die für den Begriff des Unendlichgroßen, seine Begründung und seine Kritik mathematisch wie logisch entscheidend sind. Vom gleichen Verfasser ist übrigens eine besonders moderne, aber sehr gedrängte und nur dem mathematisch geübten Leser zu empfehlende Darstellung der Grundzüge der Mengenlehre erschienen im „Taschenbuch f. Mathematiker u. Physiker", 3. Jahrgang (Leipzig 1913). („*Hessenberg*, Taschenbuch")

4. *Hausdorff, F.*: Grundzüge der Mengenlehre (Leipzig 1914). („*Hausdorff*") Dieses Buch stellt das erste und bisher einzige eigentliche *Lehrbuch* der Mengenlehre in deutscher Sprache dar. Es behandelt unter Innehaltung bestimmter weiter Grenzen einen außerordentlich reichen Stoff, darunter auch vieles von den eigenen ausgedehnten Forschungen des Verfassers, und enthält zu allen vorkommenden Sätzen die vollständig ausgeführten Beweise; immerhin erfordert die Lektüre, namentlich des 1. Kapitels, Geübtheit im mathematischen Denken.

Kürzere Übersichten über die Mengenlehre und ihre Entwicklung nebst Literaturangaben findet man z. B. in der Encyklopädie der math. Wissenschaften, I. Bd., I A 5 (*A. Schoenflies*); in der französischen Bearbeitung dieses Artikels in der Encyclopédie des Sciences Math., T. I, 7 (*R. Baire*), ferner in (*Pascal*) Repertorium d. höheren Mathematik, 2. Aufl., I. Bd. (Leipzig u. Berlin 1910), S. 17—30 (*H. Hahn*).

In bezug auf die wichtigste mathematische Anwendung der abstrakten Mengenlehre, nämlich die Theorie der Punktmengen (und die an sie anschließende Lehre von den Funktionen und ihren Integralen), seien neben *Schoenflies* und *Hausdorff* noch etwa die folgenden Werke erwähnt, von denen namentlich die zwei letztgenannten als besonders reichhaltig hervorzuheben sind:

*Lebesgue, H.*: Leçons sur l'intégration et la recherche des fonctions primitives (Paris 1904).

*Baire, R.*: Leçons sur les fonctions discontinues (Paris 1905).

*Young, W. H.* and *Grace Chisholm Young*: The theory of sets of points (Cambridge 1906).

*Pierpont, J.*: Lectures on the theory of functions of real variables, Vol. 1 (Boston 1905), 2 (1912).

*de la Vallée Poussin, Ch.-J.*: Intégrales de *Lebesgue*, fonctions d'ensemble, classes de *Baire* (Paris 1916).

*Carathéodory, C.*: Vorlesungen über reelle Funktionen (Leipzig und Berlin 1918).

*Hahn, H.*: Theorie der reellen Funktionen, 1. Bd. (Berlin 1921); 2. Band in Vorbereitung. Dieses Werk stellt gleichzeitig die Ergänzung von *Schoenflies*, Mengenlehre, dar.

# Namenverzeichnis.

Der Name *G. Cantors*, der in den §§ 1—11 fast ständig anzuführen wäre, ist fortgelassen, ebenso die meisten Zitate aus den auf S. **246** f. angeführten Büchern.


**A**ristoteles 2.

**B**aire, R. 247.
Becker, O. 165 f., 169, 171.
Beetle,. R. D. 226.
Behmann, H. 227.
Bernays, P. 222, 235.
Bernstein, F. 58, 173, 182.
Boehm, K. 185, 222.
Bois-Reymond, P. du 242.
Bolyai, Joh. 220.
Bolzano, B. 215, 241 f.
Borel, E. 58, 152, 164, 245.
Brouwer, L. E. J. 79, 158, 164—173, 239 f.
Burali-Forti, C. 152, 154, 175, 209, 214.

**C**arathéodory, C. 247.
Carnap, R. 181.
Cassirer, E. 150, 222.
Cauchy, A. L. 243.
Chwistek, L. 152, 178.
Cohen, H. 160.
Couturat, L. 181, 233.

**D**edekind, R. 18, 105 f., 172, 205, 215 f., 234, 244.
Descartes 2.

**E**instein, A. 245.
Eneström, G. 61.
Enriques, Fr. 222.
Epstein, P. 12, 16, 27, 33, 83, 106, 111.
Euclid 109, 220, 224, 228.

**F**raenkel, A. 45, 162, 187 f., 197, 212, 217 ff., 225 ff.
Frege, G. 181, 234.
Fürst 4.

**G**auß, C, F. 1, 6, 220, 241.
Gmeiner, J. A. 231.
Grelling, K. 151 f., 155 f., 222.
Gutberlet, C. 2.
Gutzmer, A. 164.

**H**ahn, H. 231, 242, 247.
Hamel, G. 204.
Hamilton, W. R. 164.
Hankel, H. 242.
Hartogs, F. 187, 207, 212.
Hausdorff, F. 64, 104 f., 132, 203, 214, 247.
Heine, E. 242.
Hellinger, E. 79.
Hertz, P. 229.
Hessenberg, G. 44, 132, 135, 152, 156, 169, 187, 212, 219, 222, 244, 246 f.
Hilbert, D. 165, 171, 173 f., 178, 183, 185, 188, 204, 220—223, 230—241, 245.
Höfler, A. 222, 242.
Hölder, O. 16, 90, 105 f.
Huntington, E. V. 207.
Husserl, E. 165, 222.

**J**acobsthal, E. 162.
Jašek, M. 241.
Jourdain, Ph. E. B. 181.

**K**ant 155, 166.
Klein, F. 78 f., 244.
Knopp, K. 33, 111, 113.
König, J. 77, 85 152, 156, 178, 182 ff., 200.
Korselt, A. 58.
Kowalewski, G. 241.
Kronecker, L. 2, 164 f., 171 f.
Krull, W. 204.
Kummer, E. E. 4.
Kuratowski, C. 151, 212, 219.

**L**aßwitz, K. 4.
Lebesque, H. 116, 203, 243, 247.
Leibniz 2.
Levi, B. 208.
Lindemann, F. und L. 150.
Lipps, H. 152, 156.
Lobatschefskij, N. J. 220.
Locke 2.
Loewy, A. 16, 33, 90, 105, 111, 113, 231.

London, Fr. 222.
Lüroth, J. 79.

Mach, E. 186.
Mirimanoff, D. 152, 218.
Mollerup, J. 178.
Moore, E. H. 221, 226.
Moszkowski 4.
Müller, Al. 150.

Natorp, P. 160—163.
Nelson, A. 152, 155 f.

Padoa, A. 222, 226.
Pasch, M. 171, 220, 222.
Peano, G. 181, 220 ff., 231 f.
Perron, O. 222, 236.
Pierpont, J. 247.
Planck, M. 245.
Poincaré, H. 150, 152, 156, 164 ff., 174 ff., 188, 203, 232 f., 236, 240.
Přihonsky, Fr. 242.

Richard, J. 156, 214.
Riemann, B. 243.
Rüstow, A. 155.
Russell, B. 44, 152—156, 174, 176—184, 188, 214, 236, 240.
Rychlík, K. 241.

Schepp, A. 161.
Schlick, M. 222.
Schmidt, E. 208.
Schoenflies, A. 1, 2, 141 ff., 179, 219, 246 f.
Schröder, E. 58, 90, 181.
Siegel, C. 181.
Sierpiński, W. 187, 200, 204 f.
Simon, M. 169.
Skolem, Th. 187 f.
Smith, H. J. St. 117.
Spinoza 2.
Stäckel, P. VIII.
Steinitz, E. 204.
Study, E. 222.

Tajtelbaum-Tarski, A. 206.

Vallée Poussin, Ch.-J. de la 247.
Veblen, O. 227.
Veronese, G. 161 ff., 220.

Wangerin, A. 246.
Weber, H. 12, 16, 27, 33, 83, 106, 111.
Weierstraß, C. 78, 106, 165, 241.
Weyl, H. 164—175, 197, 239.
Whitehead, A. N. 152, 176—184.

Young, G. Ch. 247.
Young, W. H. 247.

Zaremba, S. 222.
Zeno 7.
Zermelo, E. 15, 51, 58, 128, 141, 149, 151, 165, 171, 174—179, 183—221, 226 f., 232, 234, 240 f., 244.
Ziehen, Th. 158—160.

# Sachverzeichnis.

In der Regel ist nur die Stelle aufgeführt, wo der betreffende Begriff zum erstenmal (vielfach gesperrt) vorkommt und erklärt wird.


| | Seite | | Seite | | Seite |
|---|---|---|---|---|---|
| $\mathfrak{a}$ | 45 | $\Theta$ | 120 | $\simeq$ | 93 |
| $\mathfrak{c}$ | 45 | $\pi$ | 10 | $<$ | 48, 129 |
| $\mathfrak{f}$ | 47 | $\omega$ | 99 | $>$ | 48, 129 |
| $\mathfrak{D}$ | 54 f. | $^*\omega$ | 99 | $\succ$ | 91, 145 |
| $\mathfrak{P}$ | 69 | 0 (Nullmenge) | 15 | $\prec$ | 92 |
| $\mathfrak{S}$ | 54, 61 f., 191 | $\aleph_0$ | 134 | $+$ | 54 f., 61 f., 65, 192 |
| $\mathfrak{U}$ | 51, 193 | $\aleph_\nu$ | 134 | $-$ | 145 |
| $\varepsilon$ | 189 | $=$ | 11, 188, 237 | $\cdot$ | 67 ff. |
| $\not\varepsilon$ | 189 | $\neq$ | 188, 237 | | |
| $\eta$ | 117 | $\sim$ | 15 | | |

**A**bbildung 13, 213.
—, ähnliche 93.
abgeschlossen 112.
Abschnitt 129.
Addition von Mengen 55, 61 f.
— von geordneten Mengen 100, 103.
— von Kardinalzahlen 65.
— von Ordnungstypen 100, 103.
— von Ordnungszahlen 126.
ähnlich 93.
äquivalent 12, 212.
Äquivalenzsatz 54.
Alef 45, 134.
Anfangszahl 134.
Antinomien 151 ff.
Anwendungen d. Mengenlehre 116, 243.
assoziatives Gesetz der Addition 65.
— der Multiplikation 71.
Auswahl 142, 199—211.
Auswahlmenge 196.
Auswahlprinzip 199—211.
Axiome 179, 185 f.
Axiom der Aussonderung 195, 198.
— der Auswahl 196, 199 bis 211.
Axiom der Beschränktheit 219.
— der Bestimmtheit 190.
— der Paarung 190 f.
— der Potenzmenge 193.
— der Reduzibilität 181.
— der Teilmengen 195, 198.
— des Unendlichen 216 f.
— der Vereinigung 191.
Axiomatik der Kardinalzahlen 45, 212.
axiomatische Methode 179, 185 f., 220 ff.

**B**egriffsschrift 181.
Belegung 81.
Belegungsmenge 82.

**C**antors Satz 51 f.

**D**efinite Eigenschaft 197.
Dezimalbrüche 32 f.
Diagonalverfahren 36.
dicht, in sich 111.
dicht, nirgends 114.
dicht, überall 106.
Dimension(enzahl) 78.
distributives Gesetz 71.
Dritten, Satz vom ausgeschlossenen 167.
Durchschnitt 54 f.

**E**lement 3, 10, 189.
elementefremd 63, 189.
enthalten sein 11, 189.
Entscheidbarkeit 169, 227
Epsilonzahl 133.
erstes Element 93.

**F**ormalismus 164.
Funktion 45, 81, 172, 198.
—, stetige 87.

**G**ammafolge 145.
genetische Methode 221.
gleich (von Mengen) 11, 187.
— (von geordneten Mengen) 92.
größer (von Kardinalzahlen) 48.
— (von Ordnungszahlen) 129.
Grundbeziehung 185.

**I**dentisch 187 f.
immanente Realität 163.
Induktion, transfinite 133.
—, vollständige 133, 238.
Infinitesimalmethode 161, 163.
Inhalt (von Punktmengen) 243.
Integral, Lebesguesches 243.
Intuitionismus 164.

**K**ardinalzahl 43.
—, endliche 42.
—, unendliche oder transfinite 43.
Kettentheorie 244.
kleiner (von Kardinalzahlen) 48.
— (von Ordnungszahlen) 129.
kommutatives Gesetz der Addition 65.
— — der Multiplikation 71.
Komplex 64, 69.
Kontinuum 45, 169.
Kontinuumproblem 50, 150, 207.

**L**etztes Element 93.
Linearkontinuum 118, 120.
Lösbarkeit 169.
Logistik 181, 236.
Lücke 107.

**M**ächtigkeit 43.
— des Kontinuums 45.
Menge 3, 10f., 171, 179 bis 186.
—, abgezählte 21.
—, abzählbare 20.
—, endliche 16, 18f.
—, geordnete 92, 213.
—, unendliche oder transfinite 16, 18.
—, wohlgeordnete 122.
Metamathematik 235.
Multiplikation von Mengen 67, 69.
— von Kardinalzahlen 70.
— von Ordnungstypen 103f.
— von Ordnungszahlen 126.

**N**ullmenge 15, 124.

**O**rdnung (im allgemeinen) 91.
— der Elemente einer Menge 88—93, 213f.
Ordnung der Kardinalzahlen 48.
— der Ordnungszahlen 129.
Ordnungstypus 98.
Ordnungszahl 125.

**P**aar, geordnetes 67f.
Paarmenge 191.
Paradoxien 151ff.
Pasigraphie 181.
perfekt 112.
Philosophie 2, 152, 178, 184, 228—242.
Potenzierung von Kardinalzahlen 80, 82.
— von Ordnungstypen 105.
— von Ordnungszahlen 127, 132.
Potenzmenge 83, 193.
nicht-prädikative Definition 174.
Pragmatismus 164.
Produkt von Mengen 67, 69, 211.
— von Kardinalzahlen 70.
— von Ordnungstypen 103f.
— von Ordnungszahlen 126.
Punkt, rationaler 25.
Punktmenge (lineare) 105f.

**R**eligion 2, 118f.
Rest 213.

**S**chnitt 106.
—, stetiger 107.
Sprung 107.
stetig (von Punktmengen) 112.
Subtraktion 59, 79.
Summand 62, 192.
Summe von Mengen 54f., 61f.
— von geordneten Mengen 100, 103.
— von Kardinalzahlen 65.
— von Ordnungstypen 100, 103.
Summe von Ordnungszahlen 126.

**T**eilmenge 15, 189.
transiente Realität 163.
Trichotomie 53.
Typentheorie 180.

**U**nabhängigkeit eines Axiomensystems 223.
—, vollständige 226.
— der Grundbegriffe 226.
Unendlich, aktuales 6, 160ff.
— potentielles 6, 160ff.
Unendlichkleines 160ff.
Untermenge 15.

**V**erbindungsmenge 67, 69, 211.
Vereinigungsmenge 54, 61f., 191.
Vergleichbarkeit von Kardinalzahlen und Mengen 59, 140, 149.
— von Ordnungszahlen und wohlgeordneten Mengen 130, 135ff.
verschieden (von Mengen) 188.
Vollständigkeit eines Axiomensystems 226ff.

**W**iderspruchslosigkeit eines Axiomensystems 228ff.
Wohlordnung 141ff.
— des Kontinuums 149f., 209f.
Wohlordnungssatz 141.

**Z**ahl, algebraische 9, 27.
—, irrationale 27, 106.
—, natürliche 5, 172, 244.
—, rationale 22.
—, reelle 7, 33.
—, transzendente 9, 40.
Zahlengerade 8, 105.
Zahlenklasse 134.
zwischen 93.

GPSR Compliance

*The European Union's (EU) General Product Safety Regulation (GPSR) is a set of rules that requires consumer products to be safe and our obligations to ensure this.*

*If you have any concerns about our products, you can contact us on ProductSafety@springernature.com*

In case Publisher is established outside the EU, the EU authorized representative is:

Springer Nature Customer Service Center GmbH
Europaplatz 3
69115 Heidelberg, Germany

**Batch number: 10704713**

Printed by Printforce, the Netherlands